变频器基础与技能

王易平　主编

重庆大学出版社

内容简介

本书以项目为导向,任务为引领,将变频器基础知识和运用技能,按认知结构的内在逻辑关系,本着"实用、够用"的选材原则,分为7个项目编撰而成:交流调速技术,变频器控制电路及控制方式,变频器的选型,变频器的运用技能,高压变频器,变频器的安装、调试与维护,变频器的应用。项目内容突出针对性、典型性和实用性。在每个项目中,都设立了若干任务,并提出明确的任务要求。

编者从应用的角度出发,在介绍交流拖动系统中运用变频器的基本技能的同时,还介绍了变频器在工业控制领域的应用,从而将 PLC、微机、总线等与变频器输入/输出功能相结合,扩大了变频器的应用领域。

本书可作为高职高专院校工业电气自动化、电气工程及自动化、机电一体化等相关专业的教材,同时也可供变频调速工程技术人员在设计、安装、调试、维护工作中作为阅读参考。

图书在版编目(CIP)数据

变频器基础与技能/王易平主编. —重庆:重庆
大学出版社,2013.2
高职高专机电一体化专业系列教材
ISBN 978-7-5624-7186-8

Ⅰ.①变… Ⅱ.①王… Ⅲ.①变频器—高等职业教育
—教材 Ⅳ.①TN773

中国版本图书馆 CIP 数据核字(2013)第 012388 号

变频器基础与技能

王易平 主编

策划编辑:周 立

责任编辑:文 鹏 姜 凤 邓桂华   版式设计:周 立
责任校对:秦巴达   责任印制:赵 晟

*

重庆大学出版社出版发行
出版人:邓晓益
社址:重庆市沙坪坝区大学城西路 21 号
邮编:401331
电话:(023)88617183 88617185(中小学)
传真:(023)88617186 88617166
网址:http://www.cqup.com.cn
邮箱:fxk@cqup.com.cn(营销中心)
全国新华书店经销
万州日报印刷厂印刷

*

开本:787×1092 1/16 印张:23.25 字数:580 千
2013 年 2 月第 1 版   2013 年 2 月第 1 次印刷
印数:1—3000
ISBN 978-7-5624-7186-8 定价:39.50 元

前　言

随着变频技术在交流调速中的广泛应用,变频器在提高拖动系统生产效率、保障产品质量,节约电能等方面的作用已十分重要。这种通过改变电源频率,改变电动机的机械特性即可获得不同转速的电气调速手段,对既有交流拖动系统的调速改造,实施便捷,成效显著,这也正是变频器应用得以迅猛发展的原因之一。变频器在节能方面的突出性能,使之在机电设备节能改造中成为首选的节能产品。因此,掌握变频器的基础知识和运用技能,是从事电气技术工作人员必不可少的技能之一。

本书以项目为导向,任务为引领,将变频器基础知识和运用技能,按认知结构的内在逻辑关系,本着"实用、够用"的选材原则,分为 7 个项目编撰而成:交流调速技术,变频器控制电路及控制方式,变频器的选型,变频器的运用技能,高压变频器,变频器的安装、调试与维护,变频器的应用。项目内容的确定,突出针对性、典型性、实用性。在每个项目中,都设立了若干任务,并提出明确的任务要求。编者从应用的角度出发,在介绍交流拖动系统中运用变频器的基本技能的同时,还介绍了变频器在工业控制领域的应用,从而将 PLC、微机、总线等与变频器输入/输出功能相结合,扩大了变频器的应用领域。

本书在介绍变频技术的过程中,不可避免地要涉及电力电子技术、电机拖动系统、数字电子技术、现代控制理论等方面的相关知识。即便如此,在知识的链接上,仍力求简化理论推导、突出实际操作、反映最新技术、注重应用方法,旨在引导读者以变频器的运用为中心,逐步提升对变频器基本电路和相关知识的认知,最终形成运用变频器解决实际问题的能力。

本书可作为高职高专院校工业电气自动化、电气工程及自动化、机电一体化等相关专业的教材,同时也可供变频调速工程技术人员在设计、安装、调试、维护工作中作为阅读参考。

本书由西安铁路职业技术学院王易平担任主编并统稿,西安铁路职业技术学院林辉、武军、史富强及中铁第一勘察设计院集团有限公司环设处王帅参加了本书的编写工作。其中,项目三由武军编写,项目五由林辉编写,项目六中的任务 1 及任务 2 由史富强编写,项目七中任务 2、任务 3、任务 4、任务 5 由王帅编写。本书的其余部分由王易平编写。

在编写过程中,得到西安康坦机电技术有限公司、宝鸡赫尔克电子有限公司等合作单位的大力支持,他们在提供翔实技术资料的同时,还提供了许多极富现场经验的有关变频器应用和维修的实例;西南交通大学陶若冰教授对本书的项目结构和任务内容,提出了诸多中肯的意见和建议,在此一并表示由衷的感谢。

本书在编写过程中,编者查阅和参考了有关的论著文献,并引用了参考文献中所列论著文献中的部分内容,在此向原文作者表示诚挚的感谢。

限于编者的学识水平以及对项目导向、任务引领模式的理解,书中难免有谬误之处,敬请批评斧正。

编　者

2013 年 1 月

目　录

【项目一】 交流调速技术

【项目描述】

直流电动机良好的调速性能,使其在电气传动调速领域得以长期和广泛的使用。然而,在结构、转速、功率等方面,交流电动机比直流电动机更具有显著的优越性,在拖动系统中,所占的数量及所拖动的负荷远比直流电动机大。变频器的问世,为交流电动机调速提供了契机,随着电力电子技术的发展,采用大功率开关器件对电能进行变换和控制的能力不断提高,使交流调速技术取得重大进步。变频调速成为最理想、最有发展前景的交流调速方式之一,在工艺过程自动化、提高产品质量、节能等方面,变频器发挥着重要作用。

本项目由 4 个任务组成,即:变频调速技术;交-直-交变频技术;脉宽调制技术;交-交变频技术。从交流调速技术的介绍开始,对变频器的关键环节——逆变电路和 PWM 控制技术进行了深入的分析。

【学习目标】

1. 了解变频调速的优点和难点;
2. 掌握变频器的基本类型;
3. 掌握脉宽调制的基本原理和方法;
4. 掌握变频器的基本原理。

【能力目标】

1. 能够区分不同调速方式之间的差异;
2. 能够分析变频器主回路结构和控制回路结构;
3. 能够对逆变电路结构、功率器件的工作状态以及逆变电路的输出波形进行分析。

任务 1　变频调速技术

【活动情景】

交流电动机,特别是笼型异步电动机具有一系列直流电动机所不及的优点,因此,在电气传动中得到广泛应用。为了完成工艺过程自动化、提高拖动质量、降低电能消耗,对交流电动机进行调速运行,势在必行。在诸多的交流调速方式中,变频调速为何最具发展前途? 通过对变频器的作用和基本结构的了解,便可回答这一问题。

【任务要求】

1. 了解交流电动机的调速方法。
2. 理解变频调速的意义。

一、交流电动机调速

电动机是一种常见的动力装置,已被广泛应用于人类生活的各个领域。电气传动,就是用电动机把电能转换成机械能,去带动各种类型的生产机械、交通车辆以及其他需要运动的物体。

被电动机拖动的机械负载,在完成特定功能时,需要电气传动系统有调节速度的功能,才能达到完成任务、提高功效、保证质量和节约电能的要求。在电机学中我们知道,直流电动机通过调节电压或调节励磁的方法,可以方便地实现平滑连续的无级调速。

电动机是工农业生产及日常生活中耗电量最多的电气设备,据资料统计,仅三相异步电动机的用电总量就占全国用电量的60%以上,拖动着90%以上以电能为能源的机械设备。工矿企业使用的交流电动机及拖动系统,绝大一部分都运行于非经济运行状态,造成电能的大量浪费。究其原因,大致由以下两个方面的原因造成:一种情况是,在选配电动机容量时,片面考虑了机械系统的最大负荷和过载能力,习惯性地加大安全余量,呈现"大马拉小车"现象,导致电动机偏离最佳工况而工作在非经济运行的低效率区,使得电动机动力指标降低;另一种情况是,电动机所拖动的机械负载在运行中具有速度调节的要求,在交流调速技术不成熟或未普及的情况下,交流电动机调速实施起来困难较大,因此大多仍为恒速拖动,不但不能保证拖动质量,还造成较大的电能损失。据估计,我国仅风机、水泵类机械设备每年耗电量就占全国发电量的31%,其中变负荷运行占70%左右,而且相当大的一部分尚未实现调速运行。交流电动机比直流电动机经济耐用,是一种量大面广的机电产品,但在调速方面比起直流电动机却逊色很多,为了实现交流调速,人们从来没有放弃过积极的探索。

(一)异步电动机的调速

由电机学知,当三相异步电动机定子绕组通入三相交流电后,定子绕组会产生旋转磁场,旋转磁场的转速 n_0 与交流电源的频率 f 及电动机的磁极对数 p 有如下关系:

$$n_0 = \frac{60f}{p} \tag{1-1-1}$$

电动机转子的旋转速度 n(电动机的转速)略低于旋转磁场的旋转速度 n_0(同步转速),两者之差称为转差率 s,电动机的转速公式为

$$n = (1-s)\frac{60f}{p} = (1-s)n_0 \tag{1-1-2}$$

式中　　n——交流电动机转速,r/min;

　　　　f——定子供电频率,Hz;

　　　　p——电动机磁极对数;

　　　　s——转差率。

由式(1-1-2)可知,改变供电频率 f、电动机的极对数 p 及转差率 s 均可改变异步电动机转速 n。从交流调速的本质来看,不同的调速方式无非有两种选择:即不改变交流电动机的同步转速或改变交流电动机同步转速。

$$\text{不改变交流电动机同步转速}\begin{cases}\text{绕线式电动机的转子串电阻调速}\\\text{斩波调速}\\\text{串级调速}\\\text{电磁转差离合器}\\\text{液力耦合器}\\\text{油膜离合器调速}\end{cases}$$

$$\text{改变交流电动机同步转速}\begin{cases}\text{改变定子极对数的多速电机}\\\text{改变定子电压、频率的变频调速}\\\text{无换向电动机}\end{cases}$$

从调速过程的能耗观点来看,可分为高效调速和低效调速两种。

(1)高效调速

转差率不变的调速方式。调速过程基本上无转差损耗,如多速电动机、变频调速以及能将转差损耗回收的调速方法(如串级调速等)。

(2)低效调速

有转差损耗的调速方式样。如转子串电阻调速方法,能量损耗在转子回路中;电磁离合器的调速方法,能量损耗在离合器线圈中;液力偶合器调速,能量损耗在液力耦合器的油液中。一般来说转差损耗随调速范围扩大而增加。

(二)交流电动机的调速方法

1.异步电动机的变极对数调速

这种调速方法采用改变定子绕组的接线方式来改变笼型电动机定子极对数达到调速目的。由于极对数 p 是整数,因此,这种调速方法不可能实现平滑调速。采用变极对数调速的电动机,通常称为多速感应电动机或变极感应电动机,其特点如下:

①具有较硬的机械特性,稳定性良好。

②无转差损耗,效率高。

③接线简单、控制方便、价格低。

④对电网无干扰。

⑤有级调速,级差较大,不能获得平滑调速。

变极对数调速方法只适用于有级调速的生产机械,现已很少采用。

2.串级调速

串级调速只限于绕线式电动机,在转子回路中串入可调节的附加电动势来改变电动机的转差,从而达到调速的目的。大部分转差功率被串入的附加电动势所吸收,再利用附加的装置,把吸收的转差功率返回电网或转换为其他能量并加以利用。根据转差功率吸收利用方式,串级调速可分为电机串级调速、机械串级调速及晶闸管串级调速等形式,目前,大多采用晶闸管串级调速,其特点如下:

①可将调速过程中的转差损耗回馈到电网或生产机械上,效率较高。

②装置容量与调速范围成正比,适用于调速范围在额定转速为 70% ~90% 的生产机械上。

③调速装置故障时可以切换至全速运行,避免停产。

④晶闸管串级调速功率因数偏低,谐波影响较大。

⑤功率因数低,常需要移相电容补偿。

串级调速机械特性较软,适合于在风机、水泵及轧钢机、矿井提升机、挤压机上使用。

3. 绕线式电动机转子串电阻调速

绕线式异步电动机转子串入附加电阻,使电动机的转差率加大,致使电动机在较低的转速下运行。串入的电阻越大,电动机的转速越低。

此方法设备简单,控制方便,但转差功率以发热的形式消耗在电阻上。机械特性较软,动态响应速度慢,属有级调速。

4. 定子调压调速

当改变电动机的定子电压时,可以得到一组不同的机械特性曲线,从而获得不同转速。由于电动机的转矩与电压平方成正比,故最大转矩下降很多,其调速范围较小,对一般笼型电动机难以应用。为了扩大调速范围,调压调速应采用转子电阻值大的笼型电动机,如专供调压调速用的力矩电动机,或者在绕线式电动机上串联频敏电阻。为了扩大稳定运行范围,当调速在2:1以上的场合应采用反馈控制以达到自动调节转速的目的。调压调速的主要装置是一个能提供电压变化的电源,目前常用的调压方式有串联饱和电抗器、自耦变压器以及晶闸管调压等,其中晶闸管调压方式为最佳方式。调压调速的特点如下:

①线路简单,易实现自动控制。

②调压过程中转差功率以发热形式消耗在转子电阻中,效率较低,低速运行调速效率更低。

③调速范围窄。

④调速特性比较软,精度差。

⑤对电网干扰大。

定子调压调速方法,适用于调速范围要求不宽,较长时间在高速区运行的中、小容量异步电动机。以前常用于电梯系统,现已很少见。市场上近年来出现的"交流电动机动态调压节能装置"就属于这类产品。

5. 电磁调速电动机调速

电磁调速电动机由笼型电动机、电磁转差离合器和直流励磁电源(控制器)3部分组成。直流励磁电源功率较小,通常由单相半波或全波晶闸管整流器组成,改变晶闸管的导通角,可改变励磁电流的大小。电磁转差离合器由电枢、磁极和励磁绕子3部分组成。电枢和后者没有机械联系,都能自由转动。电枢与电动机转子同轴联接称为主动部分,由电动机带动;磁极用联轴节与负载轴对接称为从动部分。当电枢与磁极均为静止时,如励磁绕组通以直流,则沿气隙圆周表面将形成若干对 N,S 极性交替的磁极,其磁通经过电枢。当电枢随拖动电动机旋转时,由于电枢与磁极间相对运动,因而使电枢感应产生涡流,此涡流与磁通相互作用产生转矩,带动有磁极的转子按同一方向旋转,但其转速恒低于电枢的转速 n_1,这是一种转差调速方式,变动转差离合器的直流励磁电流,便可改变离合器的输出转矩和转速。电磁调速电动机的调速特点如下:

①结构及控制线路简单、运行可靠、维修方便。

②调速平滑、无级调速。

③对电网无谐波影响。

④高速区调速特性较软,不能全速运行,低速区速度损失大、效率低。

该方法适用于中、小功率,短时低速运行的生产机械。

6. 液力耦合器调速

液力耦合器是一种液力传动装置,一般由泵轮和涡轮组成,它们统称工作轮,放在密封壳体中。壳中充入一定量的工作液体,当泵轮在原动机带动下旋转时,处于其中的液体受叶片推动而旋转,在离心力作用下沿着泵轮外环进入涡轮时,就在同一转向上给涡轮叶片以推力,使其带动生产机械运转。液力耦合器的动力传输能力与壳内相对充液量的大小是一致的。在工作过程中,改变充液率就可以改变耦合器的涡轮转速,实现无级调速,其特点如下:

①功率适应范围大,可满足从几十千瓦至数千千瓦不同功率的需要。

②控制调节方便,容易实现自动控制。

液力耦合器调速方法可用于风机、水泵的调速。

7. 变频调速

变频调速是改变电动机定子电源的频率,从而改变其同步转速的调速方法。变频调速系统主要设备是提供变频电源的变频器,变频器是一种将交流电源整流成直流后再逆变为频率、电压可变的交流电源的专用装置。变频器可通过多种控制方式,向交流电动机提供频率、电压可调节的交流电源,以满足机械负载要求,从而实现相当宽频率范围内的无级调速。

①调速时平滑性好,效率高;低速时,效率较高,相对稳定性好。

②调速范围较大,精度高;调速过程中没有附加损耗。

③启动电流低,对系统及电网无冲击,节电效果明显。

④体积小,便于安装、调试、维修简便。

⑤易于实现过程自动化。

⑥应用范围广,可用于笼型异步电动机。

⑦在恒转矩调速时,低速段电动机的过载能力较低。

(三) 变频调速的运用及发展

1. 直流调速和交流调速

可调速的电力拖动系统,分为直流调速系统和交流调速系统两类。自从第一台交流电动机在1885年问世到20世纪60年代,交流调速技术的研究开发工作,终究未能取得突破性进展,交流拖动主要用于恒速拖动,调速拖动由直流调速系统占据主导地位。交流电动机尽管结构简单,价格低廉,但不能实现像直流电动机那样调速性能的缺憾持续了将近一个世纪。

由于直流电动机在结构上比交流电动机复杂,在使用和维护上交流电动机与之相比具有许多优越之处:

①直流电机的单机容量最高一般为12~14 MW,还常需要制成双电枢形式,而交流电机单机容量可数倍于它。

②直流电机由于受换向限制,其电枢电压最高只能做到1千多伏,而交流电机可做到6~10 kV。

③直流电机受换向器部分机械强度的约束,其额定转速随电机额定功率而减小,一般仅为每分钟数百转到一千多转,而交流电机的转速可达到每分钟数千转。

④直流电机的体积、重量要比同等容量的交流电机大,价格高。

交流调速技术的突破,可进一步开拓交流电动机的运用领域。特别要指出的是,交流调速系统在节约电能方面有着很大的潜力。一方面,交流拖动的负荷在总用电量中占有很大的比重,这类负荷实现节能,可以获得十分可观的节电效益;另一方面,交流拖动本身存在可以挖掘的节电潜力,电动机轻载时,采用交流调速技术对电机转速进行控制,就能达到节电的目的。工业上大量使用的风机、水泵、压缩机等,如采用交流调速技术,既可大大提高其效率,又可减少电能消耗。

20世纪70年代后,电力电子器件的生产工艺、大规模集成电路和计算机控制技术的发展,以及现代控制理论的应用,使得以变频器为核心的交流调速技术产生了突破性的进展,尤其是变频调速技术在交流电力拖动系统逐步具备了调速范围宽、稳速范围大、稳速精度高、动态响应快以及可在四象限作可逆运行等良好的技术性能,在调速性能方面,已经完全可以与直流电力拖动媲美。

2. 交流变频调速

在交流调速技术中,变频调速具有绝对的优势,并且它的调速性能与可靠性在不断完善和提高,价格也在不断降低,特别是变频调速明显的节电效果以及易于实现过程自动化等优点备受市场青睐。

变频技术,运用变频技术来改变用电设备的供电频率,进而达到控制设备输出功率的目的。变频技术随着电力电子、计算机和自动控制理论的发展,已经进入了一个崭新的时代。变频技术通过改变电源频率实现电动机调速,从而改变输出功率,达到减少输入功率节省电能的目的,是感应式异步电动机节能的重要技术手段之一,也是异步电动机调速效果最好、最成熟、最有发展前途的节能技术。

自1956年世界上第一只晶闸管诞生到现在历时近半个世纪,随着电力电子技术的飞速发展,变频控制器在控制模块、功率输出和控制软件等方面的技术已十分成熟,在提高性能的同时,功能上也有较大的扩展,很多专用变频设备附带简易PLC功能,再加上产品价格的降低,为变频器的应用开辟了广阔的市场。

3. 变频器

常用的变频器分为低、中、高压变频器。

(1)低压变频器

低压变频器是指工作电压小于400 V的变频器。电子技术中将交流变成直流称为整流,交流变直流的装置通常称为整流器。将直流变为频率、电压可调的交流称为逆变。把工频电源(50 Hz)交流变成任意频率、任意电压的逆变装置称为变频器。低压变频器按电路结构可分为交-直-交和交-交变频器。

改变变频器的输出电压有两种不同的方法,即PAM脉冲幅值调制控制和PWM脉冲宽度调制控制。

PAM控制,因受晶闸管换流时间的限制不能工作在高频下。PWM控制,输出脉冲的幅值恒定,通过控制逆变器输出电压的导通脉冲频率和宽度来同时改变输出频率和电压。运用晶闸管,尤其是全控型电力电子器件做逆变器开关元件,发挥高速开关特性和自关断特性,使PWM控制方式变得更容易实现,为此大多数逆变器都采用PWM控制方式。

(2)中、高压变频器

应用在0.6~10 kV交流电动机调速系统中的变频器。由于中、高压变频器有着共同的电路特征,为讨论方便起见,统称为高压变频器。高压变频器因输入输出电压等级较高,成套时,必需与整套高压开关设备相配套。由于电力电子器件受限于功率,高压变频器采用了不同于低压变频器的电路结构来实现高压输出方式,借助于计算机控制,经高压母线、断路器、移相变压器、功率单元、控制器等组成完整的高压变频调速系统。

4.变频器的控制对象

变频器应用可分为两大类:一类用于传动调速;另一类作为静止电源使用。变频传动调速通过对电动机调速来达到提高生产率、提高产品质量、节约能源的目的。变频器的控制对象是在动力设备上实现电-机转换的交流电动机。对一个绕制好的电动机,其旋转磁场转速完全取决于供电频率。从异步电动机变频时机械特性曲线中不难看出,转速的变化对电机的转矩影响较小,对于传动机械功率要求完全可以满足。变频调速控制是在降低输出频率的同时其输出电压也相应降低,转矩正比于输出电压,因此转矩也会有些减少。这种通过改变电动机的机械特性来获得不同转速的纯电气调速系统,直接与拖动机械相连接而无需对原机械设备作任何调整,这对于降低节能改造成本,保持原有机械性能都大有好处。变频传动调速的特点如下:

①不用改动原有设备包括电动机本身。

②可实现无级调速,满足传动机械要求。

③变频器软启、软停功能,可以避免启动电流冲击对电网的不良影响,减少电源容量的同时还可以减少机械惯动量,从而减少机械损耗。

④不受电源频率的影响,可以开环、闭环手动/自动控制。

⑤低速过载能力较好。

⑥电动机的功率因数随转速增高、功率增大而提高。

5.变频调速技术的运用

(1)工艺变速控制

为提高生产率,满足特定的工艺要求,完成平滑无级调速,减少噪声,实现集中控制,变频调速技术被典型地运用于轻纺、机床等设备。如:针织厂的大园针织机、定型机,被单厂的印花机,造纸厂的卷纸机,糖厂的运输机,药厂的药丸机,纺织厂的印染机等设备,应用变频调速技术均可达到相应的工艺要求,且长期工作无故障。在机床上运用变频调速技术,减少了变速传动齿轮的对数,降低噪声,提高主轴精度,有较强的适应各类产品及各种不同材质加工时所需主轴速度配给的特性。可方便地实现数控,且其成本大大低于同类由直流调速组成的数控系统。目前大量长期配套使用的领域有:雕刻机、注塑机、挤压机、拉丝机、数控车床、铣床、研磨机、磨光机等专业生产厂家的产品上。

(2)机电设备节能

机电设备配合设计的原则是:电动机的最大功率必须满足负载下的机械功率和转矩。电动机实际运行中对于不同的负载,最大值并非时刻都发生,负载的变化是非线性的,而电机的输出功率却是恒定的。这就意味着在非最大负载时电机输出了相当一部分多余功率,电能就此白白地被浪费掉了。

典型的机电设备比如风机、水泵类,基本上都是由进行恒速运转的鼠笼型异步电动机拖动的。当需要改变风量或流量时,通过采用调节挡风板或节流阀来实现,这种控制虽然简单易行,也可满足流量控制要求,但从节能的角度来看是非常不经济的。长时间运行的风机、水泵,在实测中发现,除了在极短时间流量为最大值外,有近90%的时间,运行在中等或较低负荷状态,总用电量中至少有40%以上被浪费。对风机、水泵类机械采用变频调速技术,以控制电动机的转速来调节流量,对节约能源,提高经济效益具有非常重大的意义。

(3)高压变频控制

高压变频器调速系统是将变频调速技术和智能控制技术应用于大功率、高电压电机调速的一种电力变换系统,是国家重大装备节能改造及建设推广项目,特别是对能源工业和工矿企业中大型电机的安全运行和节能降耗意义重大,一般能大幅度降低电力消耗,节能30%以上,具有明显的节能和环保效益,在很大程度上可提高能源的利用率,减少能耗,延长重大装备的使用寿命,确保用户的电能质量和用电可靠性。高压变频控制的对象一般为电压等级3 kV以上,功率为几百千瓦到几千千瓦,负载率大于0.5的高压电动机。节电效率较低压变频控制略低为18%~25%。高压变频设备技术复杂、设备体积大、成本较高,但由于高压电机容量大、耗电多,用电基数大,所以高压变频器的应用具有非常可观的节能效益。

(4)电力牵引

变频技术的应用,使电力牵引技术得以"跨越式"迅猛发展,牵引与调速系统由最初的变阻调速发展到斩波器调速,进而发展到调压变频调速(VVVF)。牵引技术开始了交-直传动向交-直-交传动进步的行程。法国、德国、日本等发达国家研制的大功率电力机车以及采用交流牵引的地铁和轻轨车辆,几乎全部采用交流变频调速牵引技术。

据计算,一辆5 600 kW的交流传动机车每小时可节电392 kW,若按年运行3 000 h计算,则每年节电可达117.6万kW。

国际上在交流牵引领域处于领先水平的日本和德国,基本都是采用PWM(交-直-交)型GTO-VVVF逆变器(简称GTO变频器)和异步牵引电动机配套组成变频牵引系统。

近年来,德国、日本等国家研制的用于交流牵引系统的新型三点式逆变器,采用了IGBT作为开关器件。IGBT器件与可关断器件GTO相比有较多优点:IGBT为电压驱动,其开关频率高,抗干扰和短路保护能力强,损耗小,性能好及工作可靠。虽然IGBT耐压不如GTO高,但采用新型的三点式电压型逆变器,则可使用耐电压等级低一半的器件,而且还可以有效地减少谐波电流,抑制电磁噪声。由高压大电流的GTO和IGBT模块构成的变压变频装置在机车车辆上的应用已取得了很大的进展。

我国于1996年就研制成功了AC4000型交流传动电力机车。在随后的铁路跨越式发展的进程中通过引进国外先进技术,联合设计生产,经逐步发展与完善,具有了单轴功率1 200~1 600 kW的交流传动货运机车和1 200~1 400 kW的交流传动客运机车。采用交流传动的和谐号系列动车组、干线机车,标志着中国高铁已跨入世界先进行列。

我国在DC750V系统下运行的地铁,成功实施了由国产IGBT器件构成的以三点式逆变器为核心的交流传动方案,从而使我国城轨交流牵引技术跨入了国际先进行列。

表1-1-1列举出变频调速技术的部分应用范围。

表1-1-1　变频调速技术应用范围及用途

变频传动的效能	应用领域	主要相关技术	使用变频器
节能	风扇、鼓风机、泵、提升机、挤压机、搅拌机、传送带、工业洗衣机	为提高运行可靠性,台数控制和调速控制并用	通用变频器

变频传动的效能	应用领域	主要相关技术	使用变频器
提高生产率	提升机、起重机、机床、食品机械、挤压机和自动仓库	运行程序或加工工艺的最佳速度,原有设备的增速运行运转可靠性提高	变频器、专用变频器
提高产品质量	风扇、鼓风机、泵、机床、食品机械、造纸机、薄膜生产线、钢板加工生产线、印刷电路板基板钻孔机、高速雕刻机	平滑加减速,加工对象所需最佳速度选定,高精度转矩控制,高精度定位停止,无转矩脉动,高速传动	通用变频器、矢量控制变频器、高速通用变频器
设备合理化,少维护,低成本,机械的标准化、简单化与工厂自动化(FA)	搬送机械、金属加工机械、纤维机械、造纸生产线、薄膜生产线、钢板加工生产线	原有设备的增速运行,高精度转矩控制,多台电动机联动运行,多台电动机联动比例运行,提高运转可靠性,传送控制	通用变频器、通用矢量控制变频器、矢量控制变频器
改善或适应环境	空调机、风扇、鼓风机、压缩机、电梯	静音化,平滑加减速,使用防爆电动机。安全性等技术	通用变频器、专用变频器

6. 变频控制技术的显性和隐性效益及利弊分析

显性效益是指节电效益。交流传动因负载性质和负载率的不同,节电率也不同,低压变频控制设备,负载率在 0.5 左右时,节电率为 20% ~ 47%。定量泵注塑机、排污电机、给氧风机、空调、水泵等基本上平均节电率都为 25% ~ 60%。低压设备变频调速改造,投资少、见效快。

隐性效益主要体现在以下两个方面:

①实现了电动机软起软停,消除电动机启动电流对电网的冲击,减少了启动电流的线路损耗。

②消除了电动机因起停所产生的惯动量对设备的机械冲击,大大降低了机械磨损,从而减少设备的维修,延长了设备的使用寿命。

除上述的有利面外,同时也存在一些问题。低压变频器输出波形为脉冲形式,会产生一些干扰,实际运行中单台干扰不严重,以 30 kW 容量为例,干扰辐射基本在 10 m 之内,在设计电路中加装滤波电路可以将干扰减少到最少;变频器多台集中安装时,安装位置要尽量拉开距离,还需专门加装滤波设备并做好电路屏蔽接地,将干扰减少到最低。

高压变频设备,控制技术较高,输出电压波形近似正弦波形,但设备体积较大,安装调试都比较复杂。

7. 变频调速技术的发展

20 世纪 80 年代中期,随着全控型电力电子器件,如门极可关断晶闸管(GTO)、电力晶体管（GTR）、绝缘栅双极型晶体管（IGBT）等功率器件的研制成功，以及电力电子器件从电流驱动型到电压驱动型全控器件的发展，日本等国已先后研制开发出了功率等级不同的集控制、驱动、检测、保护及功率输出于一体的变频调速产品，从而使交流变频调速的关键环节——逆变器性能优良，主电路简单，驱动方便，工作可靠。同时随着控制理论、微电子技术和计算机技术的发展，使交流电动机变频调速技术取得了突破性进展，并以其优越的调速性能和良好的节能效果逐渐取代了直流调速系统和其他的交流调速方式，如变极调速、串级调速、滑差电机调速、整流子电机调速等。

随着全球能源短缺趋势的加剧以及变频器的性能和功能的日趋完善，变频调速技术越来越广泛地应用于工业生产的各个领域中。

随着电力电子技术、计算机技术以及自动控制技术的迅速发展，电气传动技术正面临一场历史性的革命。交流传动逐渐成为电气传动的主流，在异步电动机调速系统中，效率最高、性能最好的是变频调速系统。受益于节能减排、绿色新政，作为节能的重要设备，变频器产业的潜力非常巨大，是未来战略性产业之一。

近年来，变频器产品已在工业生产和国计民生中得到了广泛应用。低压变频调速产品的应用已非常普及和成熟，高压变频调速也在高耗能设备上得到应用。变频器已成为对交流拖动系统进行技术改造或产品、设备更新换代的理想调速装置。

（1）国内变频器产品的状况

变频器在我国应用潜力很大，市场容量从开始的几亿元，在不到20年的时间就发展到200多亿元。无论是行业规模、应用领域，还是变频器功能、集成度和系统化程度，都有了质的飞跃，越来越多的行业专用变频器的出现，个性化地满足了不同行业用户对交流调速的特殊需求。

凭借电力电子器件制造的优势，日、美及欧洲的各大变频器生产厂家几乎全数云集中国，一度占据了我国变频器95%以上的市场份额。

日本变频器较早进入中国市场，至今仍居明显优势。在诸多日本变频器品牌中，市场占有率的排行依次是：富士、三菱、安川、欧姆龙、松下以及日立。

欧美公司进入中国变频器市场的时间虽然较晚，但变频器档次高、容量大。随着应用领域的扩大，在中国市场的占有份额呈上升趋势。其中西门子、ABB、施耐德等品牌的变频器，发展势头尤其强劲。

从变频器产品的构成来看，大功率占市场份额的5%～10%，中小功率占90%～95%。欧美品牌的变频器如：西门子、AB、GE、罗宾康、ABB等，多集中在大功率领域，几乎占据市场垄断地位。而中小容量变频器的85%份额为日本产品占领，如富士、安川、三肯、日立、东芝、三菱、松下等。在抢占市场方面，实力品牌各显其能。

自21世纪以来，随着节能降耗意识的不断增强以及国家节能减排政策力度的加大，变频器行业竞争也趋于激烈，为了应对竞争，众多外资品牌在中国建厂，实施本地化经营。

国产变频器产品进入市场的时间较短，控制方式还主要以 U/f 为主，对于性能优越、技术含量高的矢量变频器产品，绝大多数企业还没有开发出成熟的产品。在电力电子器件的加工制造、产品结构设计、品牌的成熟度和知名度等方面，国产品牌变频器还难以与国际知名品牌抗衡。但中国变频器市场，仍然具有以价格导向为主的特点，导致国际品牌变频器在与国产变频器的竞争中，为本土变频器品牌的发展留有一定的空间。随着国产品牌的兴起，近几年出现了加速替代外资品牌的趋势,部分细分产品在市场上显示出一定的竞争优势,市场份额在逐步扩大,已成功超越了韩资、台资品牌。变频器产品的市场,会逐步形成欧美品牌、日本品牌、内资品牌三足鼎立的格局。

(2)变频技术的发展方向

交流变频调速技术是强弱电结合、机电一体化的综合性技术,既要处理电能的变流转换(整流、逆变),又要处理信息的采集、变换和传输,因此,它的共性技术必定分成功率和控制两大部分。前者要解决与高电压大电流有关的技术问题,后者要解决控制模块的硬、软件开发问题。

综合起来,变频技术主要发展方向如下:

①实现高水平的控制。利用各种控制策略实现高水平控制,包括基于电动机和机械模型的控制策略:矢量控制、磁场控制、直接转矩控制等;基于现代理论的控制策略:滑模变结构技术、模型参考自适应技术、采用微分几何理论的非线性解耦、鲁棒观察器,在某种指标意义下的最优控制技术和逆奈奎斯特阵列设计方法等;基于智能控制思想的控制策略:模糊控制、神经网络、专家系统和自优化、自诊断技术等。

②开发清洁电能的变流器。所谓清洁电能变流器是指变流器的功率因数为1,网侧和负载侧有尽可能低的谐波分量,以减少对电网的公害和电动机的转矩脉动。对中小容量变流器,提高开关频率的PWM控制是有效的。对大容量变流器,在常规的开关频率下,可改变电路结构和控制方式,实现清洁电能的变换。

③缩小装置的尺寸。紧凑型变流器要求功率和控制元件具有较高的集成度,其中包括智能化的功率模块、紧凑型的光耦合器、高频率的开关电源,以及采用新型电工材料制造的小体积变压器、电抗器和电容器。功率器件冷却方式的改变(如水冷、蒸发冷却和热管)对缩小装置的尺寸也相当有效。

④高速度的数字控制。以32位高速微处理器为基础的数字控制模块有足够的能力实现各种控制算法,Windows操作系统的引入使得软件设计更便捷。图形编程的控制技术也有很大的发展。

⑤模拟器与计算机辅助设计(CAD)技术。电机模拟器、负载模拟器以及各种CAD软件的引入,对变频器的设计和测试提供了强有力的支持。其研究开发项目主要有以下4项内容:

a. 数字控制的大功率交-交变频器供电的传动设备。

b. 大功率负载换流电流型逆变器供电的传动设备在抽水蓄能电站、大型风机和泵上的应用。

c. 逆变器在铁路机车上的推广应用。

d. 扩大电压型IGBT、IGCT逆变器供电的传动设备的功能,改善其性能。如四象限运行,带有电机参数自测量与自设定和电机参数变化的自动补偿以及无传感器的矢量控制、直接转矩控制等。

⑥专门化。根据某一负载的特性,有针对性地制造专门化的变频器,这不但有利于对电动机实行经济有效的控制,而且可降低制造成本。例如:风机和泵用专用变频器、起重机械专用变频器、电梯控制专用变频器、张力控制专用变频器和空调专用变频器等。

二、变频器的基本结构

完整的变频调速系统由变频器、传动电动机、控制装置和负载组成,如图1-1-1所示。变频器将电网固定频率变成可调频率后输送给电动机,实现变频调速,其中变频器(含控制装置)是系统的关键部分。

变频器按逆变原理可分为两个大类:一类是将电网固定频率的交流电直接变成可调频率的交流电,称为交流-交流变频器,简称交-交变频器,如图1-1-2(a)所示。另一类是先将电网固定频率的交流电整流成直流电,经过滤波平滑后,再将直流电逆变成频率、电压可调的交流电,称为交流-直流-交流变频器,简称交-直-交变频器,如图1-1-2(b)所示。

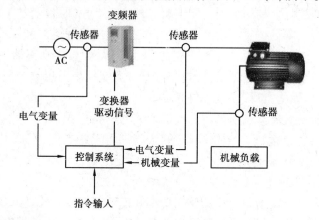

图 1-1-1 变频调速系统

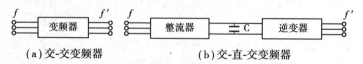

(a)交-交变频器　　　　　　　(b)交-直-交变频器

图 1-1-2 变频器的分类

交-交变频器无直流环节,效率高,但输出频率一般只有电网频率1/3～1/2,所需电力电子器件也较多,一般用于大容量、低转速的传动场合。

交-直-交变频器调速范围宽,以电网频率为基准,既可以往上调,也可以往下调,通过采用各种闭环控制,其调速精度可以与直流调速媲美,应用范围十分广泛。

交-直-交变频器按所用滤波元件不同又可分电压型和电流源型。电压型交-直-交变频器还可按输出电压波形分为阶梯波(或方波)变频器和PWM变频器,阶梯波变频器输出电压谐波较大,限制了它的应用范围,而PWM变频器输出谐波很小,是发展的主要方向。

变频器所采用的电力电子器件分为不控型、半控型和全控型三种。

不控型:如电力二极管;半控型:如晶闸管;全控型:如门极关断(GTO)晶闸管、绝缘栅双极晶体管(IGBT)等。

这些电力电子器件中,全控型功率器件是实现变频的关键器件。

(一)交-直-交变频器

交-直-交变频器组成框图如图1-1-3所示。

工频交流电源经整流电路转换成脉动的直流电,直流电再经中间电路进行滤波平滑,然后送到逆变电路,在控制电路的控制下,逆变电路将直流电转换成频率可变的交流电并送给电动机,驱动电动机运转。改变逆变电路输出的交流电频率,电动机转速就会发生相应的变化。

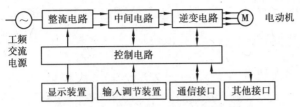

图 1-1-3　交-直-交型变频器组成框图

变频器中的整流电路、中间电路和逆变电路是主电路,工作在高电压大电流状态,主要完成交-直-交的转换。控制电路是变频器的控制中心,当接收到输入调节装置或通信接口送来的指令信号后,会发出相应的控制信号去控制主电路,使主电路按设定的要求工作,同时控制电路还会将有关的设置和状态信号送到显示装置,以显示有关信息,便于用户操作或了解变频器的工作状况。变频器的显示装置一般采用显示屏和指示灯;输入调节装置主要包括按钮、开关和旋钮等。通信接口用来与其他设备(如可编程序控制器 PLC)进行通信,接收它们发送过来的信息,同时还将变频器有关信息反馈给这些设备。除此以外,变频器还有一些其他接口,可以通过这些接口扩展变频器的功能。

交-直-交电压型变频器按照逆变桥臂的换相方式,可分为强迫换相方式和自换相方式。前者逆变所用电力电子器件为晶闸管,后者则采用了全控型电力电子器件,如 GTR,GTO,IGBT等。

交-直-交电流型变频器的结构和工作原理与电压型相似,只是其中间电路使用了大电感滤波,在换相方式上分为强迫式换相、输出滤波器式换相、负载换相和自换相式。

（二）交-交变频器

交-交型变频器直接将工频电源转换成频率可变的交流电源提供给电动机,通过调节输出电源频率来对电动机转速进行控制。

交-交型变频器组成框图如图 1-1-4 所示。从图中可以看出:交-交变频器与交-直-交型变频器的主体电路不同,它采用交-交变频电路直接将工频电源转换成频率可调的交流电源的方式进行变频调速。交-交型变频器又称周波变换器。因不像交-直-交变频器需要中间直流环节,故也称为直接变频器。由于省去中间直流环节,为一级换能装置,其效率比交-直-交变频器高。

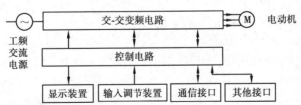

图 1-1-4　交-交型变频器组成框图

交-交型变频电路一般只能将输入交流电频率调低输出,而工频电源频率本来就低,所以交-交型变频器的调速范围很窄,另外,这种变频器要采用大量的晶闸管等电力电子器件,导致装置体积大、成本高,故交-交型变频器使用远没有交-直-交型变频器广泛。

13

三、变频器的主电路

(一)变频器主电路概述

变频器主电路,主要由整流电路、滤波电路、逆变电路及制动单元等几部分构成,其中IG-BT(绝缘栅双极晶体管)为变频器主要开关器件,图1-1-5为电压型交-直-交变频器主电路图的基本结构。

三相工频交流电经大功率二极管 $VD_1 \sim VD_6$ 整流后,正极送入到缓冲电阻 R_L 中, R_L 的作用是防止电流忽然变大。电流趋于稳定后, S_L 导通,将缓冲电阻 R_L 短路,直流电压加在了滤波电容 C_{F1} , C_{F2} 上,这两个电容可以把脉动的直流电波形变得平滑一些。由于一个电容的耐压有限,所以把两个电容串起来使用,耐压就提高了一倍。又因为,如果两个电容的容量不一样,分压会不同,所以给两个电容分别并联了一个均压电阻 R_1 , R_2 。

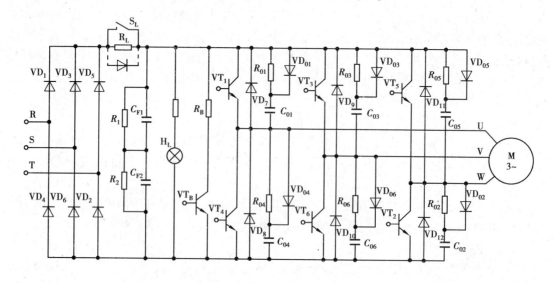

图1-1-5 电压源型交-直-交变频器主电路的基本结构图

H_L 是主电路的电源指示灯,串联了一个限流电阻接在正、负电压之间,这样三相电源一旦加进来, H_L 就会发光,指示电源送入。直流电压加在大功率晶体管 VT_B 的集电极与发射极之间, VT_B 的导通由控制电路控制, VT_B 还串联了变频器的制动电阻 R_B ,组成了变频器制动回路。由于电动机的电极绕组是感性负载,在启动和停止的瞬间都会产生一个较大的反向电动势,这个反向电压的能量会通过续流二极管 $VD_7 \sim VD_{12}$ 使直流母线上的电压升高,电压高到一定程度会击穿逆变管 $VT_1 \sim VT_6$ 和整流管 $VD_1 \sim VD_6$ 。当有反向电压产生时,控制回路控制 VT_B 导通,电压就会通过 VT_B 在电阻 R_B 上释放掉。当电机功率较大时,还可并联外接电阻。

直流母线电压加到 $VT_1 \sim VT_6$ 个逆变管上,这6个大功率晶体管(IGBT),基极由控制电路控制。控制电路控制某3个管子的导通,给电机绕组提供电流,产生磁场使电机运转。

例如:某一时刻, VT_1 , VT_2 , VT_6 受基极控制导通,电流经U相流入电机绕组,经V,W相流入负极。下一时刻同理,只要不断地切换,就把直流电变成了交流电,驱动电机运转。

为了保护IGBT,在每一个IGBT上都并联了一个续流二极管,还有阻容吸收回路。

(二)变频器主电路分析

结合图1-1-5,将变频器主电路分为交-直部分、直-交部分、制动单元进行分析。

1. 交-直部分

（1）整流电路

由 $VD_1 \sim VD_6$ 组成三相不可控桥式全波整流电路，将三相交流电整流成直流电。对于小功率变频器，由于输入电流多为单相交流电，整流电路为单相全波整流；对于功率大的变频器，电源为三相 380 V 电源，整流电路为三相桥式全波整流电路。

设电源的线电压有效值为 U_L，那么三相全波整流后输出的直流电压平均值 $U_d = 1.35 U_L$。三相电压为 380 V 时，整流后的直流电压平均值 513 V。

（2）滤波电路

滤波电路的功能是对整流电路输出的波动较大的电压或电流进行平滑，为逆变电路提供波动较小的直流电压或电流。滤波电路可采用大电容滤波，也可采用大电感（或称电抗）滤波。用大电容滤波的滤波电路能为逆变电路提供稳定的直流电压，故称为电压型变频器；采用大电感滤波的滤波电路能为逆变电路提供稳定的直流电流，故称为电流型变频器。

图 1-1-5 中滤波电路由滤波电容器 C_F 组成，其作用除了滤除整流带来的电压波纹外，还在整流电路与逆变器之间起去耦作用，以消除相互干扰，并给感性负载的电动机提供无功功率。C_F 还在整流电路与逆变电路之间起到储能作用，故又称为储能电容。

（3）限流电阻 R_L 与开关 S_L

在外电源接入瞬间，电容器端电压为零，且储能电容 C_F 一般取值较大，所以在变频器接通电源的瞬间，滤波电容 C_F 的充电电流会很大。过大的冲击电流（浪涌电流）会使三相整流桥损坏。为了保护整流桥，在变频器接通电源的一段时间里，电路串入了限流电阻 R_L，限制电容的充电电流。当滤波电容 C_F 充电达到一定程度后，通过开关 S_L 将电阻短路。S_L 也可用晶闸管代替。

如图 1-1-6 所示浪涌保护电路，采用了保护电容。由于保护电容与整流二极管并联，在接通电源时，输入电流除了要经过二极管外，还会分流对保护电容充电，这样减小了通过整流二极管的电流。当保护电容充电结束后，滤波电容上也充得较高的电压，电流仅流过整流二极管电路开始正常工作。

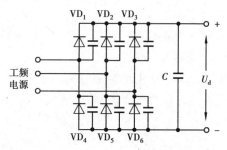
图 1-1-6　几种常用的浪涌保护电路

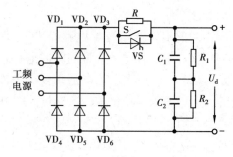
图 1-1-7　均压电路

（4）均压电路

滤波电路使用的电容要求容量大、耐压高，若单个电容无法满足要求时，可采用多个电容并联以增大容量，或采用多个电容串联来提高耐压。电容串联后总容量减小，但每个串联电容两端承受的电压减小，电容两端承受电压与容量成反比（$U_1/U_2 = C_2/C_1$），即电容串联后，容量小的电容两端要承受更高的电压。

图 1-1-7 电路中采用两个电容 C_1，C_2 串联来提高总耐压，为了使每个电容两端承受的电压相等，要求 C_1，C_2 的容量相同，这样总耐压就为两个电容耐压之和，如 C_1，C_2 耐压都为 250 V，那么它们串联后可以承受 500 V 电压。由于电容容量有较大的变化性，即使型号、标称容量都相同的电容，也可能在实际使用中容量上有一定的差别，这样两电容串联后，容量小的电容两端承受的电压高，易被击穿，该电容一旦击穿短路后，另一个电容因承受全部电压，也会被击穿。为了避免这种情况的出现，往往在串联的电容两端并联阻值相同的均压电阻，使容量不同的电容两端承受的电压相同。

图 1-1-7 电路中的电阻 R_1，R_2 就是均压电阻，它们的阻值相同，并且都并联在电容两端，当容量小的电容两端电压高时，该电容会通过并联的电阻放电来降低两端电压，使两个电容两端的电压保持相同。

(5)电源指示 H_L

H_L 除了指示电源是否接通外，还显示滤波电容 C_F 上的电荷是否已经释放完毕。

2. 直-交部分

(1)逆变电路

由电力开关器件 $VT_1 \sim VT_6$ 构成逆变桥，把经 $VD_1 \sim VD_6$ 整流后的直流电逆变成频率、电压可调的交流电以驱动三相电动机，是变频器实现变频的关键环节。常用的电力开关器件有绝缘栅双极晶体管(IGBT)、大功率晶体管(GTR)、门极关断晶闸管(GTO)、电力场效应晶体管(MOSFET)、集成门极换向晶闸管(IGCT)等。

(2)续流二极管 $VD_7 \sim VD_{12}$

续流二极管的主要功能是：

①为感性负载(电动机)无功电流返回直流电源提供路径。

②当频率下降、电动机处于再生制动状态时，再生电流将通过续流二极管 $VD_7 \sim VD_{12}$ 返回直流电源。

③与电力开关器件 $VT_1 \sim VT_6$ 共同完成逆变的基本过程：在同一桥臂的两个电力开关器件交替导通和截止的换相过程中，续流二极管提供通道。

(3)缓冲电路

不同型号的变频器其缓冲电路结构也不尽相同。图 1-1-5 中由 $C_{01} \sim C_{06}$，$R_{01} \sim R_{06}$ 及 $VD_{01} \sim VD_{06}$ 构成了一种比较典型的缓冲电路。主要功能如下：

①$C_{01} \sim C_{06}$。$VT_1 \sim VT_6$ 由导通切换为关断的瞬间，集电极和发射极之间的电压 U_{ce} 近乎由零迅速上升至直流电压值 U_D，这样过高的电压增长率将导致电力器件的损坏。因此，$C_{01} \sim C_{06}$ 的功能是降低 $VT_1 \sim VT_6$ 在每次换相瞬间的电压增长率。

②$R_{01} \sim R_{06}$。$VT_1 \sim VT_6$ 每次由截止状态切换为导通状态的瞬间，由于 $C_{01} \sim C_{06}$ 上的充电电压会向 $VT_1 \sim VT_6$ 放电，且放电电流的初始值较大，与负载电流叠加后容易导致 $VT_1 \sim VT_6$ 的损坏。因此电路中增加了 $R_{01} \sim R_{06}$，其功能是限制电力开关器件在接通瞬间 $C_{01} \sim C_{06}$ 的放电电流。

③$VD_{01} \sim VD_{06}$。$R_{01} \sim R_{06}$ 的接入，会影响到 $C_{01} \sim C_{06}$ 在 $VT_1 \sim VT_6$ 关断时，降低电压增长率的效果。在电路中将 $VD_{01} \sim VD_{06}$ 接入后，使 $VT_1 \sim VT_6$ 的关断过程中 $R_{01} \sim R_{06}$;不起作用，而在 $VT_1 \sim VT_6$ 的接通过程中，又迫使 $C_{01} \sim C_{06}$ 的放电电流经 $R_{01} \sim R_{06}$。这样可以避免 $R_{01} \sim$

R_{06}的接入对 $C_{01} \sim C_{06}$ 工作的影响。

3. 制动电阻和制动单元

由制动电阻 R_B 及制动单元 VT_B 构成，主要作用是用于消耗电动机反馈回来的能量，避免过高的泵升电压损坏变频器。变频器是通过改变输出交流电的频率来控制电动机转速的，当需要电动机减速时，变频器的逆变器输出交流电频率下降，由于惯性，电动机转子转速会短时高于定子绕组产生的旋转磁场（该磁场由变频器提供给定子绕组的交流电产生），电动机处于再生发电制动状态，所产生的电动势通过逆变电路对滤波电容反充电，使电容两端电压升高。为了防止电动机减速再生发电制动时对电容充电电压过高，同时也为了提高减速制动速度，通常需要在变频器的中间电路中设置制动电路。

在制动或减速时，控制电路会送控制信号到三极管 VT_B 的基极，使 VT_B 导通，电容 C 通过 R_B，VT_B 放电，使 U_d 电压下降。同时电动机通过逆变电路送来的反馈电流也经 R_B，VT_B 形成回路，该电流在流回电动机绕组时，绕组会对转子产生很大的制动力矩，从而使电动机快速由高速转为低速，回路电流越大，绕组产生的磁场对转子形成的制动力矩越大。如果电动机功率较大或电动机需要频繁调速，可给变频器外接制动电阻(R 和 R_B 并联)，使电容放电回路和电动机再生发电制动回路电阻减小，以提高电容 C 放电速度和增加电动机制动力矩。

(三) 智能模块组成的变频器主电路

随着集成工艺的提高和突破，电力集成电路(PIC)、智能功率模块(IPM)开始运用于变频器主电路。智能模块的内部集成了电流传感器，可以检测过电流及短路电流，不需外加电流检测元件；集成了过流、短路、欠压和过热等保护功能，如果其中任何一种保护功能动作，输出为关断状态，同时输出故障信号；还集成了整流模块、功率因数校正电路、IGBT 逆变模块及驱动电路。如三菱公司生产的 IPMPM50RSA120，富士公司生产的 7MBP50RA060，西门子公司生产的 BSM50GD120 等。模块的典型开关频率为 20 kHz。

1. 智能功率模块(IPM)

(1)智能模块内部结构

智能模块内部基本结构如图 1-1-8 所示，其中包括用于电动机制动的功率控制电路和三相逆变器各桥臂的驱动电路及各种保护电路。

(2)智能模块驱动电路的选择及其注意事项

智能模块驱动电路可采用光耦合电路和双脉冲变压器实现。

①光耦合电路。IPM 驱动电路要求信号传输迟延时间在 0.5 μs 以内，所以，器件只能采用快速光耦合。为了提高信号传输速度，可选用逻辑门光电耦合器 6N137。该器件隔离电平高、共模抑制性强、速度快、高电平输出传输延迟时间和低电平输出传输延迟时间都为 48 ns，最大值为 75 ns。但该器件工作于 TTL 电平，而 IPM 模块的开关逻辑信号高电平为 15 V，因此，需要设计一个电平转换电路。

②双脉冲变压器。对于 20 kHz 的 PWM 开关控制信号，可采用脉冲变压器直接传送，但存在磁芯体积较大和开关占空比范围受限的问题。对于 20 kHz 的开关信号，也可采用 4 MHz高频调制的方法来实现 PWM 信号的传送，这种信号传输方式不仅可大大减小磁芯尺寸和降低成本，更重要的是通过大幅度减小脉冲变压器原、副边的耦合分布电容，使脉冲变压器的电气隔离性能得到改善，电压变化率 du/dt 的能力得到进一步提高，同时使 PWM 工作下

的开关占空比不受限制。为了选用合适的 IPM 用于变频器,有两个主要方面需要权衡:根据 IPM 的过流动作数值来确定峰值电流 I_c 及适当的热设计,以保证结温峰值永远小于最大结温额定值(150 ℃),使基板的温度保持低于过热动作数值。峰值电流应按照电机的额定功率值确定。电机峰值电流是根据变频器和电机工作的效率、功率因数、最大负载和电流脉动而设定的。电机电流最大峰值 I_c 可由下式计算:

$$I_c = \frac{P \times f_{OL} \sqrt{2} R}{\eta \times f_{PF} \sqrt{3} U_{AC}} \tag{1-1-3}$$

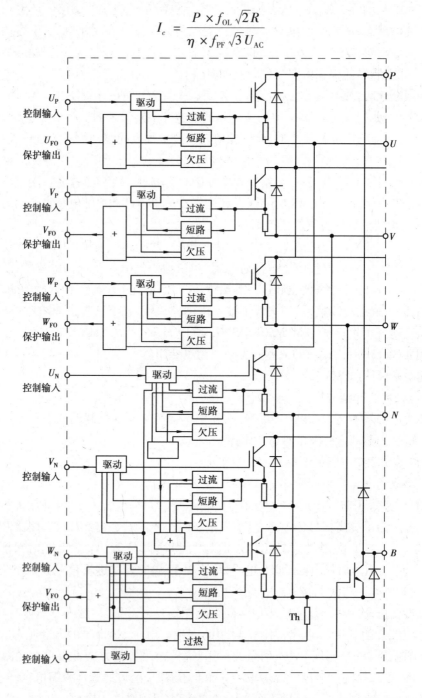

图 1-1-8　智能模块内部基本结构图

式中　　P——电机功率，W；

　　　　f_{OL}——变频器最大过载因数；

　　　　R——电流脉动因数；

　　　　η——变频器的效率；

　　　　f_{PF}——功率因数；

　　　　U_{AC}——交流线电压(三相)，V。

2. 智能模块应用举例

图 1-1-9 是富士 R 系列 IPM 的一种应用电路,该 IPM 控制端子的功能见表 1-2-1,型号为 7MBPSORA060-01,含义见表 1-1-2。

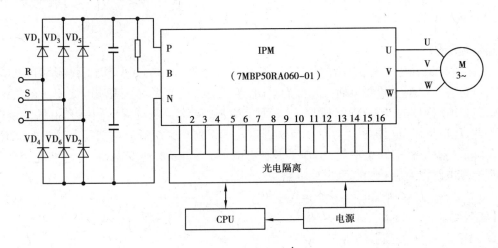

图 1-1-9　IPM 应用电路

表 1-1-2　富士 R 系列 IPM 控制端子功能说明

端子号	功　能	端子号	功　能
1	上桥臂 U 相驱动电源输入负端	9	上桥臂 W 相驱动电源输入正端
2	上桥臂 U 相控制信号输入端	10	下桥臂共用驱动电源输入负端
3	上桥臂 U 相驱动电源输入正端	11	下桥臂共用驱动电源输入正端
4	上桥臂 V 相驱动电源输入负端	12	制动单元控制信号输入端
5	上桥臂 V 相控制信号输入端	13	下桥臂 X 相控制信号输入端
6	上桥臂 V 相驱动电源输入正端	14	下桥臂 Y 相控制信号输入端
7	上桥臂 W 相驱动电源输入负端	15	下桥臂 Z 相控制信号输入端
8	上桥臂 W 相控制信号输入端	16	报警输出

【注意】使用时,控制电源上桥臂使用 3 组,下桥臂制动单元可共用 1 组。4 组控制电源之间必须相互绝缘,控制电源与主电源之间的距离应大于 2 mm。

表 1-1-3　富士 R 系列 IPM 型号定义

格式	主器件数 (6 或 7)	IPM	额定 电流	系列 名称	系列号	耐压值(600 V,060) (1 200 V,120)	品种 序号
型号	7	MBP	50	R	A	060	01
含义	耐压 600 V,额定电流 500 A,带制动单元的 IPM(6—不带制动单元的 IGBT)						

任务 2　交-直-交变频技术

【活动情景】

交-直-交变频器中,逆变电路的作用是:实现直-交变换,向交流电动机提供频率和电压可调的交流电源。根据中间环节储能元件的不同,逆变电路又分为电压型和电流型。在逆变电路中,通过功率器件的开关作用,既要完成直-交变换,又要实现对输出频率和电压的调节。不仅如此,还应提供电动机再生电能的反馈通道。考虑到减少变流对电网及电动机的谐波影响以及降低功率器件的开关损耗,出现了多种电路形式,如多重逆变电路、多电平逆变电路、复合型逆变电路以及脉冲调制型逆变电路。

【任务要求】

1. 了解交-直-交变频器的组成。

2. 掌握对逆变电路的结构、工作过程及输出波形的分析。

一、逆变技术原理

逆变电路的功能是将直流电转换成频率和电压都可调的交流电。下面以如图 1-2-1 所示电路来说明逆变电路的基本工作原理。

电路工作时,需要给开关器件 VT_1,VT_4 基极提供控制脉冲信号。当 VT_1,VT_4 基极脉冲信号为高电平,而 VT_2,VT_3 基极脉冲信号为低电平时,VT_1,VT_4 导通,VT_2,VT_3 关断,有电流经 VT_1,VT_4 流过负载 RL,电流途径是:电源 E 正极→VT_1→RL→VT_4→电源 E 负极,RL 两端的电压极性为左正右负。当 VT_2,VT_3 基极脉冲信号为高电平时而 VT_1,VT_4 基极脉冲信号为低电平时,VT_2,VT_3 导通,VT_1,VT_4 关断,有电流经 VT_2,VT_3 流过负载 RL,电流途径是:电源 E 正极→VT_3→RL→VT_2→电源 E 负极,RL 两端的电压极性为左负右正。

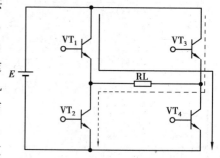

图 1-2-1　逆变电路的工作原理说明图

从上述过程可以看出,在直流电源供电情况下,通过控制开关器件的通断可以改变流过负载的电流方向,这种方向发生改变的电流就是交流,从而实现了直-交转换的功能。

二、电压型逆变电路

逆变电路由直流侧(电源端)和交流侧(负载端)组成,电压型逆变电路是指直流侧采用电压源的逆变电路。电压源是指能提供稳定电压的电源,另外,电压波动小且两端并联有大电容的电源也可视为电压源。图 1-2-2 就是两种典型的电压源(虚线框内部分)。

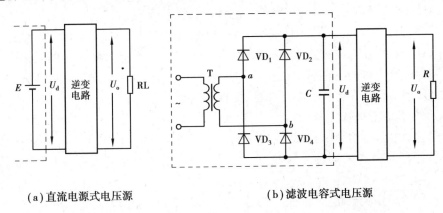

（a）直流电源式电压源　　　　　　　　（b）滤波电容式电压源

图 1-2-2　两种典型的电压源

图 1-2-2(a)中的直流电压源 E 能提供稳定不变的电压 U_d,因此它可以视为电压源。图 1-2-2(b)中的桥式整流电路后面接有一个大滤波电容 C,交流电压经变压器降压和二极管整流后,在 C 上得到波动很小的电压 U_d,电容往后级电路放电后,整流电路会及时充电,故 U_d 变化很小,电容容量越大,U_d 波动越小,电压越稳定,故虚线内的整个电路也可视为电压源。

（一）单相半桥逆变电路

图 1-2-3 为单相半桥逆变的电路原理图,直流电压 U_d 加在两个串联的足够大的电容两端,两个电容的连接点为直流电源的中点,即每个电容上的电压为 $U_d/2$。由两个导电臂交替工作使负载得到交变电压和电流。每个导电臂由一个电力晶体管与一个反并联二极管组成。

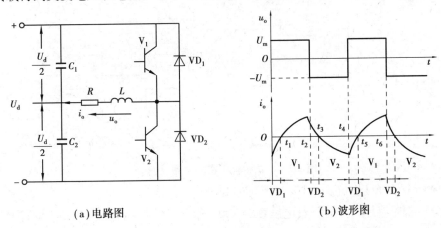

（a）电路图　　　　　　　　　　（b）波形图

图 1-2-3　单相半桥逆变电路

电路工作时,两只电力晶体管 V_1,V_2 基极信号交替正偏和反偏,二者互补导通与截止。若电路负载为感性,其工作波形如图 1-2-3(b)所示,输出电压为矩形波,幅值为 $U_m = U_d/2$。

21

负载电流 i_o 波形与负载阻抗角有关。设 t_2 时刻之前 V_1 导通,电容 C_1 两端的电压通过导通的 V_1 加在负载上,极性为右正左负,负载电流 i_o 由右向左。t_2 时刻给 V_1 关断信号,给 V_2 导通信号,则 V_1 关断,但感性负载中的电流 i_o 方向不能突变,于是 VD_2 导通续流,电容两端电压通过导通的 VD_2 加在负载两端,极性为左正右负。当 t_3 时刻 i_o 降至零时,VD_2 截止,V_2 导通,i_o 开始反向。同样在 t_4 时刻给 V_2 关断信号,给 V_1 导通信号后,V_2 关断,i_o 方向不能突变,由 VD_1 导通续流。t_5 时刻 i_o 降至零时,VD_1 截止,V_1 导通,i_o 反向。

由以上分析可见,当 V_1 或 V_2 导通时,负载电流与电压同方向,直流侧向负载提供能量;而当 VD_1,VD_2 导通时,负载电流与电压反方向,负载中电感性能量向直流侧反馈,反馈回的能量暂时储存在直流侧的电容器中,电容器起到了缓冲的作用。由于二极管 VD_1,VD_2 是负载向直流侧反馈能量的通道,故称为反馈二极管;同时 VD_1,VD_2 也起着使负载电流连续的作用,因此又称为续流二极管。

半桥式逆变电路结构简单,负载两端得到的电压较低(为直流电压的一半),并且直流侧需采用两个电容器串联来均压。因此,单相半桥逆变电路常用在几千瓦以下的小功率逆变设备中。

(二)单相全桥逆变电路

全桥逆变电路可看做是两个半桥逆变电路的组合。电路原理图如图 1-2-4(a)所示,图中采用 4 个 IGBT 作全控开关器件。直流电压 U_d 接有大电容 C,使电源电压稳定。电路中共 4 个桥臂,臂 1,4 和桥臂 2,3 组成两对。两对桥臂交替各导通 $180°$,其输出电压 u_o 的波形和图 1-2-3(b)的半桥电路波形 u_o 形状相同,也是矩形波,但其幅值高出一倍,$U_m = U_d$。在直流电压和负载都相同的情况下,其输出电流 i_o 的波形也和图 1-2-3(b)中的 i_o 形状相同,仅幅值增加一倍。

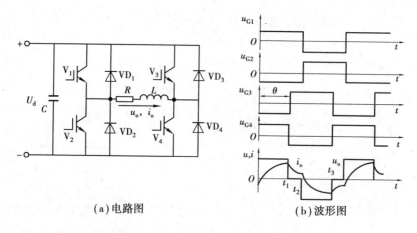

(a)电路图　　　　　　　　(b)波形图

图 1-2-4　单相全桥逆变电路及波形

对于单相全桥逆变电路的分析,与半桥逆变电路相同。

以上分析都是基于 u_o 的正、负电压各为 $180°$ 矩形脉冲时的情况。在这种情况下,要改变输出交流电压的有效值只能通过改变直流电压 U_d 来实现。

在阻感负载时,可以采用移相的方式来调节逆变电路的输出电压,这种方式称为移相调压。移相调压实际上就是调节输出电压脉冲的宽度。单相全桥逆变电路的 U_{G1},U_{G3} 的脉冲和 U_{G2},U_{G4} 的脉冲之间相位差为 θ,改变 θ 值,就能调节负载 R,L 两端电压 U_o 的脉冲宽度(正、负宽度同时变化）。

【注意】采用移相调压时，V_3 的栅极信号 U_{G3} 不是比 V_1 落后 $180°$，而是只落后 $\theta(0 < \theta < 180°)$。即 V_3，V_4 的栅极信号不是分别和 V_2，V_1 的栅极信号同相位，而是前移了 $(180° - \theta)$。这样输出电压 u_o 就不再是正负各为 $180°$ 的脉冲，而是正、负各为 θ 的脉冲，各 IGBT 的栅极信号 $U_{G1} \sim U_{C4}$ 及输出电压 u_o、输出电流 i_o 的波形如图 1-2-4（b）所示。

全桥逆变电路在单相逆变电路中应用最多。

（三）单相变压器逆变电路

单相变压器逆变电路如图 1-2-5 所示，变压器 T 由 L_1，L_2，L_3 组线圈组成，它们的匝数比为 $1:1:1$，R，L 为感性负载。

【电路工作过程】

当电力器件 VT_1 基极的控制脉冲 U_{b1} 为高电平时，VT_1 导通，VT_2 的 U_{b2} 为低电平，VT_2 关断，有电流流过线圈 L_1，电流途径是：$U_d^+ \rightarrow L_1 \rightarrow VT_1 \rightarrow U_d^-$，$L_1$ 产生左负右正的电动势，该电动势感应到 L_3 上，L_3 上得到左负右正的电压 U_o 供给负载 R，L。

当电力器件 VT_2 的 U_{b2} 为高电平，VT_1 的 U_{b1} 为低电平时，VT_1 关断，VT_2 并不能马上导通，因为 VT_1 关断后，流过负载 R，L 的电流突然减小，L 立即产生左正右负的电动势，该电动势送给 L_3，L_3 再感应到 L_2 上，L_2 上感应电动势极性为左正右负，该电动势对电容 C 充电将能量反馈给直流侧，充电途径是：L_2 左正 $\rightarrow C \rightarrow$

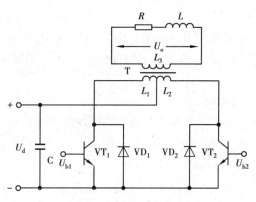

图 1-2-5　单相变压器逆变电路

$VD_2 \rightarrow L_2$ 右负，由于 VD_2 的导通，VT_2 的 e，c 极电压相等，虽然 U_{b2} 为高电平但 VT_2 不能导通。一旦 L_2 上的电动势降到与 U_d 相等时，无法对 C 充电，VD_2 截止，VT_2 开始导通，有电流流过线圈 L_2，电流途径是：$U_d^+ \rightarrow L_2 \rightarrow VT_2 \rightarrow U_d^-$，$L_2$ 产生左正右负的电动势，该电动势感应到 L_3 上得到左正右负的电压 U_o 供给负载 R，L。

当电力器件 VT_1 的 U_{b1} 再变为高电平，VT_2 的 U_{b2} 为低电平时，VT_2 关断，负载电感 L 会产生左负右正电动势，通过 L_3 感应到 L_1 上，L_1 上的电动势再通过 VD_1 对直流侧的电容 C 充电，待 L_1 上的左负右正电动势降到与 U_d 相等后，VD_1 截止，VT_1 才能导通。以后电路会重复上述过程。单相变压器逆变电路的优点是采用的开关器件少，缺点是开关器件承受的电压高（$2U_d$）。且需用到变压器。

（四）三相电压逆变电路

1. 三相电压型逆变电路分析

单相电压逆变电路只能接一相负载，而三相电压逆变电路可同时接三相负载。图 1-2-6 是一种应用较广泛的三相电压逆变电路，其中，R_1，$L_1 \sim R_3$，L_3 构成三相感性负载（如三相异步电动机）。

三相逆变电路由 6 只具有单向导电的功率开关器件 $VT_1 \sim VT_6$ 组成。每只功率开关上反并联一只续流二极管，为负载的滞后电流提供一条反馈到电源的通路。6 只功率开关管每隔

60°电角度触发导通一只,根据功率开关的导通持续时间不同,可分为180°导电型和120°导电型两种工作方式。120°导电型工作方式,相邻两相的功率开关触发导通时间互差120°,一个周期共换相6次,对应6个不同的工作状态(又称六拍)。

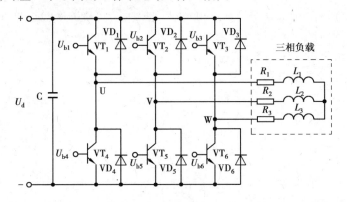

图 1-2-6　三相电压逆变电路

现以180°导电型为例,说明逆变电路的工作过程和输出电压波形。180°导电型的特点是:每只功率开关导通时间皆为180°。当按 $VT_1 \rightarrow VT_6$ 的顺序导通时,电路工作过程如下。

【电路工作过程】

当 VT_1、VT_5、VT_6 基极的控制脉冲均为高电平时,这3个开关件都导通,有电流流过三相负载,电流途径是:$U_d^+ \rightarrow VT_1 \rightarrow R_1, L_1$,再分作两路,一路经 L_2, R_2, VT_5 流到 U_d^-,另一路经 L_3,R_3, VT_6 流到 U_d^-。

当 VT_2、VT_4、VT_6 基极的控制脉冲均为高电平时,这3个开关件不能马上导通,因为 VT_1 关断后流过三相负载的电流突然减小,L_1 产生左负右正电动势,L_2, L_3 均产生左正右负电动势,这些电动势叠加对直流侧电容 C 充电,充电途径是:L_2 左正 $\rightarrow VD_2 \rightarrow C$,$L_3$ 左正 $\rightarrow VD_3 \rightarrow C$,两路电流汇合对 C 充电后,再经 $VD_4, R_1 \rightarrow L_1$ 左负。VD2 的导通使 VT_2 集射极电压相等,VT_2 无法导通,VT_4, VT_6 也无法导通。当 L_1, L_2, L_3 叠加电动势下降到 U_d,VD_2, VD_3, VD_4 截止,VT_2, VT_4, VT_6 开始导通,有电流流过三相负载,电流途径是:$U_d^+ \rightarrow VT_2 \rightarrow R_2, L_2$,再分作两路,一路经 L_1, R_1, VT_4 流到 U_d^-,另一路经 L_3, R_3, VT_6 流到 U_d^-。

当 VT_3、VT_4、VT_5 基极的控制脉冲均为高电平时,这3个电力开关不能马上导通,因为 VT_2 关断后流过三相负载的电流突然减小,L_2 产生左负右正电动势,L_1, L_3 均产生左正右负电动势,这些电动势叠加对直流侧电容 C 充电,充电途径是:L_1 左正 $\rightarrow VD_1 \rightarrow C$,$L_3$ 左正 $\rightarrow VD_3 \rightarrow C$,两路电流汇合对 C 充电后,再经 $VD_5, R_2 \rightarrow L_2$ 左负。VD3 的导通使 VT_3 集射极电压相等,VT_3 无法导通,VT_4, VT_5 也无法导通。当 L_1, L_2, L_3 叠加电动势下降到 U_d 大小,VD_1, VD_3, VD_5 截止,VT_3, VT_4, VT_5 开始导通,有电流流过三相负载,电流途径是:$U^+ \rightarrow VT_3 \rightarrow R_3, L_3$,再分作两路,一路经 L_1, R_1, VT_4 流到 U_d^-,另一路经 L_2, R_2, VT_5 流到 U_d^-。

以后的工作过程与上述相同,这里不再赘述。通过控制开关器件的导通、关断,三相电压逆变电路实现了将直流电压转换成三相交流电压的功能。

每个工作状态下,都有3只功率开关同时导通,其中每个桥臂上都有一只导通,形成三相负载同时通电。导通规律如表 1-2-1 所示。

表 1-2-1　180°导电型逆变电路功率开关的导通规律

工作状态(拍)	每个工作状态下被导通的功率开关		
状态 1(0°~60°)	VT₁ VT₃	VT₅	
状态 2(60°~120°)	VT₁	VT₅ VT₆	
状态 1(120°~180°)	VT₁ VT₂	VT₆	
状态 1(180°~240°)	VT₂ VT₄	VT₆	
状态 1(240°~300°)	VT₂ VT₃ VT₄		
状态 1(300°~360°)	VT₃ VT₄ VT₅		

设负载为星形连接的三相对称负载,即 $Z_A = Z_B = Z_C = Z$。逆变电路的换相瞬间完成,并忽略功率开关上的管压降。状态 1时,功率开关 VT_1,VT_3,VT_5 导通,其等效电路如图 1-2-7 所示。由图可求得负载电压:

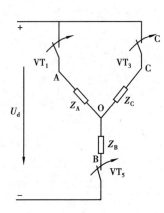

$$u_{AO} = u_{CO} = U_d \frac{\frac{Z_A Z_C}{Z_A + Z_C}}{Z_B + \frac{Z_A Z_C}{Z_A + Z_C}} = \frac{1}{3}U_d \quad (1-2-1)$$

$$u_{BO} = -U_d \frac{Z_B}{Z_B + \frac{Z_A Z_C}{Z_A + Z_C}} = -\frac{2}{3}U_d \quad (1-2-2)$$

图 1-2-7　状态 1 的等效电路

同理,可求得其他状态下的等效电路并计算出相应相电压瞬时值见表 1-2-2。

表 1-2-2　负载为Y接时的各工作状态下的相电压

相电压	状态 1	状态 2	状态 3	状态 4	状态 5	状态 6
u_{AO}	$1/3U_d$	$2/3U_d$	$1/3U_d$	$-1/3U_d$	$-2/3U_d$	$-1/3U_d$
u_O	$-2/3U_d$	$-1/3U_d$	$1/3U_d$	$2/3U_d$	$1/3U_d$	$-1/3U_d$
u_O	$1/3U_d$	$-1/3U_d$	$-2/3U_d$	$-1/3U_d$	$1/3U_d$	$2/3U_d$

负载线电压可按下列各式求得:

$$u_{AB} = u_{AO} - u_{BO} \quad (1-2-3)$$
$$u_{BC} = u_{BO} - u_{CO} \quad (1-2-4)$$
$$u_{CA} = u_{CO} - u_{AO} \quad (1-2-5)$$

将上述各种状态下对应的相电压、线电压画出,即可得到 180°导电型的电压型逆变器的输出电压波形,如图 1-2-8 所示。

由图 1-2-8 可以看出,逆变器输出为三相交流电压,各相之间互差 120°,三相对称,相电压为阶梯波,线电压为方波。输出电压的交变频率取决于逆变器开关器件的切换频率。

研究表明,输出线电压和相电压都存在着 $(6k \pm 1)$ 次谐波,特别是较大的 5 次和 7 次谐

25

波,对负载电动的运行十分不利。

2.电压型逆变器的再生制动运行

最简单的电压型逆变器由可控整流器和电压型逆变器组成,用可控整流器调压,逆变器调频,如图1-2-9所示。逆变电路使用的功率开关为晶闸管。因中间直流电路并联着大电容 C_d,直流极性无法改变,即从可控整流器到 C_d 之间的直流电流 I_d 的方向和直流电压 U_d 的极性不能改变。因此,功率只能从交流电网输送到直流电路,反之则不行。这种变频由于能量只能单方向传送,不能适应再生制动运行,应用场所受到限制。

为适应再生制动运行,可在图1-2-9电路的基础上,按照以下方法,增加附加电路。

(1)方法一

在中间直流电路中设法将再生能量处理掉,即在电容 C_d 的两端并联一条由耗能电阻 R 与功率开关(可以是晶闸管或自关断器件)相串联的电路,如图1-2-10所示。

当再生电能经逆变器的续流二极管反馈到直流电路时,将使电容电压升高,触发导通与耗能电阻串联的功率开关,再生能量便消耗在电阻上,该方法适用于小容量系统。

(2)方法二

在整流电路中设置再生反馈通路,即反并联一组逆变桥,如图1-2-11所示,此时 U_d 的极性仍然不变,但 I_d 可以借助于反并联三相桥(工作在有源逆变状态)改变方向使再生电能反馈到交流电网。该方法可用于大容量系统。

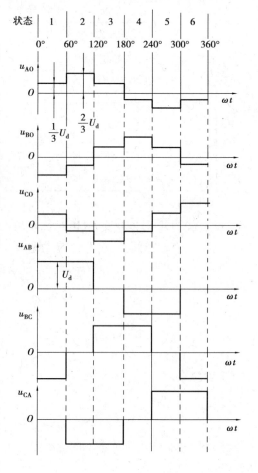

图1-2-8　180°导电型三相电压型
逆变器的输出电压波形

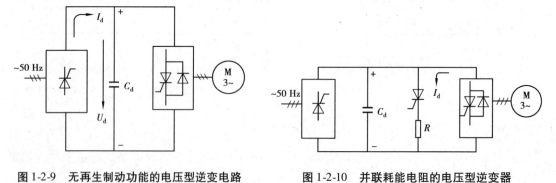

图1-2-9　无再生制动功能的电压型逆变电路　　　图1-2-10　并联耗能电阻的电压型逆变器

3.电压调节方式

为适应变频调速的需要,变频电源必须在变频的同时实现变压。对于输出矩形波的变频而言,在逆变器输出端要利用变压器进行调压或移相调节,而在逆变器输入端调节电压主要有两种方式。

　　一种是采用可控整流器整流,通过对触发脉冲的相位控制直接得到可调直流电压,如图1-2-9 所示。该方式电路简单,但电网侧功率因数低,特别是低电压时,更为严重。

　　另一种是采用不控整流器整流,在直流环节增加斩波器,以实现调压,如图1-2-12 所示。此方式由于使用不控整流器,电网侧的功率因数得到明显改善。

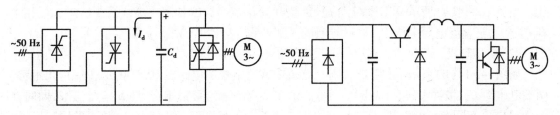

图 1-2-11　反并联逆变桥的电压型变频器　　　　　**图 1-2-12　利用斩波器调压的变频器**

　　上述两种方法都是通过调节逆变器输入端的直流电压来改变逆变器输出电压的幅值,又称为脉幅调制(Pulse Amplitude Modulation 简称 PAM)。此时逆变器本身只调节输出电压的交变频率,调压和调频分别由两个环节完成。

　　4. 串联电感式电压型逆变电路

　　按照逆变器的工作原理,功率开关的导通规律是:逆变器中的电流必须从一只功率开关准确地转移到另一只功率开关中去,这个过程称为换相。如图1-2-6 所示电路中,功率开关采用全控型器件,由于器件本身具有自关断能力,无需换相电路即可实现换相。

　　当功率开关采用晶闸管时,由于这种半控型器件不具备自关断能力,用于异步电动机变频调速系统时,必须增加专门的换相电路进行强迫换相,即通过换相电路对晶闸管施加反压使其关断。采用的换相电路不同,逆变器的主电路也不同,如图1-2-13 所示为三相串联电感式变频器的主电路。

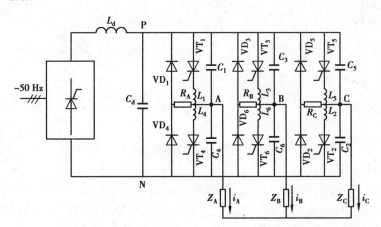

图 1-2-13　三相串联电感式电压型变频器的主电路

　　图中 C_d,L_d 构成中间滤波环节,通常 L_d 很小,C_d 很大,晶闸管 $VT_1 \sim VT_6$ 为功率开关。$L_1 \sim L_6$ 为换相电感,位于同一桥臂上的两个换相电感是紧密耦合的,串联在两个主晶闸管之间,因而称为串联电感式。$C_1 \sim C_6$ 为换相电容,$R_A \sim R_C$ 为环流衰减电阻。该电路属于 180° 导电型,换相是在同一桥臂的两个晶闸管之间进行,采用互补换相方式,即触发一个晶闸管去

27

关断同一桥臂上的另一个晶闸管。

现假设换相时间远小于逆变周期,换相过程中负载电流 i_1 保持不变,并且 L,C 皆为理想元件,不计晶闸管触发导通时间及管压降。各元件上电压、电流正方向如图 1-2-14(a)所示,以 A 相为例,分析由 VT_1 换相到 VT_4 的过程。

(1)换相前的状态

如图 1-2-14(a)所示,VT_1 稳定导通,负载电流 i_L 流经路线如图中虚线箭头所示。换相电容 C_4 充电至直流电源电压 U_d,同时导通的晶闸管为 VT_1,VT_3,VT_2。

(2)换相阶段

如图 1-2-14(b)所示,触发 VT_4,则 C_4 经 L_4 和 VT_4 组成的电路放电,将在 L_4 上感应出电势,两端电压为 U_d,极性上正(+)下负(-)。由于 L_1 和 L_4 为紧密耦合,且 $L_1 = L_4$,必然同时在 L_1 上感应出相同大小的电势,使 VT_1 承受反向电压 U_d 而关断。C_4 在经 L_4 放电的同时,还通过 A 相、C 相负载放电,维持负载电流 i_L。因 VT_1 关断,C_1 开始充电,C_4 继续放电,当 X 点电位降至 U_d,VT_1 再承受反压。只要使 VT_1 承受反压时间 t_0 大于晶闸管的关断时间 t_{off},就能保证可靠换相。

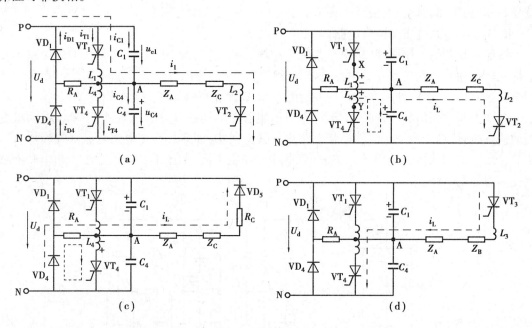

图 1-2-14　三相串联电感式电压型逆变器的换相过程

(3)环流及反馈阶段

如图 1-2-14(c)所示,C_4 放电结束时,通过 VT_4 的电流达到最大值,然后开始下降,便在 L_4 感应出电势,其方向为上负(-)下正(+),则 VT_4 因承受正向电压而导通,换相电感 L_4 的储能经 VT_4,VD_4 形成环流消耗在 R_A 上。与此同时,感性负载中的滞后电流仍维持原来方向,经由 VD_4 和 VD_5 反馈回电源。因而在一段时期中,环流与负载反馈电流在 VD_4 中并存。当环流衰减至零时,VT_4 将随之关断,VD_4 中仍继续流过负载反馈电流 i_L,直至 i_L 下降至零时,VD_4 关断。

(4)负载电流反向阶段

如图 1-2-14(d)所示,VD_4 关断,负载电流 i_L 过零,只要触发脉冲足够宽(大于90°电角度),一度关断的 VT$_4$ 将再度导通。一旦 VT$_4$ 导通,负载电流立即反向,流经路线见图中虚线所示,同时导通的晶闸管为 VT$_3$,VT$_4$,VT$_5$。整个换相过程结束。各个阶段中主要元器件上的电压、电流波形如图 1-2-15 所示。

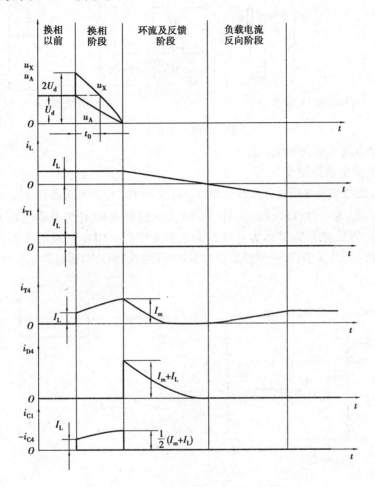

图 1-2-15　换相过程中的电压、电流波形

三、电流型逆变电路

电流型逆变电路是指直流侧采用电流源的逆变电路。

电流源是指能提供稳定电流的电源。理想的直流电流源较为少见,一般在逆变电路的直流侧串联一个足够大的电感即可视为电流源。图 1-2-16 表示了两种典型的电流源(虚线框内部分)。

图 1-2-16(a)中的直流电源 E 能往后级电路提供电流,当电源 E 大小突然变化时,电感 L 会产生电动势形成感应电流来弥补电源的电流。如 E 突然变小,流过 L 的电流也会变小,L 马上产生左负右正电动势而形成往右的电流,补充电源 E 减小的电流。电流 I 基本不变,故电源与电感串联可视为电流源。

图 1-2-16(b)中的桥式整流电路串接有一个大电感,交流电压经变压器降压和二极管整流后得到电压 U_d,当 U_d 大小变化时,电感 L 会产生相应电动势来弥补 U_d 形成的电流不足,故

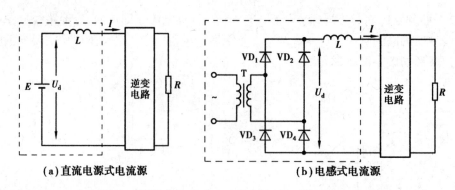

(a)直流电源式电流源　　　　　(b)电感式电流源

图 1-2-16　电流源

虚线框内的整个电路也可视为电流源。

(一)单相桥式电流型逆变电路

单相桥式电流型逆变电路及有关波形如图 1-2-17 所示。电力开关器件 VS$_1$ ～ VS$_4$ 组成 4 个桥臂,其中,VS$_1$,VS$_4$ 为一对,VS$_2$,VS$_3$ 为另一对,R,L 为感性负载,C 为补偿电容,C,R,L 还组成了并联谐振电路,因此该电路又称为并联谐振式逆变电路。RLC 电路的谐振频率为 1 000 ～ 2 500 Hz,略低于电力开关器件的导通频率(即控制脉冲的频率),对通过的信号呈容性。

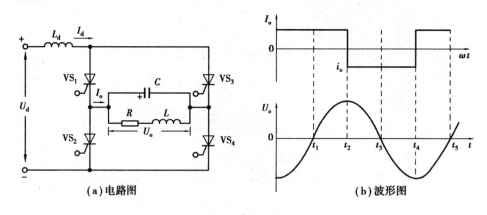

(a)电路图　　　　　　　　　(b)波形图

图 1-2-17　单相桥式电流型逆变电路

【电路工作过程】

在 t_1 ～ t_2 期间,VS$_1$,VS$_4$ 栅极的控制脉冲为高电平,VS$_1$,VS$_4$ 导通,有电流 i_o 经 VS$_1$,VS$_4$ 流过 RLC 电路,电流分作两路:一路流经 R,L 元件;另一路对 C 充电,在 C 上得到左正右负电压,随着充电的进行,C 上的电压逐渐上升,R,L 两端的电压 U_o 逐渐上升。由于在 t_1 ～ t_2 期间 VS$_3$,VS$_2$ 处于关断状态,i_o 与 i_d 相等,并且大小不变。

在 t_2 ～ t_4 期间,VS$_2$,VS$_3$ 栅极的控制脉冲为高电,VS$_2$,VS$_3$ 导通,由于 C 上充有左正右负电压,该电压一方面通过 VS$_3$ 加到 VS$_1$ 两端,另一方面通过 VS$_2$ 加到 VS$_4$ 两端,C 上的电压对 VS$_1$,VS$_4$ 加反向电压,VS$_1$,VS$_4$ 即刻关断(负载换流方式)。VS$_1$,VS$_4$ 关断后 i_d 经 VS$_3$,VS$_2$ 对电容 C 反向充电,同时一部分流过 L,R,C 上的电压逐渐被中和,端电压 U_o 慢慢下降,t_3 时刻 C 上电压为 0。在 t_2 ～ t_4 期间,i_d(i_o)对 C 充电,充得左负右正电压并且逐渐上升。

在 t_4 ～ t_5 期间,VS$_1$,VS$_4$ 栅极的控制脉冲为高电,VS$_1$,VS$_4$ 导通,C 上左负右正电压对

VS_3,VS_2为反向电压,使VS_3,VS_2关断。i_d经VS_1,VS_4对电容C充电,将C上的电压逐渐被中和加到VS_1两端,另一方面通过VS_2加到VS_4两端,C上的电压对VS_1,VS_4加反向电压,VS_1,VS_4即刻关断(负载换流方式)。VS_1,VS_4关断后,i_d经VS_3,VS_2对电容C上的左负右正电压慢慢中和,两端电压U_o慢慢下降,t_5时刻C上电压为零。

重复上述过程,从而在 RLC 电路两端得到正弦波电压U_o,流过 RLC 电路的电流I_o波形为矩形。

(二)三相电流型逆变电路

三相电流型逆变电路及波形如图 1-2-18 所示。其中$VS_1 \sim VS_6$为可关断电力电子器件(GTO 或 IGBT),栅极加正脉冲时导通,反之关断;C_1,C_2,C_3为补偿电容,用于吸收换流时感性负载产生的电动势,减少对开关器件的冲击。

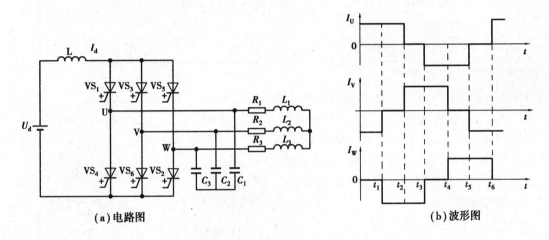

(a)电路图　　　　　　　　　　　(b)波形图

图 1-2-18　三相电流型逆变电路

该逆变电路仍由 6 只功率开关$VS_1 \sim VS_6$组成,但无须反并联续流二极管,因为在电流型变频器中,电流方向是不改变的。电流型逆变器一般采用 120°导电型,即每个功率开关的导通时间为 120°。每个周期换相 6 次,共 6 个工作状态,每个工作状态都是共阳极组和共阴极组各有一只功率开关导通,换相是在相邻的桥臂中进行。

【电路工作过程】

在$0 \sim t_1$期间,VS_1,VS_6导通,有电流I_d流过负载,电流途径是:$U_d^+ \to L \to VS_1 \to R_1$,$L_1 \to L_2$,$R_2 \to VS_6 \to U_d^-$。

在$t_1 \sim t_2$期间,VS_1,VS_2导通,有电流I_d流过负载,电流途径是:$U_d^+ \to L \to VS_1 \to R_1$,$L_1 \to L_3$,$R_3 \to VS_2 \to U_d^-$。

在$t_2 \sim t_3$期间,VS_3,VS_2导通,有电流I_d流过负载,电流途径是:$U_d^+ \to L \to VS_3 \to R_2$,$L_2 \to L_3$,$R_3 \to VS_2 \to U_d^-$。

在$t_3 \sim t_4$期间,VS_3,VS_4导通,有电流I_d流过负载,电流途径是:$U_d^+ \to L \to VS_3 \to R_2$,$L_2 \to L_1$,$R_1 \to VS_4 \to U_d^-$。

在$t_4 \sim t_5$期间,VS_5,VS_4导通,有电流I_d流过负载,电流途径是:$U_d^+ \to L \to VS_5 \to R_3$,$L_3 \to$

L_1,R_1→VS_4→U_d^-。

在 $t_5 \sim t_6$ 期间,VS_5,VS_6 导通,有电流 I_d 流过负载,电流途径是:U_d^+→L→VS_5→R_3,L_3→L_2,R_2→VS_6→U_d^-。

当按 VS_1→VS_6 的顺序导通时,导通规律见表1-2-3。

表1-2-3　导电型逆变器功率开关导通规律

工作状态	每个工作状态下导通的功率开关		
状态1(0°~60°)	VS_1		VS_6
状态1(60°~120°)	VS_1	VS_2	
状态1(120°~180°)		VS_2	VS_3
状态1(180°~240°)		VS_3	VS_4
状态1(240°~300°)		VS_4 VS_5	
状态1(300°~360°)		VS_5 VS_6	

下面分析电流型逆变电路的输出电流波形。假设滤波电感 L_d 足够大,直流电流平直。设三相负载为△接法,各相阻抗对称 $Z_A = Z_B = Z_C = Z$,忽略换相过程并假定功率开关为理想器件。状态1时,VS_1 和 VS_6 导通,△接负载的端点 C 悬空,三相负载同时导通,其等效电路如图1-2-19所示。图中的各相电流为

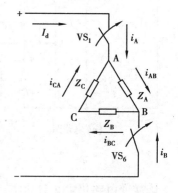

图1-2-19　状态1的等效电路

$$i_{AB} = \frac{Z_B + Z_C}{Z_A + (Z_B + Z_C)}I_d = \frac{2}{3}I_d \qquad (1\text{-}2\text{-}6)$$

$$i_{BC} = i_{CA} = -\frac{Z_A}{Z_A + (Z_B + Z_C)}I_d = -\frac{1}{3}I_d \qquad (1\text{-}2\text{-}7)$$

线电流可直接求得:

$$i_A = I_d \qquad\qquad (1\text{-}2\text{-}8)$$
$$i_B = -I_d \qquad\qquad (1\text{-}2\text{-}9)$$
$$i_C = 0 \qquad\qquad (1\text{-}2\text{-}10)$$

同理可求出其他状态下的线电流和相电流,见表1-2-4。

表1-2-4　负载为△接时各状态的线电流和相电流

电　流	状态1	状态2	状态3	状态4	状态5	状态6
i_A	I_d	I_d	0	$-I_d$	$-I_d$	0
I_B	$-I_d$	0	I_d	I_d	0	$-I_d$
I_C	0	$-I_d$	$-I_d$	0	I_d	I_d
i_{AB}	$2/3I_d$	$1/3I_d$	$-1/3I_d$	$-2/3I_d$	$-1/3I_d$	$1/3I_d$
I_{BC}	$-1/3I_d$	$1/3I_d$	$2/3I_d$	$1/3I_d$	$-1/3I_d$	$-2/3I_d$
I_{CA}	$-1/3I_d$	$-2/3I_d$	$-1/3I_d$	$1/3I_d$	$2/3I_d$	$1/3I_d$

按照表1-2-4可画出负载△接时120°导电型的三相电流型逆变器的输出电流波形,如图1-2-18(b)所示,相电流为梯形波,三相对称。如果负载为Y接,则相电流也为矩形波。

研究表明,输出线电流和相电流中存在$(6k \pm 1)$次谐波。

(三)电流型逆变器的再生制动运行

电流型变频不需附加任何设备,即可实现负载电动机的四象限运行,如图1-2-20所示。当电动机处于电动状态时,整流器工作于整流状态,逆变器工作于逆变状态,此时整流器的控制角$0° < \alpha < 90°$,$U_d > 0$,直流电路的极性为上正(+)下负(-),电流从整流器的正极流出进入逆变器,能量便从电网输送到电动机。当电动机处于再生状态时,可以调节整流器的控制角,使其为$90° < \alpha < 180°$,则$U_d < 0$,直流电路的极性为上负(-)下正(+)。此时整流器工作在有源逆变状态,逆变器工作在整流状态。由于功率开关的单向导电性,电流I_d的方向不变,再生电能由电动机反馈到交流电网。

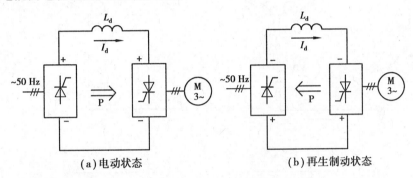

(a)电动状态　　　　　　　　　　(b)再生制动状态

图1-2-20　电流型逆变器的电动状态与再生制动状态

(四)串联二极管式电流型逆变器

当功率开关采用晶闸管时,必须增加换相电路。图1-2-21是三相串联二极管式电流型变频器的主电路。

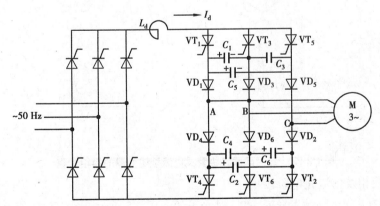

图1-2-21　三相串联二极管式电流型逆变器主电路

$VT_1 \sim VT_6$为晶闸管,$C_1 \sim C_6$为换相电容,$VD_1 \sim VD_6$为隔离二极管,其作用是使换相电容与负载隔离,防止电容充电电荷的损失。该电路为120°导电型。现以Y接电动机作为负载,假设电动机反电势在换相过程中保持不变,电流I_d恒定,以VT_1换相到VT_4为例说明换相过程。

1. 换相前的状态

如图1-2-22(a)所示,VT_1及VT_2稳定导通,负载电流I_d沿着虚线所示途径流通,因负载为Y接,只有A相和C相绕组导通,而B相不导通,即$i_A = I_d$,$i_B = 0$,$I_C = -I_d$。换相电容C_1及C_5被充电至最大值,极性是左正(+)右负(-),C_3上电荷为0。跨接在VT_1和VT_3之间的电容是C_5与C_3串联后再与C_1并联的等效电容C。

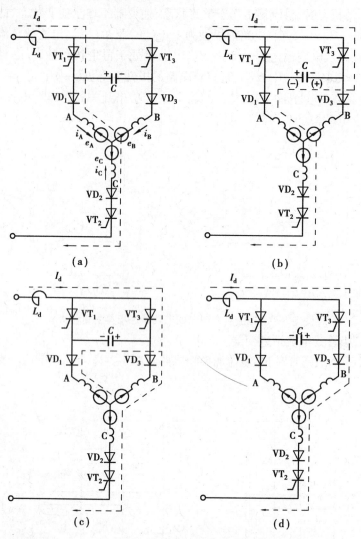

图 1-2-22　三相串联二极管式电流型逆变器的换相过程

2. 晶闸管换相及恒流充电阶段

如图1-2-22(b)所示,触发导通VT_3,则C上的电压立即加到VT_1两端,使VT_1瞬间关断。I_d沿着虚线所示途径流通,等效电容C先放电至零,再恒流充电,极性为左负(-)右正(+),VT_1在VT_3导通后直到C放电至零的这段时间t_0内一直承受反压,只要t_0大于晶闸管的关断时间t_{off},就能保证有效的关断。当C上的充电电压超过负载电压时,二极管VD_3将承受正向电压而导通,恒流充电结束。

3. 二极管换相阶段

如图 1-2-22(c)所示, VD$_3$ 导通后, 开始分流。此时电流 I_d 逐渐由 VD$_1$ 向 VD$_3$ 转移, i_A 逐渐减少, i_B 逐渐增加, 当 I_d 全部转移到 VD$_3$ 时, VD$_1$ 关断。

4. 换相后的状态

如图 1-2-22(d)所示, 负载电流 I_d 流经路线如图中虚线所示, 此时 B 相和 C 相绕组通电 A 相不通电, $i_A = 0$, $i_B = I_d$, $i_C = -I_d$。换相电容的极性保持左负(-)右正(+), 为下次换相作准备。

由上述换相过程可知, 当负载电流增加时, 换相电容充电电压将随之上升, 从而使换相能力增加。因此, 在电源和负载变化时, 逆变器工作稳定。但是, 由于换相包含了负载的因素, 如果控制不好也将导致不稳定。

四、复合型逆变电路

电压型逆变电路输出的是矩形波电压, 电流型逆变电路输出的是矩形波电流, 而矩形波中含有较多的谐波成分(如二次谐波、三次谐波等), 这些谐波对负载会产生很多不利影响。为了减小矩形波中的谐波, 可将多个逆变电路组合起来, 将它们产生的相位不同的矩形波进行叠加, 以形成近似正弦波的信号, 再提供给负载。多重逆变电路和多电平逆变电路可以实现上述功能。

(一)多重逆变电路

多重逆变电路是指由多个电压型逆变电路或电流型逆变电路组合成的复合型逆变电路。图 1-2-23 是二重三相电压型逆变电路及波形。T$_1$, T$_2$ 为三相交流变压器, 一次绕组按三角形接法连接, T$_1$, T$_2$ 的二次绕组串接起来并接成星形, 同一水平的绕组绕在同一铁芯上, 同一铁芯的一次绕组电压可以感应到二次绕组上。

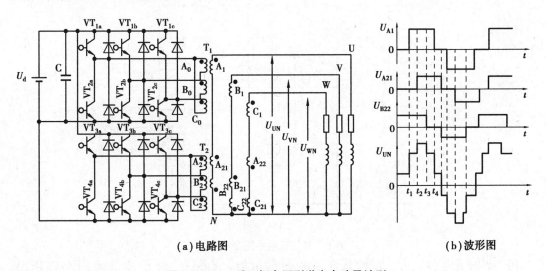

(a)电路图　　　　　　　　　　　(b)波形图

图 1-2-23　二重三相电压型逆变电路及波形

【电路工作过程】(以 U 相负载电压 U_N 获得为例)

在 $0 \sim t_1$ 期间, VT$_{3b}$, VT$_{4c}$ 导通, 绕组 B$_2$ 两端电压大小为 U_d(忽略三极管导通压降), 极性

为上正下负,该电压感应到同一铁芯的 B_{22},B_{21} 绕组上,B_{22} 上得到上正下负电压。

在 $0 \sim t_1$ 期间绕组 A_1,A_{21} 上的电压都为 0,三绕组叠加得到电压 U_{UN}(上正下负),如图 1-2-23(b)所示。

在 $t_1 \sim t_2$ 期间,VT_{1a},VT_{2b} 和 VT_{3b},VT_{4b} 导通,绕组 A_0 和绕组 B_2 两端电压大小为 U_d,极性为上正下负,A_0 绕组电压感应到 A_1 绕组上,A_1 绕组得到上正下负的电压 U_{A1};B_2 绕组电压感应到 B_{22},B_{21} 绕组上,B_{22} 绕组得到上正下负的电压 U_{B22}。

在 $t_2 \sim t_3$ 期间,A_2,A_{21},B_{22} 3 个绕组上的电压为正,叠加后得到的电压 U_{UN} 也为正,电压大小较 $t_1 \sim t_2$ 期间上升一个台阶。

在 $t_3 \sim t_4$ 期间,VT_{1a},VT_{2b} 和 VT_{3a},VT_{4b} 导通,绕组 A_0,A_2 两端都得到电压 U_d,极性为上正下负。A_0 绕组电压感应到 A_1 绕组上,A_1 绕组得到上正下负的电压 U_{A1};A_2 绕组电压感应到 A_{21} 绕组上,A_{21} 绕组得到上正下负的电压 U_{A21}。在 $t_3 \sim t_4$ 期间,A_2,A_{21} 绕组上的电压为正电压,它们叠加后得到的 U_{UN} 也为正电压,电压大小较 $t_2 \sim t_3$ 期间下降一个台阶。

与上述过程类似,结果在 U 相和 R,L 负载两端得到近似正弦波的电压 U_{UN}。同样,V,W 相 RL 负载两端也得到近似正弦波的电压 U_{VN} 和 U_{WN}。这种近似正弦波的电压中包含谐振成分较矩形波大为减少,可使感性负载稳定工作。

(二)多电平逆变电路

多电平逆变电路是一种可以输出多种电平的复合型逆变电路。矩形波只有正、负两种电平,在正、负转换时电压会产生突变,从而形成大量的谐波,而多电平逆变电路可输出多种电平,会使加到负载两端电压变化减小,相应谐波成分也会大大减少。

多电平逆变电路可分为三电平、五电平和七电平逆变电路等,图 1-2-24 是一种常见的三电平逆变电路。

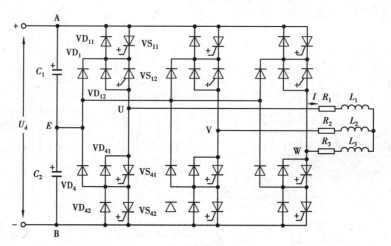

图 1-2-24　三电平逆变电路

图 1-2-24 中的 C_1,C_2 是两个容量相同的电容,它将 U_d 分作相等的两个电压,即 $U_{C1} = U_{C2} = U_d/2$。如果将 E 点电压当作 0 V,那么 A,B 点电压分别是 $+U_d/2$,$-U_d/2$。下面以 U 点电压变化为例来说明电平变化原理。

当可关断晶闸管 VS_{11},VS_{12} 导通,VS_{41},VS_{42} 关断时,U 点通过 VS_{11},VS_{12} 与 A 点连通,U,E 点之间电压等于 $U_d/2$。当 VS_{41},VS_{42} 导通,VS_{11},VS_{12} 关断时,U 点通过 VS_{41},VS_{42} 与 B 点连通,

U,E 点之间电压等于 $-U_d/2$。当 VS_{11}，VS_{42} 关断时，VS_{12}，VS_{41} 栅极的脉冲为高电平，如果先前流过 L_1 的电流是由左往右，VS_{11} 关断后 L_1 会产生左负右正电动势，L_1 左负电压经 R_1 使 VD_{41}，VD_4 导通，U 点电压与 E 点电压相等，即 U,E 点之间的电压为 0；在 VS_{11}，VS_{42} 关断时，如果先前流过 L_1 的电流是由右往左，VS_{42} 关断后 L_1 会产生左正右负电动势，L_1 左正电压经 R_1 使 VD_{12}，VD_1 导通，U 点电压与 E 点电压相等，即 U,E 点之间的电压为 0。

综上所述，U 点有 3 种电平（即 U 点与 E 点之间的电压大小）：$+U_d/2,0,-U_d/2,-U_d$。同样，V,W 点也分别有 3 种电平，那么 U,V 点（或 U,W 点，或 V,W 点）之间的电压就有 $+U_d$，$+U_d/2,0,-U_d/2,-U_d$ 5 种，如 U 点电平为 $+U_d/2$，V 点电平为 $-U_d/2$ 时，U,V 点之间的电压变为 $+U_d$。这样加到任意两相负载两端的电压（U_{UV}，U_{UW}，U_{VW}）变化就接近正弦波，在这种变化的电压中，谐波成分会大大减少，有利于负载稳定工作。

五、脉冲调制型逆变电路

在异步电动机恒转矩的变频调速系统中，随着变频器输出频率的变化，必须相应地调节其输出电压。此外，在变频器输出频率不变的情况下，为了补偿电网电压和负载变化所引起的输出电压波动，也应适当地调节其输出电压，具体实现调压和调频的方法有很多种，但一般从变频器的输出电压和频率的控制方法可分为 PAM 和 PWM。

脉冲幅度调制（简称 PAM），是一种改变电压源的电压 E_d 或电流源 I_d 的幅值，进行输出控制的方式。它在逆变器部分只控制频率，在整流器部分控制输出的电压或电流。

脉宽调制（简称 PWM）型变频是靠改变脉冲宽度来控制输出电压，通过改变调制周期来控制其输出频率。脉宽调制的方法很多，以调制脉冲的极性分，可分为单极性调制和双极性调制两种。以载频信号与参考信号频率之间的关系分，可分为同步调制和异步调制两种。这些将在任务 3 中作详细介绍。

如图 1-2-25 所示为 PWM 变频器的主电路。由图可知，PWM 逆变器的主电路就是基本逆变器。当采用 PWM 方法控制逆变器功率器件的通、断时，可获得一组等幅而不等宽的矩形脉冲。输出电压幅值的改变，可通过控制该脉冲的宽度，而输出频率的变化可通过改变此脉冲的调制周期来实现。这样，使调压和调频两个作用配合一致，且与中间直流环节无关，因而加快了调节速度，改善了动态性能。由于输出等幅脉冲只需恒定直流电源供电，可用不控整流器取代相控整流器，使电网侧的功率因数大大改善。采用 PWM 逆变器，能够抑制或消除低次谐波，加上使用自关断器件，开关频率大幅度提高，输出波形可以非常逼近正弦波。

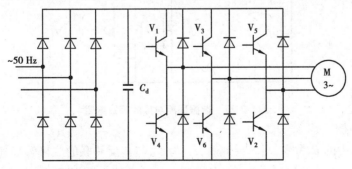

图 1-2-25　PWM 变频器的主电路原理图

目前,PWM 技术已经广泛应用于电气传动、不间断电源和有源滤波器等,并仍在进行更深入的研究。它已经不限于逆变技术,还覆盖了整流技术。在整流电路中采用自关断器件,进行 PWM 控制,可使电网侧的输入电流接近正弦波,并且功率因数达到 1,可望彻底解决对电网的污染问题。特别是,由 PWM 整流器和 PWM 逆变器组成的电压型变频器无需增加任何附加电路,就可以允许能量的双向传送,实现四象限运行。

六、谐振型逆变器

谐振直流环节逆变器,对 PWM 技术所存在的开关损耗大这一缺点进行了有效的改善。谐振型变频是利用谐振原理使 PWM 逆变器的开关器件在零电压或零电流下进行开关状态转换,即软开关技术。而 PWM 技术中功率器件在大电流、高电压状态下的开关状态转换是硬开关技术。在谐振型变频中,由于各功率器件的开关损耗近似为零,有效地防止了电磁干扰,大大提高了器件的工作频率,且减少了装置的体积和重量。

三相谐振直流环节逆变器的原理电路如图 1-2-26 所示。图中 L,C,组成串联谐振电路,插在直流输入电压和 PWM 逆变器之间,为逆变器提供周期性过零电压,使得每个桥臂上的功率开关都可以在零电压下开通或关断。

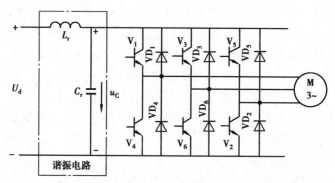

图 1-2-26　三相谐振直流环节逆变器原理图

将图 1-2-26 电路中的每一个谐振周期中对应的电路加以简化,可得到如图 1-2-27 所示的电路形式。

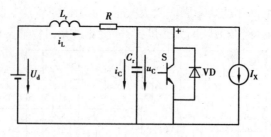

图 1-2-27　谐振周期对应的等效电阻

(一) 电路分析

令图 1-2-27 中的 R 为零,当 S 导通时,u_C 为零,与其反并联的二极管导通并将 u_C 钳位在 0 V。i_L 线性增长,电感储能增加。当 i_L 增至 i_{L0} 时,S 在零电压下关断,此时电路方程为

$$u_C = U_d - L_r \frac{di_L}{dt} \tag{1-2-11}$$

$$C_r \frac{du_C}{dt} = i_L - I_X \tag{1-2-12}$$

整理后得：

$$\frac{d^2 i_L}{dt^2} + \omega_0^2 i_L = \omega_0^2 I_X \tag{1-2-13}$$

其中，ω_0 为 LC 电路的谐振角频率

$$\omega_0 = 2\pi f_0 = \frac{1}{\sqrt{L_r C_r}} \tag{1-2-14}$$

初始条件 $t = 0$ 时：

$$i_L = I_{LO} \tag{1-2-15}$$
$$u_C = U_{co} = 0 \tag{1-2-16}$$

于是得到：

$$i_L = I_X + (I_{LO} - I_X)\cos \omega_0 t + \frac{U_d}{\omega_0 L_r}\sin \omega_0 t$$

$$u_C = U_d - U_d\cos \omega_0 t + \omega_0 L_r(I_{LO} - I_X)\sin \omega_0 t$$

若 $I_{LO} = I_X$，则：

$$i_L = I_X + \frac{U_d}{\omega_0 L_r}\sin \omega_0 t \tag{1-2-17}$$

$$u_C = U_d(1 - \cos \omega_0 t) \tag{1-2-18}$$

电感电流 i_L 和电容电压 u_C 的波形如图 1-2-28 所示。在这种理想的情况下当 $\omega_0 t = 0$ 时，$i_L = I_{LO} = I_X$，$u_C = 0$，谐振一个周期后，$\omega_0 t = 2\pi$ 时，u_C 仍然为零，i_L 也返回到 I_X。这是因为电路中不存在任何损耗，一旦振荡开始，即使不再补充电感储能，谐振也能持续。

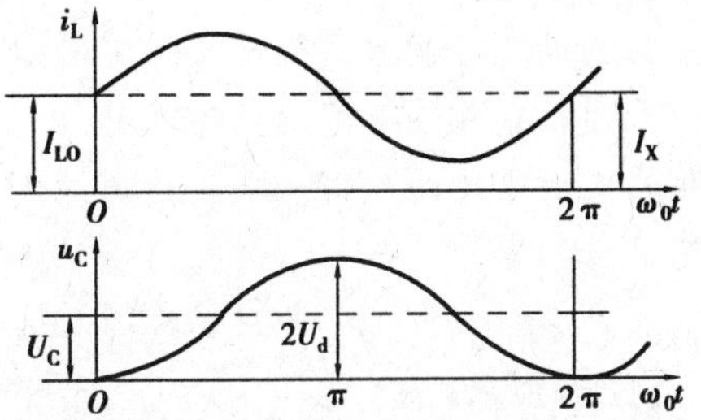

图 1-2-28　谐振直流环节的电流、电压波形图

（二）谐振直流环节逆变器的特点

谐振直流环节逆变器，应用软开关技术解决了硬开关无法解决的问题，几乎将器件的开关损耗降低到零，提高了逆变器的效率和开关频率，避免了开关关断时的高 du/dt，di/dt，因此，无需使用缓冲电路，简化了主电路结构。逆变器的开关器件承受的电压较高，为直流电源电压的 $2\sim 3$ 倍，必须使用耐高压的功率开关器件；为实现零损耗，开关器件必须在零电压下通断，但这个零电压到来时刻与 PWM 控制策略所决定的开关时刻难以一致，有时间上的误差，导致输出谐波增加。

为改善以上问题，出现了各种电路拓扑结构，较常见的有并联谐振直流环节逆变器，如图 1-2-29 所示。逆变桥功率开关的通断时刻可以按照 PWM 控制策略确定，只要在其动作之前，借助开关 S1，S3 的先后动作，使 DC 环节预先谐振到零即可。该电路限制了过高的谐振电压峰值，逆变器开关器件所承受的最大电压值仅是直流电源电压 U_d。

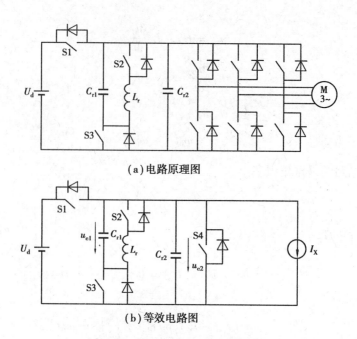

(a) 电路原理图

(b) 等效电路图

图 1-2-29　并联谐振 DC 环节逆变器

任务 3　脉宽调制技术

【活动情景】

　　脉宽调制控制方式就是按一定的规则对逆变电路开关器件的通断进行控制,使输出端得到一系列幅值相等而宽度不等的脉冲,使各脉冲的等值电压为正弦波状,用这些脉冲来代替正弦波或所需要的波形。采用脉宽调制控制方式既可改变逆变电路输出电压的大小,也可以改变输出频率。

【任务要求】

　　1. 掌握 PWM 控制技术的基本理论。

　　2. 掌握 PWM 及 SPWM 波的产生方法。

　　如图 1-3-1 所示的电压型交-直-交变频电路为了使输出电压和输出频率都得到控制,变频器通常由一个可控整流电路和一个逆变电路组成,控制整流电路以改变输出电压,控制逆变电路来改变输出频率。

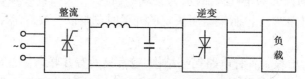

图 1-3-1　电压型交-直-交变频电路

　　如图 1-3-2 所示的电压型交-直-交变频电路,将图 1-3-1 中的可控整流电路由不可控整流电路代替,逆变电路采用自关断器件。这种控制方式的变频器,输出电压的大小通过调节直流电压的幅值来实现(直流斩波 PAM 变频器),频率的调节由采用 PWM 控制方式的逆变环节来完成。

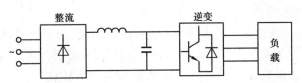

图 1-3-2　电压型 PWM 交-直-交型变频电路

这种 PWM 型变频电路的主要特点如下:

①可以得到相当接近正弦波的输出电压。

②通过对输出脉冲宽度的控制可改变输出电压,加快了变频过程的动态响应。

③电路结构简单,成本低。

④功率因数低。

⑤存在较大的网侧谐波污染。

⑥难以实现能量的再生利用。

如图 1-3-3 所示的电压型交-直-交变频电路则属于双 PWM 控制的变频器。整流电路、逆变电路均采用 PWM 控制的可关断器件,无需增加任何附加电路,就可以实现系统的功率因数约等于 1,消除网侧谐波污染,使能量双向流动,方便电动机四象限运行,同时对于各种调速场合,使电动机很快达到速度要求,动态响应快。

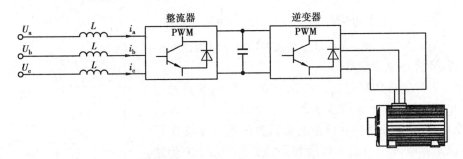

图 1-3-3　双 PWM 控制的变频器

基于上述原因,在自关断器件出现并成熟后,PWM 控制技术成为变频器技术的核心之一。

一、PWM 控制技术

异步电动机的输入电压是按正弦波设计的,而电压型变频器输出的电压为矩形波或六阶梯波,是非正弦量。由傅里叶级数分析可知:这种非正弦波可分解为基波和谐波,且谐波的次数越低,幅值越大。在变频调速运行时,基波是电动机的动力,而谐波则对电动机性能产生不良的影响。

谐波对电动机性能产生的不良影响主要有:增加了电动机的损耗、降低了电动机的效率;产生转矩脉动,使电动机在低频时不能正常工作。防止这些不良影响的对策主要是消除或抑制逆变环节产生的谐波,方法之一就是应用脉宽调制(PWM)技术。

PWM(Pulse Width Modulation)控制技术,是变频技术的核心之一。PWM控制,就是对逆变电路开关器件的通断进行控制,使输出端得到一系列幅值相等而宽度不等的方波脉冲。用这些方波(脉冲)来代替正弦波或所需的波形。

(一)PWM控制技术的基本原理

PWM控制的实质是通过对一系列脉冲的宽度进行调制,来等效获得所需要的波形(含形状和幅值),面积等效原理是其重要的基础理论,典型的PWM控制波形是脉冲的宽度按正弦规律变化而面积和正弦波等效的方波,这种方波被称为SPWM波。

1.面积等效原理

面积等效原理:冲量相等而形状不同的窄脉冲加在惯性环节(如电感)时,其效果基本相同。冲量即指窄脉冲的面积,这里所说的效果基本相同,是指该环节的输出响应波形基本相同。

如图1-3-4所示是3个形状不同但面积(即冲量)相等的窄脉冲信号电压,当加到如图1-3-5所示的RL电路两端时,流过RL元件的电流基本等效,对RL电路而言,这3个脉冲就是等效的。脉冲越窄,输出的差异就越小,此结论是PWM控制的理论基础。

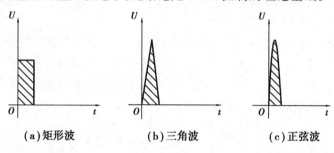

(a)矩形波　　　　　(b)三角波　　　　　(c)正弦波

图1-3-4　3个形状不同但面积相等的窄脉冲信号电压

2.SPWM脉冲宽度调制

SPWM脉冲宽度调制即正弦波脉冲宽度调制,它是通过改变输出方波的占空比来改变等效的输出电压。为了说明SPWM原理,可将如图1-3-6所示的正弦波正半周分成N等分,那么该正弦波可看做是由宽度相同,幅度变化的N个连续的脉冲组成,这些脉冲的幅度按正弦规律变化,根据面积等效原理,这些脉冲可以用N个矩形脉冲来代替,这些矩形脉冲的面积与对应的正弦波部分相等,且矩形脉冲的中点与对应正弦波部分的中点重合。同样道理,正弦波负半周也可

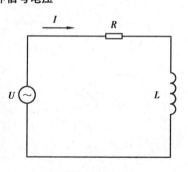

图1-3-5　RL电路

用N个负的矩形脉冲来代替。这种脉冲宽度按正弦规律变化且和正弦波等效的PWM波形就是SPWM波形,是变频器中最为常见的波形。

SPWM波形可通过如图1-3-7所示的电路得到。通过控制开关S的通断,在B点可得到如图1-3-6所示的SPWM脉冲U_B,该脉冲加到RL电路两端,流过RL电路的电流为I,该电流与正弦波U_A直接加到RL电路时流过的电流近似相同,即对于RL电路,尽管加到两端的电压信号可以是不同的波形U_A和U_B,但是流过的电流却是近似相同的。

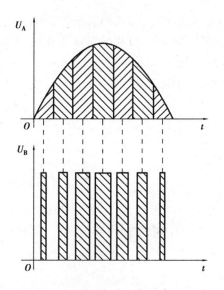

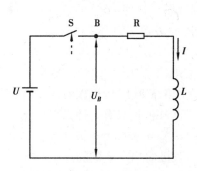

1-3-6   正弦波按面积等效原理转换成 SPWM 脉冲 　　图 1-3-7   产生 SPWM 波的简易电路

（二）SPWM 波的产生

SPWM 波作用于感性负载与正弦波直接作用于感性负载的效果是一样的,SPWM 有两种形式:即单极性 SPWM 波和双极性 SPWM 波。

1. 单极性 SPWM 波的产生

SPWM 波产生的一般过程:首先由 PWM 控制电路产生 SPWM 控制信号,再让 SPWM 控制信号去控制逆变电路中开关器件的通断,逆变电路就输出 SPWM 波供给负载。以图 1-3-8 为例,说明单极性 PWM 波的产生过程。

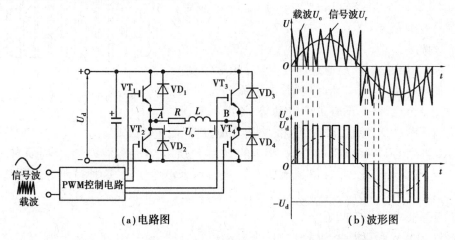

（a）电路图　　　　　　　　　　　　　　（b）波形图

图 1-3-8   采用单相桥式 PWM 逆变电路产生单极性 SPWM 波

信号波（正弦波）和载波（三角波）送入 PWM 控制电路,该电路会产生 PWM 控制信号送到逆变电路的各个 IGBT 的栅极,控制它们的通断。

在信号波 U_r 为正半周时,载波 U_c 始终为正极性（即电压始终大于 0）。在 U_r 为正半周期时,PWM 控制信号使 VT_1 始终导通、VT_2 始终关断。

当 $U_r > U_c$ 时,VT_4 导通,VT_3 关断,A 点通过 VT_1 与 U_d 正端连接,B 点通过 VT_4 与 U_d 负

端连接，R,L 两端的电压 $U_o = U_d$；当 $U_r < U_c$ 时，VT_4 关断，流过 L 的电流突然变小，L 立即产生左负右正电动势，该电动势使 VD_3 导通，电动势通过 VD_3、VT_1 构成回路续流，由于 VD_3 导通，B 点通过 VD_3 与 U_d 正端连接，$U_A = U_B$，R,L 两端的电压 $U_o = 0$。

在信号波 U_r 为负半周时，载波 U_c 始终为负极性（即电压始终小于 O）。PWM 控制信号使 VT_1 始终关断、VT_2 始终导通。

当 $U_r < U_c$ 时，VT_3 导通，VT_4 关断，A 点通过 VT_2 与 U_d 负端连接，B 点通过 VT_3 与 U_d 正端连接，R,L 两端的电压极性为左负右正，即 $U_o = -U_d$；当 $U_r > U_c$ 时，VT_3 关断，流过 L 的电流突然变小，L 马上产生左正右负电动势，该电动势使 VD_4 导通，电动势通过 VT_2、VD_4 构成回路续流，由于 VD_4 导通，B 点通过 VD_4 与 U_d 负端连接，$U_A = U_B$，R,L 两端的电压 $U_o = 0$。

从图 1-3-8(b) 中可以看出，在信号波 U_r 半个周期内，载波 U_c 只有一种极性变化，并且得到的 SPWM 波也只有一种极性变化。这种控制方式称为单极性 PWM 控制方式，由这种方式得到的 SPWM 波称为单极性 SPWM 波。

2. 双极性 SPWM 波的产生

双极性 SPWM 波也可以由单相桥式 PWM 逆变电路产生，双极性 SPWM 波如图 1-3-9 所示。下面以图 1-3-8(a) 所示的单相桥式 PWM 逆变电路为例来说明双极性 SPWM 波的产生。

要让单相桥式 PWM 逆变电路产生双极性 SPWM 波，PWM 控制电路须产生相应的 PWM 控制信号去控制逆变电路的开关器件。

当 $U_r < U_c$ 时，VT_3、VT_2 导通，VT_1、VT_4 关断，A 点通过 VT_2 与 U_d 负端连接，B 点通过 VT_3 与 U_d 正端连接，R,L 两端的电压 $U_o = -U_d$。

当 $U_r > U_c$ 时，VT_1、VT_4 导通，VT_2、VT_3 关断，A 点通过 VT_1 与 U_d 正端连接，B 点通过 VT_4 与 U_d 正端连接，R,L 两端的电压 $U_o = U_d$。在此期间，由于流过 L 的电流突然改变，L 会产生左正右负的电动势，该电动势使续流二极管 VD_1、VD_4 导通，对直流侧的电容充电，进行能量的回馈。

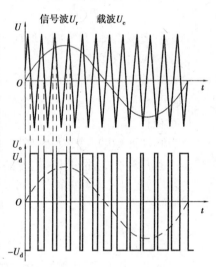

图 1-3-9　双极性 SPWM 波

R,L 上得到的 PWM 波形如图 1-3-9 中的 U_o 电压所示，在信号波 U_r 半个周期内，载波 U_c 的极性有正、负两种变化，并且得到 SPWM 波也有两个极性变化，这种控制方式称为双极性 PWM 控制方式，由这种方式得到的 SPWM 波称为双极性 SPWM 波。

（三）三相 SPWM 波的产生

单极性 SPWM 和双极性 SPWM 波用来驱动单相电动机，三相 SPWM 波则用来驱动三相异步电动机。图 1-3-10 是三相桥式 PWM 逆变电路，它可以产生三相 SPWM 波，图中的电容 C_1、C_2 容量相等，它将 U_d 电压分成相等的两部分，N 为中点，C_1、C_2 两端的电压均为 $U_d/2$。

三相 SPWM 波的产生说明如下：

该控制方式一般都采用双极性方式。相位依次相差 120° 的三相调制信号波电压 U_{rU}，U_{rV}、U_{rW}，公用一个三角波载波电压 U_c，送入 PWM 控制电路，由 PWM 控制电路产生 SPWM 控制信号加到逆变电路各功率开关器件（如 IGBT 的栅极），控制它们的通断。U，V 和 W 各相功率开关器件的控制规律相同。现以 U 相为例来说明：

当 $U_{rU} > U_c$ 时，PWM 控制信号使 VT_1 导通、VT_4 关断，U 通过 VT_1 与 U_d 正端直接连接，U 点与中点 N' 之间的电压 $U'_{UN} = U_d/2$。

当 $U_{rU} < U_c$ 时，PWM 控制信号使 VT_1 关断、VT_4 导通，U 通过 VT_4 与 U_d 负端直接连接，U 点与中点 N' 之间的电压 $U'_{UN} = -U_d/2$。

电路工作的结果使 U,N 两点之间得到图 1-3-10(b) 所示的脉冲电压 U_{UN}，在 V,N' 两点之间得到脉冲电压 $U_{VN'}$，在 W,N' 两点之间得到脉冲电压 U_{WN}，在 U,V 两点之间得到电压为 U_{UV}（$U_{UV}, = U'_{VN} - U_{UV}$），$U_{UV}$ 实际上就是加到 L_1,L_2 两绕组之间的电压。从 U_{UV} 波形图可以看出，它就是单极性 SPWM 波。同样，在 U,W 两点之间得到电压 U_{UW}，在 V,W 两点之间得到电压为 U_{VW}，它们都为单极性 SPWM 波。这里的 U_{UW}, U_{UV}, U_{VW} 就称为三相 SPWM 波。

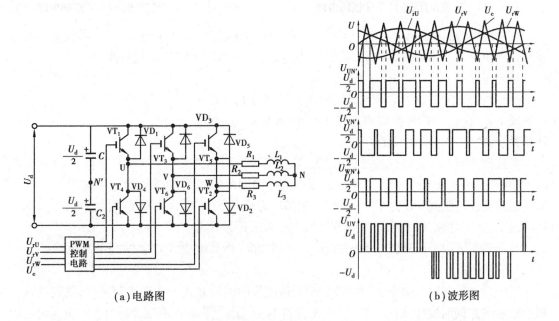

(a)电路图   (b)波形图

图 1-3-10   三相桥式 PWM 逆变电路产生三相 SPWM 波

二、PWM 控制方式

PWM 控制电路的功能是产生 PWM 控制信号去控制逆变电路，产生 SPWM 波提供给负载。为了使逆变电路产生的 SPWM 波合乎要求，通常的做法是将正弦波作为参考信号传递给 PWM 控制电路，PWM 控制电路对该信号处理后形成相应的 PWM 控制信号去控制逆变电路，让逆变电路产生与参考信号等效的 SPWM 波。

根据 PWM 控制电路对参考信号处理方法的不同，PWM 控制方式可分为计算法、调制法和跟踪控制法等。

(一)计算法

计算法是指 PWM 控制电路的计算电路，根据参考正弦波的频率、幅值和半个周内的脉冲数，计算出 SPWM 脉冲的宽度和间隔，然后输出相应的 PWM 控制信号去控制逆变电路，让它产生与参考正弦波等效的 SPWM 波。采用计算法的 PWM 电路如图 1-3-11 所示。

计算法是一种较烦琐的方法,故 PWM 控制电路较少采用这种方法。

(二)调制法

调制法是指以参考正弦波作为调制信号,以等腰三角形波作为载波信号,由正弦波、调制三角波来得到相应的 PWM 控制信号,再控制逆变电路产生与参考正弦波一致的 SPWM 波供给负载。采用调制法的 PWM 电路如图 1-3-12 所示。

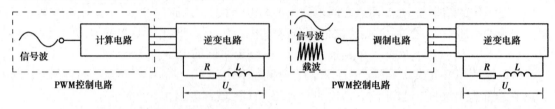

图 1-3-11　采用计算法的 PWM 控制电路　　图 1-3-12　采用调制法的 PWM 控制电路

调制法中的载波频率 f_c 与信号频率 f_r 之比称为载波比,记作 $N = f_c/f_r$。根据载波和信号波是否同步及载波比的变化情况,调制法又可分为异步调制和同步调制两种。

1. 异步调制

异步调制是指载波频率和信号波频率不保持同步的调制方式。在异步调制时,通常保持载波频率 f_c 不变,当信号波频率 f_r 发生变化时,载波比 N 也会随之变化。图 1-3-10 中的波形就是异步调制三相 PWM 波形。

在信号波频率较低时,载波比 N 增大,在信号半个周期内形成的 PWM 脉冲个数较多,载波频率不变,信号波频率变低(周期变长),半个周期内形成的 SPWM 脉冲个数增多,SPWM 的效果越接近正弦波。反之,信号波频率较高时形成的 SPWM 脉冲个数少,如果信号频率高且出现正、负不对称,那么形成的 SPWM 波与正弦波偏差较大。

异步调制适用于信号波频率较低、载波频率较高(即载波比 N 较大)的 PWM 电路。

2. 同步调制

同步调制是指载波频率和信号波频率保持同步的调制方式。在同步调制时,载波频率 f_c 和信号频率 f_r 同时发生变化,而载波比 N 保持不变。由于载波比不变,因此,在一个周期内形成的 SPWM 脉冲的个数是固定的,等效正弦波对称性较好。在三相 PWM 逆变电路中,通常共用一个三角载波,并且让载波比 N 固定取 3 的整数倍,这样会使输出的三相 SPWM 波严格对称。

在进行异步调制或同步调制时,要求将信号波和载波进行比较,比较采用的方法主要有自然采样法和规则采样法。自然采样法和规则采样法如图 1-3-12 所示。

图 1-3-13(a)为自然采样法示意图。自然采样法是将载波 U_c 与信号波 U_r 进行比较,当 $U_c > U_r$ 时,调制电路控制逆变电路,使之输出低电平。当 $U_c < U_r$ 时,调制电路控制逆变电路,使之输出高电平。自然采样法是一种最基本的方法,但使用这种方法要求电路进行复杂的运算,会花费较多时间,实时控制较差,因此,在实际中较少采用这种方法。图 1-3-13(b)为规则采样法示意图。规则采样法是以三角载波的两个正峰值之间为一个采样周期,以负峰作为采样点对信号波进行采样而得到 D 点,再过 D 点作一条水平线和三角载波相交于 A, B 两点,在 A, B 点的 $t_A \sim t_B$ 期间,调制电路会控制逆变电路,使之输出高电平。规则采样法的效果与自然采样法接近,但计算量很少,在实际中这种方法采用较广泛。

（三）跟踪控制法

跟踪控制法是将参考信号与负载反馈过来的信号进行比较,再根据两者的偏差形成 PWM 控制信号来控制逆变电路,使之产生与参考信号一致的 SPWM 波。跟踪控制法可分为滞环比较式和三角波比较式。

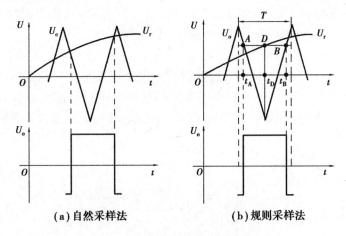

（a）自然采样法　　　　　　　（b）规则采样法

图 1-3-13　信号波和载波进行比较方法

1. 滞环比较式

采用滞环比较式跟踪法的 PWM 控制电路要用到滞环比较器。根据反馈信号的类型不同,滞环比较式可分为电流型滞环比较式和电压型滞环比较式。

（1）电流型滞环比较式

图 1-3-14 是单相电流型滞环比较式跟踪控制 PWM 逆变电路。该方式是将参考信号电流 I_r 与逆变电路输出端反馈过来的反馈信号电流 I_f 相减,再将两者的偏差 $I_r - I_f$ 输入滞环比较器,滞环比较器会输出相应的 PWM 控制信号,去控制逆变电路开关器件的通断,使输出反馈电流 I_f 与 I_r 误差减小,此误差越小,表明逆变电路输出电流与参考电流越接近。

图 1-3-15 是三相电流型滞环比较式跟踪控制

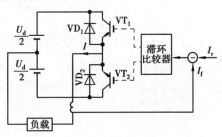

图 1-3-14　单相电流型滞环比较式 PWM 逆变电路

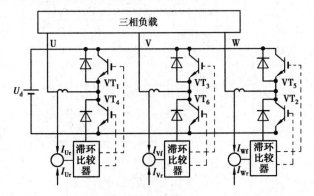

图 1-3-15　三相电流型滞环比较跟踪控制 PWM 逆变电路

PWM 逆变电路。该电路有 I_{Ur}，I_{Vr}，I_{Wr} 3 个参考信号电流，它们分别与反馈信号电流 I_{Uf}，I_{Vf}，I_{Wf} 进行相减，再将两者的偏差输入各自滞环比较器，各滞环比较器会输出相应的 PWM 控制信号，去控制逆变电路开关器件的通断，使各自输出的反馈朝着与参考电流误差减小的方向变化。

采用电流型滞环比较式跟踪控制的 PWM 逆变电路的主要特点有：①电路简单；②控制响应快，适合实时控制；③由于未用到载波，故输出电压波形中固定频率的谐波成分少；④与调制法和计算法相比，相同开关频率时输出电流中高次谐波成分较多。

（2）电压型滞环比较式

图 1-3-16 是单相电压型滞环比较式跟踪控制 PWM 逆变电路。从图中可以看出，电压型滞环比较式与电流型的不同之处主要在于参考信号和反馈信号都是由电流换成了电压，另外，在电压型滞环比较器前增加了滤波器，用来滤除减法器输出误差信号中的高次谐波成分。

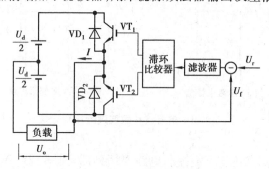

图 1-3-16　单相电压型滞环比较式跟踪控制 PWM 逆变电路

2. 三角波比较式

图 1-3-17 是三相三角波比较式电流跟踪型 PWM 逆变电路。在电路中，3 个参考信号电流 I_{Ur}，I_{Vr}，I_{Wr} 与反馈信号电流 I_{Uf}，I_{Vf}，I_{Wf} 进行相减，得到的误差电流先由放大器 A 进行放大，然后再送到运算放大器 C（比较器）的同相输入端。与此同时，三相三角波发生电路产生三相三角波送到 3 个运算放大器的反相输入端，各误差信号与各自的三角波进行比较后输出相应的 PWM 控制信号，去控制逆变电路相应的开关器件通断，使各相输出反馈电流朝着与该相参考电流误差减小的方向变化。

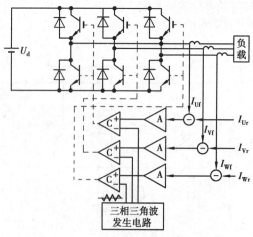

图 1-3-17　三相三角波比较式电流跟踪型

三、SPWM 逆变器的控制技术

(一) SPWM 逆变器及其控制模式

为了减小谐波影响,提高电动机的运行性能,要求采用对称的三相正弦波电源为三相交流电动机供电,因此,PWM 逆变器采用正弦波作为参考信号。这种正弦波脉宽调制型逆变器称为 SPWM 逆变器。目前广泛应用的 PWM 型逆变器皆为 SPWM 逆变器。

实现 SPWM 的控制方式有 3 种:一是采用模拟电路;二是采用数字电路;三是采用模拟与数字电路相结合的控制方式。下面简单介绍 PWM 控制信号产生电路的特点。

1. 采用模拟电路

如图 1-3-18 所示为采用模拟电路元器件实现SPWM控制的原理示意图,首先由模拟元器件构成的三角波和正弦波发生器分别产生三角载波信号 $u_\triangle$ 和正弦波参考信号 u_R,然后送入电压比较器,产生 SPWM 脉冲序列。这种采用模拟电路调制方式的优点是完成 $u_\triangle$ 与 u_R 信号

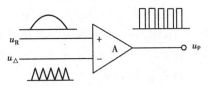

图 1-3-18　"△"调制电路原理图

的比较和确定脉冲宽度所用的时间短,几乎是瞬间完成的,不像数字电路采用软件计算需要一定的时间。

PWM 控制信号产生电路的主要功能是:根据给定的指令和对调速特性的要求,通过对调速系统数学模型的分析,产生控制逆变器功率器件通断的 PWM 信号。由于所采用的数学模型与控制机理不同,采用的控制方式也不同,如矢量控制、直接转矩控制、变结构控制、模糊控制、神经元自适应控制等。现以模拟电路产生 PWM 信号的方法为例作简单分析。

产生 PWM 信号常用的方法是用三角载波对给定参考波进行调制。假定所需要的参考电压的频率与幅值已经求出,对于 SPWM 逆变器,需要产生给定频率和幅值的正弦波以及三角波载波电压信号。产生频率和幅值可控正弦波的方法也有多种,在此只讨论如何实现分段同步调制。

如图 1-3-19 所示为分段同步控制三角波产生的电路原理。变频调速需要给定的参考正弦波通过整形电路变为方波进入锁相环,与由 3 端输入的波形进行相位比较,其差值信号由

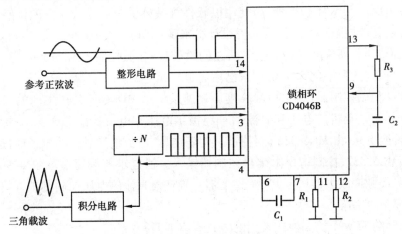

图 1-3-19　分段同步控制三角载波的产生

13 端输出经低通滤波器由 9 端输入至锁相环内部的 U/f 转换器,产生由 4 端输出的矩形脉冲,经 N 分频变为 3 端输入信号。其值再次与 14 端输出的信号相比较,经反复调整,最后使 3 端输入信号的频率和相位与 14 端输入信号相等。此时,由 4 端输出未经 N 分频的矩形脉冲经积分电路后可获得产生 PWM 信号的三角载波,三角载波的频率为参考正弦波频率的 N 倍。这样通过改变分频值 N 可实现分段同步控制。

可变 N 值的分频电路可用有预置端的计数器(如 MC14352B 十进制减计数器)来实现。其三级可预置分频电路如图 1-3-20 所示。每级的预置可通过 $D_0 \sim D_3$ 端电平设置来实现,按高电平为 1,低电平为 0。所需要的分频数 N 值由三位十进制数 $n_2 n_1 n_0$ 组成。CR 端高电平计数器清零,低电平计数。当 LD 端为高电平时将预定的分频值 N 值按 $n_2 n_1 n_0$ 置入各计数器。由 CP 端输入锁相环,压控振荡器输出信号作为时钟脉冲进行减法计数,完成分频功能。当三级计数器均减至零时,由于末级的 CF 接高电平,使 Q_{cc} 变为高电平,随之第一级的 CF 和 Q_{cc} 也变为高电平。由于第一级 Q_{cc} 与各级 LD 相接,又重新开始置数,使计数器连续对输入脉冲进行分频。通过改变计数器的 $D_0 \sim D_3$ 端子的电平可改变分频数 N 的设置。

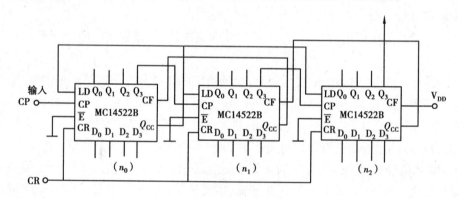

图 1-3-20　可预置 N 分频器

采用模拟电路元器件实现 SPWM 控制的缺点是:所用硬件比较多,而且不够灵活,改变参数和调试比较麻烦。

2. 采用数字电路

采用数字电路的 SPWM 逆变器,可使用以软件为基础的控制模式。它的优点是:所用硬件较少,灵活性,智能性强;缺点是:需要通过计算来确定 SPWM 的脉冲宽度,有一定的延时和响应时间。然而,随着高速度、高精度、多功能的微处理器、微控制器和 SPWM 专用芯片的出现,采用计算机控制的数字化 SPWM 技术已占居了主导地位。

MC6833232 位微控制器控制的 PWM 变频调速系统是 MOtorola 公司生产的,其原理框图如图 1-3-21 所示。电动机的电压和电流信号经霍尔电压和电流传感器送至采样/保持及 12 位快速 A/D 转换单元,由 MC68332 软件控制,对各电压、电流信号进行同时采样,速度反馈信号由 PG 送入 MC68332,控制指令由键盘控制器输入。通过求解调速系统数学模型,产生的 PWM 控制信号经脉冲放大器送至 PWM 逆变器。逆变器直流侧电压控制则由 MC68332 向斩波器输出的 PWM 控制信号实现。

计算机控制的 SPWM 控制模式常用的方式有以下两种:

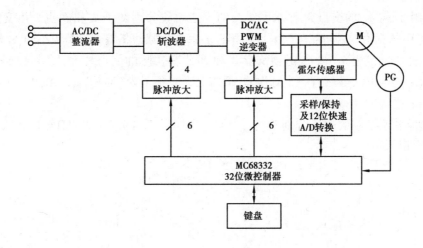

图 1-3-21 MC68332 控制 PWM 变频调速系统原理框图

（1）自然取样法

图 1-3-22 是自然取样法 SPWM 模式计算图,只要通过对 $u_\triangle$ 和 u_R 的数字表达式联立求解,找出其交点对应的时刻 t_0, t_1, t_2, t_3, t_4, t_5… 便可确定相应 SPWM 的脉冲宽度。虽然计算机具有复杂的运算功能,但需要一定的时间,而 SPWM 逆变器的输出需要适时控制,因此没有充分的时间去联立求解方程,准确计算 $u_\triangle$ 与 u_R 的交点,一般实际采用的方法是,先将在参考正弦波的 1/4 周期内各时刻的 $u_\triangle$ 和 u_R 值算好,以表格形式存在计算机内,以后需要计算某时

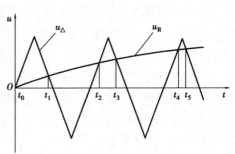

图 1-3-22 自然取样法 SPWM 模式计算

刻的 $u_\triangle$ 和 u_R 值时,不用临时计算而采用查表的方法很快得到。由于波形对称,仅须知道参考正弦波的 1/4 周期的 $u_\triangle$ 和 u_R 值就可以了,在一个周期内其他时刻的值可由对称关系求得。$u_\triangle$ 和 u_R 波形的交点求法,可采用逐次逼近的数值解法,即规定一个允许误差 ε,通过修改 t_i 值,当满足 $|u_\triangle(t_i) - u_R(t_i)| \leqslant \varepsilon$ 时,则认为找到了 $u_\triangle$ 和 u_R 波形的一个交点。根据求得的 t_0, t_1, t_2, t_3, t_4, t_5… 值便可确定 SPWM 的脉冲宽度。

采用上述方法,虽然可以较准确地确定 $u_\triangle$ 和 u_R 波形的交点,但计算工作量较大,特别是当变频范围较大时,需要事先对各种频率下的 $u_\triangle$ 和 u_R 值计算列表,将占用大量的内存空间。因而只有在某一变化不大的范围内变频调速时,采用此方法才是适用的。

（2）规则取样法

如图 1-3-23 所示,按自然取样法求得的 $u_\triangle$ 和 u_R 的交点为 A' 和 B',对应的 SPWM 脉宽为 t_2'。为了简化计算,采用近似的求解 $u_\triangle$ 和 u_R 交点的方法。通过两个三

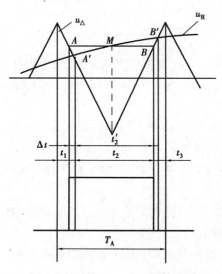

图 1-3-23 规则取样 SPWM 调制模式

角波峰之间中线与 u_R 的交点 M 作水平线与两个三角波分别交于 A 和 B 点。由交点 A 和 B 确定的 SPWM 脉宽为 t_2，显然，t_2 与 t_2' 数值相近。只是两脉冲相差了一个很小的 Δt 时间。

规则取样法就是用 u_R 和 $u_\triangle$ 近似交点 A 和 B 代替实际的交点 A' 和 B'，用以确定 SPWM 脉冲信号的。这种方法虽然有一定的误差，但却大大减小了计算工作量。由图 1-3-20 可容易地求出规则取样法的计算公式。

设三角波和正弦波的幅值分别为 $u_{\triangle m}$ 和 u_{sm}，周期分别为 $T_\triangle$ 和 T_S，脉宽 t_2 和间隙时间 t_1 及 t_2 可由下式计算：

$$t_2 = \frac{T_D}{2} + \frac{T_D}{2} \frac{U_{sm}}{U_{Dm}} \sin\left(\frac{2\pi}{T_S}t\right) \tag{1-3-1}$$

$$t_1 = t_3 = \frac{1}{2}(T_D - t_2) = \frac{1}{2}\left[\frac{T_D}{2} - \frac{T_D}{2} \frac{U_{sm}}{U_{Dm}} \sin\left(\frac{2\pi}{T_S}t\right)\right] \tag{1-3-2}$$

由式(1-3-1)，式(1-3-2)可很快地求出 t_1 和 t_2 值，进而确定相应的 SPWM 脉冲宽度，具体计算也可采用查表法。

（二）具有消除谐波功能的 SPWM 控制模式的优化

SPWM 逆变器中采用正弦波作为参考波形，虽然在逆变器的输出电压和电流中，基波占主要成分，但仍存在谐波分量。如果降低低次谐波分量，则需要提高三角波的频率。然而，载波频率的提高将增加功率开关器件的开关次数和开关损耗，提高了对功率开关器件和控制电路的要求。较好的办法是在不提高载波频率的前提下，消除所不希望的谐波分量。所谓 PWM 控制模式的优化，就是指能够消除谐波分量的 PWM 控制方式。这里仅对 PWM 控制模式优化的基本思想作简单介绍。

1. 两电平 PWM 逆变器消除谐波的一般方法

单相 PWM 逆变器的原理示意图如图 1-3-24 所示，其中功率开关器件用开关 S1，S1'，S2 和 S2'表示，为了防止电源短路，不允许 S1 与 S1'或 S2 与 S2'同时导通，而需要采用互补控制，即 S1 导通时 S1'必须断开，S2 导通时，S2'必须处于断开状态，反之亦然。因此仅需分析 S1 和 S2 的通断状态即可。

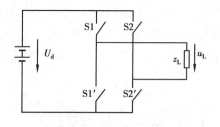

图 1-3-24　单相 PWM 逆变器原理接线图

如果用 1 和 0 分别表示一个开关的导通和断开状态，则 S1，S2 的可能操作方式为 00，01，10 和 11。可实际采用的只有两种 PWM 控制模式：

①S1，S2 采用 10 和 01 控制方式构成两电平 PWM 逆变器，由图 1-3-24 可以看出，S1，S2 为 10 时，负载电压 $u_L = U_d$，而 S_1，S_2 为 01 时，$u_L = -U_d$，仅有两种电平。

②S1，S2 采用 10，00，01 3 种控制方式时，构成三电平 PWM 逆变器，因为除了 10 和 01 对应的两电平外，还多出了一个 00 状态对应的零电平。

由于两电平和三电平 PWM 逆变器输出电压波形不同，含有的谐波分量也有所不同，故需要分别分析。下面先分析两电平 PWM 逆变器的谐波消除方法。

如图 1-3-25 所示，假定两电平 PWM 逆变器输出电压波形具有基波的 1/4 周期对称关系，显然，如将该 PWM 脉冲电压序列展成傅里叶级数，则仅含奇次谐波分量。

负载电压 u_L 可表示为各次谐波电压之和，即：

$$u_{\mathrm{L}} = \sum_{\nu}^{\infty} U_{\nu} \sin \nu wt \qquad (1\text{-}3\text{-}3)$$

$$U_{\nu} = \frac{4U_{\mathrm{d}}}{\lambda\nu}\left[1 + 2\sum_{k=1}^{N}(-1)^{k}\cos\nu\alpha_{k}\right] \qquad (1\text{-}3\text{-}4)$$

式中　U_{ν}——ν 次谐波电压幅值；

　　　α_{k}——电压脉冲前沿或后沿与 ωt 坐标的交点；

　　　N——在 90°范围内 α_{k} 的个数。

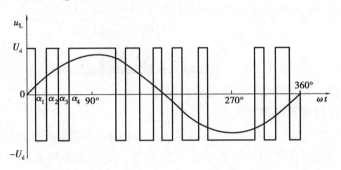

图 1-3-25　两电平 PWM 逆变器的输出电压波形

从理论上讲,欲想消除 ν 次谐波分量,只需令 U_{ν} 为 0,从而可以解出相应的 α_{k} 值即可。要想消除谐波的次数多一些,必须选取 PWM 脉冲的个数也要多一些。

(1)消除 5 次和 7 次谐波

一般采用星形连接的三相对称电源供电的交流电动机,相电流不包含 3 的倍数次谐波,故在 PWM 与调制时,不必考虑消除 3 次谐波。对电动机调速性能影响最大的是 5 次或 7 次谐波,应列为首要消除的谐波。如图 1-3-26 所示为相应的 PWM 逆变器的输出波形。

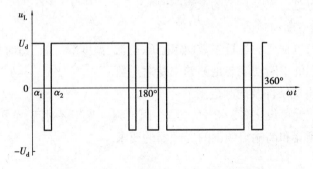

图 1-3-26　可消除 5,7 次谐波分量的 PWM 调制模式

(2)消除 5,7,11 和 13 次谐波

除了 5,7 次谐波外,11 和 13 次谐波对调速性能的影响也较大,故也希望能与 5,7 次谐波同时消除。如在基波的 1/4 周期(90°)范围内增加一个脉冲,既有 4 个 α_{k} 值($N=4$),则可同时消除 5,7,11 和 13 次谐波。

2. 三电平 PWM 逆变器消除谐波的方法

如图 1-3-24 所示 PWM 逆变器,当 S1,S2 采用 10,00,01 开关模式时,则逆变器输出电压具有 3 种电平,其输出 PWM 波形如图 1-3-27 所示。

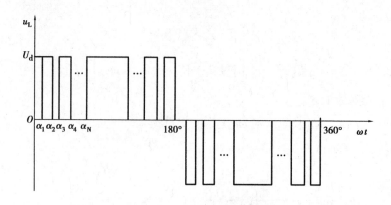

图 1-3-27　三电平 PWM 逆变器的输出电压波形

(三)用于 SPWM 控制的专用芯片与微处理器

1. PWM 专用微处理器的主要性能

目前用单片机产生 SPWM 信号时,通常是根据某种算法计算、查表、定时输出三相 SPWM 波形,再由外部硬件电路加延时和互锁变成六路信号。受运算速度和硬件所限,SPWM 的调制频率以及系统动态响应速度都不是太高。在闭环控制变频调速系统中,采用一般的微处理器实现纯数字的速度和电流闭环控制是相当困难的。

随着大规模集成电路(LSIC)技术的发展,出现了多种新型用于电动机控制的专用单片微处理器。这些新型专用微处理器具有如下性能指标:

(1)基本指令数

为了提高运算速度,几乎所有的新型微处理器的命令都采用"管线"(Pipe Line)方式,为了完成复杂的运算,这类微处理器皆具有乘、除法指令或带符号的乘、除法指令。此外,有的微处理器还备有便于进行矩阵运算的求积、和的指令。

(2)中断功能及中断通道数

为了对变频器及电动机的运行参数(如电压、电流、温度等)进行适时检测与故障保护,需要微处理器具有很强的中断功能与足够的中断通道数。

(3)PWM 波形生成硬件及调制范围

波形生成硬件单元可设定各种 PWM 方式,调制频率及死区时间,可实现的调制频率范围应能满足低噪声变频器和高输出频率的变频器的要求。

(4)A/D 接口

芯片应备有输入模拟信号(可用于电动机的电压、电流信号,各种传感器的二次电信号以及外部的模拟量控制信号)的 A/D 转换接口,A/D 转换器的字长一般为 8 位或 10 位。

(5)通信接口

芯片应备有用于外围通信的同步、异步串行接口的硬件或软件单元。

2. 几种新型单片微处理器简介

具有代表性的 PWM 专用芯片是:美国英特尔(INTEL)公司的 8xC196MC 系列、日本电气(NEC)公司的 PD78336 系列和日本日立公司的 SH7000 系列。

(1)8xC196MC 系列

8xC196MC 是一个 16 位微处理器,其内部有一个三相互补 SPWM 波形发生器,可直接输出 6 路 SPWM 信号,驱动电流达 20 mA。它也采用规则取样法产生波形,三相脉宽由软件编程计算。

如图 1-3-28 所示为 8xC196MC 的引脚排列。图 1-3-29 为 8xC196MC 的主要结构图。它包括算术逻辑运算部件(RLU)、寄存器集、内部 A/D 转换器、PWM 发生器、事件处理阵列(EPA)、三相互补 SPWM 输出发生器以及看门狗、时钟及中断控制等电路。

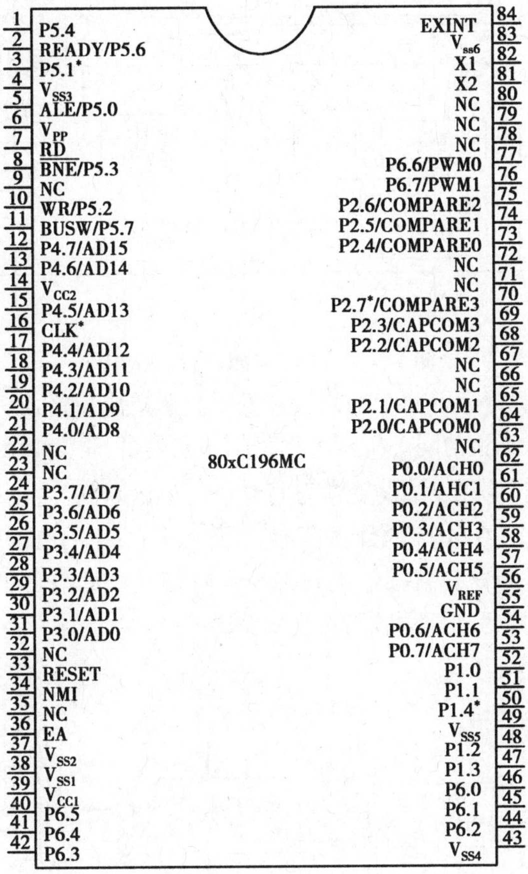

左侧引脚		右侧引脚	
1	P5.4	EXINT	84
2	READY/P5.6	V_{SS6}	83
3	P5.1*	X1	82
4	V_{SS3}	X2	81
5	ALE/P5.0	NC	80
6	V_{PP}	NC	79
7	$\overline{RD}$	NC	78
8	$\overline{BNE}$/P5.3	P6.6/PWM0	77
9	NC	P6.7/PWM1	76
10	$\overline{WR}$/P5.2	P2.6/COMPARE2	75
11	BUSW/P5.7	P2.5/COMPARE1	74
12	P4.7/AD15	P2.4/COMPARE0	73
13	P4.6/AD14	NC	72
14	V_{CC2}	NC	71
15	P4.5/AD13	P2.7*/COMPARE3	70
16	CLK*	P2.3/CAPCOM3	69
17	P4.4/AD12	P2.2/CAPCOM2	68
18	P4.3/AD11	NC	67
19	P4.2/AD10	NC	66
20	P4.1/AD9	P2.1/CAPCOM1	65
21	P4.0/AD8	P2.0/CAPCOM0	64
22	NC	NC	63
23	NC	P0.0/ACH0	62
24	P3.7/AD7	P0.1/AHC1	61
25	P3.6/AD6	P0.2/ACH2	60
26	P3.5/AD5	P0.3/ACH3	59
27	P3.4/AD4	P0.4/ACH4	58
28	P3.3/AD3	P0.5/ACH5	57
29	P3.2/AD2	V_{REF}	56
30	P3.1/AD1	GND	55
31	P3.0/AD0	P0.6/ACH6	54
32	NC	P0.7/ACH7	53
33	RESET	P1.0	52
34	NMI	P1.1	51
35	NC	P1.4*	50
36	EA	V_{SS5}	49
37	V_{SS2}	P1.2	48
38	V_{SS1}	P1.3	47
39	V_{CC1}	P6.0	46
40	P6.5	P6.1	45
41	P6.4	P6.2	44
42	P6.3	V_{SS4}	43

80xC196MC

图 1-3-28　8xC196MC 的引脚排列

8xC196MC 寄存器阵列分为低 256B 和高 256B 两部分。低 256B 在 RLU 运算过程中可当做 256 个累加器使用,高 256B 用作寄存器 RAM,也可通过特有的窗口技术,将高 256B 切换成具有累加器功能的 256B。从而避免了一般单片机仅使用单个累加器而产生的"瓶颈效应",提高了运算速度。在 16 MHz 晶体振荡器频率下,8xC196MC 完成 16 位乘以 16 位乘法,仅需 1.75 μs,完成 32 位除以 16 位的除法只要 3 μs。这对于实现控制系统的快速控制非常有利。

8xC196MC 最具特色的是它的三相(六路)互补 SPWM 输出功能,事件处理阵列(EPA)和外设处理服务(PTS)功能,下面作一简单介绍。

①SPWM 波形输出。三相 SPWM 波形是由 U,V,W 三个单相 SPWM 波形生成器构成的,

其中一相(U 相)电路的原理图如图 1-3-30 所示,它由脉宽发生、死区脉宽发生、脉冲合成及保护电路等单元电路构成。脉宽发生单元则由三角调制波产生、输出脉宽值设定以及脉宽比较和生成电路构成。

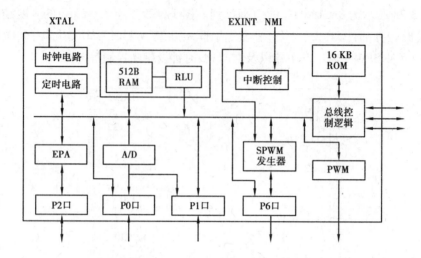

图 1-3-29　8xC196MC 结构原理图

为防止逆变器同一桥臂上下两个功率器件发生直通造成短路,该 SPWM 发生电路通过编程设置死区互锁时间 t_d,使驱动同一桥臂上下两功率器件的 SPWM 脉冲信号 u^+ 和 u^- 具有互补功能,且在 u^+ 和 u^- 电平切换时,设置皆为高电平的死区时间 t_d,以确保同一桥臂的上下功率器件不会同时导通。在 16 MHz 晶体振荡器时,死区时间 t_d 的范围为 0.125 μs。三相互补 SPWM 波形发生器可通过 P6 口直接输出 6 路 SPWM 信号。每路驱动电流可达 20 mA。在使用 16 MHz 晶体振荡器时,驱动信号频率可达 8 MHz。

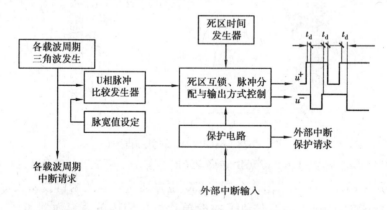

图 1-3-30　SPWM 波形输出示意图

当出现外部过电流等故障中断信号时,保护电路立即封锁 SPWM 的输出,并发出软件中断请求,向 CPU 报告外部故障的发生。

②事件处理阵列(Event Processor Array,简称 EPA)。它相当于 8096 单片机的高速输入口(HIS)和高速输出口(HSO),但增强了功能。输入方式时可用于捕捉输入引脚的边沿跳变,输出方式则可用于定时/计数器与设定常数的比较。8xC196MC 4 个相同的捕捉/比较模

块和 4 个比较模块,可分别设置不同的工作方式。

EPA 有两个 16 位双向定时/计数器 T1 和 T2。其中 T1 可工作在晶体振荡器时钟模式,用以直接处理光码盘输出的两路相位移为 90°的脉冲信号,这在速度闭环变频调速系统中非常有用。

③外设处理服务(Periphral Transactlon Server,简称 PTS)功能。它是一种类似于 DMA 的并行处理方式,较少占用 CPU 时间。可用微指令码来代替中断服务程序,设置后可自动执行,不需要 CPU 干预。

当采用数字电流环时,电流模拟量反馈信号经 A/D 转换变成数字量送入 CPU,然后进行电流环计算,这需要较多的时间,不利于快速控制。如将 A/D 转换以 PTS 方式进行,除去 PTS 初始化需要很少的时间外,A/D 转换由 PTS 自动控制完成,CPU 可专门用于电流环的处理,从而提高了电流环的快速性。

以上是对 8xC196MC 系列的功能和特点所作的分析。对于 PD78366 和 SH7034 系列简要介绍如下。为了便于对比分析,将这 3 种微处理器系列的主要性能指标列入表 1-3-1 中。

(2)PD78366 系列

PD78366 系列的主要性能特点有:

①与 8xC196MC 系列相比,增加了位操作指令及便于进行矩阵运算的积和演算功能。

②16 个可屏蔽中断源的优先级可用软件任意设定。

③波形生成器类似于 8xC196MC,但难以实现某些特殊的 PWM 控制。内部时钟频率最高为 16 MHz,调制频率可达 20 kHz 以上。

④设有同、异步串行接口专用硬件和串行通信端子。这一点比 8xC196MC 要优越,后者采用软件方式进行串行通信将占用 CPU 的时间。

⑤在复位状态下,所有 I/O 端子皆处于高阻状态,因而,从上电到复位完成的瞬间可防止输出端发生误动作。8xC196MC 系列不具备该项功能。

⑥弱点:尽管有 8 组 128B 的通用寄存器,但同时仅可使用一个"RLU",因而仍存在"瓶颈"现象,这一点上不如 8xC196MC 系列。

(3)SH7000 系列

SH7000 系列是日立公司推出的为交流电动机伺服系统专门设计的单片微处理器。一般伺服系统所需要的位置、速度和电流控制环以及 PWM 波形生成器皆可由该芯片完成。SH7000 系列的特点有:

①CPU 指令采用精减指令集计算机(Reduced Introduction Set Computer,简称 RISC)方式,因而执行速度快,基本指令执行时间仅为一个系统时钟周期。

②通用寄存器为 32 位并备有硬件乘法器,完成 16×16 位乘法运算仅用 3 个系统时钟周期。

③内存容量大,为 4 GB。

④A/D 转换时间短,仅为 6.7 μs。

表 1-3-1 3 种新型微处理器的主要性能比较

基本指令		8xC196MC	PD78366	SH7000
		112	115	
运算指令	乘、除指令执行时间	16×16：14CLK 周期 32/32：24CLK 周期	16×16：15CLK 周期 32/16：43CLK 周期	16×16：3CLK 周期
	特殊指令	32 位加、减运算 带符号除法	16 位字批传送 位操作	带符号除法 积和演算
内 存	通用寄存器	232 B	108 B	32 位×16
	RAM	232 B	24 kB	4 kB
	内存容量	64 kB	64 kB	4 GB
	内部 ROM	16 kB(83C196MC)	48 kB(78368)	64 kB
I/O 端子	总端子数	46	57	40
	A/D 转换 转换时间	8/10 位,13 通道 装换时间可设定	8/10 位,8 通道 15.2 μs	10 位,8 通道 6.7 μs
	PWM 输出	8 位,2 通道	8/10 位,8 通道	
	光电码输入	有	有	有
波形生成器	生成器输出	6 通道,任意调制	6 通道,任意调制	6 通道,任意调制
	最高分辨率 调制频率	125 Hz 20 kHz 以上	62.5 Hz 20 kHz 以上	50 Hz 20 kHz 以上
	保护	有	有	有
中断功能	外部	2	4	9
	内部	10	12	31
	内/外部	4	2	
	宏指令支援数	12	15	
串行口	同步串行	无硬件单元,但备有 软件处理	1 通道	2 通道同步/ 非同步可指定
	非同步串行		1 通道并有波特 发生器	
开发环境	在线仿真器性能	一般	较强	不明
	C 语言	不明	可	可

四、电流跟踪型 PWM 逆变器控制技术

(一)电流跟踪型 PWM 逆变器的运行原理

电流跟踪型 PWM 逆变器又称为电流控制型电压源 PWM（CRPWM）逆变器,它兼有电压型和电流型逆变器的优点:结构简单、工作可靠、响应快、谐波少,采用电流控制,可实现对电动机定子相电流的在线自适应控制,特别适用于高性能的矢量控制系统。其中滞环电流跟踪型 PWM 逆变器除有上述特点外,还因其电流动态响应快,系统运行不受负载参数的影响,实现方便,而得到了广泛的重视。如图 1-3-31 所示为电流跟踪型 PWM 变频调速系统构成框图。该系统主要由 PWM 控制信号产生电路、PWM 逆变器主电路、电流反馈电路等构成。

滞环电流跟踪型 SPWM 逆变器的单相结构示意图如图 1-3-32 所示。

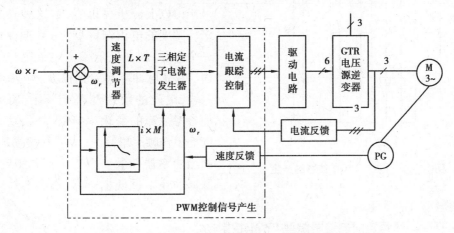

图 1-3-31　电流跟踪型 PWM 变频调速系统构成框图

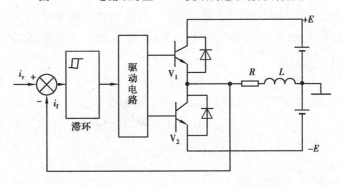

图 1-3-32　滞环电流跟踪型 SPWM 逆变器的单相结构示意图

图中 i_r 为给定参考电流,是电流跟踪目标,当实际负载电流反馈值 i_f 与 i_r 之差达到滞环的上限值 Δ 时,即 $i_f - i_r \geq \Delta$,使 V_2 导通,V_1 截止,负载电压为 $-E$,负载电流 i_f 下降。当 i_f 与 i_r 之差到达滞环的下限时,即 $i_f - i_r \leq \Delta$,则 V_2 截止,V_1 导通,负载电压变为 $+E$,电流 i_f 上升。这样,通过 V_1,V_2 的交替通断,使 $|i_f - i_r| \leq \Delta$,实现 i_f 对 i_r 的自动跟踪。如 i_r 为正弦电流,则 i_f 也近似为一正弦电流。

图 1-3-33 是滞环电流跟踪型逆变器通过反馈电流 i_f 与给定电流 i_r 相比较产生输出 PWM

电压信号的波形。这里,PWM 脉冲频率(即功率管的开关频率)f_T 是变量,与下述因素有关:

①f_T 与滞环宽度 Δ 成反比,滞环越宽,f_T 越低。

②逆变器电源电压 E 越大,负载电流上升(或下降)的速度越快,i_f 到达滞环上限或下限的时间越短,因而 f_T 随 E 值增大而增大。

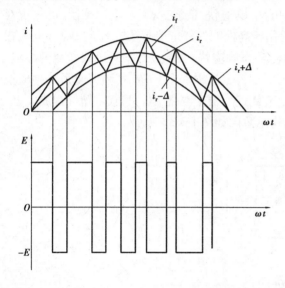

图 1-3-33 电压 SPWM 波形的产生

③负载电感 L 值越大,电流的变化率越小,i_f 到达滞环上限或下限的时间越长,因而 f_T 越小。

④f_T 与参考电流 i_r 的变化率有关,di_r/dt 越大,f_T 越小,越接近 i_r 的峰值,di_r/dt 越小,而 PWM 脉宽越小,f_T 越大。

由以上分析可以看出,这种具有固定滞环宽度的电流跟踪型 PWM 逆变器存在一个问题,即在给定参考电流的一个周期内,PWM 脉冲频率差别很大。在频率低的一段,电流的跟踪性差于频率高的一段。而参考电流的变化率接近零时,功率开关管的工作频率增高,加大了开关损耗,甚至超出功率器件的安全工作区。相反,PWM 脉冲的频率过低也不好,因为会产生低次谐波影响电动机的性能。

(二)开关频率恒定的电流跟踪型 PWM 控制技术

如前所述,具有固定滞环宽度的电流跟踪型 PWM 逆变器,功率器件的开关频率变化过大,不仅会降低电流的跟踪精度和产生谐波影响,而且不利于功率管的安全工作。最好能使逆变器的开关频率基本保持一定,这样可减小跟踪误差,降低谐波电流影响和提高逆变器的性能。

保持在参考电流 i_r 的一个周期内功率器件开关频率 f_T 恒定,办法是随着 di_r/dt 的变化调整滞环宽度 Δ。改变滞环宽度使 f_T 恒定,可采用不同的控制方式。

①随 di_r/dt 变化调整滞环宽度使 f_T 不变。一种用模拟元件由 di_r/dt 计算滞环宽度的电路示意框图如图 1-3-34 所示。

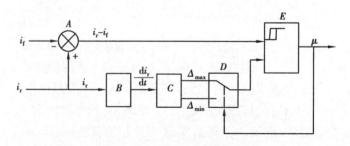

图 1-3-34 由 di_r/dt 改变滞环保持 f_T 恒定的控制方法

参考电流经微分电路 B 求得 di_r/dt,然后根据电路参数由 C 计算相应的滞环宽度 Δ_{max} 和

$\Delta_{\min}$，再由两选一电路 $\Delta_{\max}$ 或 $\Delta_{\min}$ 与 $i_f - i_r$ 一起送入滞环比较器 E。二选一电路的控制可由滞环比较器输出电平自动选取。通过适当的选取电路参数，可实现滞环比较器输出 PWM 脉冲的频率基本不变。

②在电流闭环中增设频率闭环使 f_T 保持恒定。在常用的电流滞环中增加频率闭环使 f_T 恒定的原理框图如图 1-3-35 所示。根据功率器件的类型、特性和逆变器的性能指标，可以确定最佳开关频率给定信号 f_T^*。由电流滞环输出测量的 PWM 脉冲信号电压经 U/f 转换器变为频率信号 f_T，将 $f_T^* - f_T$ 送入非线性开关调节器，调节器实时给出电流滞环宽度。当 $f_T^* > f_T$ 时，给出滞环宽 $\Delta_{\min}$，使 f_T 提高；反之，给出滞环宽 $\Delta_{\max}$，使 f_T 下降。

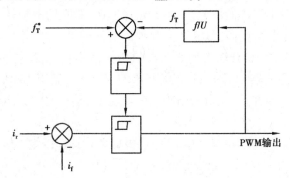

图 1-3-35　在常用的电流滞环中增加频率闭环使 f_T 恒定的原理图

五、PWM 变频技术在调速控制系统中的应用

(一)PWM 逆变器的主电路与驱动电路

1. 逆变器的类型与功率开关器件的选取

逆变器有电压型逆变器和电流型逆变器之分，PWM 型变频器一般采用电压型逆变器。电流跟踪型 PWM 逆变器，仅是按电流跟踪方式产生 PWM 控制信号，而逆变器本身仍是电压型逆变器。

PWM 逆变器的直流侧电压有固定式和可调式之分。对于恒转矩变频调速运行，电动机端电压要随频率近似成正比变化。采用恒定直流侧电压的逆变器，将电压控制与电流控制结合在一起，统一由 PWM 控制信号实现，尽管直流侧电压为恒值，但仍可通过脉宽调制使 PWM 逆变器输出交流电压的有效值改变。具有可调直流侧电压的 PWM 逆变器，可将电压和频率分别控制，虽然增加了直流侧的调压电路，但简化了 PWM 逆变器的控制，并可实现按波形优化选取 PWM 开关模式，消除不需要的谐波分量。

由于 PWM 逆变器的开关频率较高，功率开关器件不宜采用晶闸管，应采用全控型器件，如 GTR、GTO、IGBT、MCT、功率 MOSFET 等。

由 ABB 公司研制的 IGCT 集成门极换流晶闸管（Intergrated Gate Commutated Thyristors）是一种为中压变频器开发的用于巨型电力电子成套装置中的新型电力半导体开关器件（集成门极换流晶闸管＝门极换流晶闸管＋门极单元）。

IGCT 使变流装置在功率、可靠性、开关速度、效率、成本、质量和体积等方面都取得了巨大进展，给电力电子成套装置带来了新的飞跃。IGCT 是将 GTO 芯片与反并联二极管和门极驱动电路集成在一起,再与其门极驱动器在外围以低电感方式连接,结合了晶体管的稳定关断能力和晶闸管低通态损耗的优点,在导通阶段发挥晶闸管的性能,关断阶段呈现晶体管的特性。IGCT 具有电流大、阻断电压高、开关频率高、可靠性高、结构紧凑、低导通损耗等特点,而且制造成本低,成品率高,有很好的应用前景。已用于电力系统电网装置(100 MVA)和中功率工业驱动装置(5 MW)等领域。IGCT 在中压变频器领域内也得到成功的应用,由于 IGCT 的高速开关能力,无需缓冲电路,因而所需的功率元件数目更少,运行的可靠性大大增高。

在 ACS6000 的有缘整流单元的相模块里,每相模块由 IGCT 和续流二极管、钳位电容、阻尼电阻组成,由独立的门极供电单元 GUSP 为其提供能源。

由于 IGCT 具有 IGBT 那样的快速开关功能,像 GTO 那样导电损耗低,特别是在高压、大电流各种应用领域中可靠性更高。IGCT 装置中所有元件装在紧凑的单元中,降低了成本。IGCT 采用电压源型逆变器,与其他类型变频器的拓扑结构相比,结构更简单,效率更高。如对 4.16 kV 的变频器,逆变器中需用 24 个高压 IGBT 或 60 个低压 IGBT,而使用 IGCT 只需要 12 个。并且,由于 IGCT 损耗很小,所需的冷却装置功率较小,元件少,可靠性更高。

2. 驱动电路的功能

驱动电路对 PWM 逆变器的可靠工作具有重要意义。其作用主要体现在以下两个方面:

(1)保护功率开关器件的可靠通断控制

为了使驱动电路与功率器件的参数较好地配合,保证 PWM 逆变器可靠地工作,最好选用与功率模块相配套的专用驱动电路。

(2)对功率器件具有保护功能

该功能包括两个方面:

①逆变器同一桥臂上下两个功率器件的驱动信号应具有互补性,防止两个器件同时导通而造成电源短路。

②在电路中需要采用专门的过电流保护措施,如在逆变器的直流侧加设电流传感器,对过载及负载短路起到保护作用。

(二)反馈信号的测取

各种 PWM 变频调速系统都离不开被控电动机的电压、电流或转速的反馈信息。反馈信号的测取对调速系统的性能有着重要的影响。

1. 电压和电流反馈信号的测取

电压和电流反馈信号的检测一般有 3 种方法:

(1)电阻法

采用电阻分压,可将电压信号衰减至所需要的电平。将被测电流通过已知电阻,测量其压降后可知被测电流。电阻法的优点是电路简单,交直流信号皆适用。缺点是,如反馈控制电路与主电路没有隔离,而两者的电压相差极大(几十倍至上百倍),万一主电路的高电压通过反馈电路进入控制电路,将危及到控制系统的安全。而电阻法要求分压器和分流器的电阻值稳定不变,这点很难做到。

(2)互感器法

由于互感器内部铁芯磁性材料的非线性影响,它对于正弦波电压和电流,具有足够的工程精度,对于非正弦波或含有谐波较多的电压和电流,测量将产生较大的误差。因此,用一般的互感器检测 PWM 逆变器这种含有丰富谐波分量的输出电压和电流,难以准确测量电压和电流的瞬时值。

（3）霍尔(Hall)传感器法

对于直流及非正弦的交流电压和电流信号的隔离传送,最好的方法是采用霍尔电压和电流传感器。霍尔传感器不仅可实现被测电路与反馈电路的有效隔离,还具有以下一些优点:

①可以测量任意波形的电压和电流信号,且频带宽。

②线性度好,测量区间宽,测量精度高。

③响应速度快。

④过载能力强,使用安全。

霍尔电流传感器的接线如图 1-3-36 所示。一次被测电流多采用穿线式。将被测电流 I 的导线由传感器模块中间的孔内穿过,即可得到测量电流 I_m，I_m 的额定值一般为 100 mA,通过采样电阻 R_m 可将电流转化为电压信号。

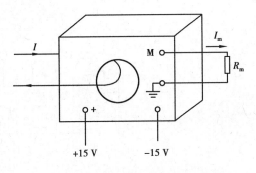

图 1-3-36　霍尔电流传感器的接线示意图

霍尔电流传感器是采用磁场平衡原理测量电流的。一次被测电流 I 产生的磁场用二次测量电流 I_m 速产生的磁场进行补偿,使霍尔元件始终处于检测零磁通的条件下工作。

2. 转速与位置检测

转速的测量方法有多种,如测速发电机、感应式转速传感器、霍尔式转速传感器、光电式转速传感器以及旋转变压器式转速传感器等。但目前调速系统速度和位置反馈控制中应用较多的还是光电编码器(简称码盘)。它不仅可以检测电动机转速,还可以测定电动机的转向及转子相对于定子的位置。转速输出信号可以是数字量或模拟量,可满足各种调速系统的需要。这里仅对光电编码器的原理作简单介绍。

一种常见的增量型光电编码器的结构如图 1-3-37 所示。

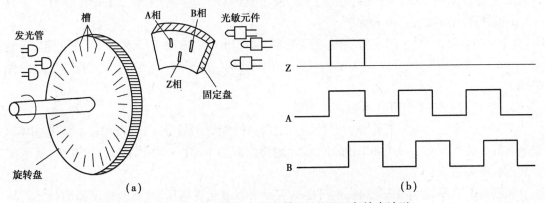

图 1-3-37　增量型光电编码器的结构原理与输出波形

它有 3 组输出信号,相应的有 3 组光电转换元件。当转动盘上的槽(光栅)与固定盘上的槽重合时,位于固定盘后面的光敏元件接收到转动盘侧相应发光元件的光,然后转变为电信号。当转动盘随电动机轴转动时,该编码器可输出 3 组电压信号,经过整形后三相输出波形如图 1-3-38 所示。Z 相信号是用来定位的,因为 Z 相在转动盘上只有一个对应的槽,故每转一周仅有一个 Z 相脉冲,对应于转子的一个固定位置。根据不同瞬时 A 相或 B 相输出信号相对于 Z 相定位脉冲的相位关系,便可确定该瞬时转子相对于定子的位置。

(三)IGBT-SPWM 变频调速系统

1. IGBT 的驱动与保护电路

正确设计与选用驱动和保护电路是保护电力电子器件可靠工作的关键。对于 IGBT,多采用具有保护功能的智能驱动器。如图 1-3-38 所示为 CWK-1 和 CWK-2 型驱动器的结构和工作原理框图。该驱动器为标准 16 脚单列直插式封装,外形尺寸为 43 mm×78 mm ×10 mm。

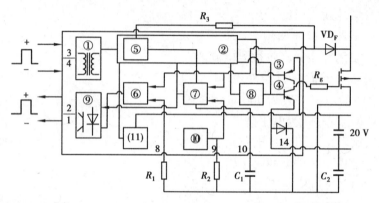

图 1-3-38　CWK 驱动器结构及工作原理框图

图中⑨以高峰值电流输出短路信号供变流系统连锁保护。当出现小于 300% 额定电流值的过电流时,比较器用在一个设定的延时时间后动作,先关断比较器⑥,再通过开关电路②和慢关断电路⑧控制输出开关。

③和④稍慢的关断输出,光耦合器⑨以足够宽度的低幅值电流输出过电流信号供控制电路调节占空比。驱动器内设过电流动作延时为 0.3 μs,通过外接电容 C 可调节所需要的延时时间。通过外接电路 R 和 R_2 可分别设定低幅值过电流和短路电流检测动作值,驱动电路的开通延时设定为 1.3 μs,可用外接电路 R_3 减小延时,R_3 短接时为 0.2 μs,此时可对低至0.5 μs 的故障电流实施检测和保护。

CWK 驱动器由 20 V 单电源供电,静态电流小于 10 mA,输出 + 15 V 和 − 5 V 的正、反驱动电压。电源电压低于 17 V 时欠电压电路关闭驱动器。此外,CWK 还具有欠饱和及过热保护功能。

2. 数字控制 IGBT-SPWM 变频调速系统

采用全控型电力电子器件作为开关器件配以高性能专用微处理器,可构成高性能 SPWM 调速系统。这里介绍一种由 80C196MC 微处理器控制的 IGBT-SPWM 变频调速系统,其系统原理接线图如图 1-3-39 所示。

如图 1-3-39 所示为开环控制,也可根据需要增加电动机电压、电流及速度监测与反馈环节,进行高性能的矢量控制。当计算和存储数据较多时,需相应增加数据存储器 RAM(如6264)。作为开环控制,在此未用 RAM,而仅由 27256EPROM 作为程序存储器,其内存空间为32 kB,用以存放监控程序及三角函数表。

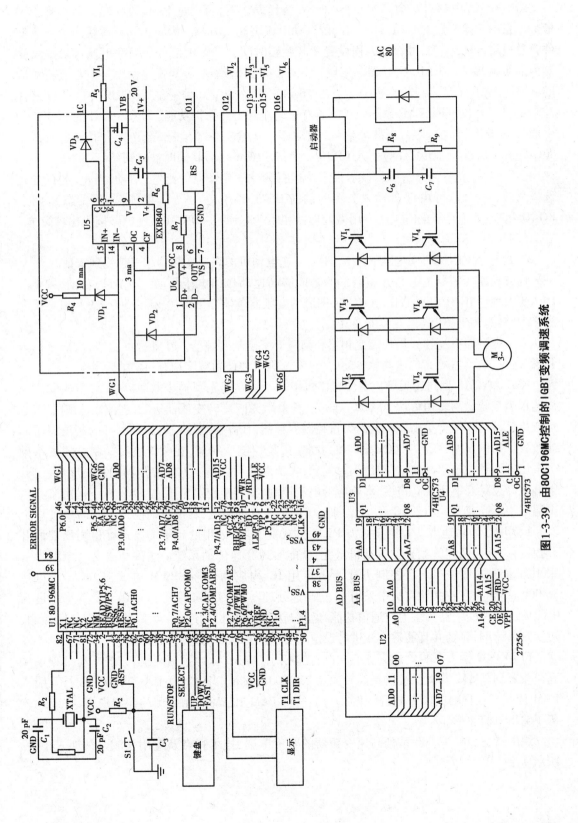

图1-3-39　由80C196MC控制的IGBT变频调速系统

80C196MC 内部有一个三相互补 SPWM 波形发生器,可通过 P6 口直接输出六路 SPWM 信号。它用于逆变器的驱动,每个引脚的驱动电流可达 20 mA。为防止同一桥臂两个功率器件直通短路,该发生器,可通过编程设置死区互锁时间。SPWM 信号的频率可通过设置发生器内部的重装(RELOAD)寄存器来实现。一旦该常数值确定,SPWM 将输出与该常数相对应的频率波形,直至送入新的常数为止。由 P6 口输出的 SPWM 信号经 EXB840 专用驱动芯片控制 $VI_1 \sim VI_6$ 的通断,EXB 系列驱动器具有过电流和短路保护功能。80C196MC 的 SPWM 发生器自身也带有保护电路,当故障信号(驱动器 5 端输出故障信号)经光耦合器隔离后送至80C196MC,通过 84 脚(EXIN)引入 CPU 后,六路 SPWM 信号将同时被封锁。

显示器采用串行方式,用以显示设定及运行参数。变频器的给定(启动、停止、运行方式选择及转速增减)可由键盘输入。图中的 74H573 芯片是 8 位 D 型锁存器(3 态),用于EOROM 的地址锁存。同时采用专用微处理器和驱动芯片,使 SPWM 控制电路接线比较简单。

(四)IGBT 高速变频器

随着高速电动机应用范围的扩大,驱动高速电动机的高速变频器越来越受到重视。

构成高速变频器主电路开关器件的是能够高速动作的电压驱动型 IGBT。目前,12 kV、1 kA 的大容量 IGBT 已产品化,由 IGBT 构成的变频器单体容量可达 300 ~ 500 kW。现主要介绍 FF7000 系列 IGBT 高速变频器及其技术特点。

高速变频器有高速矢量控制变频器和高速 U/f 控制变频器。在各种试验装置、部分机床和燃气轮机启动器等高转速调速传动中,对系统响应和控制精度均有一定的要求。

FF7000V2HF 型高速矢量控制变频器与高速矢量专用笼型异步电动机搭配,组成的高速调速传动系统最高转速可达 20 000 r/min。若采用无刷旋转变压器进行转速检测,则在高速运行中机械可靠性会更高。一般的矢量控制变频器,在高速区域因电流控制环的相位滞后而导致矢量控制误差,而 FF7000V2HF 系列高速矢量控制变频器,在响应电流控制方式的基础上采用磁通补偿技术,解决了控制误差问题,再辅助采用高精度电流检测器和高精度放大器,能够在高速状态下实现高精度、高响应的电流控制,其转矩控制精度在 ±5% 以下。由于其主电路采用了高速开关器件 IGBT,大大抑制了电流波形的畸变,转矩脉动控制在 ±3% 以下。

FF7000J 型高速 U/f 控制正弦波 PWM 方式变频器,采用的是不需要速度检测反馈的开环控制方式,与高速笼型异步电动机搭配,就能实现高速传动系统。这种交频器主电路也是采用高速开关器件 IGBT,控制方式为由专用 IC 构成的数字 SPWM 方式,最高转速可达36 000 r/min。在控制计算机中采用 16 位高速处理器,频率分辨率可达 0.01 Hz,频率精度为0.01%。这种变频器具备上位通信功能,通过与控制计算机的通信,可实现分级和分散控制,可实现系统网络化,并且能够在线进行设定变更及运行状态的逆向扫描。

FF7000D2 型 U/f 控制超高速变频器,控制采用 PAM(脉冲振幅调制)方式。输出频率最高可设定到 2 kHz,与此对应的最高转速达 120 000 r/min。当输出频率小于 100 Hz 时,又能从PAM 控制方式自动转换为 PWM 控制方式,这种 PAM 和 PWM 相并用的控制模式,有效地改善了输出电流波形。

综上所述,对 FF7000 系列高速变频器的容量范围、技术特点及应用领域归纳如表 1-3-2所示。

表 1-3-2　FF700O 系列高速变频器

型　号	容量范围/kW	最高转速/ (r·min⁻¹)	技术特点	应用领域
FF7000V2HF	37～240	20 000	快速响应 高精度 可进行转矩控制 可在四象限运行 调速范围为 1:500	试验装置 高速机床 燃气轮机 启动器等
FF7000J	7.5～280	36 000	不需转速检测 可进行群控 调速范围为 1:10 超高速	风机 泵类 纤维机械
FF7000D2	7.5～90	120 000	不需转速检测 可进行群控 调速范围为 1:10	纤维机械 真空泵等

任务4　交-交变频技术

【活动情景】

交-交变频就是把电网频率的交流电变换成频率可调的交流电。因为没有中间环节,所以比交-直-交变频的效率高,被广泛运用于大功率三相异步电动机和同步电动机的低速变频调速场合,在轧钢、水泥、牵引等方面的应用较为广泛。但由于交-交变频的输出频率和功率因数均比较低,其应用范围受到较大限制。

【任务要求】

1. 了解交-交变频器的基本结构。
2. 掌握交-交变频的工作原理及运行方式。
3. 掌握交-交变频主电路及控制方法。

一、交-交变频的工作原理

交-交变频电路是不通过中间直流环节,而把电网固定频率的交流电直接变换成不同频率的交流电的变频电路。交-交变频电路也叫周波变流器(Cycloconverter)或相控变频器。其特点为:

①因为是直接变换,没有中间环节,所以比一般的变频器效率高。

②由于其交流输出电压是直接由交流输入电压波的某些部分包络所构成,因而其输出频率比输入交流电源的频率低,输出波形较好。

67

③由于变频器按电网电压过零自然换相,故可采用普通晶闸管。

④因受电网频率限制,通常输出电压的频率较低,为电网频率的三分之一左右。

⑤功率因数较低,特别是在低速运行时更低,需要适当补偿。

（一）工作原理及运行方式

1.变频电路的基本构想

在有源逆变电路中,采用两组反并联连接的变流器,可在负载端得到电压极性和大小都能改变的直流电压,实现直流电动机的四象限运行。若能适当控制正、反两组变流器的切换频率,则在负载端就能获得交变的输出电压,从而实现交流-交流直接变频。

图1-4-1所示为双半波可控整流电路。在图1-4-1(a)中的两个晶闸管采用共阴极连接,因而在负载上能获得上正下负的输出电压,当改变晶闸管的触发延迟角 α 时,输出电压的大小就能随之改变。在图1-4-1(b)中的两个晶闸管变成了共阳极连接,同样在改变晶闸管的触发延迟角 α 时,在负载上能获得电压大小可变、极性为上负下正的输出电压。

若要在负载上获得交流电压,只需将共阴极组(正组)和共阳极组(反组)反并联相连接,组成图1-4-1(c)所示的电路,设在共阴极组电路工作时,共阳极组电路断开;而共阳极组电路工作时,共阴极组电路断开。这样,若以低于交流电网频率的速率交替地切换这两组电路的工作状态,就能在负载上得到相应的正负交替变化的交流电压输出,而达到交流-交流直接变频的目的。但从负载上所得到的电压波形可见,输出交变电压的频率低于交流电网的频率,且其中还含有大量的谐波分量。

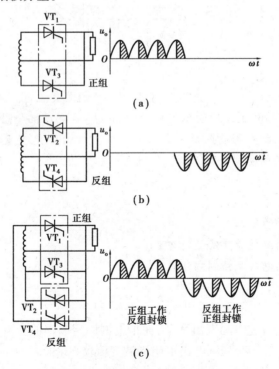

图1-4-1 双半波可控整流电路及输出波形

对于可控整流电路,为了使整流输出的直流平均电压大小可变,只要使晶闸管的触发延迟角 α 作相应的改变即可。为得到低于电源电压频率的交流输出电压,可仿照可控整流时相类似的方法,在每一个输入电源电压的周期中,晶闸管的触发延迟角 α 按特定规律变化。这样,在每一个电源周期中,经整流后相应的输出电压平均值,也就能按某一规律改变其大小和方向。

交-交变频电路中的两组变流器都有整流和逆变两种工作状态。由于变频电路常应用在交流电动机的变频调速等场合,负载多为电感性负载。图 1-4-2 所示为忽略输出电压和电流中的谐波分量的输出电压 u_o 和电流 i_o 的波形。由于电感性负载要阻止电流变化,使得输出电流 i_o 滞后于输出电压 u_o。

在负载电流 i_o 的正半周,由于变流器的单向导电性,正组变流器工作,反组变流器被阻断。在正组

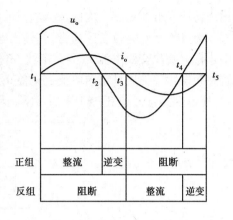

图 1-4-2　交-交变频工作状态

变流器导电的 $t_1 \sim t_2$ 期间,负载电压和负载电流均为正,即正组变流器工作于整流状态,负载吸收功率;在 $t_2 \sim t_3$ 期间,负载电流仍为正,而输出电压却为负,此时正组变流器工作在逆变状态。

在负载电流 i_o 的负半周,反组变流器工作,正组变流器被阻断。同理可见,在 $t_3 \sim t_4$ 期间,反组变流器工作在整流状态;在 $t_4 \sim t_5$ 期间,反组变流器工作在逆变状态。

为了进一步说明正、负两组整流器在交流输出的一个周期内的工作状态,可用图 1-4-3 中忽略输出电压高次谐波后的理想化电压和电流的关系来表示。由图可见,决定由哪组整流器导通和该组输出电压的极性无关,而是由电流方向所决定。至于导通的那一组是处于整流状态还是逆变状态,则由该组电压和电流的极性决定。

在实际整流器的工作中,虽然可以使正组和反组的触发延迟角之和等于 $180°$,即 $\alpha_P + \alpha_N = \pi$,以保证两组输出的平均电压始终相等,但仍有瞬时值不同而引起的环流问题。而且如采用环流抑制电抗器,则在交-交变频器中还会产生在可逆直流整流器中所不存在的自感环流现象。因此,交-交变频器中两组交替工作的方式有它自己的特点。

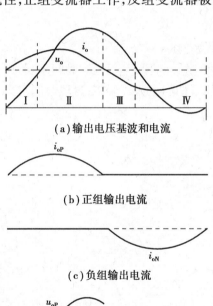

（a）输出电压基波和电流

（b）正组输出电流

（c）负组输出电流

（d）正组输出电压

（e）负组输出电压

图 1-4-3　交-交变频器正、负组的工作状态

Ⅰ—正组逆变;Ⅱ—正组整流;
Ⅲ—负组逆变;Ⅳ—负组整流

2. 运行方式

（1）无环流运行方式

图 1-4-4 所示为无环流反并联交-交变频原理图。其优点是系统简单,成本较低。缺点是不允许两组整流器同时获得触发脉冲而形成环流,因为环流的

出现将造成电源短路。因此,必须等到一组整流器的电流完全消失后,另一组整流器才可导通。而且切换延时较长。通常,其输出电压的最高频率只是电网频率的三分之一或更低。图中正桥 P 提供交流电流 I_n 的正半波,负桥 N 提供 I_n 的负半波。在进行换桥时,由于普通晶闸管在触发脉冲消失且正向电流完全停止后,还需要 10 ~ 50 μs 的时间才能够恢复正向阻断能力,所以在测得 i_n 真正等于零后,还需要延时500 ~ 1 500 μs才允许另一组晶闸管触发导通。

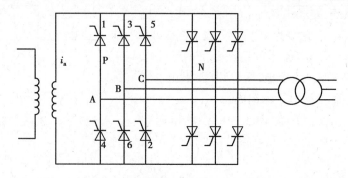

图 1-4-4　无环流反并联交-交变频

　　因此,这种变频器提供的交流电流在过零时必然存在着一小段死区,延时时间越长,产生环流的可能性越小,系统越可靠,这种死区也越长。在死区期间电流等于零,这段时间是无效时间。

　　无环流控制的重要条件是准确而迅速地检验出电流过零信号。不管主电路的工作电流是大是小,零电流检测环节都必须能对主电路的电流作出响应。过去的零电流检测在输入侧使用交流电流互感器,在输出侧使用直流电流互感器。近年来,由于光隔离器的广泛应用,已有几种由光隔离器组成的零电流检测器研制出来。这种新式零电流检测器具有很好的性能。

　　(2)自然环流运行方式

　　与直流可逆调速系统一样,同时对两组整流器施加触发脉冲,且保持 $\alpha_P + \alpha_N = \pi$,这种控制方式称为自然环流运行方式。为了限制环流,在正、负组之间接有抑制环流的电抗器。但与直流可逆整流器不同,这种运行方式的交-交变频,除有环流外,还存在着环流电抗器在交流输出电流作用下引起的"自感应环流",如图1-4-5所示。产生自感应环流的根本原因是因为交-交变频的输出电流是交流,其上升和下降在环流电抗器上引起自感应电压,使两组的输出电压产生不平衡,从而构成两倍电流输出频率的低次谐波脉动环流。

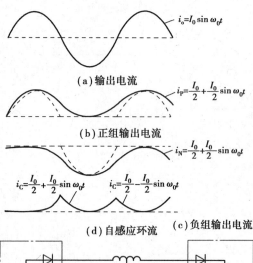

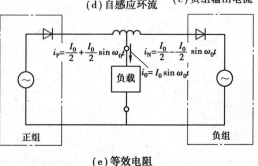

图 1-4-5　自感应环流原理图

分析得知,自感应环流的平均值可达总电流平均值的 57%,这显然加重了整流器负担。因此,完全不加控制的自然环流运行方式只能用于特定的场合。由图 1-4-5 可知,自感应环流在交流输出电流靠近零点时出现最大值,这对保持电流连续是有利的。此外,在有环流运行方式中,负载电压为环流电抗器中点的电压。由于两组输出电压瞬时值中的一些谐波分量被抵消了,故输出电压的波形较好。

(3)局部环流运行方式

把无环流运行方式和有环流运行方式相结合,即在负载电流有可能不连续时以有环流方式工作,而在负载电流连续时以无环流方式工作,这种控制方式称为局部环流运行方式。它既可使控制简化,运行稳定,改善输出电压波形的畸变,又不至于使环流过大。

图 1-4-6 是局部环流运行方式的控制方案结构图。在负载电流大于某一规定值时,只允许一组整流器工作,为无环流运行,而在负载电流小于某一规定值时(临界连续电流),则使两组整流器同时工作,即为有环流运行。

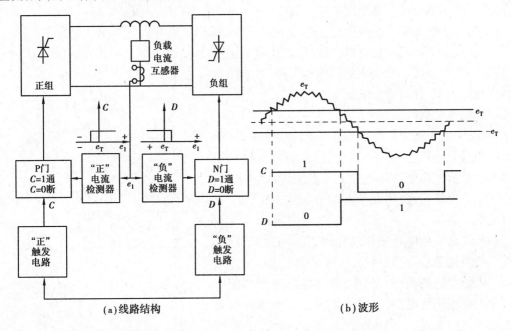

(a)线路结构　　　　　　　　　　(b)波形

图 1-4-6　局部环流运行方式的控制系统结构图

(二)单相输出交-交变频电路

1.电路组成及其基本工作原理

图 1-4-7 所示是单相输出交-交变频电路的原理图。电路由 P(正)组和 N(负)组反并联的晶闸管变流电路构成,两组变流电路接同一个交流电源。两组变流器都是相控电路,P 组工作时,负载电流自上而下,设为正向;N 组工作时,负载电流自下而上,设为负向。让两组变流器按一定的频率交替工作,负载就得到该频率的交流电。改变两组变流器的切换频率,就可以改变输出到负载上的交流电压频率,改变交流电路工作时的触发延迟角 α,就可以改变交流输出电压的幅值。

为了使输出电压的波形接近正弦波,可以按正弦规律对 α 角进行调制,即可得到如图 1-4-8 所示的波形。调制方法是,在半个周期内让 P 组变流器的 α 角按正弦规律从 90°逐渐减小到0°或某个值,然后再逐渐增大到90°。这样每个控制区间内的平均输出电压就按正弦规律从零逐渐增至最高,再逐渐减至零,如图1-4-8中虚线所示。另外半个周期可对变流器N组进行同样的控制。

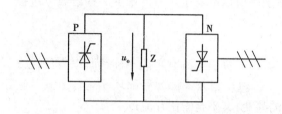

图1-4-7　单相输出交-交变频电路的原理框图

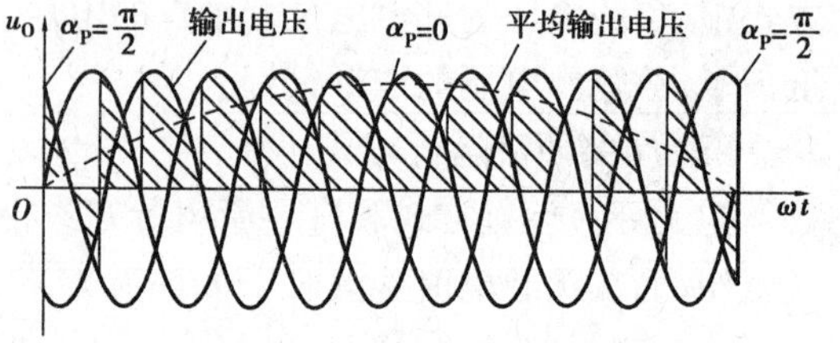

图1-4-8　单相输出交-交变频
电路输出交流电压波形

图1-4-8所示波形是变流器的P组和N组都是三相半波相控电路时的波形。可以看出,输出电压u_0的波形并不是平滑的正弦波,而是由若干段电源电压拼接而成。在输出交流电压的一个周期内,所包含的电源电压段数越多,其波形就越接近正弦波。因此,实际应用的变流电路通常采用6脉波的三相桥式电路或12脉波的变流电路。

2.感阻性负载时的相控调制

交-交变频电路的负载可以是电阻性、感阻性、容阻性负载或电动机负载,下面以感阻性负载为例来说明电路的整流工作状态与逆变工作状态,交流电动机负载属于感阻性负载,因此下面的分析完全适用于交流电动机负载。

如果忽略变流电路换相时输出电压的脉动分量,就可以把电路等效为图1-4-9(a)所示的正弦波交流电源和二极管串联的电路。其中,交流电源表示变流电路可输出交流正弦电压;二极管体现了变流电路只允许电流单方向流过。

假设负载阻抗角为φ,即输出电流滞后输出电压φ角。另外,两组变流电路在工作时采取无环流工作方式,即一组变流电路工作时,封锁另一组变流电路的触发脉冲。

图1-4-9(b)给出了一个周期内负载电压、电流波形,以及正负两组变流电路的电压、电流波形。由于变流电路的单向导电性,在$t_1 \sim t_3$阶段,负载电流处于正半周,只能是正组变流电路工作,负组变流电路被封锁。其中,在$t_1 \sim t_2$阶段,输出电压和电流均为正,故正组变流电路工作在整流状态,输出功率为正;在$t_2 \sim t_3$阶段,输出电压已反向,但输出电流仍为正,正组变

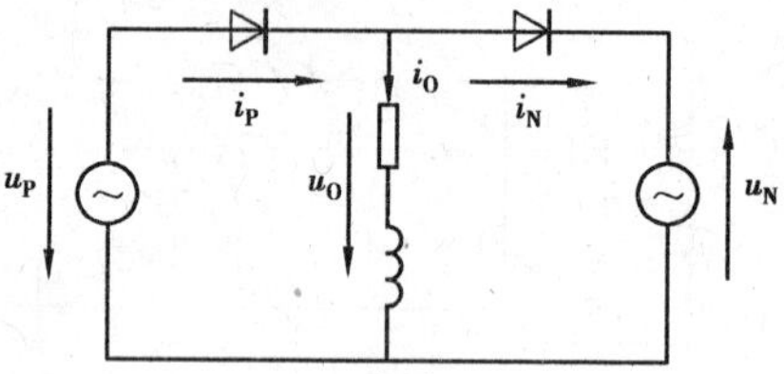

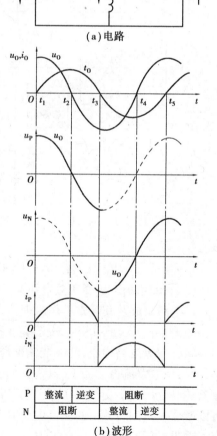

(a)电路

(b)波形

图1-4-9　理想化交-交变频电路的整流
与逆变状态

流电路工作在逆变状态,输出功率为负。

在 $t_3 \sim t_5$ 阶段,负载电流处于负半周,负组变流电路工作,正组变流电路被封锁。其中,在 $t_3 \sim t_4$ 阶段,输出电压和电流均为负,负组变流电路工作在整流状态,输出功率为正;在 $t_4 \sim t_5$ 阶段,输出电流为负而电压仍为正,负组变流电路工作在逆变状态,输出功率为负。

由此可见,在感阻性负载情况下,在一个输出电压周期内交-交变频电路有 4 种工作状态。哪组变流电路工作? 由输出电流的方向决定,与输出电压极性无关。变流电路工作在整流状态还是逆变状态,则是根据输出电压方向与电流方向是否相同来确定的。

图 1-4-10 是单相输出交-交变频电路输出电压和电流的波形图。如果考虑到无环流工作方式下负载电流过零的死区时间,一个周期的波形可分为 6 段:第 1 段 $i_0 < 0$,$u_0 > 0$,为负组逆变;第 2 段电流过零,为无环流死区;第 3 段 $i_0 > 0$,$u_0 > 0$,为正组整流;第 4 段 $i_0 > 0$,$u_0 < 0$,为正组逆变;第 5 段又是无环流死区;第 6 段 $i_0 < 0$,$u_0 < 0$,为负组整流。

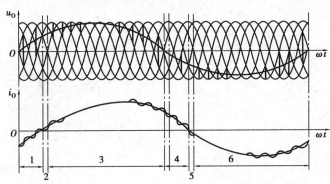

图 1-4-10　单相交-交变频电路输出电压和电流的波形

在输出电压和电流的相位差小于 90° 时,1 个周期内,电网向负载提供能量的平均值为正,电动机工作在电动状态;当两者相位差大于 90° 时,1 个周期内,电网向负载提供能量的平均值为负,即电网吸收能量,电动机工作在发电状态。

3. 输出正弦电压的调制方法

通过不断地改变交-交变频电路的触发延迟角 α,使输出电压的波形基本为正弦波的调制方法很多。这里简单介绍广泛使用的余弦交点法。

设 U_{d0} 为 $α = 0$ 时整流电路的理想空载电压,则触发延迟角为 α 时变流电路的输出电压为

$$u_0 = U_{d0} \cos \alpha \tag{1-4-1}$$

对交-交变频电路来说,每次控制时 α 角都是不同的,式(1-4-1)中表示的是每次控制期间内输出电压的平均值。

设要得到的正弦波输出电压为

$$u_0 = \sin \omega_0 t \tag{1-4-2}$$

比较式(1-4-1)和式(1-4-2),应使

$$\cos \alpha = \frac{U_{om}}{U_{d0}} \sin \omega_0 t = \gamma \sin \omega_0 t \tag{1-4-3}$$

其中,$\gamma = U_{om}/U_{d0}$,称为输出电压比。因此

$$\alpha = \arccos(\gamma \sin \omega_0 t) \tag{1-4-4}$$

式(1-4-4)就是用余弦交点法求交-交变频电路 α 角的基本公式。

下面用图1-4-11对余弦交点法作进一步说明。电网线电压 u_{ab}，u_{ab}，u_{ac}，u_{bc}，u_{ca} 和 u_{cb} 依次用 $u_1 \sim u_6$ 表示。相邻两个线电压的交点对应于 $\alpha = 0°$，$u_1 \sim u_6$ 所对应的同步余弦信号分别用 $u_{g1} \sim u_{g6}$ 表示。$u_{g1} \sim u_{g6}$ 比 $u_1 \sim u_6$ 超前30°。也就是说，$u_{g1} \sim u_{g6}$ 的最大值正好和相应线电压 $\alpha = 0°$ 的时刻相对应，如以 $\alpha = 0°$ 为零时刻，则 $u_{g1} \sim u_{g6}$ 为余弦信号。设希望输出的电压为 u_0，则各晶闸管的触发时刻由相应的同步电压 $u_{g1} \sim u_{g6}$ 的下降段和 u_0 的交点来决定。

图1-4-12给出了在不同输出电压比 γ 的情况下，在输出电压的1个周期内，触发延迟角 α 随 $\omega_0 t$ 变化的情况。可以看出，当 γ 较小，即输出电压较低时，α 角只在离90°很近的范围内变化，电路的输入功率因数非常低。

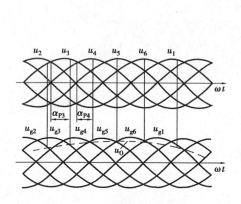

图1-4-11 余弦交点法原理

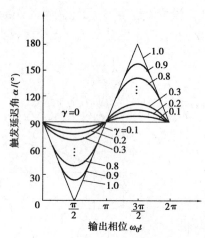

图1-4-12 α 随 $\omega_0 t$ 变化的曲线

余弦交点法可以由模拟电路来实现，但线路复杂，且不易实现准确的控制。采用计算机控制可方便地实现准确的运算，除计算 α 角外，还可以实现各种复杂的控制运算，使整个系统获得较好的性能。

4. 输入输出特性

（1）输出上限频率

交-交变频电路的输出电压是由许多段电网电压拼接而成的。输出电压在1个周期内拼接的电网电压段数越多，就可使输出电压越接近正弦波，每段电网电压的平均持续时间是由变流电路的脉波数决定的。因此在输出频率增高时，输出电压1个周期内所含电网电压的段数就减少，波形畸变就严重。

电压波形畸变以及由此产生的电流波形畸变和转矩脉动是限制输出频率提高的主要因素。构成交-交变频电路的两组变流电路的脉波数越多，输出上限频率就越高。就常用的6脉波三相桥式电路而言，一般认为，输出上限频率不高于电网频率的 $1/3 \sim 1/2$。电网为50 Hz时，交-交变频电路的输出上限频率约为20 Hz。

（2）输入功率因数

交-交变频电路采用的是相位控制方式，因此其输入电流的相位总是滞后于输入电压，需要电网提供无功功率。从图1-4-13可以看出，在输出电压的1个周期内，α 角是以90°为中心而前后变化的。输出电压比 γ 越小，半周期内 α 角的平均值越靠近90°，位移因数越低。另外,负载的功率因数越低,输入功率因数也越低。而且不论负载功率因数是滞后还是超前,输入的无功电流总是滞后的。

图1-4-13给出了以输出电压比 γ 为参变量时,输入位移因数和负载功率因数的关系。输入位移因数也就是输入的基波功率因数,其值通常略大于输入功率因数。可以看出,即使负载功率因数为1且输出电压比 γ 也为1,输入功率因数仍小于1,随着负载功率因数的降低和 γ 的减小,输入功率因数也随之降低。

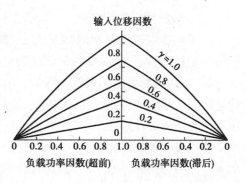

图1-4-13 γ 为参变量时输入位移因数和负载功率因数的关系

以上分析是基于无环流方式,交-交变频电路也可采用有环流方式,这时正反两组变流器之间需设置环流电抗器。采用有环流方式可以避免电流断续并消除电流死区,改善电流波形,还可提高交-交变频电路的输出上限频率,同时控制也比无环流方式简单。但是设置环流电抗器会使设备成本增加,运行效率也会因环流而有所降低。因此目前应用较多的还是无环流方式。

二、三相输出交-交变频电路

三相输出交-交变频电路主要应用于大功率交流电机调速系统,三相输出交-交变频电路是由3组输出电压相位各差120°的单相交-交变频电路组成的,所以其控制原理与单相交-交变频电路相同。下面简单介绍一下三相交-交变频电路的接线方式。

(一)公共交流母线进线方式

图1-4-14是公共交流母线进线方式的三相交-交变频电路简图。它由3组彼此独立的、输出电压相位相互错开120°的单相交-交变频电路构成,它们的电源进线接在公共的交流母线上。因为电源进线端公用,所以三组单相交-交变频电路的输出端必须隔离。为此需将交流电动机的3个绕组的首尾端都引出,共6根线。这种电路主要用于中等容量的交流调速系统。

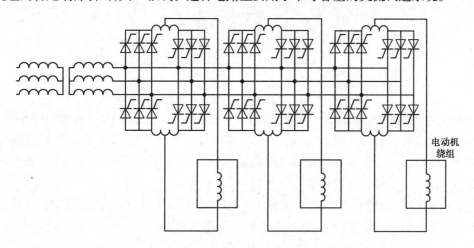

图1-4-14 公共交流母线进线方式的三相交-交变频电路简图

（二）输出星形联结方式

图 1-4-15 是输出星形联结方式的三相交-交变频电路原理图。3 组单相交-交变频电路的输出端是星形联结,电动机的 3 个绕组也是星形联结,电动机的中性点和变频器的中性点接在一起,电动机要引出 6 根线。因为 3 组单相交-交变频电路的输出端连接在一起,所以其电源进线就必须隔离,因此 3 组单相交-交变频电路分别用 3 个变压器供电。若电动机的中性点不和变频器的中性点接在一起,电动机只引出 3 根线即可。由于变频器输出端中点不和负载中点相连接,所以在构成三相变频电路的 6 组桥式电路中,至少要有不同输出相的两组桥中的 4 个晶闸管同时导通才能构成回路,形成电流。和整流电路一样,同一组桥内的两个晶闸管靠双触发脉冲保证同时导通。而两组桥之间则是靠各自的触发脉冲有足够的宽度,以保证同时导通。

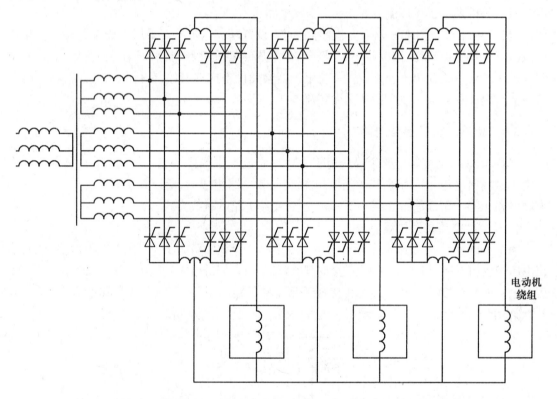

图 1-4-15　电流连续时换组触发得到的电压波形

交-交变频电路的优点是:只用一次变流,效率较高;可方便地使电动机实现四象限工作;低频输出波形接近正弦波。缺点是:接线复杂,如采用三相桥式电路的三相交-交变频电路至少要用 36 个晶闸管;受电网频率和变流电路脉波数的限制,输出频率较低;输入功率因数较低;输入电流谐波含量大,频谱复杂。

由于以上优缺点,交-交变频电路主要用于 1 000 kW 以下的大容量、低转速的交流调速电路中。既可用于异步电动机传动,也可用于同步电动机传动。

三、矩形波交-交变频

交-交变频根据其输出电压的波形,可以分为矩形波型及正弦波型两种。

(一)矩形波交-交变频工作原理

图 1-4-16 所示为由 18 个晶闸管组成的、三相零式交-交变频电路。这是一种比较简单的三相交-交变频。电路中,每一相由两个三相零式整流器组成,提供正向电流的是共阴极组①,③,⑤;提供反向电流的是共阳极组②,④,⑥。为了限制环流,采用了限环流电感 L。

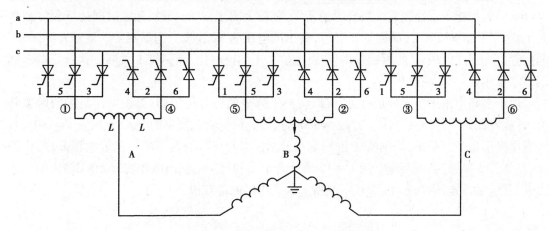

图 1-4-16　三相零式交一交变频电路

由于采用了零线结构,各相彼此独立。假设负载是纯电阻性,则电流波形与电压波形完全一致,因此可以只分析输出电压波形。这里以 A 相为例进行分析,其他两相只是和 A 相相位差 120°。

假设三相电源电压 u_a,u_b,u_c 完全对称。当给定一个恒定的触发延迟角 α 时,例如,$\alpha = 90°$, 得组①的输出电压波形如图 1-4-17 所示。

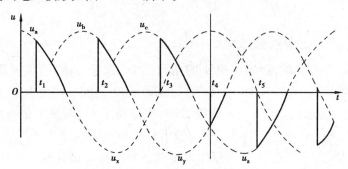

图 1-4-17　输出电压为矩形波的波形

在 $t = t_1$ 时,接入 A 相的晶闸管 1,得到触发脉冲满足导通条件,u_a 输出。晶闸管 1 导通角为 60°,当 u_a 过零时,晶闸管 1 关断。当 $t = t_2$ 时,接入 B 相的晶闸管 3,得到触发脉冲满足导通条件,u_b 输出。$t = t_3$ 时,接入 C 相的晶闸管 5 得到触发脉冲满足导通条件,u_c 输出。晶闸管 5 导通角为 60°,当 u_c 过零时,晶闸管 5 关断。而当 $t = t_4$ 时,发出换相指令,组④的 3 个晶闸管获得 $\alpha = 90°$ 的工作指令,组①的触发脉冲被封锁掉,组①退出工作状态。如触发脉冲是脉冲列或触发脉冲的宽度为 120°,则 $t = t_4$ 时,晶闸管 2 符合导通条件,负载上出现导通角为 30°的 u_y 片段。$t = t_5$ 时,晶闸管 6 导通,输出导通角为 60°的 u_z 片段,依此类推。

所谓的组触发是指每组 3 个晶闸管同时获得触发延迟角 α 的工作指令。根据相电压的同步作用,谁符合导通条件,谁就被触发导通。晶闸管的关断靠电压自然过零,换相指令按给定的输出频率发生。

(二)换相与换组过程

假设电流是连续的,不考虑重叠角。当 $t = 0$ 时,组①的 3 个晶闸管同时获得触发延迟角 $\alpha = 60°$ 的工作指令。晶闸管 1 符合导通条件,负载上出现 u_a 的一段,延续时间持续到导通角为 120°。当 $\omega t = 120°$ 时,晶闸管 5 导通,输出的电压为 u_b 片段。当晶闸管 5 被触发导通后,晶闸管 1 受到线电压 u_{ba} 的封锁作用,阴极电位高于阳极电位,晶闸管 1 关断。这就是电源侧的自然换相。

由于电路中采用了限环流电感,可以将换组指令的内容规定为:封锁发往组①的触发脉冲;开放发往组④的触发脉冲。当 $\omega t = 300°$ 时,假定根据输出频率的要求,此时 $\omega_0 t = 180°$,需要发出换组指令。于是,晶闸管 3 继续导通,晶闸管 2 获得触发脉冲。在线电压 u_{cb} 的作用下,晶闸管 2 导通,形成环流。图 1-4-18 所示为组①和组④的输出电压波形,组①输出电压片段 u_c,组④输出电压片段 u_y;图 1-4-19 所示为换组时的等效电路。

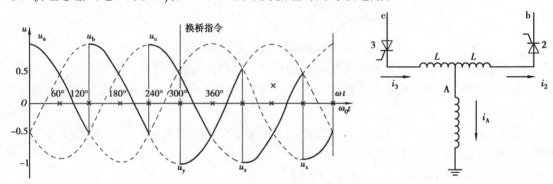

图 1-4-18　电流连续时按组触发得到的电压波形　　图 1-4-19　换相时的等效电路

电网角频率 ω 是固定的,而输出电压的角频率 ω_0 是任意值,所以换组时间是随比值 ω/ω_0 的变化而变化的。由图 1-4-18 可见,如果在 $\omega t = 240°$ 时发出换组指令,换组时间将延续导通角为 120°,此值为最长。当比值不是整数时,例如等于 1.83,从负组换到正组的换组时间延续到导通角为 60°;而从正组换到负组的换组时间延续到导通角为 30°,相差 1 倍。电网电压和输出电压之间并无同步关系,所以换组指令何时出现是随机的。图 1-4-18 中,换组指令是从 $\omega t = 0°$ 时开始的。

项目小结

交流电动机以结构简单、功率大、效率高、使用维护方便等一系列优点,在工农业生产和日常生活中得到广泛运用。交流电动机在工作的整个过程中(启动—调速—制动—反转),转矩和速度的控制应满足不同类型的机械负载特性。在交流调速技术中,变频调速是最为有效和最具发展前景的技术之一。变频调速通过改变电动机定子电源的频率,从而改变其同步转速。

变频器可分成交-直-交变频器和交-交变频器两大类。交-直-交变频器,通过控制开关器件的通断可以改变流过负载的电流方向,从而实现变流功能。这是一个建立在大功率开关器件基础上的基本概念。根据直流侧电源性质的不同,逆变电路分为电压型逆变电路和电流型逆变电路,这两种类型的逆变电路,对直流侧无功能量的缓冲采取了不同的方法,前者以电容作为缓冲器件,而后者则是以电感作为缓冲器件,尤其是为了给交流侧向直流侧提供反馈能量提供通路,前者采用了各臂并接反馈二极管的方法。后者因为电流方向的不可改变性,未在桥臂上并接二极管。在对电压型和电流型逆变电路工作过程的分析中,运用电力电子技术的基础知识,对电路结构、换相方式以及波形分析的讨论是学习变频电路的基本方法。

PWM 控制技术是变频技术中的核心技术。交流电动机变压变频装置早先采用脉冲幅值调制(PAM)控制技术,这种变压与变频分开控制的方法存在着电路复杂、输入端功率因数低、输出端谐波分量大等缺点。PWM 控制技术,由控制电路按一定规律控制电力开关器件的通断,在逆变器的输出端获得一组等幅、等距而不等宽的脉冲序列,其脉宽按正弦分布,以此脉冲序列来等效正弦波形。其实质是依靠调节脉冲宽度改变输出电压,通过改变调制周期达到改变输出频率的目的。典型的 PWM 控制波形是脉冲的宽度按正弦规律变化而面积和正弦波等效的方波,被称为 SPWM 波。

交-交变频就是把电网频率的交流电变换成频率可调的交流电,此类变频器能量转换效率较高,多用于大功率的三相异步电动机和同步电动机的低速变频调速,由于交-交变频的输出频率低(一般为电网频率的 1/3 ~ 1/2)和功率因数低,使其应用受到限制。

思考练习

1.1　变频器的作用是什么?

1.2　变频调速是如何实现的?

1.3　阐述变频调速的节能原理。

1.4　设电源的线电压有效值为 $U_L = 380$ V,那么三相全波整流后输出的直流电压平均值 $U_d = 1.35 U_L$ 是怎么得出来的?

1.5　不可控整流电路和可控整流电路的组成和原理有什么区别?

1.6　交-直-交变频器与交-交变频器在主电路结构上的主要区别是什么?

1.7　交-直-交变频器的主电路包括哪些组成部分? 说明各部分的作用?

1.8　说明制动单元电路的作用和原理。

1.9　为什么交-交变频器效率比交-直-交变频器高?

1.10　根据你所接触过的采用变频调速的产品,说明变频器在其中的作用。

1.11　试比较电压型逆变器和电流型逆变器的特点。

1.12　结合图 1.1 中(b)所示的波形图,说明图(a)所示单相全桥逆变电路的工作过程。

1.13　在电流型逆变电路中为何功率开关不并接二极管?

1.14　SPWM 控制的原理是什么? 变频器为什么要采用 SPWM 控制?

1.15　说明 SPWM 波的产生方法。

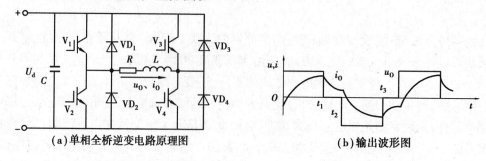

(a)单相全桥逆变电路原理图　　　　(b)输出波形图

图 1.1　单相全桥逆变电路

1.16　阐述交-交变频的基本原理。

1.17　如何调制交-交变频使其输出为正弦波电压？

1.18　限制交-交变频输出频率提高的主要因素是什么？

【项目二】 变频器控制电路及控制方式

【项目描述】

变频器的控制电路以及控制方式,是变频调速技术的重要组成部分。

变频器的控制方式,决定了对工频的调节特性,直接影响到能否满足拖动系统中负载的机械特性。控制技术融合了电力电子技术、数字技术、微机技术以及现代控制理论,在学习中,应关注新技术和控制理论的发展,拓展思路,不断理解新的控制方式在变频技术上的应用。

本项目含3个任务:变频器控制电路及变频调速主要技术指标;变频器控制方式;变频器数字控制技术。

【学习目标】

1. 了解变频器控制电路的结构,掌握变频器的主要技术指标。
2. 了解各种控制方式的原理和特点,为正确选用变频器奠定基础。

【能力目标】

1. 通过对变频器主要技术指标的学习,能正确评价变频器的控制性能。
2. 能根据变频器控制方式的特点,确定适用场合。
3. 建立对多学科互相渗透的综合性分析能力。

任务1 变频器控制电路及变频调速主要技术指标

【活动情景】

控制电路是给变频器主电路提供控制信号的回路,由频率、电压运算电路,主电路电压、电流检测电路,电动机速度检测电路,驱动电路以及逆变器和电动机的保护电路等部分组成。控制电路的性能与变频调速技术的指标有关联。随着机械负载对变频调速技术在速度和精度方面要求的不断提高以及控制电路数字化、信息化的发展,技术指标会得到进一步的完善。

【任务要求】

从控制电路硬件结构和技术性能要求两方面,建立对变频调速技术的认识。

一、变频器控制电路

给变频器主电路提供控制信号的回路,称为控制电路,变频器控制电路原理如图2-1-1所示。

图2-1-1中,上半部为变频器主电路,下半部为控制电路。控制电路主要由控制核心CPU、输入信号、输出信号和面板操作指示信号、存储器、LSI电路(Large-scale integration 大规

模集成电路)等部分组成。

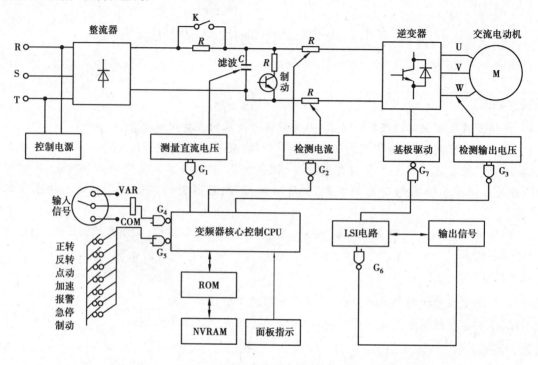

图 2-1-1　变频器控制电路原理示意图

控制电路因变频器型号不同,在结构上具有各自的特点,但从所完成的功能上综合分析,控制电路由以下电路组成:频率、电压的运算电路、主电路的电压、电流检测电路、电动机的速度检测电路、驱动电路,以及逆变器和电动机的保护电路。

无速度检测电路为开环控制。在控制电路增加速度检测电路,即增加速度指令,可以对异步电动机的速度进行精确的闭环控制。

(一)运算电路

将外部的速度、转矩等指令同检测电路的电流、电压信号进行比较运算,决定逆变器的输出电压、频率。

(二)电压、电流检测电路

与主回路电位隔离,检测电压、电流等。

(三)驱动电路

驱动主电路器件的电路,将运算电路控制信号进行放大。它与控制电路隔离使主电路器件导通、关断。

(四)I/O 输入输出电路

为了使变频器具有更好的人机交互能力,变频器具有多种输入信号的输入（比如运行、多段速度运行等）信号,还有各种内部参数的输出（比如电流、频率、保护动作驱动等）信号。

(五)速度检测电路

以装在异步电动机轴上的速度检测器(tg,plg 等)的信号为速度信号,送入运算回路,根据指令和运算结果使电动机按指令速度运转。

(六)保护电路

检测主电路的电压、电流等,当发生过载或过电压等异常时,为了防止逆变器和异步电动机损坏,使逆变器停止工作或抑制电压、电流值。

逆变器控制电路中的保护电路,可分为逆变器保护和异步电动机保护两种,功能如下:

1.逆变器保护

(1)瞬时过电流保护

由于逆变电流负载侧短路等原因,流过逆变器器件的电流达到异常值(超过容许值)时,瞬时停止逆变器运转,切断电流。变流器的输出电流出现异常值,也同样停止逆变器运转。

(2)过载保护

逆变器输出电流超过额定值,且持续时间已达到规定的时限,为了防止逆变器器件、电线等损坏要停止运转。恰当的保护需要具有反时限特性,采用热继电器或者电子热保护(使用电子电路)。

(3)再生过电压保护

逆变器使电动机快速减速时,由于再生功率直流电路电压升高,有时超过容许值。可采取停止逆变器运转或停止快速减速的方法,防止过电压。

(4)瞬时停电保护

对于数毫秒以内的瞬时停电,控制电路工作正常。但瞬时停电如果达数 10 ms 以上时,通常不仅控制电路误动作,主电路也不能供电,所以一旦检出后,应使逆变器停止运转。

(5)接地过电流保护

逆变器负载接地时,为了保护逆变器,有接地过电流保护功能。但为了确保人身安全,需要装设漏电断路器。

(6)冷却风机异常

有冷却风机的装置,当风机异常时装置内温度将上升,因此采用风机热继电器或温度传感器,检出异常后停止逆变。在温度上升很小对运转无妨碍的场合,可以省略。

2.异步电动机的保护

(1)过载保护

过载检出装置与逆变器保护共用,但考虑低速运转的过热,在异步电动机内埋入温度检出器,或者利用装在逆变器内的电子热保护来检出过热。动作频繁时,可以考虑减轻电动机负载、增加电动机及逆变器容量等。

(2)超额(超速)保护

逆变器的输出频率或者异步电动机的速度超过规定值时,停止逆变器运转。

3.其他保护

(1)防止失速过电流

急加速时,如果异步电动跟踪迟缓,则过电流保护电路动作,运转就不能继续进行(失速)。所以,在负载电流减小之前要进行控制,抑制频率上升或使频率下降。对于恒速运转中的过电流,有时也进行同样的控制。

(2)防止失速再生过电压

减速时产生的再生能量使主电路直流电压上升,为了防止再生过电压电路保护动作,在直流电压下降之前要进行控制,抑制频率下降,防止不能运转(失速)。

二、变频调速的主要技术指标

评价变频调速性能时,离不开技术指标。一个良好的变频调速系统不仅要使电动机的实际运行转速、转矩达到给定值的要求,而且还要能保证运行的准确和稳定,不仅稳态性能要好,动态性能也要好。

为衡量和评价变频控制系统的质量,必须建立相应的技术指标,才可能对各种控制方法的原理、结构、效果和存在的问题进行讨论。

对变频器控制系统的要求,表现在能达到和符合一定的技术指标上。主要技术指标可分为两类:一类是静态指标,另一类是动态指标。

(一)静态指标

1. 调速范围

以 D 表示,即电动机在额定负载运行下,最高转速 n_{max} 与最低转速 n_{min} 之比。

$$D = \frac{n_{max}}{n_{min}} \tag{2-1-1}$$

一般 U/f 控制变频器,$D \leq 10$;矢量控制变频器 $D \leq 1\ 000$。对大多数调速方式,机械特性越硬,则负载变化时速度变化越小,工作越稳定。不同负载的电动机,采用不同的调速方法,D 值也是不同的。表 2-1-1 为不同生产机械的调速比。

表 2-1-1　不同生产机械的调速比

机械名称	调速比
车床	20 ~ 120
龙门刨	10 ~ 40
铣床	20 ~ 30
造纸机	10 ~ 20
轧钢机	3 ~ 10

2. 静差率

静差率是指电动机运行于某一机械特性曲线上,在额定负载下,转速降 Δn 与同步转速 n_0 之比,以 S 表示:

$$S = \frac{\Delta n}{n_0} \tag{2-1-2}$$

不同机械设备,S 值要求不同,如普通卧式车床允许为 0.3,而高精度车床要求为 0.001。

3. 调速的平滑性

电动机在一定转矩下,相邻两级转速 n_i 和 n_{i+1} 或 n_{i-1} 之比,以 K 表示:

$$K = \frac{n_i}{n_{i-1}} = \frac{n_{i+1}}{n_i} \tag{2-1-3}$$

K 值越大越平滑,无级调速 $K = 1$。

(二)动态指标

1. 最大超调量

在阶跃信号作用下,系统转速输出超出稳态的最大偏移量 $[n_{max} - n(s)]$ 与稳态转速输出

量 $n(s)$ 之比的百分值称为最大超调量,以 β 表示:

$$\beta = \frac{[n_{\max} - n(s)]}{n(s) \times 100\%} \qquad (2\text{-}1\text{-}4)$$

比值越小说明动态响应越平稳。

2. 过渡过程时间

系统阶跃响应进入稳态值的 5% 范围,并不再超出这个范围所需的时间称为过渡过程时间,用 t_s 表示, t_s 反映了系统响应的快速性。 U/f 控制, t_s 为数百 ms;矢量控制,数十 ms,直接转矩控制,10 ms 左右。

任务 2　变频器的控制方式

【活动情景】

根据不同的变频控制理论,变频器的控制方式主要有压频控制、转差频率控制、矢量控制和直接转矩控制 4 种方式。

压频控制的优点是控制电路简单、通用性强、性价比高、可配接通用标准的异步电动机,故被通用变频器广泛采用。由于压频控制方式未采用速度传感器检测电动机的实际转速,实质上属于开环控制方式。

当生产工艺提出较高的静态、动态性能指标要求时,可采用转速闭环控制构成转差频率控制系统来予以满足。矢量控制方式的出现,使异步电动机的变频调速得到的机械特性及动态性能达到了足以和直流电动机调速性能相媲美的程度。可满足生产工艺提出的更高的静态、动态性能指标和要求。直接转矩控制是继矢量控制之后发展起来的一种高性能的交流变频调速控制技术,直接在电机定子坐标上建立磁链的模型和计算转矩的大小,并通过磁链和转矩的直接跟踪实现 PWM 脉宽调制和系统的高动态性能。

【任务要求】

1. 掌握变频器控制方式的基本原理。

2. 分析和比较变频器不同控制方式的技术特点。

3. 掌握不同控制方式变频器的适用场合。

一、压频控制(U/f 控制)

压/频控制方式又称 U/f 控制方式,该控制方式在控制主电路输出电源频率的同时调节输出电源电压的大小。通常是使 U/f 为常数($U/f = C$),这样可以使电动机磁通保持一定,在较宽的范围内,电动机的转矩、效率、功率因数不下降。

(一)压/频同调的原因

变频器通过改变输出电压的频率来调节交流电动机的转速,根据交流电动机转速与电源频率之间的关系可知:交流电压频率越高,电动机的转速就越快。那么为什么在调节交流电压频率的同时要改变输出电压呢? 原因主要在于:

①异步电动机定子绕组的感应电动势 E_1 的有效值为:

$$E_1 = 4.44 k_{r1} f_1 N_1 \Phi_m \qquad (2\text{-}2\text{-}1)$$

式中 E_1——气隙磁通在定子每相中感应电动势的有效值，V；

f_1——定子频率，Hz；

N_1——定子每相绕组串联匝数；

K_{r1}——与绕组有关的结构常数；

Φ_m——每极气隙磁通量，Wb。

由于 $4.44\, k_{r1}\, N_1$ 均为常数，所以定子绕组的反电动势 E_1 可用下式表示：

$$E_1 \propto f_1 \Phi_m \qquad\qquad (2\text{-}2\text{-}2)$$

电动势平衡方程为：

$$U_1 = -E_1 + I_1(r_1 + jx_1) = -E_1 + \Delta U \qquad\qquad (2\text{-}2\text{-}3)$$

式中 ΔU——电动机定子阻抗压降。

$$\Delta U = I_1(r_1 + jx_1) \qquad\qquad (2\text{-}2\text{-}4)$$

在额定频率时，$f_1 = f_N$，可忽略 ΔU，可得到

$$U_1 \approx E_1 \qquad\qquad (2\text{-}2\text{-}5)$$

进而得到

$$U_1 \approx E_1 \propto f_1 \Phi_m \qquad\qquad (2\text{-}2\text{-}6)$$

由式(2-2-1)可知：如果定子每相电动势的有效值 E_1 不变，改变定子频率时会出现下面两种情况：

a. 如果定子频率 f_1 大于电动机的额定频率 f_{1N}，气隙磁通 Φ_m 就会小于额定气隙磁通 Φ_{mN}，结果是电动机的铁芯没有得到充分利用，造成浪费。

b. 如果定子频率 f_1 小于电动机的额定频率 f_{1N}，气隙磁通 Φ_m 就会大于额定气隙磁通 Φ_{mN}，结果是电动机的铁芯产生过饱和，从而导致过大的励磁电流，使电动机功率因数和效率下降，严重时会因绕组过热而烧毁电动机。

因此，要实现变频调速，且在不损坏电动机的情况下充分利用电机铁芯，应保持每极气隙磁通 Φ_m 不变。

基频以下调速。要保持 Φ_m 不变，当定子频率 f_1 从额定值 f_{1N} 向下调时，必须降低 E_1，使 E_1/f_1 = 常数，即采用电动势与频率之比恒定的控制方式。但绕组中的感应电动势不易直接控制，当电动势的值较高时，可认为电机输入电压 $U_1 \approx E_1$，则可通过控制 U_1 达到控制 E_1 的目的，即

$$\frac{U_1}{f_1} = \text{常数} \qquad\qquad (2\text{-}2\text{-}7)$$

基频以下调速时的机械特性曲线如图 2-2-1 所示。如果电动机在不同转速下都具有额定电流，则电动机都能在温升允许的条件下长期运行，这时转矩基本上随磁通变化，由于在基频以下调速时磁通恒定，所以转矩恒定，其调速属于恒转矩调速。

基频以上调速。在基频以上调速时，频率可以从 f_{1N} 向上增加，但电压 U_1 却不能超过额定电压 U_{1N}，最大为 $U_1 = U_{1N}$。由式(2-2-1)可知，这将使磁通随频率的升高而降低，相当于直流电机弱磁升速的情况。在基频以上调速时，由于电压 $U_1 = U_{1N}$ 不变，当频率升高时，同步转速随之升高，气隙磁通减弱，最大转矩减小，输出功率基本不变。所以，基频以上调速属于弱磁恒功率调速。其机械特性如图 2-2-2 所示。

②异步电动机运转时，一般希望在高、低速都具有恒定的转矩，理论和实践证明，只要施加给异步电动机绕组的交流电压与频率之比是定值，即 U/f = 常数，转子输出的转矩就会是恒定的，因此为了使电动机产生恒定的转矩，变频器输出的交流电频率和电压应同时进行调节。

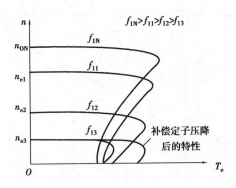

图 2-2-1　基频以下调速时的机械特性曲线

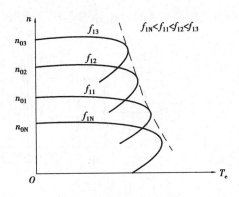

图 2-2-2　基频以上调速时的机械特性曲线

(二)压/频控制的实现方式

变频器 U/f 控制属于开环控制,控制原则是:保持气隙磁通为设计值,不致过饱和或过热,控制对象一般为转速。实现方式通常有两种:整流变压逆变变频方式和逆变变压变频方式。

1. 整流变压逆变变频方式

整流变压逆变变频方式是指在整流电路中进行变压,在逆变电路中进行变频。按照直流侧调压方式不同,分为两种类型。

(1)直流斩波类型

图 2-2-3 所示为直流斩波电路实现直流调压的示意图。采用三相不可控整流桥整流,以大功率开关器件 GTO 作为斩波器件,具有快速响应的性能。由于整流电路的输入是来自电网电压,经不可控功率元件整流后得到直流电压,所以直流斩波不仅能起到调压的作用,同时,还能起到有效地抑制电网侧的谐波电流的作用。

图 2-2-4 为一个典型的电压型转速开环控制变频调速系统,逆变器所用开关器件为 $GTR_1 \sim GTR_6$,都并有反馈二极管 $VD_1 \sim VD_6$,作为滞后电流的通道即续流,这和一般逆变器是相同的。系统的直流部分采用不可控整

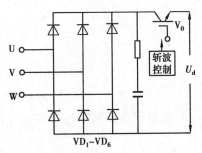

图 2-2-3　直流斩波电路实现对
不可控整流电压的调节

流加直流斩波来调压,大功率晶体管为开关器件,它由基极电路 4 控制。此种调压方式的优点是直流部分功率因数高。

系统的控制部分是一个开环速度控制系统。速度给定信号经过给定积分器,将阶跃信号变为随时间变化的指令,以限制启动和制动电流。此指令一方面用来控制斩波器(GTR_0),使之输出与逆变器频率成正比的电压,从而保证在调速时实现恒 U/f 运行;另一方面将速度指令给 U/f 变换器(单结晶体管或运算放大器、振荡器)变成相应的脉冲,这些脉冲经环形分配器 5 进行分频,通过基极电路 6 依次将驱动信号加到 $GTR_1 \sim GTR_6$。此种逆变器做成 180° 导电型或 120° 导电型均可。系统设置了过压检测 7 和过电流检测 8,如果发生过电压和过电流,均可作用于功率器件 $GTR_1 \sim GTR_6$ 的基极电路 6,停止送出驱动信号,实现保护。

(2)整流电路调压类型

图 2-2-5 是通过整流电路进行变压的 U/f 方式控制电路示意图。通过输入调节装置设置输出频率,U/f 方式控制电路按设置的频率产生相应的变压控制信号和变频控制信号,变压控

制信号去控制可控整流电路改变整流输出电压,变频控制信号去控制逆变电路输出设定频率的交流电压。

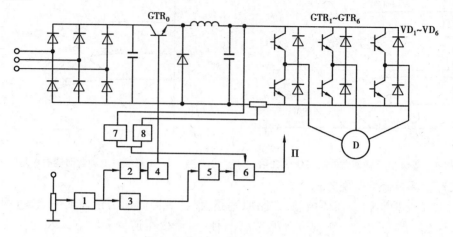

图 2-2-4　开环控制系统

1—给定电路;2—电压调节器;3—振荡器;4—基极电路;5—环形分配器;

6—基极电路;7—过电压检测;8—过电流检测

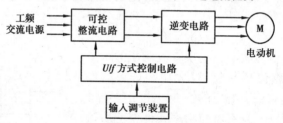

图 2-2-5　整流电压、逆变变频方式示意图

可控整流电路调压电路,如图 2-2-6 所示。

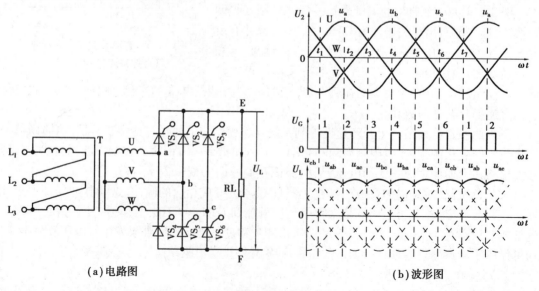

（a）电路图　　　　　　　　　　　　（b）波形图

图 2-2-6　三相全控桥式整流电路及波形

上述两种电压调节方式,都是依靠改变电力开关器件的导通角来实现的,输出的直流电压波形中不可避免地含有高次谐波,对电网也有一定的"污染",工作中还伴有一定的噪声。

2. 逆变变压变频方式

图 2-2-7 是逆变变压变频方式示意图。为实现在逆变电路中同时进行变压变频,一般采用 SPWM 波来驱动电动机。

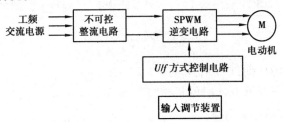

图 2-2-7 逆变变压变频方式示意图

通过输入调节装置设置输出频率,U/f 方式控制电路按设置的频率产生相应的变压变频控制信号,去控制 SPWM 逆变电路,使之产生等效电压和频率同时改变的 SPWM 波去驱动电动机。

(三)压/频控制方式的机械特性

当改变电源频率时,也会和调节电动机或电源某些参数一样,会引起异步电动机机械特性的改变,下面分析 U/f 控制方式的机械特性。

1. U/f 控制调频分析

(1)调频比和调压比

调频时,通常都是相对于其额定频率 f_N 来进行调节的,那么调频频率 f_X 可用下式表示:

$$f_X = k_f f_N \tag{2-2-8}$$

式中 k_f——频率调节比(调频比),k_f 的值可能大于 1,等于 1,或小于 1。

根据变频也要变压的原则,在变压时也存在着调压比,电压 U_X 可用下式表示:

$$U_X = k_u U_N \tag{2-2-9}$$

式中 k_u——调压比;

U_N——电动机的额定电压。

(2)调频后电动机的机械特性

调频的过程中,若频率调至 f_X,则有:$f_X = k_f f_N$,此时电压跟着调为 $U_X = k_u U_N$。

通过找出机械特性上的几个特殊点,可画出 U/f 方式控制下的异步电动机的机械特性曲线。

①理想空载点 $(0, n_{ox})$

②临界转矩点 (T_{Kx}, n_{kx}) 是确定机械特性的关键点,由于理论推导过于烦琐,下面通过一组实验数据来观察临界点随频率变化的规律,从而得出机械特性曲线的大致轮廓。表 2-2-1 是某 4 级电动机在 $k_f = k_u < 1$ 时的实验结果。

表2-2-1 $k_f = k_u < 1$ 时的临界点坐标

k_f	1.0	0.9	0.8	0.7	0.6	0.5	0.4	0.3	0.2
$n_{ox}/(\text{r} \cdot \text{min}^{-1})$	1 500	1 350	1 200	1 050	900	750	660	450	300
T_{Kx}/T_{KN}	1.0	0.97	0.94	0.9	0.85	0.79	0.7	0.6	0.45
$n_{ox} - n_{Kx}/(\text{r} \cdot \text{min}^{-1})$	285	285	285	285	279	270	255	225	186

注：T_{KN} 为额定频率时的临界转矩。

③调速时的机械特性曲线。结合表2-2-1中的数据,可以作出 $k_f = 0.9, 0.5, 0.3$ 时的机械特性曲线 $f_N, f_X^{0.9}, f_X^{0.5}, f_X^{0.3}$,如图2-2-8所示。

观察各条机械特性曲线,它们的特征如下:

a.从 f_N 向下调频时, n_{ox} 下移, T_{Kx} 逐渐减小。

b.f_X 在 f_N 附近下调时, $k_f = k_u \to 1$, T_{Kx} 减小很小,可近似认为 $T_{Kx} = T_{KN}$, f_X 调得很低时, $k_f = k_u \to 0$,减小很快。

c.f_X 不同时,临界转差 $\Delta n_{Kx}(\Delta n_{Kx} = n_{ox} - n_{Kx})$ 变化不是很大,所以稳定工作区的机械特性曲线基本上是平行的,且机械特性较硬。

下面分析 $f_X > f_N$ 时的机械特性:

当 $f_X > f_N$ 时,电动机定子电压保持额定电压不变,理想空载点 n_{ox} 在 n_0 上方随着 k_f 的增加而上移。

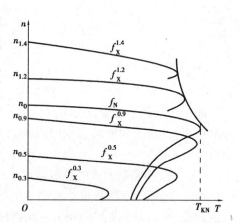

图2-2-8 异步电动机变频调速的机械特性曲线

同样可使用实验数据来观察临界点位置的变化。表2-2-2是某4级电动机在 $k_f > 1$ 时的实验结果。

表2-2-2 $k_f > 1$ 时的临界点坐标

k_f	1.0	1.2	1.4	1.6	1.8	2.0
$n_{ox}/(\text{r} \cdot \text{min}^{-1})$	1 500	1 800	2 100	2 400	2 700	3 000
T_{Kx}/T_{KN}	1.0	0.72	0.55	0.43	0.34	0.28
$n_{ox} - n_{Kx}/(\text{r} \cdot \text{min}^{-1})$	291	294	296	297	297	297

结合表2-2-2中的数据,做出 $k_f = 1.2, 1.4$ 时的机械特性曲线 $f_X^{1.2}, f_X^{1.4}$,如图2-2-9所示,各条机械特性曲线具有以下特征:

a.f_N 向上调频时, n_{ox} 上移, f_{Kx} 大幅减小。

b.临界转差 Δn_{Kx} 几乎不变,但由于 T_{Kx} 减小很多,所以机械特性曲线斜度加大,特性变软。

2.额定频率以下变频调速特性的修正

在低频时, T_{Kx} 的大幅减小,严重影响到电动机在低速时的带载能力,为解决这个问题,必须了解低频时 T_{Kx} 减小的原因。

（1）T_{Kx}减小的原因分析

由于调频时为维持电动机的主磁通 Φ_m 不变，需保证 E/f 为常数，由于 E 不易检测和控制，用 U/f = 常数来代替上述等式。这种近似代替是以忽略电动机定子绕组阻抗压降为代价的。但低频时 f_x 降得很低，U_x 也很小，此时再忽略 ΔU 就会引起很大的误差，从而引起 T_{Kx} 大幅下降。

由式（2-2-3），可得电动机的定子电压为：

$$U_x = E_x + \Delta U_x \qquad (2\text{-}2\text{-}10)$$

式中 ΔU_x——电动机定子绕组的阻抗压降。

由式（2-2-10）可以看出，当 f_x 降低时，U_x 也已很小，ΔU_x 在 U_x 中的比重越来越大，而 E_x 在 U_x 的比重却越来越小。如仍保持 U_x/f_x = 常数，E_x/f_x 的比值却在不断减小。此时主磁通 Φ_m 减少，从而引起电磁转矩的减小。

以上分析过程可表示为

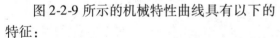

$$k_f \downarrow (k_u = k_f) \rightarrow \Delta U_x / U_x \uparrow \rightarrow E_x/U_x \downarrow \rightarrow \Phi_m \downarrow \rightarrow T_{Kx} \downarrow$$

（2）解决办法

针对 $k_f = k_u$ 下降时 E_x 在 U_x 中的比重减小，从而造成主磁通 Φ_m 和电磁转矩 T_{Kx} 下降的情况，可适当提高调压比 k_u，使 $k_u > k_f$，即提高 U_x 的值，使得 E_x 的值增加，从而保证 E_x/f_x = 常数。这样就能保证主磁通 Φ_m 基本不变，最终使电动机的临界转矩得到补偿。由于这种方法是通过提高 U/f 比（即 $k_u > k_f$）使 T_{Kx} 得到补偿的，因此这种方法被称为电压补偿，也有资料称为转矩提升。经过电压补偿后，电动机机械特性在低频时的 T_{Kx} 得到了大幅提高，如图 2-2-9 所示。

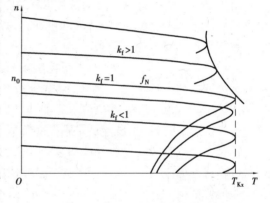

图 2-2-9 采用电压补偿后异步电动机的机械特性曲线

图 2-2-9 所示的机械特性曲线具有以下的特征：

在全频范围内调速时，电动机的调速特性可以分恒转矩区和恒功率区。

①恒转矩的调速特性。这里的恒转矩，是指在转速变化的过程中，电动机具有输出恒定转矩的能力。在 $f_x < f_N$ 的范围内变频调速时，经过补偿后，各条机械特性曲线的 T_{Kx} 基本为一定值，因此这区域基本为恒转矩调速区域，适合带恒转矩的负载。

另外，经补偿后的 $f_x < f_N$ 调速，可基本认为 E/f = 常数，即 Φ_m 不变，因此，在负载不变的情况下 T 基本为一定值。

②恒功率的调速特性。这里的恒功率，是指在转速变化的过程中，电动机具有输出恒定功率的能力。在 $f_x > f_N$ 情况下，通常 k_f 的取值为 $1 \sim 1.5$，在这个范围内变频调速时，各条机械特性曲线的最大电磁功率 P_{Kx} 可用下式表示：

$$P_{Kx} = T_{Kx} n_{Kx}/9\,550 \approx 常数 \qquad (2\text{-}2\text{-}11)$$

因此 $f_x > f_N$ 时，电动机近似具有恒功率的调速特性，适合带恒功率的负载。

（四）U/f 控制的功能

1. 转矩提升

转矩提升是指通过提高 U/f 比来补偿 f_x 下调时引起的 T_{Kx} 下降。但并不是 U/f 比取大些就好。

（1）电压完全补偿

电压完全补偿的含义是不论 f_x 调多小（即 $k_f = k_u$ 的值多小），通过提高 $U_x(k_u > k_f)$ 都能使得最大转矩 T_{Kx} 与额定频率时的最大转矩 T_{KN} 相等，以保证电动机的过载能力不变，这种补偿称作全补偿。

（2）补偿过分的后果

如果变频时的 U/f 比选择不当，使得电压补偿过多，即 U_x 提升过多，E_x 在 U_x 中占的比例会相对减小（E_x/U_x 减小），根据式（2-2-3）电动势平衡方程可知，定子电流 I_1 增大，使阻抗压降 ΔU 在 U_x 中的比例增加。而此时电动机的负载和转速均没有发生改变，所以 I_2' 不变。必定会使得励磁电流 I_0 增大，其结果是使磁通 Φ_m 增大，从而达到新的平衡，即

$$U_x \uparrow \rightarrow E_x/U_x \downarrow \rightarrow I_1 \uparrow \rightarrow I_0 \uparrow \rightarrow \Phi_m \uparrow \rightarrow E_x \uparrow \rightarrow E_x/U_x \uparrow$$

由于 Φ_m 的增大会引起电动机铁芯饱和，而铁芯饱和会导致励磁电流的波形畸变，产生很大的峰值电流。补偿越过分，电动机铁芯饱和越厉害，励磁电流 I_0 的峰值越大，严重时可能会引起变频器因过电流而跳闸。

通过以上分析可知，低频时 U/f 比决不可盲目取大。但在负载变化较大的拖动系统，会不可避免地出现上述情况。例如，起重机械起吊的重物有时重，有时轻；电梯里的乘客有时多，有时少等。负载变动，则电流也必变动，阻抗压降也就变动。而 U/f 比只能根据负载最重时的工作状况进行设定，设定后是不能随负载而变的。因此，在轻载时就会出现补偿过分。

针对 U/f 控制中的过分补偿问题，一些高性能的变频器都设置了自动转矩补偿功能，变频器可以根据电流 I_1 的大小自动地决定补偿的程度。当然实际使用中，"自动 U/f 比设定"功能的运行情况也并不理想，否则"手动 U/f 比设定"功能就可以取消了。

2. U/f 控制功能的选择

为了方便用户选择 U/f 比，变频器通常都是以 U/f 控制曲线的方式提供给用户，让用户选择，如图 2-2-10 所示。

（1）U/f 控制曲线的种类

①基本 U/f 控制曲线。把 $k_f = k_u$ 时的 U/f 控制曲线称为基本 U/f 线，它表明了没有补偿时的电压 U_x 和频率 f_x 之间的关系，它是进行 U/f 控制时的基准线。基本 U/f 线上，与额定输出电压对应的频率称为基本频率，用 f_b 表示。

$$f_b = f_N$$

基本 U/f 线如图 2-2-11 所示。

②转矩补偿的 U/f 曲线。特点：在 $f_x = 0$ 时，不同的 U/f 曲线，电压补偿值 U_x 不同，如图 2-2-10 中 1~5 条曲线所示。

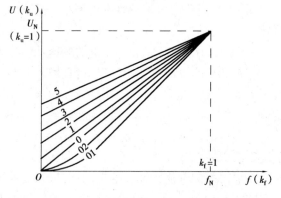

图 2-2-10 变频器的 U/f 控制曲线

适用负载:经过补偿的 U/f 线适用于低速时需要较大转矩的负载。且根据低速时负载的大小来确定补偿的程度,选择 U/f 线。

③负补偿的 U/f 曲线。特点:低速时,U/f 在基本 U/f 线的下方,如图 2-2-10 中的 01,02 线。这种在低速时减少电压 U_x 的做法称为负补偿,也称为低减 U/f 比。

适用负载:主要适用于风机、泵类的二次方律负载。由于这种负载的阻转矩和转速平方成正比,即低速时负载转矩很小,即使不补偿,电动机输出的电磁转矩都足以带动负载,而且还有富余。从节能角度看,U_x(即 k_u)还可以减小。

④U/f 比分段的补偿线。特点:U/f 曲线由几段组成,每段的 U/f 值均由用户自行给定,如图 2-2-12 所示。

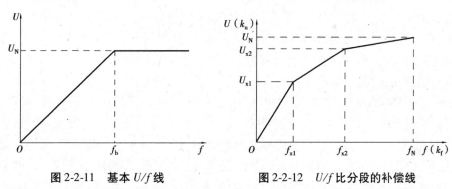

图 2-2-11　基本 U/f 线　　　　图 2-2-12　U/f 比分段的补偿线

适用负载:这种补偿线主要适合负载转矩与转速大致成比例的负载。在低速时补偿少,在高速时补偿程度需要加大。

(2)选择 U/f 控制曲线时常用的操作方法

由于补偿量的计算非常复杂,因此在实际操作中,常用实验的办法来选择 U/f 曲线。具体操作有下面几个步骤:

①将拖动系统连接好,带以最重的负载。

②根据所带负载的性质,选择一个较小的 U/f 曲线,在低速时观察电动机运行情况,如果此时电动机的带负载能力达不到要求,需将 U/f 曲线提高一挡。依此类推,直到电动机在低速时的带负载能力达到拖动系统的要求。

③如果负载经常变化,在步骤②中选择的 U/f 曲线,还需要在轻载和空载状态下进行检验。方法是:将拖动系统带以最轻的负载或空载,在低速下运行,观察定子电流 I_1 的大小,如果 I_1 过大,或者变频器跳闸,说明原来选择的 U/f 曲线过大,补偿过分,需要适当调低 U/f 曲线。

3. 变频器的"拟超导"技术

"拟超导"技术,可实现低速高转矩输出,在改善异步电动机变频调速的机械特性方面,取得了较满意的结果。

"拟超导"技术就是设计一个动态的"负阻电路",使之在任何时候都能抵消掉电动机绕组电阻压降的影响,即电动机的绕组就好像处于超导状态一样。

拟超导技术与 U/f 控制中的"电压补偿"虽然在基本出发点上颇相类似,都企图抵消电阻压降的影响,但两者对补偿的处理方法不同,在补偿效果方面,也存在着十分明显的差别。

（1）补偿适当

U/f 控制中的"电压补偿"量是 f_x 的函数,当负载变化时,电动机的工作状况并不总是最好的;而拟超导技术的补偿量则是电动机定子电流 I_1 的函数,在负载变化过程中,它总是能恰到好处地把电阻压降的影响抵消掉。

（2）使用方便

因为 U/f 控制中的"电压补偿"量和定子电流 I_1 之间并不关联,所以用户需根据负载的具体情况进行设定;而拟超导技术的补偿量则因为可以在任何情况下与电阻压降相抵,用户没有必要再另外进行设定。

（五）具有恒定磁通功能的压/频控制

以上述 U/f 控制方式组成的变频器,驱动不同类型的异步电动机时,根据电动机的特性对 U/f 的值进行恰当的调整是比较困难的。一旦出现电压不足,电动机的特性与负载特性就会没有稳定运行交点,可能出现过载或跳闸。要想使电动机特性在最大转矩范围内与负载特性处处都有稳定运行交点,就应当让转子磁通恒定而不随负载发生变化。普通控制型 U/f 控制方式变频器的 SPWM 控制主要是使逆变器输出电压尽量接近正弦波,或者说,希望输出 SPWM 电压波形的基波成分尽量大,谐波成分尽量小。在控制上没有考虑负载电路参数对转子磁通的影响,如果采用磁通反馈控制让异步电机所输入的三相正弦电流在空间产生圆形旋转磁场,那么就会产生恒定的电磁转矩。这样的控制方法就叫做"磁链跟踪控制"。由于磁链的轨迹是靠电压空间矢量相加得到的,所以有人把"磁链跟踪控制"称为"电压空间矢量控制"。考虑到这种功能的实现是通过控制定子电压和频率之间的关系来实现的,所以恒定磁通的控制方法仍然属 U/f 控制方式。西门子公司的 MICRO/MIDI MASTER,富士公司的 FREN-IC5000G7/P7,G9/P9,三垦公司的 SANCO-I 系列均属于此类。由于采用 32 位 DSP 或双 16 位 CPU 进行控制,为实现恒定磁通控制功能提供了必要的条件。

富士公司的 FRENIC5000G7/P7 系列通用变频器就是采用恒定磁通控制功能的 U/f 控制方式。控制电路原理结构方框图如图 2-2-13 所示。其控制原理和通用型 U/f 控制变频器大同小异,只是增加了对电动机的磁通恒定的功能。图中由速度设定电位器输出速度电压,经过 A/D 转换,输入到磁通控制器,将其与磁通检测器检测到的电动机实际磁通信号进行比较,去控制 PWM 驱动电路,以控制逆变桥,使输出到电动机的磁通保持不变。

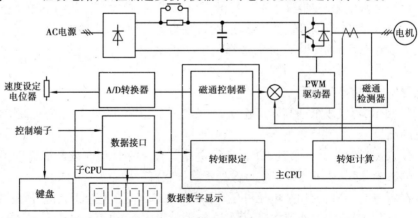

图 2-2-13　控制电路原理结构方框图

采用这种控制方式,可使电动机在极低的速度下转矩过载能力达到或超过150%,频率设定范围达到1:30,电动机静态机械特性的硬度高于在工频电网上运行的自然机械特性的硬度。在动态性能要求不高的情况下,这种通用变频器甚至可以替代某些闭环控制,实现闭环控制的开环化。这种具有恒定磁通功能的通用变频器,由于限流功能比较好,一般不会出现过流跳闸现象,因此有人把这种通用变频器称为"无跳闸变频器"。

这种控制方式除需要定子电流传感器外,不再需要任何传感器,通用性强,适用于各种型号的通用异步电动机。转矩限定器保证转矩或电流不超出允许值,避免变频器出现跳闸现象。

这种通用变频器的特点是:电动机机械特性硬度高;低速过载能力大;可实现挖土机特性,即具有过电流抑制功能。通常这类变频器需要在EPROM中存入电动机的参数,以便根据电动机的容量和极数去选择这些参数。

对于不同生产厂家的变频器,其硬件构成和控制算法都有一定的差别。是否属于这一类变频器,主要从其性能是否具有上面所述的特点来区分。更重要的在于变频器实际所能达到的功能。

二、转差频率控制

转差频率控制方式又称SF控制方式,该方式采用控制电动机旋转磁场频率与转子转速频率之差来控制转矩。转差频率控制就是检测出电动机的转速,构成速度闭环,速度调节器的输出为转差频率,然后以电动机速度对应的频率与转差频率之和作为变频器的给定输出频率。通过控制转差频率来控制转矩和电流,与U/f控制相比,其加减速特性和限制过电流的能力得到提高。另外,它有速度调节器,利用速度反馈进行速度闭环控制,速度的静态误差小,适用于自动控制系统。

由于在转差频率控制中需要速度检出器,通常用于单机运转,即一台变频器控制一台电动机。

(一)转差频率控制原理

异步电动机是依靠定子绕组产生的旋转磁场来使转子旋转的,转子的转速略低于旋转磁场的转速,两者之差称为转差s。旋转磁场的频率用ω_1表示(ω_1与磁场旋转速度成正比,转速越快,ω_1越大),转子转速频率用ω表示。在转差不大的情况下,只要保持电动机磁通Φ不变,异步电动机转矩与转差频率ω_s($\omega_s = \omega_1 - \omega$)成正比。

从上述原理不难看出,转差频率控制有两个要点:

①在控制时要保持电动机的磁通Φ不变。磁通Φ的大小与定子绕组电流I、转差频率ω_s有关,图2-2-14是保持Φ恒定的I,ω_s曲线。该曲线表明,要保持Φ恒定,

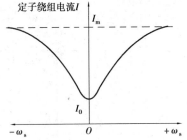

图2-2-14 保持Φ恒定的I,ω_s

在转差频率ω_s增大时须增大定子绕组电流I,反之在ω_s减小时须减小I。如在$\omega_s = 0$时,只要很小电流I_0就能保持Φ不变。电动机定子绕组的电流大小是通过改变电压来改变的,提高电压即可增大电流。

②异步电动机的转矩与转差频率成正比。调节转差频率就可以改变转矩大小,如增大转

差率可以增大转矩。

（二）转差频率控制的实现

图 2-2-15 是一种转差频率控制实现示意图。电动机在运行时，测速装置检测出转子转速频率 ω，该频率再与设定频率 ω_1 相减，经调节器调节后得到转差频率 ω_s，$(\omega_s = \omega_1 - \omega)$，$\omega_s$ 分作两路：一路经恒定磁通处理电路后形成控制电压 U，去控制整流电路改变输出电压，如 ω_s 较大时，控制整流电路输出电压升高，以增大定子绕组电流；另一路 ω_s 与 ω 相加得到设定频率 ω_1，去变频控制电路，让它控制逆变电路输出与设定频率相同的交流电压。

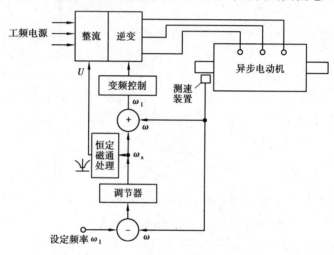

图 2-2-15　转差频率控制实现示意图

图 2-2-16 所示为电压型转差频率控制系统框图，测速发电机测得的转子转速换算为频率 f_r 作为反馈量，与转速给定值 f_g 比较后，f_2 经 PI 调节器、转差频率限幅后与 f_r 相加，便是加于电动机定子的频率 f_1，由于 f_2 经过限幅，可以控制转矩不会超过最大值。

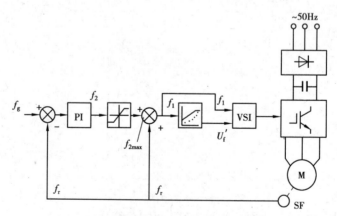

图 2-2-16　电压型转差频率控制系统

系统还有一个保持气隙磁通 Φ 恒定的功能。这种功能是很重要的，因为改变频率时磁通也会改变，有时小于设计值，则转矩减小，有时高于设计值又造成饱和发热，故要求 Φ 为恒值。另外，只有保持磁通不变才能实现转差频率控制。要保持 Φ 不变，可采用定子电压 U_1 随定子频率成比例变化的方法，即 U_1/f_1 为恒值。图 2-2-16 所示有一个函数发生器，将 f_1 算出相应的

电动机电压 U_1,然后 U_1 和 f_1 同时加到逆变器的驱动电路,产生驱动 GTR_{1-6} 的信号,驱动电动机。由于 PI 调节器的作用,可使电动机输出转速保持等于给定值,故有较高的调速精度。

电流型转差控制系统,与电压型转差控制系统基本原理大致相同,但控制线路有区别。当保持磁通一定时,电动机转矩与 $\Delta\omega$(转差角频率,$\Delta\omega = s\omega_1$,相当于 f_2)有确定的关系,因此为了限制电动机在某一转矩值下启动、制动及调速等状态下运行,只要限制了转差角频率 ω_s 为某一数值就可以,因此称这种调速方式为带转差控制的变频调速系统,如图 2-2-17 所示。此系统包括有电流内环及速度外环,具有良好的调速指标。利用转差调节器来调节给定的角频率 $\Delta\omega$ 与电动机转子实际的频率(电角度)ω 之差并保持在给定值上,从而使系统具有良好的动态特性。利用转差调节器来调节给定的角频率 $\Delta\omega$ 为某一确定值就可以,因此称这种调速方式为带转差控制的变频调速系统。

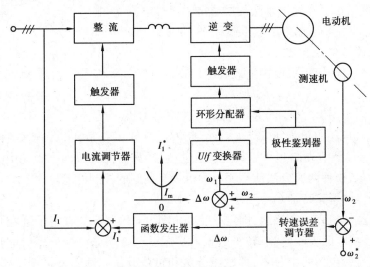

图 2-2-17 电流型转差频率控制系统

为了保持磁通 Φ,亦即励磁电流 I_1,在电流环前面加了一个电流指令运算器,可根据不同的 $\Delta\omega$ 来调节定子电流的大小。框图中的极性鉴别器作正反转控制用。图 2-2-17 所示系统,可很容易地实现正反转及再生制动,且具有良好的动态性能,因此适合于要求快速和高精度的传动系统。

(三)转差频率控制的特点

转差频率控制采用测速装置实时检测电动机的转速频率,然后与设定转速频率比较得到转差频率,再根据转差频率形成相应的电压和频率控制信号。这种闭环控制较 U/f 开环控制方式的加减速性能有较大改善,动态性能好,调速范围宽,调速精度也大大提高。

转差频率控制需采用测速装置,由于不同的电动机特性有差异,在变频器配接不同电动机时需要对测速装置进行参数调整,除了比较麻烦外,还会因调整偏差引起调速误差,所以采用转差频率控制方式的变频器通用性较差。

三、矢量变换控制

矢量控制是通过控制变频器输出电流的大小、频率和相位来控制电动机的转矩,从而控制电动机的转速。该项技术早在 20 世纪 60 年代就被提出,但只是近 10 多年才得到普遍重视,矢量控制方法的运用,使异步电动机变频调速后的机械特性及动态性能达到了足以和直流电动机调压时的调速性能相媲美的程度,从而使异步电动机变频调速在电动机的调速领域里处于优势地位。

（一）矢量控制原理

1. 直流电动机的调速特征

直流电动机是一种调速性能较好的电动机,可通过改变励磁绕组电流或电枢绕组电流大小进行调速,与异步电动机相比,直流电动机具有调速范围宽、能够实现无级调速等优点。

直流电动机具有两套绕组,即励磁绕组和电枢绕组,它们的磁场在空间上互差 $\pi/2$ 电角度,两套绕组在电路上是互相独立的,如图 2-2-18 所示。直流电动机的励磁绕组流过电流 I_F 时产生主磁通 Φ_M,电枢绕组流过负载电流 I_A,产生的磁场为 Φ_A,两磁场在空间互差 $\pi/2$ 电角度。

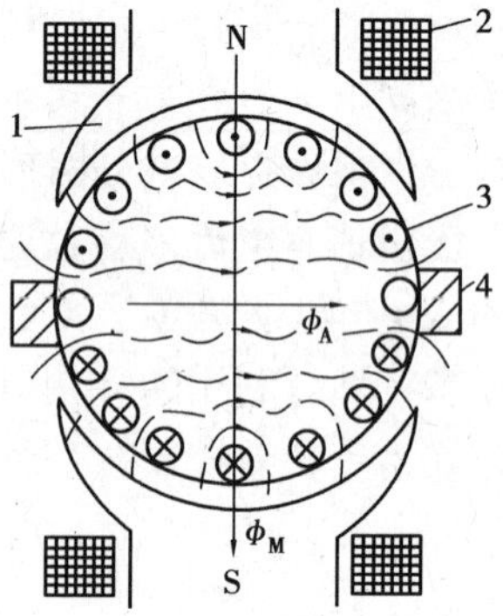

直流电动机的电磁转矩可以用下式表示:

$$T = C_T \Phi_M I_A \qquad (2\text{-}2\text{-}12)$$

图 2-2-18　直流电动机的结构

1—主磁极;2—励磁绕组;
3—电枢;4—电刷

当励磁电流 I_F 恒定时,Φ_M 的大小不变。直流电动机所产生的电磁转矩 T 和电枢电流 I_A 成正比,因此调节 I_A（调节 Φ_A）就可以调速。而当 I_A 一定时,控制 I_F 的大小,可以调节 Φ_M,也可以调速。这就是说,只需要调节两个磁场中的一个就可以对直流电动机调速,这种调速方法使直流电动机具有良好的控制性能。

2. 异步电动机的调速特征

异步电动机虽然也有两套绕组,即定子绕组和转子绕组,但只有定子绕组和外部电源相接,定子电流 I_1 是从电源吸取电流,转子电流 I_2 是通过电磁感应产生的感应电流。因此异步电动机的定子电流应包括两个分量,即励磁分量和负载分量。励磁分量用于建立磁场;负载分量用于平衡转子电流磁场。

综上所述,直流电动机与交流电动机的不同主要有下面几点:

①直流电动机的励磁回路、电枢回路相互独立,而异步电动机将两者都集中于定子回路。

②直流电动机的主磁场和电枢磁场互差 $\pi/2$ 电角度。

③直流电动机是通过独立地调节两个磁场中的一个来进行调速的,而异步电动机则做不到。

3. 对异步电动机调速的思考

既然直流电动机的调速有那么多的优势,调速后电动机的性能又很优良,那么能否将异步电动机的定子电流分解成励磁电流和负载电流,并分别进行控制,而它们所形成的磁场在空间上也能互差 $\pi/2$ 角? 如果能实现上述设想,异步电动机的调速就与直流电动机相差无几了。

（二）矢量控制中的等效变换

异步电动机的定子电流,实际上就是电源电流,我们知道,将三相对称电流通入异步电动机的定子绕组中,就会产生一个旋转磁场,这个磁场就是我们所说的主磁场 Φ_m。设想一下,如果将直流电流通入某种形式的绕组中,也能产生和上述旋转磁场一样的 Φ_m,就可以通过控制直流电流实现先前所说的调速设想。

1. 坐标变换的概念

由三相异步电动机的数学模型可知,研究其特性并控制时,若用两相就比三相简单,如果能用直流控制就比交流控制更方便。为了对三相系统进行简化,就必须对电动机的参考坐标系进行变换,称为坐标变换。在研究矢量控制时,定义有 3 种坐标系,即三相静止坐标系(3s)、两相静止坐标系(2s)和两相旋转坐标系(2r)。

交流电动机三相对称的静止绕组 A,B,C 通入三相平衡的正弦电流 i_A,i_B,i_C 时,所产生的合成磁动势是旋转磁动势 F,它在空间呈正弦分布,并以同步转速 ω_1 按 A→B→C 相序旋转,其等效模型如图 2-2-19(a)所示。图 2-2-19(b)则给出了两相静止绕组 α 和 β,它们在空间相互差 90°,再通以时间上互差 90°的两相平衡交流电流,也能产生旋转磁动势 F 与三相等效。图 2-2-19(c)则给出两个匝数相等且互相垂直的绕组 M 和 T,在其中分别通以直流电流 i_m 和 i_t,在空间产生合成磁动势 F。如果让包含两个绕组在内的铁芯(图中以圆表示)以同步转速 ω_1 旋转,则磁动势 F 也随之旋转成为旋转磁动势。如果能把这个旋转磁动势的大小和转速也控制成 A,B,C 和 α 和 β 坐标系中的磁动势一样,那么,这套旋转的直流绕组也就和这两套交流绕组等效了。当观察者站到铁芯上和绕组一起旋转时,会看到 M 和 T 是两个通以直流而相互垂直的静止绕组,如果使磁通矢量 Φ 的方向在 M 轴上,就和一台直流电动机模型没有本质上的区别。可以认为:绕组 M 相当于直流电动机的励磁绕组,T 相当于电枢绕组。

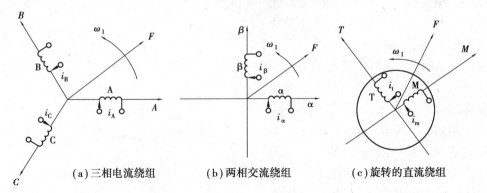

(a)三相电流绕组　　　　(b)两相交流绕组　　　　(c)旋转的直流绕组

图 2-2-19　异步电动机的几种等效模型

2. 三相/二相(3s/2s)变换

三相静止坐标系 A,B,C 和两相静止坐标系 α 和 β 之间的变换,称为 3s/2s 变换。变换原则是保持变换前的功率不变。

设三相对称绕组(各相匝数相等、电阻相同、互差 120°空间角)内通入三相对称电流 i_A,i_B,i_C,形成定子磁动势,用 F_3 表示,如图 2-2-20(a)所示。两相对称绕组(匝数相等、电阻相同、互差 90°空间角)内通入两相电流后产生定子旋转磁动势,用 F_2 表示,如图 2-2-20(b)所示。适当选择和改变两套绕组的匝数和电流,即可使 F_3 和 F_2 的幅值相等。若将这两种绕组产生的磁动势置于同一图中比较,并使 F_α 与 F_A 重合,如图 2-2-20(c)所示,且令 $F \propto 1$,则可得出如下等效关系:

$$i_\alpha = i_A - \frac{i_B}{2} - \frac{i_C}{2} \tag{2-2-13}$$

$$i_\beta = -\frac{\sqrt{3}}{2}i_B - \frac{\sqrt{3}}{2}i_C \tag{2-2-14}$$

3. 二相/二相(2s/2r)旋转变换

二相/二相旋转变换又称为矢量旋转变换。因为 α 和 β 绕组在静止的直角坐标系(2s)上,而 M,T 绕组则在旋转的直角坐标系(2r)上,所以变换的运算功能由矢量旋转变换来完成。图 2-2-21 为旋转变换矢量图。

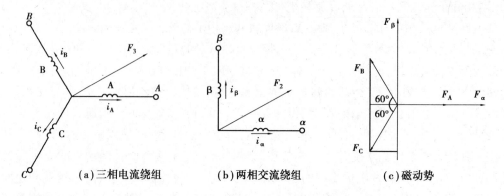

（a）三相电流绕组　　（b）两相交流绕组　　（c）磁动势

图 2-2-20　绕组磁动势的等效关系

图中,静止坐标系的两相交流电流 i_{α},i_{β} 和旋转直角坐标系的两相直流电流 i_{m},i_{t} 均合成为 i_1,产生以 ω_1 转速旋转的磁动势 F_1。由于 $F_1 \propto i_1$,故在图上用 i_1 代替 F_1。图中的 i_{α},i_{β},如 i_{m},i_{t} 实际上是磁动势的空间矢量,而不是电流的时间相量。设磁通矢量为 Φ,并定向于 M 轴上,Φ 和 α 轴的夹角为 φ,φ 是随时间变化的,这就表示 i_1 的分量 i_{α},i_{β} 长短也随时间变化,但 $i_1(F_1)$ 和 Φ 之间的夹角 θ_1 是表示空间的相位角。稳态运行时 θ_1 不变。因此,i_{m},i_{t} 大小不变,说明 M,T 绕组只是产生直流磁动势。由图2-2-21可推导出下列关系:

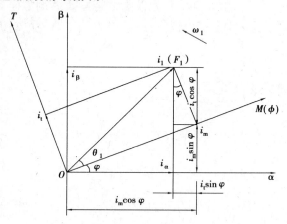

图 2-2-21　旋转变换矢量图

$$i_{\alpha} = i_{m}\cos \varphi - i_{t}\sin \varphi \tag{2-2-15}$$

$$i_{\beta} = i_{m}\sin \varphi + i_{t}\cos \varphi \tag{2-2-16}$$

由上两式可推导出:

$$i_{m} = i_{\alpha}\cos \varphi + i_{\beta}\sin \varphi \tag{2-2-17}$$

$$i_{t} = - i_{\alpha}\sin \varphi + i_{\beta}\cos \varphi \tag{2-2-18}$$

在矢量控制系统中,由于旋转坐标轴 M 是由磁通矢量的方向决定的,故旋转坐标 M,T 又叫做磁场定向坐标,矢量控制系统又称为磁场定向控制系统。

（三）直角坐标/极坐标变换

在矢量控制系统中,有时需将直角坐标变换为极坐标,用矢量幅值和相位夹角表示矢量。图2-2-21 中矢量 i_1 和 M 轴的夹角为 θ_1,若由已知 i_{m},i_{t} 来求 i_1,θ_1,则必需进行直角坐标/极坐标变换,其关系式为

$$i_1 = \sqrt{i_m^2 + i_t^2} \tag{2-2-19}$$

$$\theta_1 = \arctan\left(\frac{i_t}{i_m}\right) \tag{2-2-20}$$

当 θ_1 在 $0 \sim 90°$ 之间变化时, $\tan \theta_1$ 的变化范围是 $0 \sim \infty$，由于变化幅度太大,电路或微机均难于实现运算。因此,利用三角公式进行变换的关系式可改写为

$$\tan \frac{\theta_1}{2} = \frac{\sin \dfrac{\theta_1}{2}}{1 + \cos \theta_1} \tag{2-2-21}$$

由图 2-2-21 可知:

$$\sin \theta_1 = \frac{i_t}{i_1} \qquad \cos \theta_1 = \frac{i_m}{i_t}$$

故
$$\tan \frac{\theta_1}{2} = \frac{i_t}{1 + i_m} \tag{2-2-22}$$

(四)变频器矢量控制的基本思想

1. 矢量控制的基本理念

如图 2-2-19 所示,3 种绕组所形成的旋转磁场中,旋转的直流绕组磁场无论是在绕组的结构上,还是在控制的方式上都和直流电动机极为相似。可以设想有两个相互垂直的直流绕组同处一个旋转体上,通入的是直流电流 i_M^* 和 i_T^*,其中 i_M^* 为励磁电流分量, i_T^* 为转矩电流分量,它们都是由变频器的给定信号分解而来的(* 表示变频中的控制信号)。经过直/交变换,将 i_M^* 和 i_T^* 变换成两相交流信号 i_α^* 和 i_β^*,再经二相/三相变换得到三相交流控制信号 i_A^*, i_B^*, i_C^* 去控制三相逆变器,如图 2-2-22 所示。

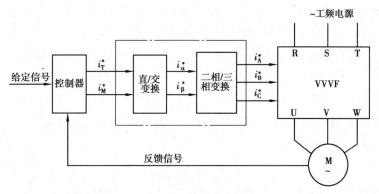

图 2-2-22 矢量控制的示意图

因此控制 i_M^* 和 i_T^* 中的任意一个,就可以控制 i_A^*, i_B^*, i_C^*,也就控制了变频器的交流输出。通过以上变换,成功地将交流电动机的调速转化成控制两个电流量 i_M^* 和 i_T^*,从而更接近直流电动机的调速。

2. 矢量控制中的反馈

电流反馈用于反映负载的状态,使 i_T^* 能随负载而变化。速度反馈反映出拖动系统的实际转速和给定值之间的差异,从而以最快的速度进行校正,提高了系统的动态性能。速度反馈的反馈信号可由光电编码器 PG 测得。现代的变频器又推广使用了无速度传感器矢量控制

101

技术,它的速度反馈信号不是来自速度传感器,而是通过 CPU 对电动机的各种参数,如 I_1, r_2 等进行计算得到的一个转速的实在值,由这个计算出的转速实在值和给定值之间的差异来调整 i_M^* 和 i_T^*,改变变频器的输出频率和电压。

对于很多新系列的变频器都设置了"无反馈矢量控制"功能,这里的"无反馈",是指不需要由用户在变频器的外部再加其他的反馈环节。而矢量控制时变频器的内部还是有反馈存在的,因此无反馈矢量控制已使异步电动机的机械特性可以和直流电动机的机械特性相媲美。

3. 矢量控制的系统结构

为了让异步电动机也能实现与直流电动机一样良好的调速性能,以产生同样的旋转磁动势为准则,三相交流绕组与直流绕组可以彼此等效。设等效两相交流电流绕组分别为 α 和 β,励磁绕组和电枢绕组分别为 M 和 T。彼此关系如图 2-2-23 所示。

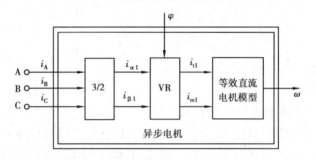

图 2-2-23　异步电动机的坐标变换结构图

从输入输出看,输入为 A,B,C 三相电压,输出转速为 ω 的一台异步电动机。从内部看,经过 3/2 变换和 VR 同步旋转变换,变成一台由 i_{m1} 和 i_{t1} 输入、ω 输出的直流电动机。

既然异步电动机经过坐标变换可以等效成直流电动机,那么,模仿直流电动机的控制方法,求得直流电动机的控制量,经过相应的坐标反变换,就可以控制异步电动机。由于进行坐标变换的是电流(代表磁动势)的空间矢量,所以通过坐标变换实现的控制系统就叫做矢量变换控制系统(Transvector Control System),或称矢量控制系统,所设想的结构如图 2-2-24 所示。图中给定和反馈信号经过类似于直流调速系统所用的控制器,产生励磁电流的给定信号 i_{m1}^* 和电枢电流的给定信号 i_{t1}^*,经过反旋转变换 VR^{-1},得到 $i_{\alpha1}^*$ 和 $i_{\beta1}^*$,再经过 2/3 变换得到 i_A^*,i_B^* 和 i_C^*。把这 3 个电流控制信号和由控制器直接得到的频率控制信号 ω 加到带电流控制器的变频器上,就可以输出异步电动机调速所需的三相变频电流,实现了用模仿直流电动机的控制方法去控制异步电动机,使异步电动机达到了直流电动机的控制效果。

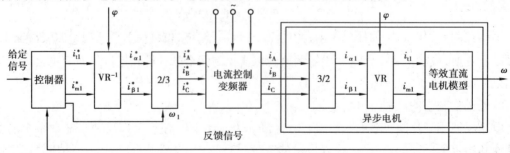

图 2-2-24　矢量控制系统的结构图

（五）矢量控制的类型

矢量控制实现的基本原理是通过测量和控制异步电动机定子电流矢量，根据磁场定向原理分别对异步电动机的励磁电流和转矩电流进行控制，从而达到控制异步电动机转矩的目的。矢量控制方式有基于转差频率控制的矢量控制方式、无速度传感器矢量控制方式和有速度传感器的矢量控制方式等。这样就可以将一台三相异步电机等效为直流电机来控制，因而获得与直流调速系统同样的静、动态性能。矢量控制算法已被广泛地应用在 SIEMENS，ABB，GE，Fuji 等国际化大公司变频器上。

采用矢量控制方式的通用变频器不仅可在调速范围上与直流电动机相匹配，而且可以控制异步电动机产生的转矩。由于矢量控制方式所依据的是准确的被控异步电动机的参数，有的通用变频器在使用时需要准确地输入异步电动机的参数，有的通用变频器需要使用速度传感器和编码器。目前新型矢量控制通用变频器中已经具备异步电动机参数自动检测、自动辨识、自适应功能，带有这种功能的通用变频器在驱动异步电动机进行正常运转之前可以自动地对异步电动机的参数进行辨识，并根据辨识结果调整控制算法中的有关参数，从而对普通的异步电动机进行有效的矢量控制。矢量控制分为无速度传感器的矢量控制和有速度传感器的矢量控制。

1. 无速度传感器的矢量控制

无速度传感器的矢量控制如图 2-2-25 所示，它没有应用速度传感器检测电动机转速信息，而是采用了电流传感器（或电压传感器）检测定子绕组的电流（或电压），然后送到矢量控制的速度换算电路中推算出电动机的转速，再参照给定信号形成相应的控制信号去控制 PWM 逆变电路。

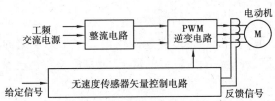

图 2-2-25　无速度传感器的矢量控制

2. 有速度传感器的矢量控制

有速度传感器的矢量控制如图 2-2-26 所示，它采用速度传感器来检测电动机的转速。

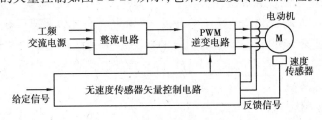

图 2-2-26　有速度传感器的矢量控制

无速度传感器的矢量控制较有速度传感器的矢量控制，前者的速度调节范围更宽，可达到后者的 10 倍，这主要是因为后者所采用的速度传感器是整个传动系统中最不可靠的环节，安装也很麻烦，缺少准确的转速反馈信号。由于速度传感器对不同特性的异步电动机检测会有差异，所以采用速度传感器的矢量控制方式的变频器通用性较差。许多新系列的变频器设置了"无速度反馈矢量控制"功能，适用于在动态性能方面无严格要求的场合。

（六）矢量控制的要求

1. 矢量控制的给定

现在大部分的新型通用变频器都有了矢量控制功能，如何选择使用这种功能，有以下两种方法：

①在矢量控制功能中，选择"用"或"不用"。

②在选择矢量控制后，还需要输入电动机的容量、极数、额定电流、额定电压、额定功率等。由于矢量控制是以电动机的基本运行数据为依据，因此电动机的运行数据就显得很重要，如果使用的电动机符合变频器的要求，且变频器容量和电动机容量相吻合，变频器就会自动搜寻电动机的参数，否则就需重新测定。很多类型的变频器为了方便测量电动机的参数都设计安排了电动机参数自动测定功能。通过该功能可准确测定电动机的参数，且提供给变频器的记忆单元，以便在矢量控制中使用。

2. 矢量控制要求

若选择矢量控制模式，则对变频器和电动机有如下要求：

①一台变频器只能带一台电动机。

②电动机的极数要按说明书的要求，一般以 4 极电动机为最佳。

③电动机容量与变频器的容量相当，最多差一个等级。如，根据变频器的容量应选配 11 kW 的电动机，使用矢量控制时，电动机的容量可以是 11 kW 或 7.5 kW，再小就不行了。

④变频器与电动机间的连接线不能过长，一般应在 30 m 以内。如果超过 30 m，则需要在连接好电缆后，进行离线自动调整，以重新测定电动机的相关参数。

3. 使用矢量控制的注意事项

在使用矢量控制时，一些需要注意的问题如下：

①使用矢量控制时，可以选择是否需要速度反馈。对于无反馈的矢量控制，尽管存在对电动机的转速估算精度稍差，动态响应较慢的弱点，但其静态特性已很完美，如果对拖动系统的动态特性无特殊要求，一般可以不选用速度反馈。

②频率显示以给定频率为好。矢量控制在改善电动机机械特性时，最终是通过改变变频器的输出频率来完成，在矢量控制的过程中，其输出频率会经常跳动，因此在实际使用时频率显示以"给定频率"为好。

（七）矢量控制系统的优点和应用范围

异步电动机矢量控制变频调速系统的开发，使异步电动机的调速可获得和直流电动机相媲美的高精度和快速响应性能。异步电动机的机械结构又比直流电动机简单、坚固，且转子无炭刷滑环等电气接触点，故应用前景十分广阔。现将其优点和应用范围综述如下：

1. 矢量控制系统的优点

（1）动态的高速响应

直流电动机受整流的限制，过高的 di/dt 是不容许的。异步电动机只受逆变器容量的限制，强迫电流的倍数可取得很高，故速度响应快，一般可达到毫秒级，在快速性方面已超过直流电动机。

（2）低频转矩增大

一般通用变频器（VVVF 控制）在低频时的转矩常低于额定转矩，故在 50 Hz 以下不能带满负载工作。而矢量控制变频器由于能保持磁通恒定，转矩与 i_T 呈线性关系，故在极低频时也能使电动机的转矩高于额定转矩。

（3）控制灵活

直流电动机常根据不同的负载对象,选用他励、串励、复励等形式,它们各有不同的控制特点和机械特性。而在异步电动机矢量控制系统中,可使同一台电动机输出不同的特性。在系统内用不同的函数发生器作为磁通调节器,即可获得他励或串励直流电动机的机械特性。

2. 矢量控制系统的应用范围

（1）要求高速响应的工作机械

如工业机器人驱动系统在速度响应上至少需要 100 rad/s,而矢量控制驱动系统能达到的速度响应最高值可达 1 000 rad/s,故能保证机器人驱动系统快速、精确地工作。

（2）适应恶劣的工作环境

如造纸机、印染机均要求在高湿、高温并有腐蚀性气体的环境中工作,异步电动机比直流电动机更为适应。

（3）高精度的电力拖动

如钢板和线材卷取机均属于恒张力控制,对电力拖动的动、静态精确度有很高的要求,能做到高速（弱磁）、低速（点动）、停车时强迫制动。异步电动机应用矢量控制后,静差度小于0.2%,有可能能完全代替直流调速系统。

（4）四象限运转

如高速电梯的拖动,过去均用直流拖动,现在也逐步用异步电动机矢量控制变频调速系统代替。

（八）矢量控制举例

6SE35/36（GTR）,6SE36/37（GTO）是西门子公司生产的两种型号矢量控制通用变频器。由于软件功能灵活,可以实现变结构控制、无速度传感器和有速度传感器两种控制方式的变换,而不必改变硬件电路。速度传感器可以采用脉冲式速度传感器。这种矢量控制调速装置,可以精确设定和调节电动机的转矩,亦可实现对转矩的限幅控制,因而性能较高,受电动机参数变化的影响较小。若调速范围不大,在 1:10 的速度范围内,常采用无速度传感器方式;若调速范围较大,即在极低的转速下也要求具有高动态性能和高转速精度时,才需要速度传感器方式。

1. 无速度传感器的矢量控制

这种控制方式下的原理框图（由软件功能设定）如图 2-2-27 所示。它是对异步电动机进行单电动机传动的典型模式。主要性能是:在 1:10 的速度范围内,速度精度小于 0.5%,转速上升时间小于 100 ms;在额定功率 10% 的范围内,采用带电流闭环控制的转速开环控制。

2. 有速度传感器的矢量控制

这种方式的主要特性是:在速度设定值的全范围内,转矩上升时间大约为 15 ms;速度设定范围大于 1:100;对闭环控制而言,转速上升时间不大于 60 ms。其原理框图如图 2-2-28所示。

有功电流调节器仅在 10% 额定频率以上时才运行,在 10% 以下则不起作用。直流速度传感器或脉冲速度传感器（脉冲频率为 500～2 500 个脉冲）均可以采用。这种控制方式也可以通过软件来设定。

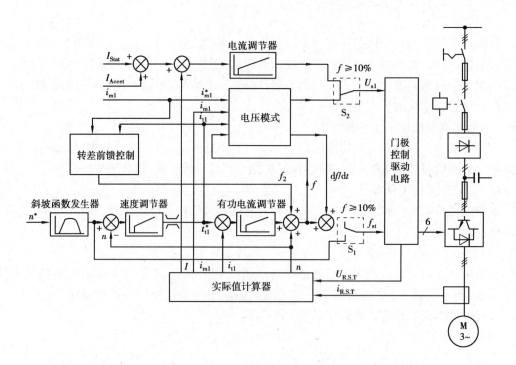

图 2-2-27　无速度传感器的矢量控制

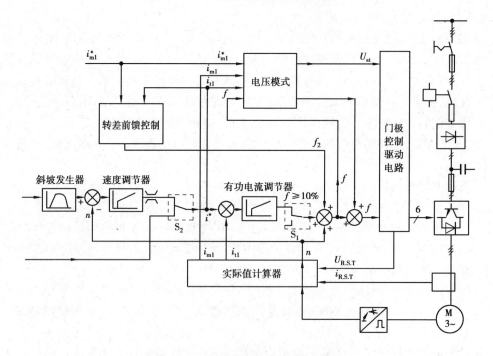

图 2-2-28　无速度传感器的矢量控制

三、直接转矩控制

直接转矩控制是继矢量控制变频调速技术之后的一种新型的交流变频调速技术。其基本原理是利用空间电压矢量 PWM（SVPWM），通过对磁链、转矩的直接控制，确定逆变器的开关状态。这样无需复杂的数学模型及中间环节，就能对转矩进行有效的控制，非常适用于重载、起重、电力牵引、大惯量、电梯等设备的拖动要求，且价格低、电路较矢量控制简单、调试容易，但精度不如矢量控制高。

（一）直接转矩控制过程

1. 直接转矩控制原理与数学模型

图 2-2-29 为直接转矩控制系统框图，直接转矩控制采用分别控制电动机的转速和磁链的方式，即在系统转矩内环内再设置磁链内环，以抑制磁链变化对转矩的影响。

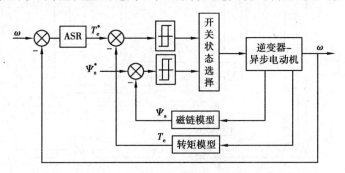

图 2-2-29　直接转矩控制框图

ω—角速度；ASR—转速调节器；T_e^*，T_e—转矩指令值、转矩计算值；

Ψ_s^*，Ψ_s—定子磁链指令值、定子磁链计算值

在两相对静止坐标系上构成转矩和定子磁链的反馈信号，借助于离散的两点式调节双位式（bang-bang 控制）控制代替线性调节器来控制转矩和定子磁链，根据两者的变化，选择电压空间矢量脉宽调制（SVPWM）开关状态，以控制电动机的转速，达到控制转矩的目的。直接转矩控制关键问题是要有定子磁链和转矩的数学模型，采用下列表达式：

对定子磁链 Ψ_s

$$\Psi_{s\alpha} = \int (u_{s\alpha} - R_1 i_{s\alpha}) \mathrm{d}t = \int e_{s\alpha} \mathrm{d}t \qquad (2\text{-}2\text{-}23)$$

$$\Psi_{s\beta} = \int (u_{s\beta} - R_1 i_{s\beta}) \mathrm{d}t = \int e_{s\beta} \mathrm{d}t \qquad (2\text{-}2\text{-}24)$$

转矩 $$T_e = p_n (i_{s\beta} \Psi_{s\alpha} - i_{s\alpha} \Psi_{s\beta}) \qquad (2\text{-}2\text{-}25)$$

式中　s——定子值；

　p_n——电动机极对数。

通过计算将得出的数值与给定值比较后，作为控制信号按 bang-bang 控制原则去选择电压空间矢量控制的开关状态顺序及持续时间，便可对异步交流电动机的转矩、转速进行精确控制。

【知识链接】

所谓 bang-bang 控制，实际上是一种时间最优控制，它的控制函数总是取在容许控制的边

界,或者取最大,或者取最小,仅仅在这两个边界值上进行切换,其作用相当于一个继电器,所以也是一种位式开关控制。

这种控制方式在某些方面具有比常规 PID 控制较为优越的性能,尤其是对于给定值的提降及大幅度的扰动作用,效果更显著。在动态质量上不仅体现为过渡时间短这一特点,而且在超调量等其他指标上也具有一定的改善。

2. 直接转矩控制系统构成

直接转矩控制系统构成见图 2-2-30。

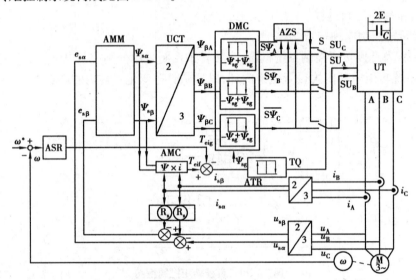

图 2-2-30 直接转矩控制系统构成

(1)Ψ_s 与控制信号的形成

从逆变器 U_T 输出侧得三相电压 u_{ABC} 和三相电流 i_{ABC},经 3/2 矢量变换,得出 $u_{s\alpha\beta}$,$i_{s\alpha\beta}$;再按式(2-2-23)、式(2-2-24)计算得 $e_{s\alpha\beta}$,经积分器 AMM 得 $\Psi_{s\alpha\beta}$;再用 2/3 变换器 UCT 变换成 $\Psi_{\beta ABC}$,进入施密特触发器 DMC 与给定值 Ψ_{sg} 比较,进行 bang-bang 控制,得出磁链开关信号 $S_{\Psi ABC}$,使磁链保持在允许容差之内。

(2)转矩控制

将以上得到的 $i_{s\alpha\beta}$ 和 $\Psi_{s\alpha\beta}$ 送入转矩计算器 AMC 进行 $\Psi \times i$ 计算,得出计算值 T_{eif},与给定值 T_{eig} 比较,经另一个施密特触发器 ATR 得出 bang-bang 控制信号 TQ,在 $S_{\Psi ABC}$,TQ 和零状态开关 AZS 共同作用下,最后得到逆变器三相控制的开关状态信号 SU_{ABC},形成所需要的磁链轨迹。施密特触发器如图 2-2-31(a)所示。

由于转矩也采用 bang-bang 控制,便能精确地控制转矩、转速。以电动机正转为例,若实际转矩低于 T_e^* 的允许值(下限),按系统磁链控制所得到的相应的电压空间矢量使定子磁链向前旋转,转矩上升;若实际转矩达到高于 T_e^* 的允许值(上限),则不论磁链状态如何,系统立即切换到零电压矢量,使定子磁链静止不动,转矩下降。上述情况不断重复,使转矩保持恒定,而将转矩脉动控制在允许的范围内。

圆形磁链轨迹多采用控制电压空间矢量的作用时间和作用顺序的方法,用尽可能多的多边形磁链轨迹逼近理想磁链圆,具体方法有两种:一是磁链开环方式,即矢量合成法;二是磁链闭环方式,即磁链滞环比较法。磁链闭环方式的基本思路是:给定一个磁链环形误差带,通过转矩和磁链的双值调节来选取合适的电压矢量 u_k,强迫定子磁链矢量的顶点不超出圆形误差带,如图 2-2-31(b)的双圆周之间。

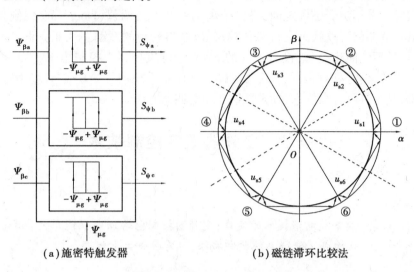

（a）施密特触发器 （b）磁链滞环比较法

图 2-2-31 施密特触发器与磁链滞环比较法

为了确定各电压矢量的作用区间,以 α 轴为 1 区段的中心,沿逆时针方向把整个圆分成 6 个区段,如图 2-2-31(b)所示。每个区段的磁链顶点运行轨迹由该区段对应的两个电压矢量形成。对逆时针运行的磁链,如 1 区段由 u_{s2},u_{s3} 形成,对 2 区段由 u_{s3},u_{s4} 形成。对顺时针磁链,每个边的形成取此位置上空间相反的电压矢量,如 1 区段由 u_{s5},u_{s6} 形成,对于 2 区段由 u_{s6},u_{s1} 形成,由此控制磁链的旋转方向。按此合理选择误差带和电压矢量,即可控制圆形磁链的大小和方向。

（二）直接转矩控制的特点

①直接在定子坐标系下分析交流电动机的数学模型,控制电动机的磁链和转矩。不需要模仿直流电动机的控制方法,也不需要为解耦而简化交流电动机的数学模型。省去了矢量旋转变换等复杂计算。因此,需要的信号处理工作特别简单,所用的控制信号使观察者对于交流电动机的物理过程能够作出直接和明确的理解。

②直接转矩控制磁场定向所用的是定子磁链,只要知道了定子电阻就可以把它观测出来。大大减少了矢量控制技术中控制性能易受参数变化影响的问题。

③直接转矩控制采用空间矢量的概念来分析三相交流电动机的数学模型和控制其各物理量,使问题变得比较简明。

④直接转矩控制强调的是转矩的直接控制与效果,包含以下两层意思:

a. 直接控制转矩:与矢量控制的方法不同,不是通过控制电流、磁链等量来间接控制转矩,而把转矩作为被控制量,直接控制转矩。因此并不需要极力获得理想的正弦波形,也不用专门强调磁链的圆形轨迹。相反,从控制转矩的角度出发,强调的是转矩直接效果,因而采用离散的电压状态和六边形磁链的轨迹或近似圆形磁链轨迹的概念。

b. 对转矩的直接控制:其控制方式是通过转矩两点式调节器把转矩检测值与转矩给定值比较,把转矩波动限制在一定的容差范围内,容差的大小,由频率调节器来控制。因此控制效果不取决于电动机的数学模型是否能够简化,而是取决于转矩的实际状况。控制即直接又简便。

综上所述,直接转矩控制技术,用空间矢量分析方法,直接在定子坐标系下计算与控制交流电动机的转矩,采用定子磁场定向,借助于离散的两点式调节(bang-bang 控制)产生 PWM 信号,直接对逆变器的开关状态进行最佳控制,以获得转矩的高动态性能。省去了负载的矢量变换与数学模型的简化处理,没有通常的 PWM 信号发生器。控制思想新颖,控制结构简单,控制手段直接,信号处理的物理概念明确。该控制系统的转矩响应迅速,限制在一拍之内,且无超调,是一种具有高静态、动态性能的交流调速方法。

任务3　变频器数字控制技术

【活动情景】

随着微机和大规模集成电路技术的发展,变频器控制电路以高性能单片机和数字信号处理器(DSP)等为核心来构成。使得系统体积减小,可靠性却大大提高。

【任务要求】

了解数字控制技术在变频器上的应用。

一、数字控制技术

变频调速系统的数字控制系统电路由大规模集成电路和微机组成,数字控制器与模拟控制器相比较,具有可靠性高、参数调整方便、更改控制策略灵活、控制精度高、对环境因素不敏感等一系列优点,因此成为系统控制发展的必然趋势。

(一)大规模集成电路与应用

变频调速闭环控制系统中许多组成部分如 SPWM 信号发生器、矢量变换等,均已制成集成块,专用集成块,国内外有许多产品可供选用。用得较多的,例如 MA818,HEF4752,SLE4520 等。这些集成芯片基本上是数字电路的大规模集成,全数字操作,可以编程,可与微机连接。现以两种专用集成电路的功能、结构为例,说明它们在数字化中的作用。

1. 专用集成电路 HEF4752 生成 SPWM 驱动信号

HEF4752 是全数字化的集成块,生成的 SPWM 波频率较低,一般为 1 kHz,适合于 GTR,GTO 逆变器。其引脚为 28 脚双列直插,内部结构如图 2-3-1 所示,由 3 个计数器(FCT,VCT,RCT)、1 个译码器、3 个输出口及厂家试验电路组成;采用的调制方法是双边调制法,类似于不对称规则采样法。集成块生成的三相信号到驱动电路,驱动 GTR 逆变器,输出三相 VVVF 电压,驱动电动机。

2. AD2S100 矢量控制处理器芯片的结构原理

AD2S100 矢量控制处理器芯片是美国 AD 公司生产的矢量控制专用处理器。AD2S100 矢量控制处理器可实现 $3\varphi/2\varphi$,$2\varphi/3\varphi$ 正交矢量旋转变换,从而用于异步电动机和永磁无刷电动机的矢量控制。一些高动态性能的通用变频器也常应用 AD2S100 矢量控制处理器,其原理框图如图 2-3-2 所示。

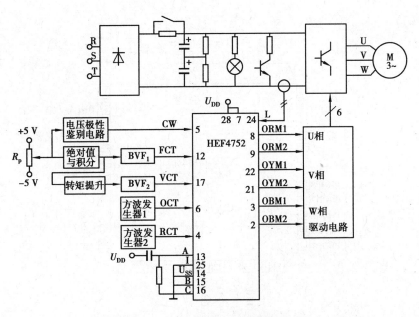

图 2-3-1　HEF4752 变频调速系统

输入数据选通由图 2-3-2 可见,AD2S100 矢量控制处理器的电路内包括两次交换,一是根据三相输入交流信号进行 $3\varphi/2\varphi$ 变换,经变换后的两相分量即矢量的实部和虚部,两者在空间相互垂直,根据这一矢量可进行解耦计算,达到磁场控制的目的。

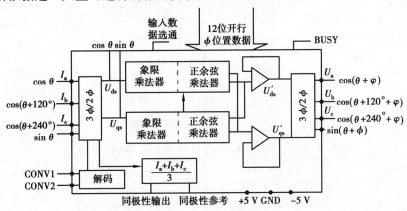

图 2-3-2　AD2S100 内部结构

二是将解耦计算的结果进行逆变换,即 2/3 相变换,把两相计算信号的结果转换为三相变频信号,从而达到矢量控制的目的。AD2S100 矢量控制处理器芯片采用 44 脚塑料封装形式,其引脚图如图 2-3-3 所示,引脚功能见表 2-3-1,表中未列的引脚号为空脚。该芯片采用 44 脚塑料封装形式,电路使用 ±5 V 电源,输入信号正常电压端最大为 ±3.3 V,高电压端最大为 ±4.25 V,工作频率为 50 kHz。矢量变换后输出三相信号的幅值误差典型值为 0.35%,角度误差典型值为 0.15°。在图 2-3-3 中,第 3 脚接受一个输入数据选通信号,使位置数据同步化,并送入内部计数器,第 44 脚由 BUSY 高电平时间代表了矢量旋转的变换时间,其典型值为 2 μs。

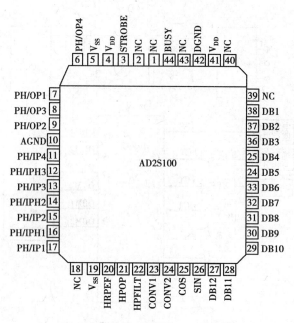

图 2-3-3　AD2S100 引脚

表 2-3-1　AD25100 引脚功能

引脚号	符　号	功能说明	引脚号	符　号	功能说明
3	STROBE	转换开始	17	PH/IP1	$\cos\theta$ 输入
4	V_{DD}	正电源(+5 V)	19	V_{SS}	负电源
5	V_{SS}	负电源(−5 V)	20	HPREF	同极性参考
6	PH/OP4	输出端 $\sin(\theta+\varphi)$	21	HPOP	同极性输出
7	PH/OP1	输出端 $\cos(\theta+\varphi)$	22	HPFILT	同极性筛选
8	PH/OP3	输出端 $\cos(\theta+240°+\varphi)$	23	CONV1	选择输入方式
9	PH/OP2	输出端 $\cos(\theta+120°+\varphi)$	24	CONV2	
10	AGND	模拟地	25	COS	$\cos$ 输出
11	PH/IP4	$\sin\theta$ 输入	26	SIN	$\sin$ 输出
12	PH/IP3	$\cos(\theta+240°)$ 输入,高电压	27	DB12	DB1-MSB
13	PH/IP3	$\cos(\theta+240°)$ 输入	⋮	⋮	⋮
14	PH/IPH2	$\cos(\theta+120°)$ 输入,高电压	38	DB1	DB12-LSBB 并行输入数据
15	PH/IP2	$\cos(\theta+120°)$ 输入	41	V_{DD}	正电源
16	PH/IPH1	$\cos\theta$ 输入,高电压	42	DGND	数字地
			44	BUSY	高电平表示转换正在进行

二、计算机的应用

新型变频器普遍地应用了微计算机(简称微机或微处理器或用 CPU 代替),在数字控制中常采用的主要是单片机,单片机位数高,测量控制精度高,而且处理各种信号的速度快。

微机在变频调速系统或变频器中的主要用途见图2-3-4。

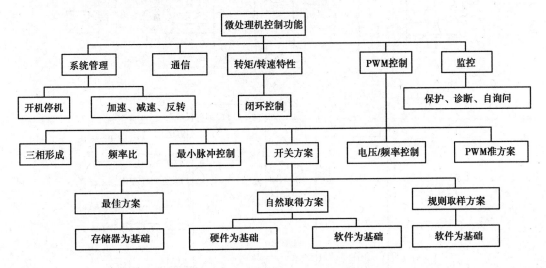

图2-3-4　微机在变频调速技术中的主要用途

在变频调速技术中主要有下列几种功能:

①执行启动/停止、运行顺序。

②编程和执行保护顺序(变频器保护+电动机保护)。

③产生并输出脉冲波形(PWM/PAM)。

④控制用运算处理。

⑤控制用常数设定。

⑥各种检查。

其中①—⑤为基本处理,其中③的功能通常使用专用大规模集成电路,或与微机配合完成。下面举一些使用例子。

1.用微机生成SPWM波

模拟线路生成SPWM信号的关键是利用控制波和载波的交点,以微机为基础的数字控制生成SPWM控制波的方法应用越来越多,生成SPWM信号的做法是:控制波的脉宽的时间由计算机按某种采样原则计算生成,时间的控制通过定时器来完成。通常把这种采样原则的原理分析叫做软件生成SPWM逆变器控制波。

2.单片机控制系统

用于变频系统的微机有单片机、CPU处理器、单片专用芯片如DSP,DSP是一种高性能快速数字处理器,普遍地应用于变频调速装置。下面介绍一个用单片机控制的变频调速系统。

图2-3-5所示为一个用单片机控制的变频调速系统框图,单片机为8031,在变频器控制电路中,采用SLE4520专用芯片产生SPWM调制波。SLE4520电子组件是德国SIEMENS(西门子)公司生产的一种大规模全数字化CMOS集成电路。它是一个8位可编程的脉宽调制器,可以同时将3个8位数字量转换成相应脉宽的波形信号。将SLE4520与8031单片机及相应的软件结合后,就可以用简单的方式产生三相逆变器所需要的6路控制信号。由于软件编制的灵活性,几乎可以实现任意形状的曲线调制(正弦波、三角波等)和任意的相位关系。

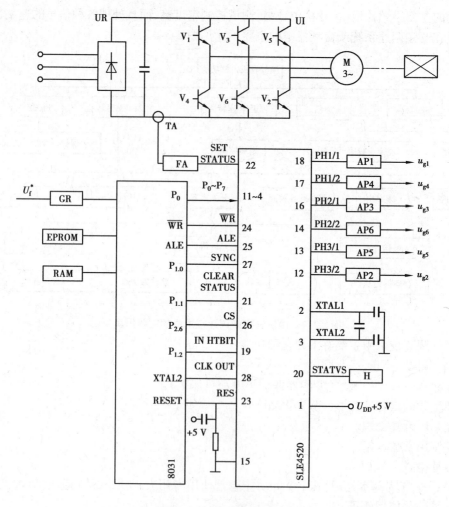

图 2-3-5 单片机控制系统

GR—频率给定;H—信号指示;FA—保护电路;

UR—不可控整流器;TA—电流互感器;UI—SPWM 逆变器

SLE4520 芯片内部集成了一个振荡电路,只要在外部接上一定频率的晶体振荡器,就可以得到相应的频率。这个频率还可以引给 8031 单片机作为时钟频率。片内同时集成有一个可编程分频器,可以根据不同的要求对晶体振荡器频率进行分频。分频因数有 8 级,在芯片外部设置了一个 8 位数据总线接口,在其内部通向这个数据总线接口的有 3 个 8 位寄存器,用来接收产生三相脉宽调制信号的 3 个数字量。两个 4 位寄存器用来接收死区时间及分频因数。一个地址译码锁存器,对芯片内部各寄存器地址进行锁存译码。为了防止从通电到芯片开始正常工作这段时间内输出信号电平失去控制,造成逆变主电路短路。在输出处设置了"禁止"(INHIBIT)信号。当它为高电平时,6 路输出均被强制定为高电平状态,即输出被闭锁,6 个开关管均处于关断状态。另外,SLE4520 还集成了一个 RS 触发器,当它的 SET—STATUS(S)端置于高电平时,则禁止输出;要开放输出,只要在 CLEAR—STATUS(R)端给一个高电平清除状态即可。同时设置了一个状态输出端,可用于显示或单片机的应答,从而可以方便地实现各种保护功能。

变频器的主电路采用具有极高开关速度的功率 MOSFET,从而可以使变频器的逆变调制频率提高到 20 kHz,可以实现低噪声传动,并使其输出正弦频率范围扩大到 0 ~ 2.6 kHz。

由频率给定环节给出所要求的频率,该信号为模拟量,经 A/D 转换变成数字量传送给 8031 单片机。在单片机中设置了一套控制程序,经过软件控制,单片机将一组与频率给定值相对应的数据输送给 SLE4520 专用芯片,由该芯片产生相应的 SPWM 调制波控制三相功率电路。经放大后的 SPWM 调制波加到交流电动机的三相绕组上,从而控制其转速。改变频率给定值,就可实现调速。该系统可实现以下功能:

①功率电路的调制频率为 20 Hz;正弦输出频率范围为 0 ~ 2.6 kHz。

②实现软启动,启动时间可根据所带电动机的情况任意调节。

③外部电位器设置频率,并能灵活调节。

④具备完善的过电压、过电流和过温保护功能。

控制系统的软件包括程序和数据表格两大部分。其中程序则包含了初始化主程序和中断服务子程序等,程序框图如图 2-3-6 和图 2-3-7 所示。数据表格是根据各级频率计算出相应

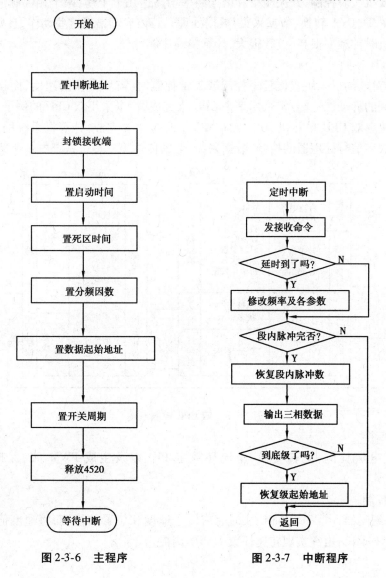

图 2-3-6　主程序　　　　　图 2-3-7　中断程序

的脉宽数据,然后将这些数据存在 EPROM 中形成的。控制系统通过程序查表获取 SPWM 脉宽数据。所谓变频就是读取相应频率的一段表格数据。

关于如何实现保护,以过电流保护为例。通过检测逆变器直流电路中的电流 I_d,将检测信号回馈至控制系统,当电流超过限定值时,立即自动封锁 6 路触发信号,关断逆变器主电路中的 MOSFET,实现保护。

在计算机控制系统中,还赋予变频器拥有各种自诊断功能以实现各种保护,如过载、过电流、过电压、过热等自动保护,当这类故障发生时,及时地使逆变器停止工作或报警。不少变频器还有智能诊断功能。逆变器工作中,准确提供逆变器开关器件的开关时刻,要借助计算机。例如空间电压矢量控制(SVPWM)和软开关技术 DC 环节谐振型逆变器的开关角,就必须快速准确地确定逆变器件的开关时刻。在软开关电路中,谐振必须在开关元件切换时发生,才能达到无损耗切换和保证输出谐波分量最小的要求。这些开关时刻是无法用集成块来提供的,只能用微机实时控制,开关频率和谐振频率均高达几十千赫,两个相邻脉冲之间只几十微秒,要完成 A/D,D/A 转换,数据采集,数据处理、运算,启动谐振这些动作,且要保证足够的精度,只有微机时钟频率很高、位数很大、计算精确才能胜任。

3. 多个 CPU 控制

当变频器对电动机采用直接转矩控制或矢量控制时,需要很快的速度,而且运算量也很大,为保持良好的静动态性能,常采用多个 CPU 来完成,一个采用双 CPU 的例子如图 2-3-8 所示,在这个系统里双 CPU 单片机 80C196(MC 和 KC)主要完成:计算机系统的用户接口、系统初始化、对数字信号处理器的控制、数据采样、数据传输等。整个系统由 4 个部分组成。

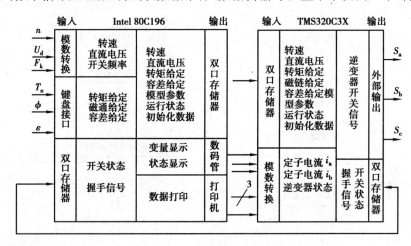

图 2-3-8 双 CPU 控制系统

(1)矢量变换

主要完成电流检测、旋转变换、电流环数字 PID 以及生成 PWM 波、保护等任务,由 80C196MC 实现。

(2)速度控制

通过光电编码器,由 80C196MC 实时完成转子速度和位置的检测,将速度值通过双端口 RAM 传给 80C196KC,由它实现转速环数字 PID 调控。

（3）系统控制

由 80C196KC 实现，主要完成一些实时性不强的辅助运算，利用双端口存储器 RAM 传输速度高，信息交换量大等特点，与 80C196MC 实现信息交换。

（4）键盘显示控制与开关信号控制

键盘显示由 C196（即 80C196）控制实现。TMS320C31 数字信号处理器从双 RAM 中取数据，同时高速采样数据，执行直接转矩控制所必需的计算，输出逆变器的开关控制信号。

两台微处理器之间的通信单元包括 TMS 控制单元和双口数据 RAM 单元。TMS 控制单元用于信号处理器的控制，当置位信号出现时，C196 通过 TMS 控制单元对信号处理器进行初始化，在系统运行时可对信号处理器进行必要的干涉。双口数据 RAM 用于直接转矩控制所需要的数据交换，两台微处理器可同时在这个存储器中进行读写操作而互不影响。信号处理器内部有一个数据存储器，存储系统控制中有必要的变量和常数。为保证这个存储器能被正确地初始化，应当使双口 RAM 产生正常工作状态后，再对内部存储器进行数据传输。初始化工作完毕后，检测双机通信是否正常。一切正常后，C196 开始采样数据并传送到双口 RAM 中。信号处理器对电动机电流分量进行采样，完成计算工作并按开关策略生成逆变器开关控制信号，送逆变器驱动模块。

4. 微机智能保护系统

以微机为主体的故障诊断智能系统不仅在故障发生后能准确指出故障性质、部位，在故障发生前也能预测发生故障的可能性。因此大大提高了变频器的可靠性。

微机智能故障诊断系统由监控、检测、知识库（故障模式知识库或故障诊断专家系统知识库）、推理机构、人机对话接口和数据库等组成。诊断一般分为预诊和在线诊断两部分。

（1）预诊

预诊是指在变频器启动前对诊断系统本身及控制系统、电源等组成部分进行一次诊断清查隐患。一般是在主电路不通电控制系统通电情况下进行，若发现故障现象则调用知识库推理、判断故障原因并显示，不能开机，如无故障则显示可以开机。

（2）在线诊断

在线诊断是指开机以后运行中的实时检测诊断。工作时对各检测点进行循环查询，存储数据并不断刷新，若发现数据越限，则认为可能发生故障，立即定向追踪。若几次检测结果相同，说明确实出了故障，于是调用知识库进行分析推理，确定是何种故障及其部位，同时显示出来，严重时则发出停机指令。人机对话用于人机共同分析故障，发挥人的作用。由此可知新一代变频器不仅要运算高速度，还需要拥有大的存储器。

（3）接口

系统通过接口电路与外部传感器、专用计算机、系统控制机、可编程序控制器等联接，构成调速传动控制系统，实现各种方式的自动控制。

未来生产过程将采用更先进的高性能的自动控制，包括智能控制系统，如神经网络控制系统、模糊控制系统、专家控制系统等。变频器是调整传动系统的执行部分，系统控制机与变频器内部微机必然有配合有分工，其中许多控制将由内部微机分担。因此，内部微机必须组成许多 CPU 系统或多微机系统。

专用芯片 DSP 的出现，可以大大地提高运算速度，在新一代变频器中已经获得广泛应用。DSP 芯片一般采用的是 16 位或 32 位数字系统，因此精度高。16 位的数字系统可以达到 10^{-5}

的精度,加之其运算速度快,可以在较短的采样周期内完成各种复杂的控制算法,非常适合高性能交流电动机控制系统的应用。

另一种专用芯片 RISC 简化指令系统微处理器也得到广泛应用,如 T414,T800 等,适用于模块化控制功能的并行处理。

综上所述,微机对变频器起着十分重要的作用,可以说是变频器的神经枢纽。

项目小结

变频器控制电路是给主电路提供控制信号的回路。主要由控制核心 CPU、输入信号、输出信号和面板操作指示信号、存储器、LSI 电路等部分组成。

在评价控制电路及控制方式时,需要有相应的技术指标,这些指标主要由静态和动态指标组成。

变频器的控制方式有:U/f 控制、转差频率控制、矢量控制、直接转矩控制。控制电路已发展到以单片机、专用控制芯片为核心的数字电路。

U/f 控制是使变频器的输出在改变频率的同时也改变电压,通常是使 U/f 为常数,这样可以使电动机磁通保持一定,在较宽的调速范围内,电动机的转矩、效率、功率因数不下降。

转差频率控制就是检测出电动机的转速,构成速度闭环,速度调节器的输出为转差频率,通过控制转差频率来控制转矩和电流,使速度的静态误差变小。

矢量控制是通过控制变频器的输出电流、频率及相位,用以维持电动机内部的磁通为设定值,产生所需的转矩,是一种高性能的异步电动机控制方式。

直接转矩控制是利用空间电压矢量 PWM(SVPWM),通过对磁链、转矩的直接控制、确定逆变器的开关状态来实现的。不需复杂的数学模型及中间环节,就能对转矩进行有效的控制。

新型变频器基本上是以高性能的单片机和数字信号处理器(DSP)等为控制核心构成的。专用于变频器控制的单片机的出现,使系统的体积减小,功能及可靠性大大提高。

本项目介绍的变频调速控制方式有其各自的优点,可归纳为下表进行比较和小结。

控制方式比较

控制方式	U/f 控制	SF 控制方式	矢量控制		直接转矩控制
			(无 PG 控制)	(带 PG 控制)	
速度传感器	不要	要	无	不要	不要
调速范围	1:20	1:40	1:100	1:1 000	1:1 000
启动转矩	150% 额定转矩 (3 Hz 时)	150% 额定转矩 (3 Hz 时)	150% 额定转矩 (1 Hz 时)	150% 额定转矩 (0 Hz 时)	150% 额定转矩 (0 Hz 时)
调速精度	$-3\% \sim -2\%$ $+2\% \sim +3\%$	±0.03%	±0.02%	±0.01%	±0.01%
转矩限制	无	无	无	无	无
转矩控制	无	无	无	可以	可以

控制方式	U/f 控制	SF 控制方式	矢量控制		直接转矩控制
			（无 PG 控制）	（带 PG 控制）	
应用范围	通用设备单纯调速或多电动机驱动	稳态调速精度高,动态性能有限度提高	恶劣环境下的一般调速	伺服控制、高精度调速,转矩可控	重载、起重、电力牵引、大惯量、电梯等设备的拖动

思考练习

2.1　采用 U/f 控制的变频器在变频时为什么一定要变压?

2.2　什么是转矩提升?

2.3　说明恒 U/f 控制的原理。

2.4　电压补偿过分会出现什么情况?

2.5　为什么变频器要给出多条 U/f 控制曲线供用户选择?

2.6　选择 U/f 控制曲线常用的操作方法分哪几步?

2.7　转差频率控制与 U/f 控制相比,有什么优点?

2.8　矢量控制的理念是什么?经过哪几种变换?

2.9　矢量控制有什么优越性?使用矢量控制时有哪些具体要求?

2.10　直接转矩控制的特点是什么?

2.11　直接转矩控制能否直接对逆变器的开关状态进行控制?为什么?

2.12　单片机控制的变频器有什么突出优点?

2.13　微机智能保护系统有什么功能?

【项目三】 变频器的选型

【项目描述】

变频器的选型,包含两个方面:一是变频器控制方式的选择;二是变频器容量的确定。前者的依据是交流电动机以及由其拖动的机械负载特性。通过对变频调速前后,机械特性发生变化的分析,在满足机械负载特性的前提下,选择控制方式与之适应的变频器类型,才能充分发挥变频调速的作用。后者,则应根据电动机和机械负载的工作特点,以负载电流不超过变频器额定电流为原则,确定变频器容量。

本项目由3个任务组成,即电动机与拖动系统、变频器的分类及选择、变频器的容量选择。

【学习目标】

1. 了解交流电动机及机械负载的机械特性。

2. 掌握变频器的容量选择及参数计算。

【能力目标】

1. 熟悉常见机械负载的机械特性。

2. 根据不同的交流传动系统的特性,正确选择变频器。

任务 1 电动机与拖动系统

【活动情景】

变频调速主要作用于拖动系统中的交流电动机。因此,交流电动机的结构参数、所带负载的机械特性以及在拖动系统中的作用,对变频器的功能发挥有直接影响。交流电动机以及由其拖动的机械负载的机械特性,决定了变频器控制方式的选择。

【任务要求】

1. 掌握异步电动机的机械特性以及调速时的机械特性。

2. 掌握常见负载类型的特点和对应的机械特性。

3. 掌握电动机的制动方式。

4. 了解拖动系统的构成和传动结构的作用。

一、异步电动机的运转状态与控制

(一)异步电动机的调速

在变频调速系统中,执行调速控制的对象是交流电动机,交流电动机既可以是异步电动机,也可以是同步电动机,只是同步电动机在高压传动系统用得较多。总的来说,异步电动机在调速控制中仍占多数,因此,了解异步电动机的负载特性是选择变频器所必须具备的基础知识。

【注意】这里所讨论的异步电动机是鼠笼型。绕线式转子式电动机如要用于变频调速,必须将三相绕组短接起来。

对于笼型异步电动机,要调节转速,只能通过改变同步转速来实现,由式(1-1-1)可知,调节同步转速的方法有两种,即改变磁极对数和调节电流频率。

1. 改变磁极对数 P

定子磁场的磁极对数取决于定子绕组的结构。因此,要改变 p,必须将定子绕组绕制为可以换接成两种磁极对数的特殊形式。通常,一套绕组只能换接成两种磁极对数。如定子上安置两套可变磁极对数的绕组,则可得到 4 种转速。

这种方法的缺点是显而易见的,主要有:

①只能实现有级调速,且级数很少。如果电流频率 $f = 50$ Hz,则得到 4 种转速,即:

$P = 1, n_0 = 3\ 000$ r/min;

$P = 2, n_0 = 1\ 500$ r/min;

$P = 3, n_0 = 1\ 000$ r/min;

$P = 4, n_0 = 750$ r/min。

②由于定子绕组的设计必须照顾到两种磁极对数的情形,因此,不管工作在哪种情况下,都不可能得到最佳设计,故电动机的效率将降低。

2. 调节电流频率 f

这就是变频调速所要完成的任务。至今为止,变频调速所达到的指标,已经能和直流电动机的调速性能相媲美。其主要优点有:

①调速范围广。通用变频器的最低工作频率为 0.5 Hz,如额定频率 $f_N = 50$ Hz,则在额定转速以下,调速范围可达到 $a_n \approx 50/0.5 = 100$。a_n 实际是同步转速的调节范围,与实际转速的调节范围略有出入。

档次较高的变频器的最低工作频率可达 0.1 Hz,则额定转速以下的调速范围可达到 $a_n \approx 50/0.1 = 500$。

②调速平滑性好。在频率给定信号为模拟量时,其输出频率的分辨率大多为 0.05 Hz,以 4 极电动机($p = 2$)为例,则每两挡的转速差为

$$\varepsilon_n \approx \frac{60 \times 0.05}{2}\text{r/min} = 1.5 \text{ r/min}$$

如频率给定信号为数字量时,输出频率的分辨率可达 0.002 Hz,则每两挡间的转速差为

$$\varepsilon_n \approx \frac{60 \times 0.002}{2}\text{r/min} = 0.06 \text{ r/min}$$

③在工作特性方面,不管是静态特性,还是动态特性,都能做到与直流调速系统不相上下的程度。

④经济性方面,变频调速装置的价格明显高于直流调速装置。但在故障率方面,由于直流电动机本身的弱点,变频调速系统具有较大优势。这也是为什么变频调速技术发展十分迅速的根本原因。

（二）异步电动机的机械特性

1. 电磁转矩公式

由电动机学知，异步电动机的电磁转矩公式以 $M = f(s)$ 的方式表达为

$$M = \frac{\dfrac{3PU_1^2 r_2'}{s}}{2\pi f_1 \left[\left(r_1 + \dfrac{r_2'}{s} \right)^2 + (X_1 + X_2)^2 \right]} \tag{3-1-1}$$

式中　U_1——定子电压；

　　　P——极对数；

　　　X_1, X_2——定子和转子电抗；

　　　r_1', r_2'——定子和转子电阻；

　　　s——转差率，$s = f_1/f_2$；

　　　f_1, f_2——分别为定、转子频率。

2. 自然机械特性

根据式（3-1-1），可作出转矩-转差率曲线（M-s 曲线），如图 3-1-1 所示。但在电力拖动系统中，为便于和负载机械特性相比较，仍希望用 $n = f(M)$ 曲线来描述电动机中转矩与转速的关系。故将 M-s 曲线顺时针旋转 $p/2$ rad，就得到了异步电动机的自然机械特性曲线，如图 3-1-2 所示。

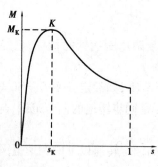

图 3-1-1　M-s 曲线

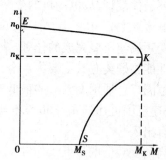

图 3-1-2　自然机械特性曲线

由图 3-1-2 可知，机械特性曲线的形状主要决定于以下 3 点：

（1）理想空载点（$M_M = 0, n_M = n_0$）

理想空载点 E 的位置主要反映了理想空载转速的大小。在异步电动机中，理想空载转速就是旋转磁场的转速（同步转速）。

这时，$\Delta n = 0$，$s = 0$。

（2）启动点（$M_M = M_S, n_M = 0$）

启动点 S 主要说明当电动机刚接通电源，尚未转动起来时的启动转矩 M_S 的大小。异步电动机的启动转矩由式（3-1-2）决定。

$$M_S = \frac{3PU_1^2 r_2'}{2\pi f \left[(r_1 + r_2')^2 + (x_1 + x_2)^2 \right]} \tag{3-1-2}$$

这时，$n_M = 0$，$\Delta n = n_0$，$s = 1$。

（3）临界点（$M_M = M_K, n_M = n_K$）

临界点 K 的位置对于评价机械特性来说，是十分重要的，具体说明如下。

n_K是临界转速,它的大小决定了K点的上下位置,主要反映了机械特性的硬度。

与n_K对应的转差率s_K,称为临界转差率,其大小由式(3-1-3)决定

$$S_K = \frac{r_2'}{\sqrt{r_1^2 + (x_1 + x_2')^2}}$$ (3-1-3)

M_K是临界转矩,也称为最大转矩,是异步电动机所能产生的最大转矩。其大小反映了电动机的过载能力。M_K的计算公式为

$$M_K = \frac{3PU_1^2}{4\pi f[r_1 + \sqrt{r_1^2 + (x_1 + x_2')^2}]}$$ (3-1-4)

(三)异步电动机的运转状态与控制

1. 启动

异步电动机在工频下直接启动,启动电流往往为额定电流的3~7倍,而启动力矩并不大。启动电流会使电网电压下降,影响其他电气设备的正常工作;而启动转矩小,常使带有较重负载的电动机启动困难甚至不能启动。

在变频调速系统中,采用低频启动可减小启动电流,增加启动力矩,从而加快启动过程。根据异步电动机的机械特性,在频率较高时(低于工频),电动机的启动转矩是随频率的降低而增大的,但当频率较低时,这个规律并不存在,即启动转矩随频率的降低而减小。为了缩短启动时间,应选择最佳的启动频率,以使启动时转矩为最大而电流尽可能为最小。

在式(3-1-1)中,若令定子频率$f_1 = a_F f_{1e}$,又因$U_1/f_1 = C$(C表示恒值)。则$U_1 = a_F U_{1e}$,U_{1e}为定子额定电压。

可得转矩公式另一形式

$$M_Q = \frac{3PU_{1e}^2 r_2' a_F s}{2\pi f_{1e}[(sr_1 + r_2')^2 + (a_F s)^2 X_e^2]}$$ (3-1-5)

其中,$X_e = X_{1e} + X_{2e}$为额定频率f_{1e}时定转子总漏抗。

$$a_F = \frac{r_1 + r_2}{X_e}$$

$$M_Q = \frac{\dfrac{3PU_{1e}^2 r_2'}{a_F}}{2\pi f_{1e}[(r_1 + r_2')^2 + a_F^2 X_e^2]}$$ (3-1-6)

令$s = 1$可得启动转矩公式为:

将上式对a_F求导并令其等于零,可得到最大启动转矩时的频率比

即 $$f_m = \frac{r_1 + r_2}{X_e} f_{1e}$$ (3-1-7)

f_m称为最佳启动频率,对一般电动机而言,此值为12.5~25 Hz,超过此范围,启动转矩都将小于最大值。启动后逐步加速到额定转速。实际上在闭环控制系统中,从启动到加速至额定或给定频率是自动实现的,如图3-1-3所示。这种系统属于恒最大转矩或恒磁通运行,能在很低的频率带负载启动和运行。

对不需要调速的轻、中载异步电动机可采用电子式软启动器,也能抑制冲击性大的启动电流顺利启动。

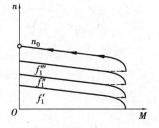

图3-1-3 电动机的启动

2. 升速和调速

电动机启动之后，要使电动机加速，就必须连续地提高频率，其过程如图 3-1-4 所示。例如从 n_1 升速到 n_3，即从 f_1 上升到 f_3，实际上是从工作点 1 沿箭头到 2 再到 3，达到新的稳定运行。

频率增加的速度要与电动机的实际转速相适应，如果频率改变太快，例如从 f_1 突增到 f_3，转速因惯性未跟上，工作点将从 1 移到 f_3 特性上 4 点，转矩将降低到 $M' < M_{fz}$（M_{fz} 负载转矩），电动机就会停止。

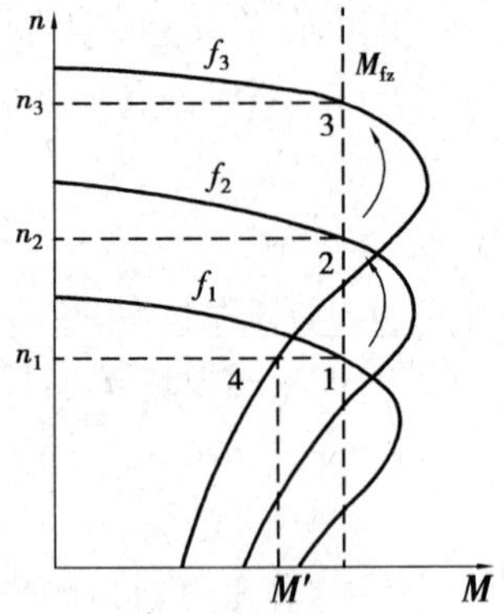

根据转矩平衡公式，设负载转矩 $M_{fz} = 0$，则加速转矩 M 为

$$M = \frac{GD^2}{375\Delta t}\Delta n \qquad (3\text{-}1\text{-}8)$$

图 3-1-4　电动机加速过程

式中　GD^2——电动机负载（折算到电动机轴）的总飞轮惯量，kg·m²；

　　　Δn——转速的增量，r/min；

　　　Δt——时间增量即升速所需时间，s。

在闭环系统中启动加速是自动实现的，在升速电流不超过允许值时可自动得到最短的升速时间。以上所述，在手动操作的开环系统中应予以注意。

实际上通常所用的加速方式有 3 种：

（1）限流加速

有转矩控制功能的变频器具有快速限制电流的功能，并能用最大转矩实现尽可能快的启动时间，实现限流加速。

（2）限时加速

没有转矩控制功能的变频系统，常用阶跃式转速设定，在系统内有斜坡积分环节，使加速随时间线性增加，以避免出现冲击电流，这时通常设有时间限制，以得到最短的加速时间，称为限时加速。

（3）S 形加速

为了使加速过程减缓，可采用抑制转矩变化率的方式，称为 S 形加速，可使启动初期和结束时的加速度有一个渐变过程，如电梯系统。

加速到额定或给定转速后，可根据需要，改变频率进行调速，在调速过程中，升速过程如图 3-1-4 所示。

3. 降速和制动

（1）降速

需要降速运行时，可将频率投到与转速相对应的频率实现自动降速，也可手动从原有频率下调到所需频率。

（2）制动

制动就是要求电动机迅速停止。电动机运行中，凡电磁转矩的方向和转子的实际旋转方向相反的状态，统称为制动状态。在多数场合，制动状态都应用于使电动机迅速停止运转；但也有的场合，如起重机在下放重物时，为了阻止重物的不断加速，电动机将在制动状态下运行。

变频调速电动机的制动和一般工频运转一样，可以采用反接制动、再生发电制动和能耗制动,还可以采取 DC 制动或称直流制动。

①反接制动。就是在正转切断电源后,改变相序重新接通电源,使反向转矩将电动机迅速停下来。反接的时间与电动机的惯量有关,其状态特征是:电动机的实际旋转方向与电磁转矩的旋转方向相反,简言之,n_M 与 M_M 方向相反。这种运行方式消耗一定能量,而且有冲击电流。

由于反转时电磁转矩和转速都是负的,故其机械特性在第三象限,如图 3-1-5 中曲线②所示。

设电动机正转时工作点为曲线①上的 Q 点(M_Q,n_Q),则在刚反接的瞬间,其工作点将从 Q 点跳转到曲线②的 B 点(在第二象限)。然后,转速迅速下降为 0,并开始反转。这里,从 B 点下降到 $n_M=0$ 的那一段(即第二象限中的那一段),电磁转矩 M_M 是负的,而转速 n_M 是正的。电动机处于反接制动状态。开始反转后又成为电动状态。这种反接制动状态在用作快速制动方法时,具有不易操作、比较危险等缺点,故变频调速系统中基本不用。

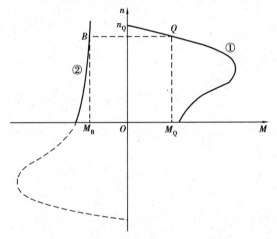

图 3-1-5　磁场反转的反接制动特性
①—原机械特性　②—反接制动时的机械特性

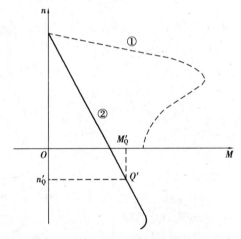

图 3-1-6　倒拉式反接制动特性
①—原机械特性　②—反接制动时的机械特性

②倒拉式反接制动。起重机在缓慢下放重物时,有时采用这样的方法:电动机的电磁转矩力图使重物上升,但因"带不动",结果转子的实际旋转方向被重物倒拉成反转了。其机械特性如图 3-1-6 中曲线②所示的向第四象限延伸的部分,这时的工作点为 Q' 点。电磁转矩 M_M 是正的,而转速 n'_Q 却是负的。

③再生制动。再生制动的原理是:当异步电动机的转子转速 n_M 超过同步转速 n_0 时,电动机便处于再生制动状态。其基本特征是:n_0 与 n_M 同方向,$n_0 < n_M$。

当 $n_M > n_0$ 时,转子绕组切割旋转磁场的磁力线的方向和电动机状态($n_M < n_0$)时正好相反。因此,转子绕组中的感应电动势和电流的方

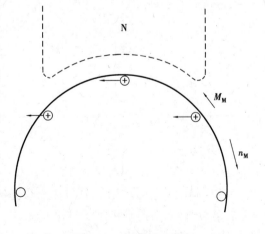

图 3-1-7　再生制动原理

向也都相反,所产生的电磁转矩的方向也就和旋转方向相反,如图 3-1-7 所示。

再生制动,主要用于电流型变频器。电流型变频器当电动机在某一固定频率下运行时(处于第一象限),为电动状态;如果将其电压与频率同时降低,由于电动机转速来不及变化,转差率就变为负值(实际转速大于给定转速),电动机从电动状态变为发电状态(运行于第二象限)。此时整流器的触发延迟角调到大于 90°,极性变负,使电流经过整流器构成通路,电动机所储存的动能变为电能,通过变频器回馈于电网,同时由于动能消耗,电动机也迅速停止,实现制动。电流型变频器的电动和发电状态转变如图 3-1-8 所示。

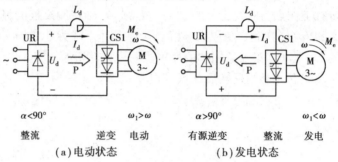

（a）电动状态　　　　　（b）发电状态

图 3-1-8　电流型逆变器再生制动

由于定子电流的相位要随转子电流而变,所以,这时的异步电动机实际上处于发电的状态,或者说,拖动系统的动能被"再生"成电能了。

降速过程与再生制动有关。图 3-1-9 可用于说明降速过程,如要从 f_1 降到 f_2,对应负载转矩的工作点 a 移到 f_2 特性曲线上的 c,再移到 b,继续正常运行,可见是由再生制动降速的。

如果变频器为电压型,由于大电容滤波器使直流电压稳定不变,整流器无法改变极性,电动机动能不能反馈回电网;如欲使电动机迅速停止,可在变频器滤波环节中接入电阻将此能量消耗掉,属于能耗制动。当然这种方式浪费能量。如欲进行再生制动,必须在整流侧再设置一台反向的可控整流器,这样可以改变极性,使电能返回电网,实现再生制动。新型变频器的整流器采用自关断器件及 PWM 技术,同时也具有再生回馈功能。

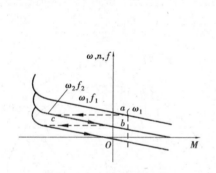

图 3-1-9　再生制动过程

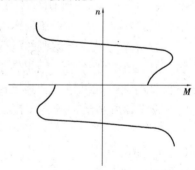

图 3-1-10　四象限运行

④DC 制动(直流制动)。是指在电动机要停止时,变频器输出频率为零,使逆变器几个开关器件连续导通,对电动机定子输出直流,产生静止的恒幅磁场。因惯性旋转着的转子切割此磁场产生转矩制动,电动机存储的动能变成电能消耗于电动机转子回路中。

DC 制动主要用于:快速停车的控制;制止启动前电动机由外因引起的不规则的自由旋转,如风机,由于风筒中的风压作用自由旋转,甚至可能反转,启动时可能产生过流故障。

4. 反转、四象限运行

变频调速系统要求反转时，首先将频率投低，使电动机工作于再生制动状态，把动能回馈给电网，待电动机转速降为零后，再改变相序反向启动，如此可避免冲击电流，又可节能。反转以后，运行于第三象限，如要正转，仍按上述程序先再生制动（进入第四象限），再正向启动，把正反转运转过程称为四象限运行，如图 3-1-10 所示。起重机、卷扬机、电梯、抽油机等升降机械设备要求在四象限运行。

二、变频调速电动机的机械特性

（一）恒 U/f 运行方式的机械特性

稳态运行时，转差率 s 值较小，可绘出 U/f 为恒值的机械特性，如图 3-1-11 所示。可以看出，在一定负载转矩下，改变定子频率 $f < 5 \sim 10$ Hz 时，转速降不变，因此不同 f 时的机械特性为一簇平行曲线，如图 3-1-11 中虚线所示。最大转矩随 f_1 减小而减小，甚至不能带负载。所以采用此种运行方式，应设定补偿曲线如图 3-1-12 所示，或在低频时，要采用升压措施，即在较高频率时 U 跟 f 线性变化，而在低频区域应将 U/f 的比值适当提高，参考数据是 15 Hz 时增加 10%，10 Hz 时增加 20%。当 f 大于额定值 f_e 时，定子电压不能再升高，即 $U = U_e$。否则铁芯将过热。

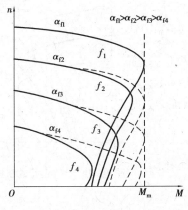

图 3-1-11　恒 U/f 运行的机械特性

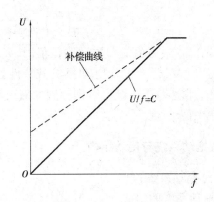

图 3-1-12　U/f 补偿曲线

电路设计保证 U/f 为恒值有 3 种方案：①直流侧用可控硅整流，使 U 随 f 变化，即所谓的 PAM；②不控整流在中间直流环节用斩波器调压；③不控整流用 PWM 调压调频，分别如图 3-1-13 所示。

（二）恒最大转矩 M_m 运行方式的机械特性

电动机传动运行时常需要最大转矩 M_m，例如启动、加减速、恒转矩负载等，常用恒 M_m 运行方式保证负载所需转矩。这种运行方式因可采用恒磁通来实现，故也称恒磁通运行。

从电动机学可得转矩表达式：

$$M = k_M \phi^2 \frac{2\pi f_2 r_2'}{r_2'^2 + (2\pi f_2 L_2' f_2)^2} \tag{3-1-9}$$

由式（3-1-9）可知，异步电动机变频调速运行时，当保持气隙磁通为常数，电动机转矩仅决定于转子的转差频率 f_2，若使 f_2 恒定，就可以得到 M 等于一恒值的恒转矩调速；当恒转矩运行时，若使 f_2 接近于临界转差率 s_K，则在整个调速范围转矩都为最大值 M_m，此时称为恒最大

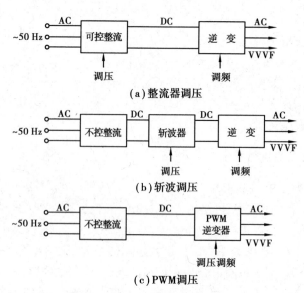

图 3-1-13　U/f 为恒值的方案

转矩运行。恒转矩可用闭环控制来保证。从电机学得知,最大转矩公式为

$$M_{\mathrm{m}} = \pm \frac{3p}{2\pi}\left(\frac{E_1}{f_1}\right)^2 \frac{1}{4\pi L_2} \qquad (3\text{-}1\text{-}10)$$

可见,E_1/f_1 为恒值即磁通为恒值时,M_{m} 为恒值,故也称恒 E/f 运行;恒 M_{m} 运行时的电动机机械特性如图 3-1-14 所示,这样,在整个调速范围内都可得到相同的最大转矩与过载能力,可用闭环控制来实现。

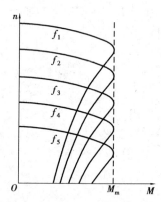

图 3-1-14　M_{m} 运行的机械特性

三、拖动系统与传动结构

(一)拖动系统

1. 拖动系统的组成

由电动机带动生产机械运行的系统称为拖动系统;一般由电动机、传动机构、生产机械、控制系统等部分组成,如图 3-1-15 所示。

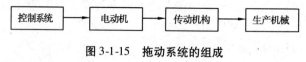

图 3-1-15　拖动系统的组成

(1)电动机及控制系统

电动机是拖动生产机械的原动力,控制系统主要包括控制电动机的启动、调速、制动等相关环节的设备和电路。

(2)传动机构

传动机构是用来将电动机的转矩传递给工作机械的装置。大多数传动机构都具有变速功能,常见的传动机构有皮带、齿轮变速箱、涡轮与涡杆、联轴器等。

(3)生产机械

生产机械是拖动系统服务的对象,对拖动系统工作情况的评价,将首先取决于生产机械的要求是否得到了充分满足。同样,设计一个拖动系统最原始的数据也是由生产机械提供的。

2. 系统飞轮力矩

旋转体的惯性常用转动惯量来度量,在工程上,一般用飞轮力矩 GD^2 来表示。拖动系统的飞轮力矩越大,系统启动、停止就越困难。可以看出,飞轮力矩是影响拖动系统动态过程的一个重要参数。适当减小飞轮力矩对拖动系统的运行是有利的。

(二)传动机构的作用及系统参数

1. 传动比

大多数的传动机构都具有变速的功能,如图 3-1-16 所示。

图 3-1-16　电动机与负载的连接

变速的多少由传动比来衡量,常用 λ 表示为

$$\lambda = \frac{n_{\max}}{n_{L\max}} \tag{3-1-11}$$

式中　$n_{\max}$——电动机的最高转速;

$n_{L\max}$——负载的最高转速。

$\lambda > 1$ 时,传动机构为减速机构;$\lambda < 1$ 时,传动机构为增速机构。

2. 拖动系统的参数折算

拖动系统的运行状态是对电动机和负载的机械特性进行比较而得到的。传动机构却将同一状态下的电动机和负载的转速值变得不一样了,使它们无法在同一个坐标系里进行比较。为了解决这个问题,需要将电动机的电磁转矩、负载转矩、飞轮力矩折算到同一根轴上,一般是折算到电动机的轴上。折算的原则是保证各轴所传递的机械功率不变和储存的动能相同。在图 3-1-16 中,如忽略传动机构的功率损耗,则传动机构输入侧和输出侧的机械功率应相等,根据电磁转矩的基本公式有

$$M = \frac{P_M}{\omega} = 9\,550\,\frac{P_M}{n} \tag{3-1-12}$$

式中　P_M——电动机轴上的总机械功率;

ω——机械角速度。

可知

$$\frac{M_M n_M}{9\,550} = \frac{M_L n_L}{9\,550}$$

从而可得

$$\frac{M_M}{M_L} = \frac{n_L}{n_M} = \frac{1}{\lambda}$$

若用 n_L',M_L' 来表示负载转矩、转矩折算到电动机轴上的值,在数值上应该与 n_M,M_M 相等,因此可以得到

$$n_L' = n_L \lambda \tag{3-1-13}$$

$$M_L' = \frac{M_L}{\lambda} \tag{3-1-14}$$

按照动能不变的原则,可以得到负载飞轮转矩折算值 $GD_L^{2'}$ 为

$$GD_L^{2'} = \frac{GD_L^2}{\lambda^2} \tag{3-1-15}$$

任务2 变频器的分类及选择

【活动情景】

按照不同的分类方法对变频器进行分类,可体现变频器在结构和控制方式等方面的特点;在深入了解电动机负载机械特性的基础上,可有的放矢地选择变频器类型。在拖动系统中,生产机械负载的机械特性,是变频调速必须要满足的前提条件。

【任务要求】

1. 了解变频器的种类。

2. 掌握恒转矩、恒功率、二次方转矩等机械负载特性。

3. 能够按照交流传动系统中,不同的机械负载特性,选择变频器类型。

一、变频器的分类

变频器的种类繁多,新的类型不断涌现,其分类方法也有多种。

（一）按电压的调制方式分类

1. 脉幅调制变频器

脉幅调制变频器(PAM),逆变电路变频,一般采用整流电路调压,通过调节输出脉冲的幅度来改变输出电压的大小。早期的变频器多采用这种方式,在中小容量变频器中,这种方式目前几近绝迹。

2. 脉宽调制变频器

脉宽调制变频器(PWM)是通过调节输出脉冲的宽度来改变输出电压。普遍应用的是占空比按正弦规律变化的脉宽调制(SPWM)方法,由逆变电路同时调频调压。目前的变频器多采用这种方式。

（二）按工作原理分类

1. U/f 控制的变频器

U/f 控制的基本特点是对变频器输出的电压和频率同时进行控制,通过使 U/f 值保持常数,而得到所需的转矩特性。采用 U/f 控制的变频器,控制电路结构简单,成本低,多用于对精度要求不高的通用变频器。

2. 转差频率控制变频器

转差频率控制方式是对 U/f 控制的一种改进,这种控制需要由安装在电动机上的速度传感器检测出电动机的转速,构成速度闭环,速度调节器的输出为转差频率,而变频器的输出频率则由电动机的实际转速与所需转差频率之和决定。与 U/f 控制方式相比,转差频率控制方式加减速特性和限制过电流的能力较提高。

3. 矢量控制变频器

矢量控制是一种高性能异步电动机控制方式,将异步电动机的定子电流分为产生磁场的电流分量(励磁电流)和与其垂直的产生转矩的电流分量(转矩电流),并分别加以控制。由于这种控制方式中必须同时控制异步电动机定子电流的幅值和相位,即定子电流矢量,因此这种控制方式被称为矢量控制方式。

4. 直接转矩控制变频器

直接转矩控制变频器(DTC)是交流传动中革命性的变频控制方式,利用空间矢量的分析方法,直接在定子坐标系下计算与控制电动机的转矩,采用定子磁场定向,借助于离散的两点式调节(Band-Band)产生 PWM 波信号,直接对逆变器的开关状态进行最佳控制,能在零速时产生满载转矩,无需在电动机的转轴上安装脉冲编码器来反馈转子的位置。

(三)按用途分类

1. 通用变频器

通用变频器具有通用性,可以配接多种特性不同的电动机,其频率调节范围宽,输出力矩大,动态性能好。因此,绝大多数变频器都可归于此类。

2. 风机、水泵用变频器

其主要特点是:过载力较低,具有闭环控制 PID 调节功能,并具有"1 控 X"的切换功能。

3. 高性能变频器

高性能变频器通常指具有矢量控制、并能进行四象限运行的变频器,主要用于对机械特性和动态响应要求较高的场合。

4. 具有电源再生功能的变频器

当变频器中直流母线上的再生电压过高时,能将直流电源逆变成三相交流电反馈给电网,这种变频器主要用于电动机长时间处于再生状态的场合,如起重机械的吊钩电动机等。

5. 其他专业变频器

如电梯专业变频器、纺织专业变频器、张力控制专业变频器、中频变频器等。

(四)按变换方式分类

1. 交-直-交变频器

交-直-交变频器是先将工频交流电源转换成直流电源,然后再将直流电源转换成频率和电压可调的交流电源。由于这种变频器的交-直-交转换过程容易控制,并且对电动机有很好的调速性能,因此大多数变频器采用交-直-交变换方式。

2. 交-交变频器

交-交变频器是将工频交流电源直接转换成另一种频率和电压可调的交流电源,由于这种变频器省去了中间环节,故转换效率较高,但其频率转换范围很窄(一般为额定频率的 1/2 以下),主要用在大容量低速调速控制系统中。

(五)按直流环节的储能方式分类

1. 电压型变频器

电压型变频器,是指在整流电路后端采用大电容作为滤波元件,在电容上可获得大小稳定的电压提供给逆变电路,这种变频器可在容量不超过额定值的情况下同时驱动多台电动机并联运行。

2.电流型变频器

电流型变频器,是指在整流电路后面采用大电感作为滤波元件,可以为逆变电路提供大小稳定的电流,这种变频器适用于频繁加减速的大容量电动机。

（六）按电压等级分类

1.低压变频器

低压变频器又称中小容量变频器。其电压等级在 1 kV 以下,单相为 220 ~ 380 V,三相为 220 ~ 460 V,容量为 0.2 ~ 500 kVA。

2.高中压变频器

高中压变频器其电压等级在 1 kV 以上,容量多在 500 kVA 以上。

二、变频器控制方式的选择

电力拖动系统的稳态工作状况取决于电动机和负载的机械特性。在选用变频器时,应结合负载的机械特性及工作过程,选择控制方式与之匹配的变频器。

（一）恒转矩负载

在工矿企业中广泛使用的搅拌机、桥式起重机、卷扬机、传送带、机床进给机构、龙门刨、印刷机等均属于恒转矩负载类型。

1.恒转矩负载及其特性

恒转矩负载的转矩,不管转速如何变化均保持转矩恒定,如起重机的重物,传送带上的产品,电梯上的人重（不加减人时）,在运行中转矩是不变的。这类负载,称为恒转矩负载,要求恒转矩传动。所谓恒转矩传动,即在不同的转速时转矩保持不变。它可以使电动机在转速变化的动态过程中,具有输出恒定转矩的能力,在加减速时缩短了过渡过程;在机械强度和温升等条件容许的范围内,使电动机有足够大的加速和制动转矩,并保持恒定最大转矩,恒转矩运行的机械特性如图 3-2-1 所示。

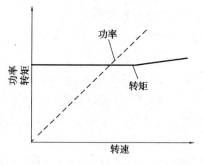

图 3-2-1　恒转矩负载特性

（1）转矩特点

在不同的转速下,负载的转矩基本恒定,$M =$ 常数,即负载转矩 M 的大小与转速 n 的高低无关。

（2）功率特点

负载的功率 $P(\text{kW})$、转矩 $M(\text{N·M})$ 与转速 $n\ (\text{r/min})$ 之间的关系是

$$P = \frac{Mn}{9\,550} \tag{3-2-1}$$

2.变频器控制方式的选择

在选择变频器时,需要考虑的因素有以下几个方面:

（1）调速范围

在调速范围不大,机械特性硬度要求不高的情况下,可考虑选择较为简单的只有 U/f 控制方式的变频器,或无反馈的矢量控制方式。当调速范围较大时,应考虑采用有反馈的矢量控制方式。

（2）负载转矩的变动范围

对于转矩变动范围不大的负载，首先考虑选择较为简单的只有 U/f 控制方式的变频器，对于转矩变动范围较大的负载，由于 U/f 控制方式不能同时满足重载与轻载时的要求，故不宜采用。应考虑采用无反馈的矢量控制方式。

（3）负载对机械特性的要求

如果负载对机械特性的要求不是很高，则可考虑选择较为简单的只有 U/f 控制方式的变频器，有较高要求时，则必须采用矢量控制方式。如果负载对动态响应性能要求很高，就应考虑采用有反馈的矢量控制方式。

对于恒转矩负载或有较高静态转速精度要求的机械，应采用具有转矩控制功能的高性能调速装置，保证其低速转矩大，静态机械特性硬度大，不怕负载冲击，具有挖土机特性。长期以来只有直流调速才能胜任。在交流调速技术成熟后，直流传动已基本被淘汰。现在无论交-交变频器、交-直-交变频器均能胜任，如三菱公司的 V500、艾默生公司的 TD300、美国 AB 公司的 PowerFlex700 系列、安川公司的 VS G7 系列、西门子公司的 6SE70 系列变频器均属于可选择的变频器。国外许多公司生产的矿山提升机专用变频器，采用了数字控制（如德国 Ensdorf 矿井提升机）的双交-交变频器供电系统，由高速可编程控制器执行数字控制，在大型提升机械上运用后，节能和保证工作过程的效果十分显著。

（二）恒功率负载

1. 恒功率负载及其特性

一些工作机械如车床、刨床、轧钢机、机床主动机构、卷取机等，其共同特点是高速时需要转矩小，低速和启动时需要转矩大，称为恒功率负载，需要恒功率调速运行。

负载为恒功率的工作机械 $P = Mn$，则输出转矩比例随转速 $M = k(U_1/f_1)^2 f_2$ 而改变，此时磁通随 f_1 而降低，即

$$M \approx k\left(\frac{U_1}{f_1}\right)^2 f_2 \tag{3-2-2}$$

对不变的定子电压 U_1 转差频率 f_2，转矩随 f_1 的平方而降低，当 f_2 按 f_1 线性变化时，转矩便反比于输入频率，也就是转矩按转速的倒数而变化，如图 3-2-2 所示，最高转速一般为 $2.5n_e$。

恒功率运行电动机电压不能超过额定值，否则会引起电动机过热；因此到达额定值后保持不变，电动机输出功率决定于电动机额定电压和输出的电流乘积，不随频率变化而变化，即恒功率特性，在基频以上运行。恒转矩运行时，参数变化情况如图 3-2-3 所示。

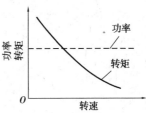

图 3-2-2 恒功率负载特性

2. 变频器控制方式的选择

对于中、高精度的卷取机，由于动态性能要求比较高，一般采用有矢量控制功能的变频器。

（三）二次方转矩负载

化工用的干燥机、冷冻机、吹塑机用的鼓风机，分离机用的风机；矿山、发电厂所用的鼓风机、排风机；自来水厂用的水泵、电厂用的循环水泵等机械负载都属于典型的二次方转矩负载（也称为降转矩负载或二次方律负载）。

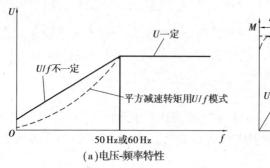

图 3-2-3　恒功率运行情况

1. 二次方转矩负载的特点

二次方转矩负载的特点是：在低速下负载转矩非常小，高速时转矩较大。

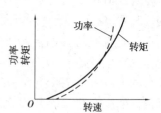

①转矩特点是：转矩与转速的平方成正比。

$$M = k_{\mathrm{m}}n^2 \qquad (3\text{-}2\text{-}3)$$

②功率特点是：功率与转速的立方成正比。

$$P = k_{\mathrm{p}}n^3 \qquad (3\text{-}2\text{-}4)$$

图 3-2-4　降转矩负载机械特性

③这类负载的机械特性如图 3-2-4 所示。

2. 变频器的选择

①大部分变频器厂家都提供了"风机、水泵专用变频器"，可供选用。

②用于风机、水泵的变频器过载能力都比较低，约为 120%，1 min（通用变频器为 150%，1 min）。因此在进行功能预置时必须注意，由于负载的转矩与转速的平方成正比关系，当工作频率高于额定频率时，负载的转矩有可能大大超过变频器的额定转矩，使电动机过载。一般其最高工作频率不超过额定频率。

③对备用水泵，可利用变频器配置的多台控制切换功能。

④可利用变频器配置的一些其他专用的控制功能，如"睡眠"与"唤醒"功能、PID 调节功能等。

（四）机床类设备

金属切削机床种类很多，除具有近似的机械特性外，在运动定位方面也有较高的要求。现以龙门刨床为例，分析它的运动、工作方式、机械特性和对变频调速的要求。

1. 工作方式与机械特性

与其他机床一样，龙门刨床的运动可分为主运动、进给运动及辅助运动。主运动是指工作台做连续重复往返运动，进给运动是指刀架的进给，辅助运动是指调整刀架。

其操作方式也与其他机床一样，龙门刨的工作又分为人工单步操作和自动循环操作两种。但刨床、铣床等，均要求刀架的起落动作与工作台的前后运动密切配合，协调动作。图 3-2-5 是龙门刨刨台的往复周期运行图。$0 \sim t_1$ 为工作台前进启动阶段，$t_1 \sim t_2$ 为刀具慢速切入阶段，$t_2 \sim t_3$ 为加速至稳定工作速度阶段，$t_3 \sim t_4$ 为稳定工作速度阶段，$t_4 \sim t_5$ 为减速退出工件阶段，$t_5 \sim t_6$ 为反接制动到后退启动阶段，$t_6 \sim t_7$ 为后退稳定速度阶段，$t_7 \sim t_8$ 为后退减速阶段，$t_8 \sim t_9$ 为后退反接制动阶段。

在龙门刨的工作过程中，工作台自动按照图 3-2-5 的规律运动，拖动工作台的电动机也应按此规律改变其速度及加减速时间。

刨台运动的机械负载特性如图 3-2-6 所示,当切削速度小于规定值时,龙门刨床允许的最大切削力相同,在调速过程中负载具有恒转矩负载;当切削速度大于该值时,由于受横梁与立柱等机械结构的强度限制,允许的最大切削力随着速度的增加而逐渐减小,因此,在调速过程中,负载具有恒功率特性,根据这些特点和特性设计调速系统。

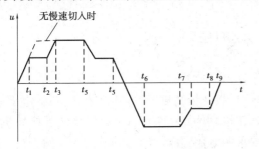

图 3-2-5　刨台的往复周期-速度图　　　图 3-2-6　刨台运动的机械负载特性

2. 变频控制系统结构

鉴于龙门刨床控制较复杂,一般采用可编程序控制器(PLC)配合变频器使用。变频器优良的调速性能可使龙门刨床电力拖动取得满意的效果。控制系统采用了再生制动,可以提供给系统快速的制动能力。采用磁通反馈矢量控制,可使变频器具有低速转矩大的能力,适应刨床低速工作。

(五)注塑机

塑料分热固性和热塑性两种,热塑性制品大都用注塑机制造。

1. 工艺分析

不论大、中、小型注塑机,它的工序过程是相同的,大致是 5 个工序,如图 3-2-7 所示。

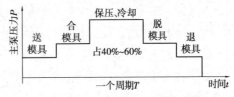

图 3-2-7　注塑机工作过程

①送模具,需低压力,时间较短。

②合模具,左右两个模具相接,直至完全闭合,需略高压力,时间不长。

③保压,送料至模腔,直到成形,固化完需较高压力,时间长,占整个工艺时间的 40% ~ 60%。

④脱模具,加工成形,开启模具,到脱模完,取出加工件,时间不长,压力较高。

⑤退模具,加工件取出,模具后退原位,进行辅助工作后,待再次加工,这时需低压力,时间较短。

对同一台注塑机,加工不同的塑料件,其压力 P 与时间 t 长短是各不相同的。它与加工件的形体复杂性、使用何种塑料、加工件的总料量、有否嵌件等有关,具体参数一般是由工艺技术人员给出,经试验加工后再行制定。

2. 变频器的选择

从图 3-2-7 注塑机的 $P = f(t)$ 工序过程中可知,工艺的主要内容是对时间和压力的控制,同时在不同时间段,它的主液压泵压力是变化的,而且起伏较大。采用 U/f 控制方式的变频器构成变频调速系统存在较大潜力的节能空间,对于动态特性要求较高的注塑机。应配置带反馈的矢量控制方式。

（六）轧钢系统

在钢铁生产过程中，轧钢系统占了重要的地位。轧钢系统中的主要工作机械为各类轧钢主机，属于恒功率负载，低速时要求转矩大，高速时转矩小，即轧制小件时用高速，轧制大件时用低速，功率保持恒定。同时主传动要求有很快的动态响应和相当高的过载能力。早期用直流电动机传动，20 世纪 70 年代开始逐步为交流同步电动机或异步电动机所取代。

1. 轧钢主机分类及运行要求

轧钢主机按运行方式分类有低速可逆、中高速可逆及中高速不可逆等类型。它们的运行特点和要求如下：

（1）低速可逆

低速可逆轧钢主机的轧机型式有开胚初轧机、板胚粗轧机、中厚板轧机，前两者用于带钢热连轧，中厚板轧机用于精轧，各种轧机的调速范围均为 0～120 r/min。其中板胚粗轧机、中厚板轧机及带钢热连轧 3 种轧机的传动系统要求调速范围大，能频繁起、制动作用，能正反转四象限运行且动态响应快。

（2）中高速可逆

常见的中高速可逆轧钢主机的轧机型式有单机架和森吉米尔轧机两种，调速范围为 0～1 800 r/min。这类轧钢主机对控制传动系统要求是正反转（四象限运行）、调速范围大、负载扰动动态响应快。

（3）中高速不可逆

中高速不可逆的轧机型式为带钢冷连轧机，转速范围为 0～1 000 r/min。控制要求调速范围广、控制精度高、负载扰动动态响应快。

2. 变频器选择及电气传动方案

目前轧钢主机的变频调速传动方案主要有 3 种：①采用晶闸管的交-交变频调速；②高压交-直-交变频器；③采用大功率可关断器件的交-直-交三电平 PWM 变频调速。

早期轧钢机基本上用交-交变频器，交-交变频器有网侧谐波污染和功率因数低的缺点，现已很少采用。采用晶闸管的交-直-交变频器也较少，因为需要换相回路，控制复杂，耗能较大，谐波大、功率因数低。因此交-直-交电压型全数字化矢量控制变频调速系统成为选择对象，特别是整流和逆变器的主回路均采用三电平结构，变频器的输出谐波小，动态性能高。由于整流器也采用了 PWM 控制，可将电网侧的功率因数提高到 1，对电网的谐波干扰也大大降低。因此，此种方案有取代其他变频器方案的趋势。

我国从 2001 年首次开始引进美国 GE 公司的三电平交-直-交电压型变频器，用于本溪钢铁厂 1 700 mm 热连轧改造项目中，主回路采用 IGBT 器件，主传动采用同步电动机矢量控制，输出电压分别为 3 300 V 和 6 600 V 两种。系统达到了很高的性能，并且带来占地面积小，维护工作量少，对电网无谐波污染，自动化程度提高的优点。

（七）交流传动电力机车

1. 交流机车牵引特性

随着大功率全控型电力开关器件（GTO,IGBT）的应用和微机控制技术的发展，交-直-交传动（简称交流传动）正在逐步取代交-直传动，这是机车牵引领域的重大技术进步。机车交流传动的标志是牵引电动机采用了交流异步电动机，而以 GTO,IGBT 等全控型电力电子器件组成的变流器成为交流传动的核心技术，并显示出其在交流传动中的卓越性能。机车交流传动采用的虽然不是通用变频器,但从主电路的整流器和逆变器构成来看,工作原理与交-直-变频器完全相同。

图 3-2-8 是机车牵引特性曲线,由图可知,由于机车在启动时需要较高的牵引力,所以机车工作在 A 区和 B 区。

（1）恒扭矩区（恒力矩区,A 区）

在恒扭矩区,为了保持电机电流 I 和转差频率 f_S 不变,可控制电机端子电压 U 和逆变器频率 f,保持了 U/f 不变,因此,输出扭矩即可保持恒定。当根据负载条件有必要改变扭矩,而保持 U/f 不变时,就得改变转差频率,以此来改变电机电流 I,从而获得所要求的扭矩。

（2）恒功率区（B 区）

这是在电机端子电压在不变扭矩区中达到最大水平以后,在较宽的范围内,获得大牵引力扭矩的区域。在电机端子电压 U 达到最大水平以后,由于电压 U 在最大水平上不变,随着速度的提高,U/f 与逆变器频率 f

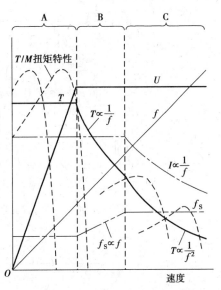

图 3-2-8　电力机车牵引特性曲线
A—恒扭矩区;B—恒功率区;C—特性区

成反比降低,结果造成磁通量 Φ 与频率 f 成反比降低,而且,电机电流 I 也降低,此时,为了尽可能小的降低扭矩,有必要进行控制,使电流 I 减少得小一些,也就是说,要增加转差频率。为了使降低了的磁通量 Φ 所造成的扭矩降低得小一些,转差频率要与逆变器频率成正比增加,使电动机电流被控制在不变的水平上。

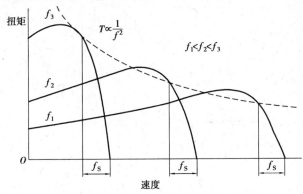

图 3-2-9　速度-扭矩特性（当只有频率变化时）

在恒功率内,由于电机端子电压 U 不变,转差频率 f_S 与逆变器频率 f 成正比增加,所以电机电流 I 不变,从而防止了牵引力扭矩的增加。在这种情况下,扭矩与逆变器频率 f 成反比降低。

（3）特性区（C 区）

在特性区内,由于转差频率使用范围有一个限制,电机端子电压处在可控最大位,补偿由于增加逆变器频率而导致磁通量 Φ 降低的转差频率无法再增加,U 和 f 不变。因此,扭矩与速度的平方成反比降

低。特性曲线就变得如同图 3-2-9 所示。

2. 变流器控制方式的选择

（1）转差频率控制的交流传动系统

机车牵引的交流传动系统中,由于要满足恒磁通控制的要求,一些机车和动车组上采用了电压型逆变器供电,并具有电流反馈和转差闭环的双闭环控制系统,如图 3-2-10 所示。

（2）三点式逆变器

三点式逆变器属于电压型逆变的一种,其独特之处是,一相交流输出端电压相对于直流输入电压有 3 种可能的取值,即除了将直流电压回路的正极或负极送到电动机外,还可以把

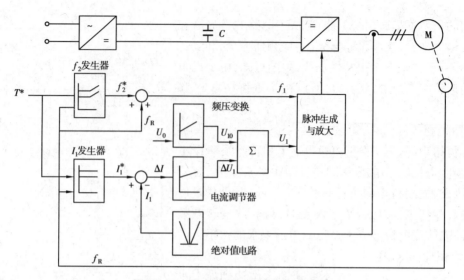

图 3-2-10　具有双闭环的电压型逆变器

中间直流电压回路的中点电位送至电动机端。三点式逆变器的输出电压波形更接近于正弦波。当采用脉宽调制时,其最高脉冲频率可以降低,可以减少电路状态转换时引起的电流波动,降低损耗、提高系统效率和减小力矩脉动。

（3）矢量控制的交流传动系统

为了弥补转差频率控制方式动态性能不够理想的缺陷,矢量控制的交流传动系统在铁路干线机车（如西班牙的 S252 机车、德国的 ICE 动车）上得到应用,如图 3-2-11 所示。

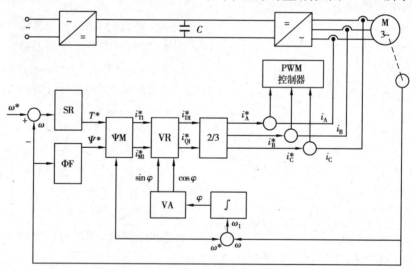

图 3-2-11　矢量控制的交流传动系统

（4）直接转矩控制的交流传动系统

目前直接转矩控制已成功应用于奥地利的 1822 型和瑞士的 460 型电力机车上。国产 DF_{sbj},DF_{8cj} 型交流传动内燃机车也采用了直接转矩控制方式。图 3-2-12 为应用于交流牵引中的直接转矩控制系统。

随着磁场定向矢量控制和直接转矩控制等高性能异步电动机控制策略的应用,交流传动机车的调速性能已经超过直流传动机车。

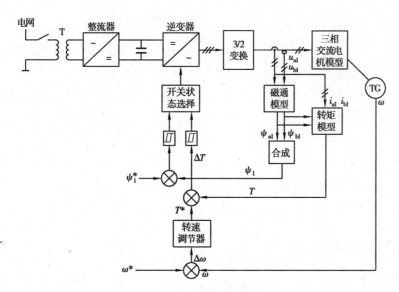

图 3-2-12　直接转矩控制交-直-交变频调速系统在电力牵引中的应用

(八)家用电器

变频调速不仅用于工农业科研等部门,而且已进入寻常百姓家,不少家用电器也采用了变频调速,最常见的是空调设备。变频空调的关键部分是变频压缩机,改变压缩机的转速即可调节室温。当室温高出整定值时,加大风速,使室温降下来,由于采用了变频技术,速度改变平滑,节电效果明显。对家用电器所用变频器的要求是:尺寸要小,使家用电器体积尽可能小,减小所占空间;价格要低,降低成本;质量要好,可靠性高,使用寿命长等。

变频空调所用的变频器,现已模块化生产。例如,日本三菱开发的 DIP-CIB 系列小型通用变频器。这种集整流、逆变和制动功能于一体的双列直插式封装-整流逆变制动模块,广泛用于小功率电动机(功率为 5.5 kW 以下)的驱动,尤其适用于变频空调、变频洗衣机等家用电器。此系列产品,包括整流、逆变和制动 3 个部分,还有开关器件的驱动电路、保护电路(IC集成电路)。外形和一般电子插件一样,26 个管脚,尺寸:79 mm × 44 mm × 5.7 mm,使用方便。目前主推有 3 个型号 CP10TD1-24,CP15TD1-24 及 CP25TD1-24。外形如图 3-2-13 所示。

图 3-2-13　DIP-CIB 系列小型通用变频器模块

DIP-CIB 系列小型通用变频器。以 PWM 控制转速和转矩,采用外接热敏电阻检测电动机温度,给变频器内部保护电路提供信号。外接电阻器用来消耗电动机再生能量,达到快速制动的目的。图 3-2-14 为 DIP-CIB 系列小型通用变频器模块的电路图。

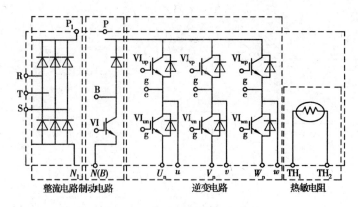

图 3-2-14　DIP-CIB 模块电路图

三、变频器品牌及型号介绍

(一)变频器型号及含义

每个变频器生产厂家都有各自的通用变频器产品型号。产品型号标明变频器的系列、标识码、主要参数和生产序号等内容,它包含了变频器产品铭牌的基本数据。

例如,富士变频器,型号的意义如下:

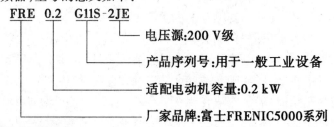

LG 变频器,型号的意义如下:

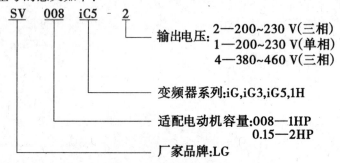

(二)常用变频器型号举例

现将常用变频器型号及含义介绍如下,以供选型时参考。

1. 三菱变频器

三菱变频器由三菱电动机株式会社生产,世界市场的占有率比较高。该品牌变频器进入中国市场已有 20 多年历史,主要有以下系列:

(1)矢量重负载型:FR-A740 系列

①功率范围:0.4 ~ 500 kW。

②闭环时可进行高精度的转矩/速度/位置控制。

③无传感器矢量控制,可实现转矩/速度控制。

④内置 PLC 功能(特殊型号)。

⑤使用长寿命元器件,内置 EMC 滤波器。

⑥网络通信功能,支持 DeviceNet,Profibus-DP,Modbus 等协议。

(2)风机水泵型:FR-F740 系列

①功率范围:0.75~630 kW。

②简易磁通矢量控制方式,实现 3 Hz 时输出转矩达 120%。

③采用最佳励磁控制方式,实现节能运行。

④内置 PID,变频器/工频切换和可实现多泵循环运行功能。

⑤内置独立的 RS485 通信接口。

⑥使用长寿命元器件。

⑦内置噪声滤波器(75 kW 以上)。

⑧带有节能监控功能。

(3)经济通用型:FR-E740 系列

①功率范围:0.1~15 kW。

②磁通矢量控制,0.5 Hz 时 200% 转矩输出。

③扩充 PID,柔性 PWM。

④内置 Modbus-RTU 协议。

⑤可加选多种制式的通信接口电路。

(4)简易型:FR-D740 系列

①功率范围:0.4~7.5 kW。

②通用磁通矢量控制,1 Hz 时 150% 转矩输出。

③采用长寿命元器件。

④内置 Modbus-RTU 协议。

⑤内置制动晶体管。

⑥扩充 PID,三角波功能。

⑦带安全停止功能。

(5)型号举例

型号:FR-A540-7.5K-CHT

FR——三菱变频器。

A540——系列号。

7.5 K——功率:7.5 kW。

CHT——在中国销售。

2.日本松下变频器

松下变频调速器,由松下集团研发、生产、销售。

(1)VF0 系列

① 体积小,操作简单,采用了调频电位器,使调频操作简单轻松。

② 可直接接收 PLC 的 PWM 信号并可控制电动机频率,无需模拟 I/O 单元。

③ 8 段速控制制动功能;根据外部 SW 调整频率增减和记忆功能;再生制动功能的充实。

④ 400 V 系列型:内置制动电路;200 V 系列型:内置 0.4~1.5 kW 电阻。

（2）VF-8Z 系列

具有工作稳定、性能卓越、低噪声设计等特点。

①安全性：具有事故预防系统、编进密码、电子热过载保护。

②可操作性：在操作面板上可编制数字参数，操作十分简单。

③监控特性和节省空间的设计：独特的 PWM 控制，可以获得优良的低速转矩和控制；可预设 15 kHz 的载波频率，超低噪声运行。

④设备功能：宽广的频率选择范围和跨越特性；完善的加/减速功能；最大输出电压设定；点动运行；低频运行平稳；具有过载保护功能、瞬时断电再启动性能。

⑤系统特征：运行状态反馈；加/减速与多速运行联动；多种速度控制方式；直流制动范围和时间调整；主从（比例）运行。

（3）VF0C 系列

①通信功能：可与 PLC、计算机通信，完成运行、频率控制、监控、参数的设定等；利用 RS485 通信还可以进行多台控制（最多 31 台）。

②PID 功能：无需温度调节器等外部调节器，即可简单地控制运转温度、压力、流量等；利用自动调谐功能，还可自动调整设定值。

③其他追加功能：多功能端子；监控功能；输出信号。

④远程操作：连接远程操作单元（选件），可将操作单元安装在盘面等处进行远程操作。

⑤复制、校对功能：可统一读取、统一写入变频器主机的设定数据。统一读取：可同时全部读取变频器主机的设定数据，保存到操作单元的内部存储器中；统一写入：可将操作单元内部存储器上的内容全部写入变频器主机。

⑥校对功能：可比较变频器主机中的设定数据和远程操作单元内部存储器中的设定数据。

（4）VF100

①力矩特性：具有简单矢量控制功能；具有 Auto-tuning 功能。

②操作特性：拆卸式的操作面板；有复制参数功能的操作面板。

③网络通信：配备 RS-485 通信接口。

④保护功能扩充：输出短路保护（负载短路、接地短路）；具有高速电流限制功能（OC 跳闸减少）。

⑤使用性提高：装配紧密；端子接线的施工性提高；散热风扇可用 ON/OFF 控制；简易模式运转；可通过多段速功能加定时功能（或计数功能）运转。

（5）型号举例

型号：DV 707H 7500 B C

DV——松下电器变频器；

707H——系列号（还有 700T 系列）；

7500——适应交流电动机功率 7.5 kW；

B——有再生电阻、有操作面板、无远程控制接口；

C——适用于中国规格。

3. 西门子变频器

西门子股份公司（SIEMENS AG FWB：SIE，NYSE：SI）是世界最大的机电类公司之一，国际总部位于德国慕尼黑。

（1）变频器的主要型号

矢量型 MicroMaster 440

节能型 MicroMaster 430

基本型 MicroMaster 420

紧凑型 MicroMaster 410

工程型 6SE70

（2）型号举例说明

MicroMaster440 为通用矢量型变频器，是适用于三相电动机速度控制和转矩控制的变频器系列。采用高性能的矢量控制技术，提供低速高转矩输出和良好的动态特性，同时具备超强的过载能力，以满足广泛的应用场合。

1）主要特征

①电源。200～240 V ±10%，单相/三相，交流，0.12～45 kW；380～480 V ±10%，三相，交流，0.37～250 kW。

②控制方式。矢量控制方式，可构成闭环矢量控制，闭环转矩控制；高过载能力，内置制动单元；三组参数切换功能。具有线性 U/f 控制，平方 U/f 控制，可编程多点设定 U/f 控制，磁通电流控制，免测速矢量控制，闭环矢量控制，闭环转矩控制，节能控制模式。

③输入输出。数字量输入6个，模拟量输入2个，模拟量输出2个，继电器输出3个；独立 I/O 端子板。采用 BiCo 技术，实现 I/O 端口自由连接。

④其他。内置 PID 控制器，参数自整定；集成 RS485 通信接口，可选 PROFIBUS-D/Device-Net 通信模块；具有 15 个固定频率，4 个跳转频率，可编程；可实现主/从控制及力矩控制方式；在电源消失或故障时具有"自动再启动"功能；灵活的斜坡函数发生器，带有起始段和结束段的平滑特性；快速电流限制（FCL），防止运行中不应有的跳闸；有直流制动和复合制动方式提高制动性能。

2）保护功能

①过载能力为 200% 额定负载电流，持续时间 3 s 和 150% 额定负载电流，持续时间 60 s。

②过电压、欠电压保护。

③变频器、电动机过热保护。

④接地故障保护，短路保护。

⑤闭锁电动机保护，防止失速保护。

⑥采用 PIN 编号实现参数连锁。

4. ABB 变频器

ABB 集团，由两个国际性企业（瑞典的阿西亚公司 ASEA 和瑞士的布朗勃法瑞公司 BBC Brown Boveri）于 1988 年合并而成。ABB 集团是电力和自动化技术领域的著名厂商，位列全球 500 强企业。

（1）变频器常用型号系列

DCS500，ACS50，DCS800，ACSM1，ACS150，DCS400，ACS 1000，ACS800，ACS550，ACS355 等。

（2）型号举例

ACS 800-01-0060-3 + P901。

ACS 800-01：通用型中最常使用的一个系列。

0060：kW 数，无过载应用为 55 kW。

3：输入电压，三相 AC 380~415 V。

P901：CDP312R 控制盘。

5. 丹佛斯变频器

丹佛斯变频器由丹麦丹佛斯集团生产，迄今已有 40 余年的历史。

（1）品牌简介

丹佛斯变频器产品从 0.18 kW~1.2 MW，基本涵盖了低压变频器系列。其中 VLT & Reg，成为全球变频器知名品牌。

（2）型号举例

VLT 2803 P　S2　B20　ST　RO　DB　F00

VLT——品牌：丹佛斯变频器；

2803——功率：0.37 kW；

P——工业应用；

S2——电压等级：S2：1/3×200~240 V；T2：3×200~240 V；T4：3×380~480 V。

B20——外形与密封等级；

ST——标准配置无制动（SB：标准型内置制动）；

R0——无滤波器（R1：带内置 1 A 滤波器）；

DB——带内置单元；

F00——无现场总线（F10：带 PROFIBUS DP）。

6. 台达变频器

台达集团旗下的变频器主要有：通用矢量变频器、风机水泵专用变频器、通用经济型变频器、高性能磁束向量控制变频器。

（1）常用的变频器系列

CP2000-HVAC——专用型；

VFD-M 系列——低噪声迷你系列；

VFD-S 系列——多功能简易型；

VFD-A 系列——低噪声泛用型；

VFD-B 系列——无感测向量控制型；

VFD-F 系列——风机水泵专用型；

VFD-E 系列——内置小型 PLC，高功能/弹性扩展型；

VFD-EL 系列——迷你型，无内置刹车电阻；

VFD-C2000——磁场导向矢量控制，内置 PLC；

VFD-VJ 系列——油电伺服驱动变频器（注塑机专用）；

VFD-VL 系列——电梯专用变频器；

VFD-VE 系列——高性能磁束向量变频器（张力控制）；

VFD-B-P 系列——高性能平板型，穿墙封闭安装，适合高粉尘环境。

（2）型号举例

VFD　022 S 23 A

VFD——台达交流电动机变频器系列；

022 ——适应交流电动机功率2.2 kW（004：0.4 kW）；

S ——简易操作型（P：风机泵类专用）；

23——输入电压：三相230 V（11：单相，115 V；21：单相，230 V；43：三相，460 V）；

A——标准版本（A：标准版；H：高速型）。

7. 森兰变频器

由大陆希望集团旗下的希望森兰科技股份有限公司自主研发、生产、销售的品牌变频器，属于较优秀的国产变频器品牌之一。

（1）主要变频器产品

SB70，SB60/61，SB60 ＋/61 ＋，SB50，SB40，SB12，SB61Z，SB61Z ＋，SB100，SB200 等系列变频器，推出了国内首台专业级工程型变频器SB80。

SB80 系列：工程型矢量控制变频器，三相输入 400 V 级，功率范围：1.5 ~ 110 kW；

SB100 系列：精巧、实用型通用变频器，功率范围：0.4 ~ 22 kW。

（2）型号举例

SB100，高性能空间优化矢量变压变频算法，效率高、噪声和电磁干扰小。

①重载应用150%/1 min；一般应用110%/1 min，充分发挥变频器的输出能力；

②全系列内置制动单元，全系列共直流母线设计；

③双极性带修正功能的高性能 PID，方便用于闭环控制；

④跟踪启动功能，离心机、脱水机等负载可以随时启动；

⑤广泛应用于纺织、印染、洗涤、线缆、包装、机械、陶瓷或各种 OE。

任务3　变频器容量选择及计算

【活动情景】

在选用变频器时，除了要求所选用的变频器的控制方式适合负载特性外，还要求变频器的容量与负载功率相匹配。变频器容量的确定与电动机功率、机械负载、启动方式等因素有关，但基本原则是：负载电流不得超过变频器额定电流。

【任务要求】

掌握变频器容量的选择和计算方法。

一、变频器的额定值

变频器的额定值主要有输入侧额定值和输出侧额定值。

（一）输入侧额定值

变频器的输入侧额定值包括输入电源的相数、电压和频率。中小容量变频器的输入额定值主要有：三相/380 V/50 Hz、单相/220 V/50 Hz 和三相/220 V/50 Hz。

（二）输出侧额定值

变频器的输出侧额定值主要有额定输出电压、额定输出电流和额定输出容量。

1. 额定输出电压 U_{CN}

变频器在工作时除了改变输出频率外，还同时改变了输出电压。变频器额定输出电压 U_{CN}，是指其最大的输出交流电压有效值，即变频器输出频率等于电动机额定频率时的输出电压的有效值，V。

2. 额定输出电流 I_{CN}

变频器额定输出电流 I_{CN}，是指变频器长时间使用允许输出的最大交流电流有效值，A。主要反映变频器内部电力电子器件的过载能力。

3. 额定输出容量 S_{CN}

变频器额定输出容量 S_{CN}，是指变频器的三相视在输出功率，kVA，一般用式（3-3-1）计算：

$$S_{CN} = \sqrt{3}\, U_{CN} I_{CN} \tag{3-3-1}$$

【注意】

①大多数变频器容量可从额定电流、电动机功率和额定容量3个角度表述。选择变频器时，只有变频器的额定电流是一个反映半导体变频装置内电力电子器件负载能力的关键量，负载电流不超过变频器额定电流是选择变频器的基本原则，必须保持在无故障状态下，负载总电流均不超过变频器的额定电流。

②变频器供给电动机的是脉动电流，电动机在额定运行状态下，用变频器供电与用工频电网供电相比，前者的电流要大一些，因此，在选择变频器电流或功率时，要比电动机电流或功率大一个等级，一般为

$$P_{CN} \geqslant 1.1 P_M \tag{3-3-2}$$

式中　　P_{CN}——变频器额定功率，kW；

　　　　P_M——电动机额定功率，kW。

二、变频器容量计算

在选用变频器时，先确定机械负载的特点及驱动电动机的额定功率，再根据电动机的额定电流（或电动机运行中的最大电流）来选择变频器容量。

【注意】

2，4极的标准电动机，可用其额定功率作为选配变频器容量的标准，表示在额定输出电流以内可以驱动的电动机功率。但是6极以上的电动机和变极电动机等一些特殊电动机的额定电流比标准电动机大，不能根据电动机的功率来选择变频器的容量，应按运用过程中可能出现的最大过电流来选择。

（一）连续运转条件下的变频器容量计算

由于变频器供给电动机的是脉动电流，其脉动值比工频供电值大，在选用变频器容量时，应留有适当的余量，应同时满足以下3个条件：

$$S_{CN} \geqslant \frac{K P_M}{\eta \cos \phi} \tag{3-3-3}$$

$$I_{CN} \geqslant K I_M \tag{3-3-4}$$

$$S_{CN} \geqslant K \sqrt{3}\, U_M I_M \times 10^{-3} \tag{3-3-5}$$

式中 P_M——电动机的功率,kW;

　　η——效率(取0.85);

　　$\cos\phi$——功率因数(取0.75);

　　U_M——电动机的额定电压,V;

　　I_M——电动机额定电流,A;

　　K——电流波形修正系数(PWM方式取1.05~1.1);

　　S_{CN}——变频器额定容量,kVA;

　　I_{CN}——变频器额定电流,A。

其中,I_M如果取电动机实际运行中的最大电流,变频器容量可适当减小。

(二)加减速条件下的变频器容量计算

1.短时加减速

变频器的最大输出转矩由最大输出电流决定。通常对于短时加减速,变频器允许达到额定输出电流的130%~150%(依变频器容量而定),因此,在短时加减速时的输出转矩可以增大。反之,如只需要较小的加减速转矩时,可降低变频器的容量。由于电流脉动的原因,此时应将变频器的最大输出电流降低10%以后再进行选定。但对于通用变频器,即使实际负载小,如果选择的变频器容量比按电动机额定功率选择的变频器容量小,其效果并不理想。

2.频繁加减速

如果是图3-3-1所示的频繁加减速运行曲线,可根据加减速、恒速等各种运行状态下的电流值,按式(3-3-6)进行选定:

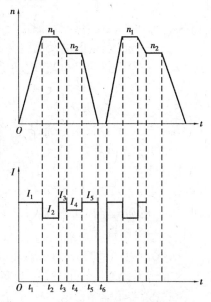

图3-3-1　频繁加减速的电动机运行曲线

$$I_{CN} = \frac{I_1 t_1 + I_2 t_2 + \cdots + I_n t_n}{t_1 + t_2 + \cdots + t_n} K_0 \qquad (3\text{-}3\text{-}6)$$

式中 I_{CN}——变频器额定电流,A;

　　$I_1, I_2, \cdots, I_n$——电动机各运行状态平均电流,A;

　　$t_1, t_2, \cdots, t_n$——电动机各运行状态下的时间,s;

　　K_0——安全系数(加减速频繁时取1.2,其他条件下取1.1)。

(三)驱动多台并联运行电动机条件下的变频器容量计算

当用一台变频器驱动多台电动机并联运行时,应根据下列不同情况,确定电动机电流或计算变频器容量:

①在电动机总功率相等的情况下,多台小功率电动机组比台数少但电动机功率较大组电动机效率低,两者电流总值并不相等。因此可根据各电动机的电流总值来选择变频器。

②有多台电动机依次进行直接启动,到最后一台电动机启动时,其启动条件最不利。

③在确定软启动、软停止时,一定要按启动最慢的那台电动机进行确定。

④如有一部分电动机直接启动时,以短时过载能力为150%/60 s为例,可按下式进行计算:

a. 电动机加速时间在 60 s 以内

$$S_{CN} \geqslant \frac{2}{3} S_{CN1} \Big[1 + \frac{n_S}{n_T} (K_S - 1) \Big] \tag{3-3-7}$$

$$I_{CN} \geqslant \frac{2}{3} n_T I_M \Big[1 + \frac{n_S}{n_T} (K_S - 1) \Big] \tag{3-3-8}$$

b. 电动机加速时间在 60 s 以上

$$S_{CN} \geqslant S_{CN1} \Big[1 + \frac{n_S}{n_T} (K_S - 1) \Big] \tag{3-3-9}$$

$$I_{CN} \geqslant n_T I_M \Big[1 + \frac{n_S}{n_T} (K_S - 1) \Big] \tag{3-3-10}$$

式中　n_T——并联电动机的台数；

　　　n_S——同时启动的电动机的台数；

　　　K_S——电动机启动电流/电动机额定电流；

　　　I_M——电动机额定电流，A；

　　　S_{CN}——变频器容量，kVA；

　　　I_{CN}——变频器额定电流，A；

　　　S_{CN1}——连续容量，kVA。

S_{CN1} 按下式计算：

$$S_{CN1} = KP_M / \eta \cos \phi$$

式中　P_M—电动机输出功率，kW；

　　　η——电动机效率；

　　　$\cos \phi$—电动机的功率因数（取 0.75）；

　　　K——电流波形修正系数（PWM 方式取 1.05 ~ 1.10）。

⑤在变频器驱动多台电动机时，若其中可能有一台电动机随时挂接到变频器或随时退出运行，变频器的额定输出电流可按下式计算：

$$I_{CN} \geqslant K \sum_{i+1}^{J} I_{MN} + 0.9 I_{MQ} \tag{3-3-11}$$

式中　I_{CN}——变频器的额定电流，A；

　　　I_{MN}——电动机额定输入电流，A；

　　　I_{MQ}——最大一台电动机的启动电流，A；

　　　K——电流波形修正系数（PWM 方式取 1.05 ~ 1.10）；

　　　J——余下的电动机台数。

（四）在电动机直接启动条件下变频器容量计算

一般情况下，三相异步电动机直接用工频启动时，启动电流为额定电流的 5 ~ 7 倍。对于电动机功率小于 10 kW 的电动机直接启动时，可按下式计算变频器容量

$$I_{CN} \geqslant \frac{I_K}{K_g} \tag{3-3-12}$$

式中　I_K——额定电压、额定频率下电动机启动时的堵转电流，A；

　　　K_g——变频器的允许过载倍数，$K_g = 1.3 ~ 1.5$。

在运行中，若电动机电流变化不规则，不易获得运行特性曲线，这时可将电动机在输出最

大转矩时的电流作为变频器的额定输出电流进行选定。

（五）在大惯性负载启动条件下的变频器容量计算

变频器过载容量通常为 125%/60 s 或 150%/60 s，如果超过此值，按下面式子计算变频器的容量：

$$S_{CN} \geq \frac{Kn_M}{9\,550\eta\cos\phi}\Big[T_L + \frac{GD^2}{375}\times\frac{n_M}{t_A}\Big] \tag{3-3-13}$$

式中　GD^2——换算到电动机轴上的转动惯量值，$N\cdot m^2$；

T_L——负载转矩，$N\cdot m$；

n_M——电动机额定转速，r/min；

K——电流波形修正系数（PWM 方式取 1.05～1.10）；

S_{CN}——变频器额定容量，kVA。

（六）轻载条件下的变频器容量计算

如果电动机的实际负载比电动机的额定输出功率小，变频器容量一般可选择与实际负载相称。对于通用变频器，应按电动机额定功率选择变频器容量。

（七）变频器容量选择的其他注意事项

1. 选型原则

在选型前，根据机械对转速和转矩的要求，确定机械要求的最大输入功率。

$$P = \frac{n\,M_{max}}{9\,950} \tag{3-3-14}$$

式中　P——机械要求的输入功率，kW；

n——机械转速，r/min；

M_{max}——机械的最大转矩，$N\cdot m$。

然后根据电动机的极数和额定功率计算变频器的容量。电动机的极数决定了同步转速，要求电动机的同步转速应尽可能地覆盖整个调速范围，使连续负载容量高一些。为了充分利用设备潜能，避免浪费，可允许电动机短时超出同步速度，但必须小于电动机允许的最大速度。转矩取设备在启动、连续运行、过载或最高速等状态下的最大转矩。最后，根据变频器输出功率和额定电流稍大于电动机的功率和额定电流确定变频器的参数与型号。

应注意的是，变频器的额定容量及参数是针对一定的海拔高度和环境温度而标出的，一般指海拔 1 000 m 以下，温度在 40 ℃或 25 ℃以下。若使用环境超出该规定，在根据变频器参数确定型号前要考虑由此造成的降容因素。

2. 启动转矩和低速区转矩

电动机使用通用变频器启动时，其启动转矩同用工频电源启动时相比，多数变小。根据负载的启动转矩特性，有时不能完成启动。另外，在低速运转区的转矩通常比额定转矩小。用选定的变频器和电动机不能满足负载所要求的启动转矩和低速转矩时，变频器和电动机的容量需要再加大。例如，在某一速度下，需要最初选定变频器和电动机的额定转矩的 70% 时，如果由输出转矩特性曲线得知只能得到 50% 的转矩，则变频器和电动机的容量要重新选择，为最初选定容量的 1.4(70/50) 倍以上。

3. 输出电压

变频器输出电压可按电动机额定电压选定。按国家标准，可分成 220 V 系列和 400 V 系列两种。对于 3 kV 的高电压电动机若要使用 400 V 级的变频器,可在变频器的输入侧装设输入变压器,在输出侧安装输出变压器,将 3 kV 先降为 400 V,再将变频器的输出升至 3 kV。

4. 变频器的输出频率选择

变频器的最高输出频率根据机种的不同而有很大差异,有 50 Hz/60 Hz,120 Hz,240 Hz 或更高的频率。50 Hz/60 Hz 通常在额定速度以下范围进行调速运转,大容量的通用变频器大多为此类。最高输出频率超过工频的变频器多为小容量,在 50 Hz/60 Hz 以上区域,由于输出电压不变,为恒功率特性。要注意变频器在高速区转矩的减小,但是车床等机床可根据工件的直径和材料改变速度,在恒功率的范围内使用,在轻载时采用高速可以提高生产率。但要注意不要超过电动机和负载的容许最高速度。

综合以上各点,可根据变频器的使用目的所确定的最高输出频率来选择变频器。

5. 保护结构

变频器内部产生的热量大,考虑到散热的经济性,除小容量变频器外几乎都是开启式结构,采用风扇进行强制冷却。变频器设置场所在室外或周围环境恶劣时,最好装在独立盘上,采用具有冷却用热交换装置的全封闭式结构。

对于小容量变频器,在粉尘、油雾多的环境或者棉绒多的纺织厂也可采用全封闭式结构。

6. 电网与变频器的切换

把用工频电网运转中的电动机切换到变频器运转时,一旦断开工频电网,必须等电动机完全停止以后,再切换到变频器侧启动。对于难以停止的设备,需要选择具有不使电动机停止就能切换到变频器侧的外设装置,使自由运转的电动机与变频器同步,然后再使变频器输出功率。

7. 瞬时停电再启动

若瞬时停电使变频器停止工作,在恢复供电后不能马上就开始工作,需要等待电动机完全停止,然后再启动。这是因为再开机时的频率不适当,会引起过电压、过电流保护动作,造成故障而停止,但是对于生产流水线等敏感负载,瞬间停机会造成较大损失,此时,需要选择带有瞬间停电自行开始工作控制装置的变频器。

项目小结

变频器按照频率和电压的调制方式、工作原理、用途、变换方式、直流环节的储能方式、电压等级等进行分类,体现了变频器在电路工作过程、控制方式和基本原理等方面的特征。

在设计变频调速系统时,应根据机械负载的特性和控制目的选择变频器。实际选择变频器时,离不开对异步电动机及其所拖动的机械负载特性的了解。变频器的控制方式应与拖动系统的启动、升速和调速、降速和制动以及反转、四象限运行等过程相适应。对于控制对象:速度、位置、张力、流量、温度、压力、牵引力等物理量,由于机械特性不同,选择变频器时,要有的放矢。通过分析变频技术应用对异步电动机运行过程的影响,可将电动机及机械负载分为:恒转矩负载、恒功率负载、二次方转矩负载、机床类、注塑机、机车牵引、家用电器等类型,选择变频器时,应保证控制方式满足电动机及机械负载的特点,才能发挥变频器在交流调速中的作用。

变频器的容量计算,要确定变频器的额定输出电流(A)、输出容量(kVA)、适用电动机功率(kW),是变频器选型的依据。其中变频器的额定输出电流,反映了主电路开关器件的过流能力,在容量计算时,应给予充分重视。

思考练习

3.1 说明变频器按直流环节的储能方式如何进行分类。

3.2 请举例变频调速方式的种类及它们之间的区别。

3.3 以楼宇电梯为例,分析其负载特点,试提出选择变频器的要点。

3.4 对于恒功率负载,选择变频器的要点是什么?

3.5 简述二次方转矩负载对变频调速的需求。

3.6 简述风机、泵类负载进行变频调速时,变频器的选型要点。

3.7 简述变频器容量选择的基本原则。

3.8 简述连续运转条件下的变频器容量计算。

3.9 为驱动多台并联运行的电动机选择变频器时,为什么要以启动最慢的那台电动机进行选择?

3.10 简述电动机直接启动条件下,变频器容量的计算。

3.11 把工频电网运转中的电动机切换到变频器运转时,应注意什么?

【项目四】 变频器的运用技能

【项目描述】

功能与参数设置是运用变频器的基本技能。在变频器的控制方式确定之后,必须进行频率给定方式、运转指令方式和启动制动方式的确定,操作面板的使用是完成功能与参数设置的最基本的操作。通过各种功能及参数设置,可将变频控制方案付诸实际。

变频器与 PLC、微机相结合,通过总线实现对变频器的监控,用数字通信实现信号传输是实现电力拖动领域自动控制的基本方法。

本项目含4个任务,即变频器的外形及结构;控制功能与参数设置;变频器与 PLC 的连接;变频器的总线控制。

【学习目标】

1. 了解变频器的外形和结构。

2. 通过面板操作,实现变频器功能及参数设置的方法。

3. 掌握变频器与 PLC 的连接方法。

4. 掌握变频器总线控制的基本方法。

【能力目标】

1. 能通过操作面板的设置,实现常用的变频调速系统的控制方法。

2. 结合变频器、PLC 控制及总线控制等知识,能够设计出简单的变频调速系统。

任务 1　变频器的结构和操作面板

【活动情景】

使用变频器,首先要了解变频器的外形结构以及操作面板。在变频器的操作方式中,最常用的方式就是通过面板对变频器进行各种操作。

【任务要求】

熟悉操作面板的各项基本操作。

一、变频器的外形及结构

（一）通用变频器的外形

(a)正面　　　　(b)卸去前盖板

图 4-1-1　通用变频器的外形

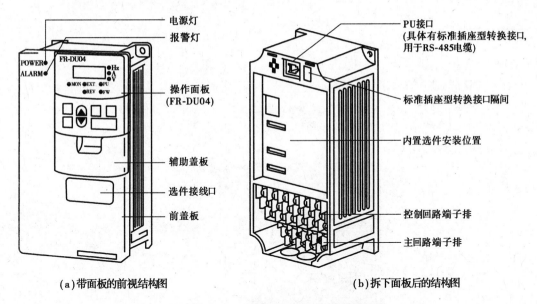

（a）带面板的前视结构图　　　　　　　（b）拆下面板后的结构图

图 4-1-2　三菱 FR-A540 变频器的结构

（二）前盖板的拆卸

前盖板的拆卸如图 4-1-3 所示，具体做法如下：

①用手握住前盖板上部两侧并向下推。

②握着向下的前盖板向身前拉，即可将前盖板拆下。

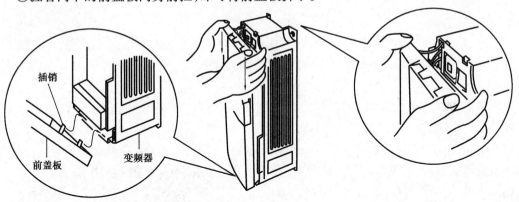

图 4-1-3　前盖板的拆卸

（三）操作面板的拆卸

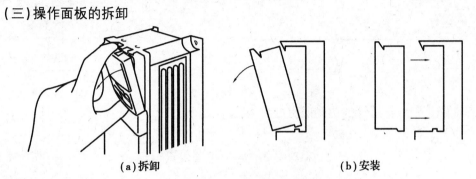

（a）拆卸　　　　　　　　　（b）安装

图 4-1-4　拆卸操作面板

二、操作面板

(一)操作面板介绍

变频器主回路和控制回路的接线接好之后,即可通过面板对变频器进行各种操作。

变频器均安装有操作面板,操作面板上有按键、显示屏和指示灯,通过观察显示屏和指示灯,按照表4-1-1的功能说明,就可以对变频器进行各种控制和功能设置。三菱FR-A540型变频器的操作面板如图4-1-5所示。

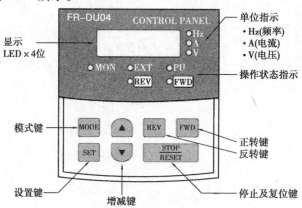

图4-1-5　三菱FR-A540型变频器的操作面板

(二)操作面板的使用

1.模式切换

对变频器进行某项操作,首先要在操作面板上切换至相应模式。例如要设置变频器工作频率,须先切换到"频率设定模式",再进行有关的频率设定操作。在操作面板上可以进行5种模式的切换。

变频器上电后,自动进入"监视模式",如图4-1-6所示。操作面板上的"MODE"键可用来进行模式切换,第一次按"MODE"键进入"频率设定模式",再按"MODE"键进入"参数设定模式",反复按"MODE"键可以此进行"监视、频率设定、参数设定、操作、帮助"等5种模式切换。当切换到所需模式后,操作"SET"键或"▲"或"▼"键即可对该模式进行具体设置。

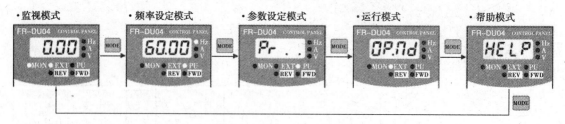

图4-1-6　模式切换操作方法

操作面板按键和指示灯的功能说明见表4-1-1。

2.监视模式的设置

监视模式用于显示变频器的工作频率、电流、电压及报警信息,便于用户了解变频器的工作情况。

表 4-1-1　操作面板按键和指示灯的功能说明

按键	MODE	用于选择操作模式或设定模式
	SET	用于确定频率和参数设置
	▲/▼	用于连续增加或降低运行频率,按下此键可改变频率 在设定模式下按此键,则可连续设定参数
	FWD	用于给出正转指令
	REV	用于给出反转指令
	STOP RESET	用于停止运行 用于保护功能动作,输出停止时复位变频器(用于主要故障)
指示灯	Hz	显示频率时点亮
	A	显示电流时点亮
	V	显示电压时点亮
	MON	监视显示时点亮
	PU	PU 操作模式时点亮
	EXT	外部操作模式时点亮
	FWD	正转时闪烁
	REV	反转时闪烁

　　监视模式的设置方法是:先操作"MODE"键切换到监视模式(操作方法见模式切换),再按"SET"键就会进入频率监视,如图 4-1-7 所示;然后反复按"SET"键,可以让监视模式在"电流监视""电压监视""报警监视"和"频率监视"之间切换;若按"SET"键超过 1.5 s,会自动切换到上电监视模式。

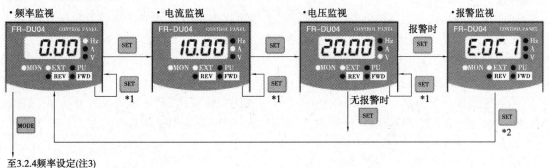

图 4-1-7　监视模式的设置方法

3. 频率设定模式的设置

　　频率设定模式用来设置变频器的工作频率,也就是设置变频器逆变电路输出电源的频率。

　　频率设定模式的设置方法是:先操作"MODE"键切换到频率设定模式,再按"▲"或"▼"键设置频率,如图 4-1-8 所示;设置好频率后,按"SET"键就将频率存储下来(也称写入设定频率),这时显示屏就会交替显示频率值和频率符号 F,这时若按下"MODE"键,显示屏就会切换到频率监视状态,监视变频器工作频率。

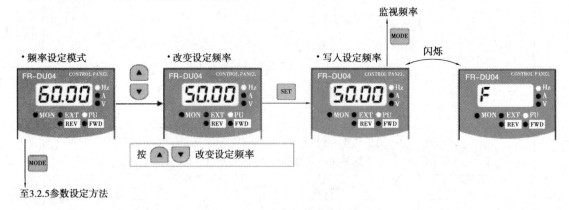

图4-1-8　频率设定模式的设置方法

4. 参数设定模式的设置

参数设定模式用来设置变频器的各种工作参数。三菱 FR-A540 型变频器有近千种参数,每种参数又可以设置不同的值。如第 79 号参数用来设置操作模式,可设置的值有 0 ~ 8。若将 79 号参数值设置为 1 时,就将变频器设置为 PU 操作模式;将参数值设置为 2 时,会将变频器设置为外部操作模式。将 79 号参数值设为 1,通常记作 Pr.79 = 1。

参数设定模式的设置方法是:先操作"MODE"键切换到参数设定模式,再按"SET"键,开始设置参数号的最高位,如图 4-1-9 所示;按"▲"或"▼"键可以设置最高位的数值,最高位设置好后,按"SET"键会进入中间位的设置,按"▲"或"▼"键可以设置中间位的数值,再用同样的方法设置最低位;最低位设置好后,整个参数号设置结束,再按"SET"键开始设置参数值,按"▲"或"▼"键可以改变参数值大小;参数值设置完成后,按住"SET"键保持 1.5 s 以上时间,就将参数号和参数值存储下来,显示屏会交替显示参数号和参数值。

5. 操作模式的设置

操作模式用来设置变频器的操作方式。在操作模式中可以设置外部操作、PU 操作和 PU 点动操作。外部操作是指控制信号由控制端子外接的开关(或继电器等)输入的操作方式;PU 操作是指控制信号由 PU 接口输入的操作方式,如面板操作、计算机通信操作都是 PU 操作;PU 点动操作是指通过 PU 接口输入点动控制信号的操作方式。

操作模式的设置方法是:先操作"MODE"键切换到操作模式,默认为外部操作方式,如图 4-1-10 所示,按"▲"键切换至 PU 操作方式;再按"▲"键切换至 PU 点动操作方式,按"▼"键可返回到上一种操作方式,按"MODE"键将进入帮助模式。

6. 帮助模式的设置

帮助模式主要用来查询和清除有关记录、参数等内容。

帮助模式的设置方法是:先操作"MODE"键切换到帮助模式,按"▲"键显示报警记录,再按"▲"键清除报警记录,反复按"▲"键可以显示或清除不同内容,按"▼"键可返回到上一种操作方式,具体操作如图 4-1-11 所示。

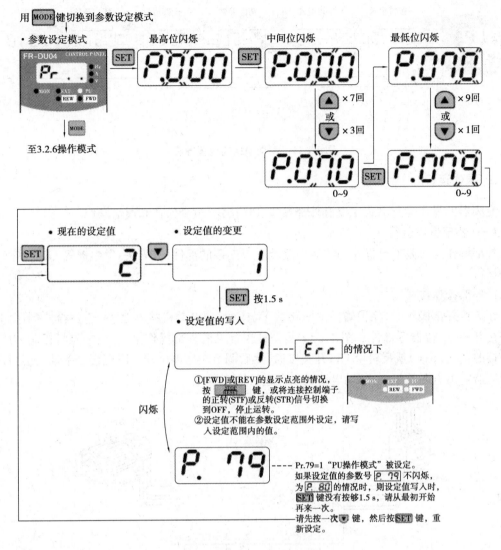

图 4-1-9 参数设定模式的设置方法

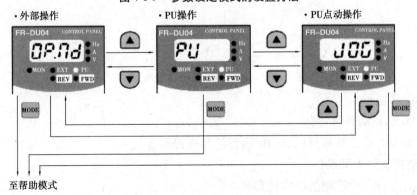

图 4-1-10 操作模式的设置方法

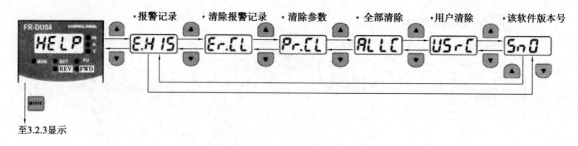

至3.2.3显示

图 4-1-11 帮助模式的设置方法

三、操作运行

变频器的操作运行方式主要有外部操作、PU 操作、组合操作和通信操作。

(一)外部操作运行

外部操作运行是通过操作与控制回路端子板连接的部件(如开关、继电器等)来控制变频器的运行。

1. 外部操作接线

在进行外部操作时,除了确保主回路端子与电源和电动机接好之外,还要给控制回路端子外接开关、电位器等部件。图 4-1-12 是一种较常见的外部操作接线方式,先将控制回路端子外接的正转(STF)或反转(STR)开关接通,然后调节频率电位器同时观察频率计,就可以调节变频器输出电源的频率,驱动电动机以合适的转速运行。

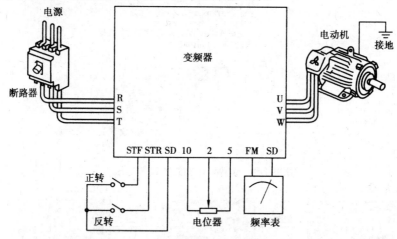

图 4-1-12 常见的外部操作接线方式

2. 外部操作运行

(1)50 Hz 运行的外部操作

以外部操作方式让变频器以 50 Hz 运行的操作过程见表 4-1-2。

(2)点动控制的外部操作

外部方式进行点动控制的操作过程如下:

①按"MODE"键切换至参数设定值,设置参数 Pr. 15(点动频率参数)和 Pr. 16(点动加/减速时间参数)的值。

②按"MODE"键切换至操作模式,选择外部操作方式(EXT 灯亮)。

③保持启动信号(STF 或 STR)接通,进行点动运行。

运行时,保持启动开关(STF 或 STR)接通,断开则停止。

表 4-1-2　50 Hz 运行的外部操作过程

步骤	说　明	图　示
1	上电→确认运行状态 将电源处于 ON,确认操作模式中显示"EXT"。 (没有显示时,用 MODE 键设定到操作模式,用  ▲/▼ 键切换到外部操作。)	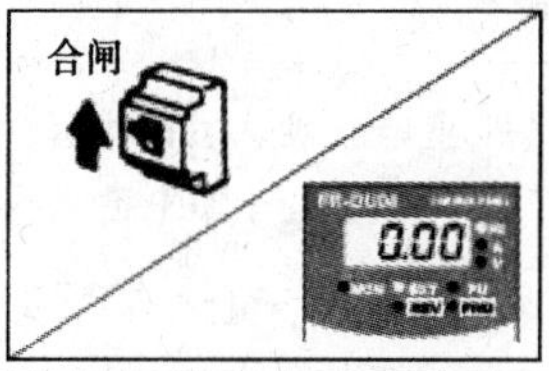 合闸 0.00
2	开始 将启动开关(STF 或 STR)处于 ON。 表示运转状态的 FWD 和 REV 闪烁。 注:如果正转和反转开关都处于 ON 电机不启动。 　　如果在运行期间,两开关同时处于 ON,电机减速至停止状态。	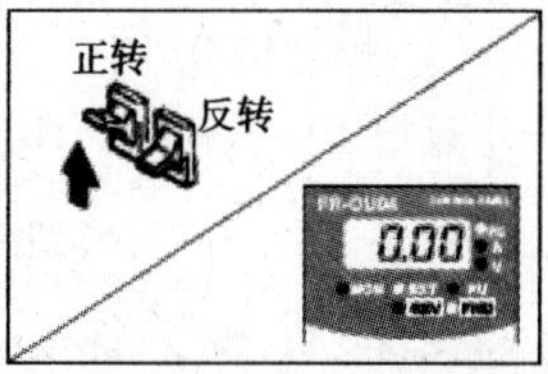 正转　反转 0.00
3	加速→恒速 顺时针缓慢旋转电位器(频率设定电位器)到满刻度。 显示的频率数值逐渐增大,显示为 50.00 Hz。	 50.00
4	减速 逆时针缓慢旋转电位器(频率设定电位器)到底。 频率显示逐渐减小到 0.00 Hz,电机停止运行。	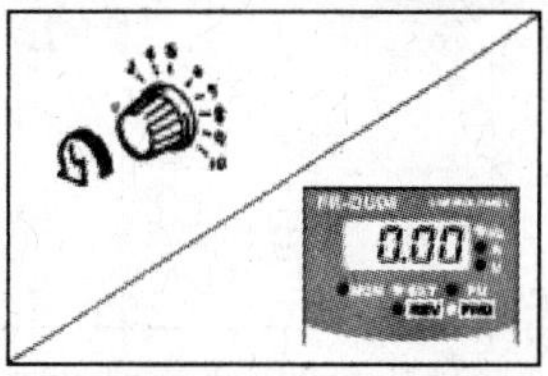 0.00
5	停止 断开启动开关(STF 或 STR)。	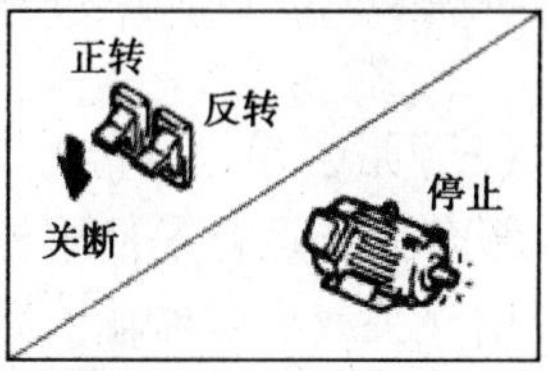 正转　反转 关断　停止

(二)PU 操作运行

PU 操作运行是将控制信号从 PU 接口输入,控制变频器运行。面板操作、计算机通信操作都是 PU 操作。这里介绍面板(FR-DU04)操作。

1.50 Hz 运行的 PU 操作过程

50 Hz 运行的 PU 操作过程,见表 4-1-3。

2.点动运行的 PU 操作

点动运行的 PU 操作过程如下:

①按"MODE"键切换至参数设定模式,设置参数 Pr. 15(点动频率参数)和 Pr. 16(点动加/减速时间参数)的值。

②按"MODE"键切换至操作模式,选择 PU 点动操作方式(PU 灯亮)。

③按"FWD"或"REV"键,电动机点动运行,松开即停止。若电动机不转,请检查 Pr. 13（启动频率参数），在点动频率设定比启动频率低的值时,电动机不转。

表 4-1-3　50 Hz 运行的 PU 操作过程

步骤	说　明	图　示
1	上电→确认运行状态 将电源处于 ON,确认操作模式中显示"PU"。 （没有显示时,用 MODE 键设定到操作模式,用 ▲/▼ 键切换到外部操作。）	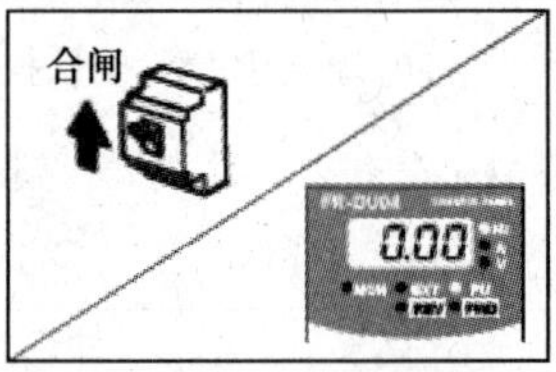 合闸 0.00
2	运行频率设定 设定运行频率为 50 Hz。 首先,按 MODE 键切换到频率设定模式。然后,按 ▲/▼ 键改变设定值,按 SET 键写入频率。	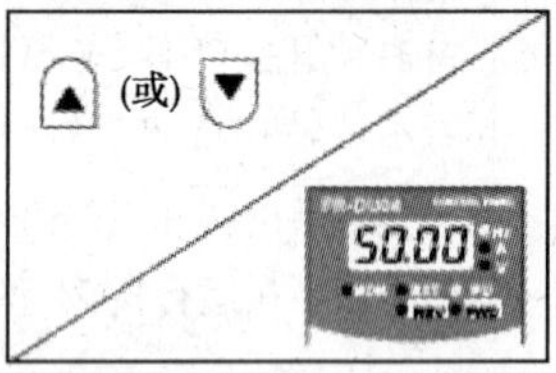 ▲ (或) ▼ 50.00
3	开始 按 FWD 或 REV 键。 电机启动,自动地变为监示模式,显示输出频率。	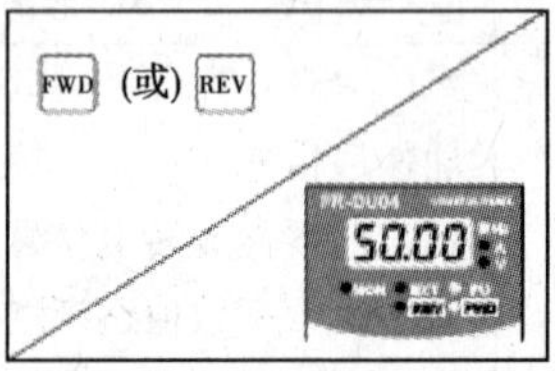 FWD (或) REV 50.00
4	停止 按 STOP RESET 键。 电机减速后停止。	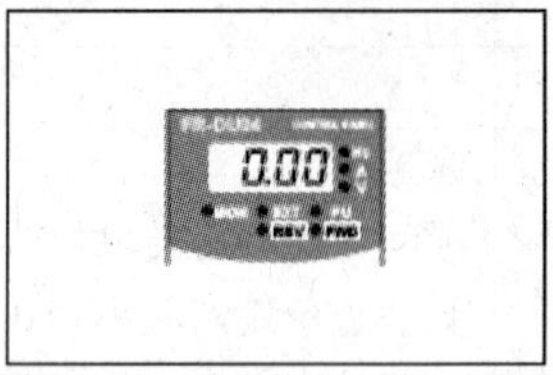 0.00

注:在电动机运行中,重复上述步骤 2,3,可改变运行速度。

（三）组合操作运行

组合操作运行是使用外部信号和 PU 接口输入信号来控制变频器运行。组合操作运行一般使用开关或继电器输入启动信号,而使用 PU 设定运行频率。在该操作模式下,除了外部输入的频率设定信号无效外,PU 输入的正转、反转和停止信号也均无效。

组合操作运行的操作过程见表 4-1-4。

表 4-1-4　组合操作运行的操作过程

步骤	说　明	图　示
1	上电 电源 ON。	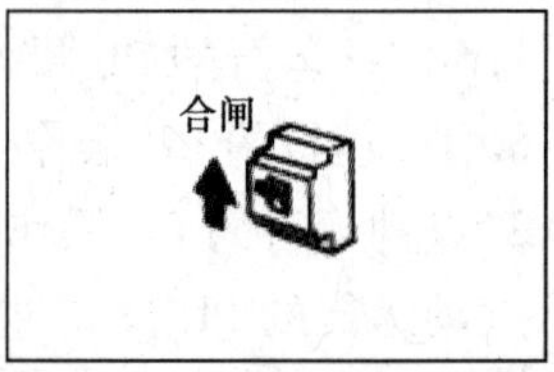 合闸

续表

步骤	说　　明	图　示
2	操作模式选择 将 Pr.79 "操作模式选择" 设定为 "3"。 选择组合操作模式,运行状态 "EXT" 和 "PU" 指示灯都亮。	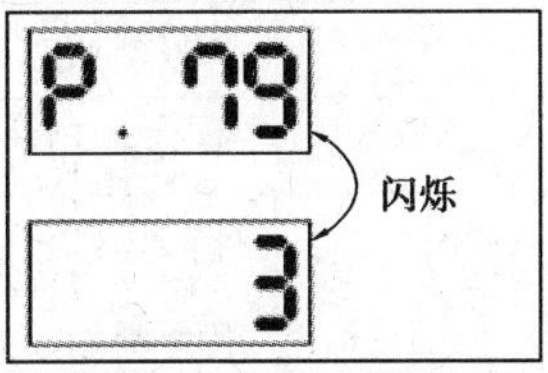 P.79 闪烁 3
3	开始 将启动开关处于 ON(STF 或 STR)。 注:如果正转和反转都处于 ON 电机不启动,如果在运行期间,同时处于 ON,电机减速至停止(当 Pr.250 = "9999")。	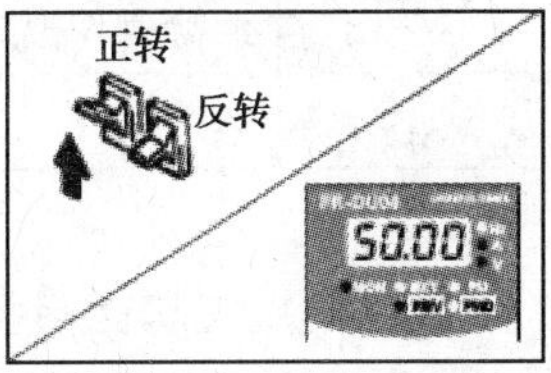 正转 反转 50.00
4	运行频率设定 用参数单元设定运行频率为 60 Hz。 运行状态显示 "REV" 或 "FWD"。 选择频率设定模式并进行单步设定。 注:单步设定是通过按▲/▼键连续地改变频率的方法。 按下▲/▼键改变频率。	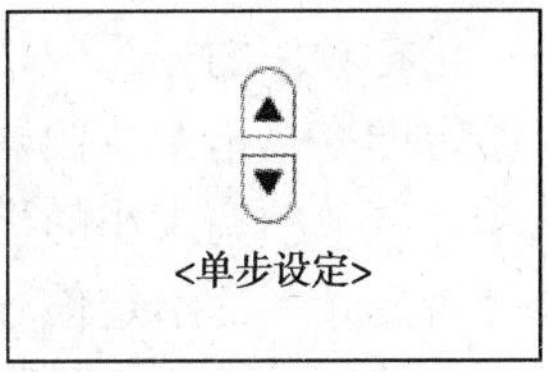 ▲ ▼ <单步设定>
5	停止 将启动开关处于 OFF(STF 或 STR)。 电机停止运行。	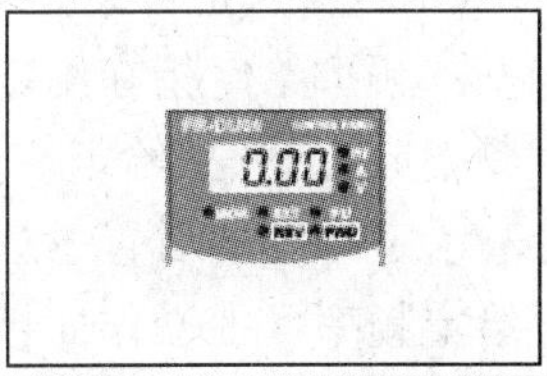 0.00

任务2　控制功能与参数设置

【活动情景】

电动机的负载种类繁多,为了让变频器在驱动不同负载的电动机时充分发挥其功能,应掌握变频器控制功能与参数的设置。现以三菱 FR-A540 型变频器为例,介绍一些常用控制功能与相关参数的设置方法。

【任务要求】

掌握变频器控制功能与参数的设置方法。

一、控制功能与参数设置

（一）操作模式选择功能与参数

Pr.79 参数用于选择变频器的操作模式。其不同的值对应的操作模式见表 4-2-1。

表 4-2-1　Pr.79 参数值及对应的操作模式

Pr.79 设定值	工作模式
0	电源接通时为外部操作模式,通过"▲""▼"键可以在外部操作和 PU 操作间切换
1	PU 操作模式(参数单元操作)
2	外部操作模式(控制端子接线控制运行)
3	组合操作模式 1,用参数单元设定运行频率,外部信号控制电动机起停
4	组合操作模式 2,外部输入运行频率,用参数单元控制电动机起停
5	程序运行

（二）频率相关功能与参数

变频器常用频率有:给定频率、输出频率、基本频率、最高频率、上限频率、下限频率和回避频率等。

1.给定频率的概念

给定频率是指给变频器设定的运行频率,用 f_G 表示。在变频器中,通过面板、通信接口或输入端子调节频率大小的指令信号,称为给定信号。外界给定,就是变频器通过信号输入端从外部得到频率的给定信号。如由模拟量进行外接频率给定时,变频器的给定信号 G 与对应的函数关系: $f_G = f(G)$,即称为频率的给定。这里的给定信号 G,既可以是电压信号 $U_G(0 \sim 5\ \text{V}$ 或 $0 \sim 10\ \text{V})$,也可以是电流信号 $I_G(4 \sim 200\ \text{mA})$ 。

基本频率给定指在给定信号 G 从 0 增至最大值 G_{max} 的过程中,给定频率 f_G 线性地增大到最大频率 f_{max} 的频率给定。

2.给定频率的设置

给定频率可由操作面板给定,也可由外部方式给定,其中外部方式又分为电压给定和电流给定。

（1）操作面板给定频率

操作面板给定频率是指操作变频器面板上有关按键来设置给定频率,具体操作过程如下:

①用"MODE"键切换到频率设置模式。

②用"▼"和"▲"键设置给定频率值。

③用"SET"键存储给定频率。

（2）电压给定频率

电压给定频率是指给变频器有关端子输入电压来设置给定频率,输入电压越高,设置的给定频率越高。

电压给定可分为电位器给定、直接电压给定和辅助给定,如图 4-2-1 所示。

图 4-2-1(a)为电位器给定方式。给变频器 10,2,5 端子按图示方法接一个1/2 W,1 kΩ的电位器,通电后变频器端子 10 会输出 5 V 或 10 V 电压,调节电位器会使端子 2 电压在 0 ~ 5 V 或0 ~ 10 V 范围内变化,给定频率就在 0 ~ 50 Hz 变化。

端子 2 输入电压由 Pr.73 参数设定,当 Pr.73 = 1 时,端子 2 允许输入 0 ~ 5 V;当 Pr.73 = 0 时,端子 2 允许输入 0 ~ 10 V。

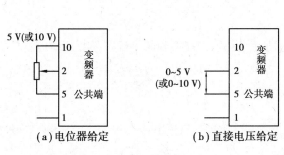

图 4-2-1　电压给定频率方式

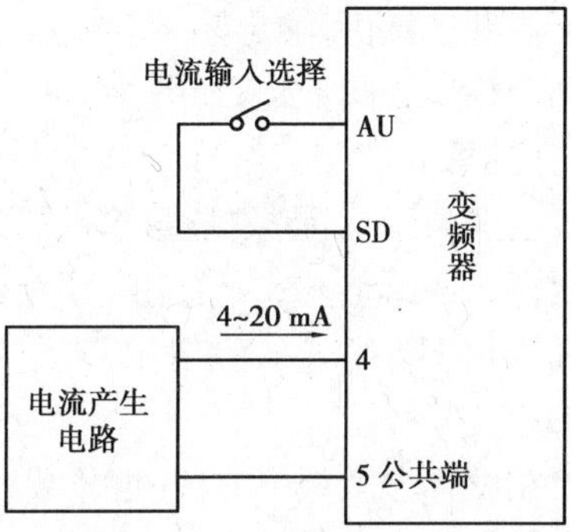

图 4-2-2　电流给定频率方式

端子 1 为辅助频率给定端,该端输入信号与主给定端输入信号(端 2 或 4 输入的信号)叠加进行频率设定。

(3)电流给定频率

电流给定频率是指给变频器有关端子输入电流来设置给定频率,输入电流越大,设置的给定频率越高。电流给定频率方式如图 4-2-2 所示。要选择电流给定频率方式,需要将电流选择端子 AU 与 SD 端接通,然后给变频器端子 4 输入 4 ~ 20 mA 的电流,给定频率就在 0 ~ 50 Hz 变化。

3.输出频率

变频器实际输出的频率称为输出频率,用 f_x 表示。在给变频器设置给定频率后,为了改善电动机的运行性能,变频器会根据一些参数自动对给定频率进行调整而得到输出频率,因此输出频率 f_x 不一定等于给定频率 f_G。

4.基本频率和最大频率

变频器最大输出电压所对应的频率称为基本频率,用 f_B 表示,如图 4-2-3 所示。基本频率一般与电动机的额定频率相等。

最大频率是指变频器能设定的最大输出频率,用 f_{max} 表示。

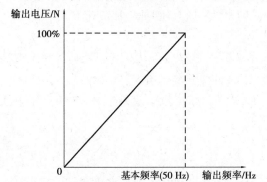

图 4-2-3　基本频率

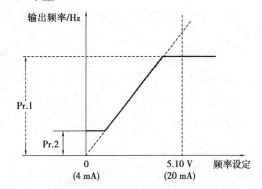

图 4-2-4　上限频率与下限频率参数功能

5.上限频率和下限频率

上限频率是指不允许超过的最高输出频率,下限频率是指不允许低于的最低输出频率。Pr.1 参数用来设置输出频率的上限频率(最大频率),如果运行频率设定值高于该值,输出频率会嵌在上限频率上。Pr.2 参数用来设置输出频率的下限频率(最小频率),如果运行频率

163

设定值低于该值,输出频率会嵌在下限频率上。一旦这两个参数值设定后,输出频率只能在这两个频率之间变化,如图 4-2-4 所示。

【注意】

上限频率f_H是根据生产需要预置的最大运行频率,它并不和某个确定参数相对应。假如采用模拟量给定方式,给定信号为 0～5 V 的电压信号,给定频率对应为 0～50 Hz,而上限频率f_H=40 Hz,则表示给定电压大于 4 V 以后,不论如何变化,变频器输出频率为最大频率 40 Hz。

在设置上限频率时,一般不要超过变频器的最大频率,若超出最大频率,变频器会自动以最大频率作为上限频率。

6. 回避频率

回避频率又称跳变频率,是指变频器禁止输出的频率。

任何机械都有自己的固有频率(由机械结构、质量等因素决定),当机械运行的振动频率与固有频率相同时,将会引起机械共振,使机械振荡幅度增大,可能会导致机械磨损和损坏。为了防止共振给机械带来的危害,可给变频器设置禁止输出的频率,避

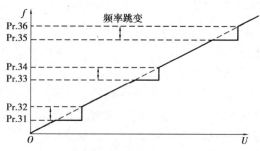

图 4-2-5 回避频率参数功能

免这些频率在驱动电动机时引起机械共振。回避频率设置参数有 Pr.31,Pr.32,Pr.33,Pr.34,Pr.35,Pr.36,这些参数可设置 3 个可跳变的频率区域,每两个参数设定一个跳变区域,如图 4-2-5所示。变频器工作时不会输出跳变区内的频率,当给定频率在跳变区频率范围内时,变频器会输出低参数号设置的频率。例如当设置 Pr.33＝35 Hz,Pr.34＝30 Hz 时,变频器不会输出 30～35 Hz 范围内的频率,若给定的频率在这个范围内,变频器会输出低参数号 Pr.31 设置的频率。

(三) 启动、加减速控制功能与参数

与启动、加减速控制功能有关的参数主要有启动频率、加减速时间、加减速方式。

1. 启动频率

启动频率是指电动机启动时的频率,用f_s表示。启动频率可以从 0 Hz 开始,但对于惯性较大或摩擦力较大的负载,为易于启动,应设置合适的启动频率以增大启动转矩。

Pr.13 参数用来设置电动机启动时的频率。如果启动频率较给定频率高,电动机将无法启动。Pr.13 参数功能如图 4-2-6 所示。

2. 加、减速

(1)加、减速时间

加速时间是指输出频率从 0 Hz 上升到基准频率所需的时间。加速时间越长,启动电流越小,启动越平缓。对于频繁启动的设备,加速时间要求短些;对惯性较大的设备,加速时间要求长些。Pr.7 参数用于设置电动机加速时间,Pr.7 的值设置越大,加速时间越长。

减速时间是指从输出频率由基准频率下降到 0 Hz 所需的时间。Pr.8 参数用于设置电动机减速时间,Pr.8 的值设置越大,减速时间越长。

Pr.20 参数用于设置加、减速基准频率。Pr.7 设置的时间是指从 0 Hz 变化到 Pr.20 设定

的频率所需的时间,如图 4-2-7 所示。Pr. 8 设置的时间是指从 Pr. 20 设定的频率变化到 0 Hz 所需的时间。

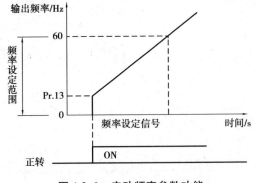

图 4-2-6　启动频率参数功能

图 4-2-7　加、减速基准频率参数功能

（2）加、减速方式

为了适应不同机械的启动、停止要求,可给变频器设置不同的加、减速方式。加、减速方式主要有 3 种,由 Pr. 29 参数设定。

①直线加、减速方式(Pr. 29 = 0)。这种方式的加、减速时间与输出频率变化成正比关系,如图 4-2-8(a)所示。大多数负载采用这种方式,出厂设定为该方式。

②S 形加、减速 A 方式(Pr. 29 = 1)。这种方式是在开始和结束阶段,升速和降速比较缓慢,如图 4-2-8(b)所示。电梯、传送带等设备常采用该方式。

③S 形加、减速 B 方式(Pr. 29 = 2)。这种方式是在两个频率之间提供一个 S 形加/减速 A 方式,如图 4-2-8(c)所示。该方式具有缓和振动的效果。

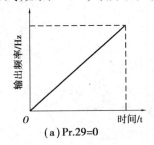
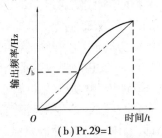
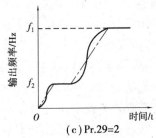

（a）Pr. 29 = 0　　　　（b）Pr. 29 = 1　　　　（c）Pr. 29 = 2

图 4-2-8　加、减速参数功能

（四）点动控制功能与参数

点动控制参数包括点动运行频率参数(Pr. 15)和点动加、减速时间参数(Pr. 16)。

Pr. 15 参数用于设置点动状态下的运行频率。当变频器在外部操作模式时,用输入端子选择点动功能(接通 JOG 和 SD 端子即可);当点动信号处于 ON 时,用启动信号(STF 或 STR)进行点动运行;在 PU 操作模式时用操作面板上的"FED"或"REV"键进行点动操作。

Pr. 16 参数用来设置点动状态下的加、减速时间,如图 4-2-9 所示。

（五）转矩提升功能与参数

转矩提升功能用于设置电动机启动时的转矩大小。通过设置该功能参数,可以补偿电动机绕组上的电压降,从而改善电动机低速运行时的转矩性能。

Pr. 0 为转矩提升设置参数。假定基本频率对应的电压为 100% ,Pr. 0 用百分数设置 0 Hz 时的电压,如图 4-2-10 所示,设置过大会导致电动机过热,设置过小会使启动力矩不够,通常最大设置为 10%。

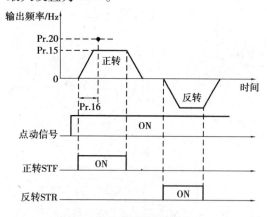

图 4-2-9 点动控制参数功能

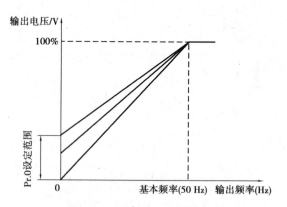

图 4-2-10 转矩提升参数功能

（六）制动控制功能与参数

电动机停止有两种方式:第 1 种方式是变频器根据设置的减速时间和方式逐渐降低输出频率,让电动机慢慢减速,直至停止;第 2 种方式是变频器停止输出电压,电动机失电,惯性运转至停止。不管哪种方式,电动机停止都需要一定的时间,有些设备要求电动机能够迅速停止,在这种情况下就需对电动机进行制动。

1. 再生制动和直流制动

在减速时,变频器输出频率下降,由于惯性原因,电动机转子转速会高于输出频率在定子绕组上产生的旋转磁场转速,此时电动机处于再生发电状态,定子绕组会产生电动势反送给变频器,若在变频器内部给该电动势提供了回路(通过制动电阻),那么该电动势产生的电流流回定子绕组时会产生对转子制动的磁场,从而使转子迅速停转,电流越大,转子制动速度越快。这种制动方式称为再生制动,又称能耗制动。再生制动的效果与变频器的制动电阻有关,若内部制动电阻达不到预期效果,可在 P,PR 端子之间外接制动电阻。

直流制动是指当变频器输出频率接近 0,电动机转速降到一定值时,变频器改向电动机定子绕组提供直流电压,让直流电流通过定子绕组产生制动磁场对转子进行制动。

普通的负载一般采用再生制动即可,对于大惯性的负载,仅再生制动往往无法使电动机停止,还需要进行直流制动。

2. 直流制动参数的设置

直流制动参数主要有直流制动动作频率、直流制动电压和直流制动时间。

（1）直流制动动作频率 f_{DB}（Pr. 11）

在使用直流制动时,一般先降低输出频率,依靠再生制动方式对电动机进行制动,当输出频率下降到某一频率时,变频器马上输出直流制动电压对电动机进行制动,这个切换直流制动电压对应的频率称为直流制动动作频率,用 f_{DB} 表示。f_{DB} 越高,制动所需的时间越短。f_{DB} 由参数 Pr. 10 设置,如图 4-2-11 所示。

（2）直流制动电压 U_{DB}（Pr. 12）

直流制动电压是指直流制动时加到定子绕组两端的直流电压,用 U_{DB} 表示。U_{DB} 用电源电压的百分比表示,一般在 30% 以内,U_{DB} 越高,制动强度越大,制动时间越短。U_{DB} 由参数 Pr. 12 设置,如图 4-2-11 所示。

（3）直流制动时间 t_{DB}（Pr.11）

直流制动时间是指直流制动时施加直流电压的时间，用 t_{DB} 表示。对于惯性大的负载，要求 t_{DB} 长些，以保持直流制动电压撤掉后电动机完全停转。t_{DB} 由参数 Pr.11 设置。

（七）工频与变频的切换功能与参数

在变频调速系统运行过程中，如果变频器突然出现故障，这时若让负载停止工作可能会造成很大损失，这样的负载称为敏感负载。为了保证负载供电，可给变频调速系统增设工频与变频切换功能，在变频器出现故障时自动将工频电源切换给电动机，维持系统继续工作。

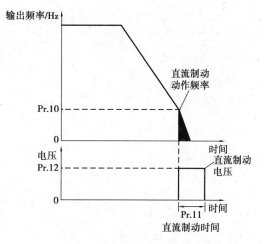

图 4-2-11

1. 工频与变频的切换

图 4-2-12 是一个工频与变频切换控制电路。该电路在工作前需要先对一些参数进行设置。

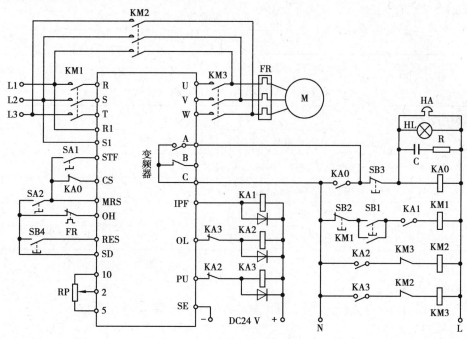

图 4-2-12　工频与变频切换控制电路

参数设置内容包括以下两个：

（1）工频与变频切换功能设置

工频与变频切换有关参数功能及设置见表 4-2-2。

（2）部分输入、输出端子的功能设置

部分输入、输出的功能设置见表 4-2-3。

表 4-2-2　工频与变频切换有关参数功能及设置

参数与设置值	功能说明	设置值范围	说　明
Pr. 135 （Pr. 135 = 1）	工频-变频切换选择	0	切换功能无效，Pr. 136，Pr. 137，Pr. 138 和 Pr. 139 参数设置无效
		1	切换功能有效
Pr. 136 （Pr. 136 = 0. 3）	继电器切换互锁时间	0 ~ 100.0 s	设定 KA2 和 KA3 动作的互锁时间
Pr. 137 （Pr. 137 = 0. 5）	启动等待时间	0 ~ 100.0 s	设定时间应比信号输入到变频器时到 A3 实际接通的时间略长（0.3 ~ 0.5 s）
Pr. 138 （Pr. 138 = 1）	报警时的工频-变频切换选择	0	切换无效。当变频器发生故障时，变频器停止输出（KA2 和 KA3 断开）
		1	切换有效。当变频器发生故障时，变频器停止运行并自动切换到工频电源运行（KA2：ON，KA3：OFF）
Pr. 139 （Pr. 139 = 9999）	自动变频-工频电源切换选择	0 ~ 60.0 Hz	当变频器输出频率达到或超过设定频率时，会自动切换到工频电源运行
		9999	不能自动切换

表 4-2-3　部分输入、输出的功能设置

参数与设置值	功能说明
Pr. 185 = 1	将 JOG 端子功能设置成 OH 端子，用做过热保护输入端
Pr. 186 = 6	将 CS 端子设置成自动再启动控制端子
Pr. 192 = 17	将 IPF 端子设置成 KA1 控制端子
Pr. 193 = 18	将 OL 端子设置成 KA1 控制端子
Pr. 194 = 19	将 FU 端子设置成 KA3 控制端子

2. 电路工作过程

如图 4-2-12 所示为工频与变频切换控制电路的工作过程，具体说明如下：

【电路工作过程】

1）变频运行控制

①启动准备。将开关 SA2 闭合，接通 MRS 端子，允许进行工频-变频切换。由于已设置 Pr. 135 = 1 使切换有效，IPF，PU 端子输出低电平，中间继电器 KA1，KA3 线圈得电。KA3 线圈得电→KA3 常开触点闭合→接触器 KM3 线圈得电→KM3 主触点闭合，KM3 常闭辅助触点断开→KM3 主触点闭合将电动机与变频器输出端连接；KM3 常闭辅助触点断开使 KM2 线圈无法得电，实现 KM2，KM3 之间的互锁（KM2，KM3 线圈不能同时得电），电动机无法由变频和工频同时供电。KA1 线圈得电→KM1 常开触点闭合，为 KM1 线圈得电作准备→按下按钮 SB1 →KM1 线圈得电→KM1 主触点、常开辅助触点均闭合→KM1 主触点闭合，为变频器供电；

KM1 常开辅助触点闭合,锁定 KM1 线圈得电。

②启动运行。将开关 SA1 闭合,STF 端子输入信号(STF 端子经 SA1,SA2 与 SD 端子接通),变频器正转启动,调节电位器 R_P 可以对电动机进行调速控制。

③变频-工频切换控制。

当变频器运行中出现异常,异常输出端子 A,C 接通,中间继电器 KA0 线圈得电,KA0 常开触点闭合,振铃 HA 和报警灯 HL 得电,发出声光报警。与此同时,IPF,PU 端子变为高电平,OL 端子变为低电平,KA1,KA3 线圈失电,KA2 线圈得电。KA1,KA3 线圈失电→KA1,KA3 常开触点断开→KM1,KM3 线圈失电→KM1,KM3 主触点断开→变频器与电源、电动机断开。KA2 线圈得电→KA2 常开触点闭合→KM2 线圈得电→KM2 主触点闭合→工频电源直接提供给电动机。(注:KA1,KA3 线圈失电与 KA2 线圈得电并不是同时进行的,有一定的切换时间,它与 Pr.1 36,Pr.137 设置有关。)

按下按钮 SB3 可以解除声光报警,按下按钮 SB4,可以解除变频器的保护输出状态。若电动机在运行时出现过载,与电动机串接的热继电器 FR 发热元件动作,使 FR 常闭触点断开,切断 OH 端子输入,变频器停止输出,对电动机进行保护。

(八)瞬时停电再启动功能与参数

瞬时停电再启动功能的作用是当电动机由工频切换到变频供电或瞬时停电再恢复供电时,保持一段自由运行时间,然后变频器再自动启动进入运行状态,从而避免重新复位再启动操作,保证系统连续运行。

当需要启动瞬时停电再启动功能时,须将 CS 端子与 SD 端子短接。设定瞬时停电再启动功能后,变频器的 IPF 端子在发生瞬时停电时不动作。

瞬时停电再启动功能参数见表 4-2-4。

表 4-2-4 瞬时停电再启动功能参数

参 数	功 能	出厂设定值	设定值范围	说 明
Pr.57	再启动自由运行时间	9999	0	0.5 s(0.4~1.5 K 型)、10 s(2.24~7.5 K 型),3.0 s(11 K 型以上)
			0.1~5 s	瞬时停电再恢复后变频器再启动前的等待时间。根据负荷的转动惯量和转矩,该时间可设定为 0.1~5 s
			9999	无法启动
Pr.58	再启动上升时间	1.0 s	0~60 s	通常可用出厂设定值。也可根据负荷(转动惯量、转矩)调整这些值
Pr.162	瞬时再启动动作选择	0	0	频率搜索开始,检测瞬时掉电后开始频率搜索
			1	没有频率搜索,电动机以自由速度独立运行,输出电压逐渐提高,而频率保持为预测值
Pr.163	再启动第 1 缓冲时间	0 s	0~20 s	通常可用出厂设定运行,也可各级负荷(转动惯量、转矩)调整这些值
Pr.164	再启动第 1 缓冲电压	0	0~100%	
Pr.165	再启动失速防止动作水平	150%	0~200%	

（九）多挡转速控制功能与参数

变频器可以对电动机进行多挡转速驱动。在进行多挡转速控制时，需要对变频器有关参数进行设置，再操作相应端子外接开关。

1.多挡转速控制端子与参数

（1）多挡控制电路

变频器的 RH，RM，RL 为多挡转速控制端，RH 为高速挡，RM 为中速挡，RL 为低速挡。RH，RM，RL 3 个端子组合可以进行 7 挡转速控制。多挡转速控制如图 4-2-13 所示，图 4-2-13 中（a）为多速控制电路，（b）为转速与多速控制端子通断关系图。

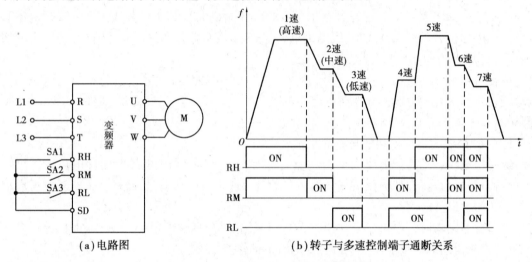

| （a）电路图 | （b）转子与多速控制端子通断关系 |

图 4-2-13　工频与变频切换控制电路

【电路工作过程】

当开关 SA1 闭合时，RH 端与 SD 端接通，相当于给 RH 端输入高速运转指令信号，变频器输出频率很高的电源去驱动电动机，电动机迅速启动并高速运转（1 速）。当开关 SA2 闭合时（SA1 需断开），RM 端与 SD 端接通，变频器输出频率降低，电动机由高速转为中速运转（2 速）。

当开关 SA3 闭合时（SA1，SA2 需断开），RL 端与 SD 端接通，变频器输出频率进一步降低，电动机由中速转为低速运转（3 速）。

当 SA1，SA2，SA3 均断开时，变频器输出频率变为 0 Hz，电动机由低速转为停转。SA2，SA3 闭合，电动机 4 速运转；SA1，SA3 闭合，电动机 5 速运转；SA1，SA2 闭合，电动机 6 速运转；SA1，SA2，SA3 闭合，电动机 7 速运转。

图 4-2-14（b）曲线中的斜线表示变频器输出频率由一种频率转变到另一种频率需经历一段时间，在此期间，电动机转速也由一种转速变化到另一种转速；水平线表示输出频率稳定，电动机转速稳定。

（2）多挡控制参数的设置

多挡控制参数包括多挡转速端子选择参数和多挡运行频率参数。

1）多挡转速端子选择参数

在使用 RH，RM，RL 端子进行多速控制时，先要通过设置有关参数使这些端子控制有效。多挡转速端子参数设置如下：

Pr. 180 = 0,RL 端子控制有效；

Pr. 181 = 1,RM 端子控制有效；

Pr. 182 = 2,RH 端子控制有效。

以上某参数若设为 9999,则将该端设为控制无效。

2)多挡运行频率参数

RH,M,RL 3 个端子组合可以进行 7 挡转速控制,各挡的具体运行频率需要用相应参数设置。多挡运行频率参数设置见表4-2-5。

表4-2-5　多挡运行频率参数设置

参　数	速　度	出厂设定	设定范围	备　注
Pr. 4	高速	60 Hz	0 ~ 400 Hz	
Pr. 5	中速	30 Hz	0 ~ 400 Hz	
Pr. 6	低速	10 Hz	0 ~ 400 Hz	
Pr. 24	速度 4	999	0 ~ 400 Hz,9999	9999:无效
Pr. 25	速度 5	9999	0 ~ 400 Hz,9999	9999:无效
Pr. 26	速度 6	9999	0 ~ 400 Hz,9999	9999:无效
Pr. 27	速度 7	9999	0 ~ 400 Hz,9999	9999:无效

2. 多挡转速控制应用

图 4-2-14 是一个典型的多挡转速控制电路,它由主回路和控制回路两部分组成。该电路采用了 KA0 ~ KA3 4 个中间继电器,其常开触点接在变频器的多挡转速控制输入端,电路还用了 SQ1 ~ SQ3 3 个行程开关来检测运动部件的位置并进行转速切换控制。如图 4-2-14 所示电路在运行前需要进行多挡控制参数的设置。

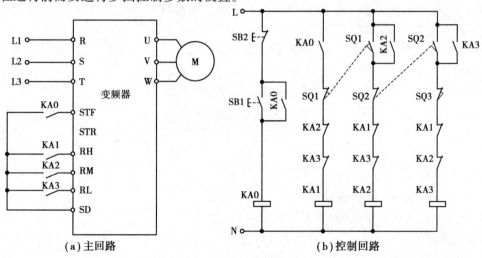

(a)主回路　　　　　　　(b)控制回路

图 4-2-14　多挡转速控制电路

【电路工作过程】

(1)启动并高速运转

按下启动按钮 SB→中间继电器 KA0 线圈得电→KA0 3 个常开触点均闭合,一个触点锁定 KA0 线圈得电,一个触点闭合使 STF 端与 SD 端接通(即 STF 端输入正转指令信号),还有一个触点闭合使 KA1 线圈得电→KA1 两个常闭触点断开,一个常开触点闭合→KA1 两个常闭触点断开使 KA2,KA3 线圈无法得电,KA1 常开触点闭合将 RH 端与 SD 端接通(即 RH 端输入高速指令信号)→STF,RH 端子外接触点均闭合,变频器输出频率较高的电源,驱动电动机高速运转。

(2)高速转中速运转

高速运转的电动机带动运动部件运行到一定位置时,行程开关 SQ1 动作→SQ1 常闭触点断开,常开触点闭合→SQ1 常闭触点断开使 KA1 线圈失电,RH 端子外接 KA1 触点断开,SQ1 常开触点闭合使继电器 KA2 线圈得电→KA2 两个常闭触点断开,两个常开触点闭合→KA2 两个常闭触点断开分别使 KA1,KA3 线圈无法得电;KA2 两个常开触点闭合,一个触点闭合锁定 KA2 线圈得电,另一个触点闭合使 RM 端与 SD 端接通(即 RM 端输入中速指令信号)→变频器输出频率由高变低,电动机由高速转为中速运转。

(3)中速转低速运转

中速运转的电动机带动运动部件运行到一定位置时,行程开关 SQ2 动作→SQ2 常闭触点断开,常开触点闭合→SQ2 常闭触点断开使 KA2 线圈失电,RM 端子外接 KA2 触点断开,SQ2 常开触点闭合使继电器 KA3 线圈得电→KA3 两个常闭触点断开,两个常开触点闭合→KA3 两个常闭触点断开分别使 KA1,KA2 线圈无法得电;KA3 两个常开触点闭合,一个触点闭合锁定 KA3 线圈得电。另一个触电闭合使 RL 端与 SD 端接通(即 RL 端输入低速指令信号)→变频器输出频率进一步降低,电动机由中速转为低速运行。

(4)低速转为停转

低速运转的电动机带动运动部件运行到一定位置时,行程开关 SQ3 动作→继电器 KA3 线圈失电→RL 端与 SD 端之间的 KA3 常开触点断开→变频器输出频率降为 0 Hz,电动机由低速转为停止。按下按钮 SB2→KA0 线圈失电→STF 端子外接 KA0 常开触点断开,切断 STF 端子的输入。

如图 4-2-14 所示电路中变频器输出频率变化如图 4-2-15 所示,从图中可以看出,在行程开关动作时输出频率开始转变。

(十)变频器"1"控"X"切换技术

在供水系统中,经常有多台水泵同时供水的情况,由于在不同时间(如白天和夜晚)、不同季节(如冬季和夏季),用水流量的变化是很大的,为了节约能源,本着多用多开、少用少开的原则,常常需要进行切换。"1 控 X"的切换(X 为电动机台数),可实现一台变频器分别控制多台电动机。

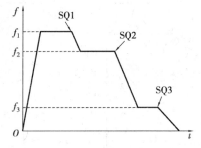

图 4-2-15　变频器输出频率变化曲线

1."1 控 X"工作过程

假设有 3 台水泵同时供水,由 1 号泵在变频控制的情况下工作,当用水量增大,1 号泵已经达到 50 Hz 而水压仍不足时,经过短暂的延时后,将 1 号泵切换为工频工作。同时变频器的输出频率迅速降为 0 Hz,然后使 2 号泵投入变频运行。当 2 号泵也达到 50 Hz,而水压仍不足时,又使 2 号泵切换为工频工作,使 3 号泵投入变频运行。反之,当用水减少时,则先从 1 号泵,然后从 2 号泵依次退出工作,完成一次加减泵的循环。

此方案的多台电动机中,只有一台水泵实行变频调速,故节能效果较差。但不失为一种降低设备初期投资的方案。

2."1 控 3"供水电路原理图

下面以"1 控 3"供水系统为例,其电路如图 4-2-16 所示。

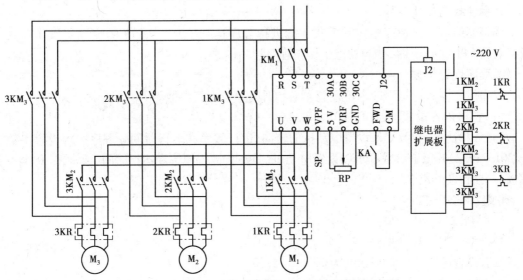

图 4-2-16　BT12S 系列变频器"1 控 3"供水电路原理图

图 4-2-16 中,接触器 $1KM_1$ 用于接通变频器的电源,接触器 $1KM_2$,$2KM_2$,$3KM_2$ 分别用于将各台水泵电动机接至变频器;接触器 $1KM_3$,$2KM_3$,$3KM_3$ 分别用于将各台水泵电动机直接接至工频电源。

以森兰 BT12S 系列变频器为例,说明其配置及使用方法。森兰 BT12S 系列变频器在进行多台切换控制时,须附加一块继电器扩展板,以便控制线圈电压为交流 220 V 的接触器。

目标信号通过操作面板的功能按键设置,或使用电位器 R_P 设置。远传压力表的反馈信号 SP 接在变频器的 VPF 端子。

森兰 BT12S 系列变频器在对"1 控 3"进行功能预置时,除常规的功能外,还须专门针对 1 台变频器控制 3 台水泵设定如下功能:

①电动机台数(功能码:F53)本例中,预置为"2"(1 控 3 模式)。

②启动顺序(功能码:F54)本例中,预置为"0"(1 号机首先启动)。

③附属电动机(功能码:F55)本例中,预置为"0"(无附属电动机)。

④换机间隙时间(功能码:F56)根据电动机的容量大小来设定,容量越大,时间越长。一般情况下,0.5 s 已经足够。

⑤切换频率上限(功能码:F57)通常,以 49～50 Hz 为宜。

⑥切换频率下限(功能码:F58)在多数情况下,以 30～35 Hz 为宜。

可见,采用了变频器内置的切换功能后,切换控制变得十分方便了。近年来,由于变频器在恒压供水领域中的广泛应用,各变频器制造厂商纷纷推出了具有内置"1 控 X"功能的新系列变频器,从而简化了控制系统,提高了可靠性和通用性。

二、程序控制功能与参数

程序控制又称简易 PLC 控制,它是通过设置参数的方式给变频器编制电动机转向、运行频率和时间的程序段,然后用相应输入端子控制某程序段的运行,让变频器按程序输出相应频率的电源,驱动电动机按设置方式运行。

(一)程序控制参数设置

1. 程序控制模式参数(Pr. 79)

变频器只有工作在程序控制模式才能进行程序运行控制。Pr. 79 为变频器操作模式参数,当设置 PL. 79 = 5 时,变频器就工作在程序控制模式。

2. 程序设置参数

程序设置参数包括程序内容设置参数和时间单位设置参数。

(1)程序内容设置参数(Pr. 201 ~ Pr. 230)

程序内容设置参数用来设置电动机的转向、运行频率和运行时间。程序内容设置参数有 Pr. 201 ~ Pr. 230,每个参数都可以设置电动机的转向、运行频率和运行时间,通常将 10 个参数编成一个组,共分成 3 个组。

1 组:Pr. 201 ~ Pr. 210;

2 组:Pr. 211 ~ Pr. 220;

3 组:Pr. 221 ~ Pr. 230。

参数设置的格式(以 Pr. 201 为例):

Pr. 201 = (转向:0 停止,1 正转,2 反转),(运行频率:0 ~ 400),(运行时间:0 ~ 99. 59)

如 Pr. 201 = 1,40,1. 30。

(2)时间单位设置参数(Pr. 200)

时间单位设置参数用来设置程序运行的时间单位。时间单位设置参数为 Pr. 200。

Pr. 200 = 1 单位:min; s;

Pr. 200 = 0 单位:h,min。

(3)Pr. 201 ~ Pr. 230 参数的设置过程

由于 Pr. 201 ~ Pr. 230 每个参数都需要设置 3 个内容,故较一般参数设置复杂,下面以 Pr. 201参数设置为例进行说明。Pr. 201 参数设置步骤如下:

①选择参数号。操作"MODE"键切换到参数设定模式,再按"SET"键开始选择参数号的最高位,按"▲"或"▼"键选择最高位的数值为"2",该过程可参见图 4-1-9 参数设定模式的设置方法,最高位设置好后,按"SET"键会进入中间位的设置,按"▲"或"▼"键选择中间位的数值为"0",再用同样的方法选择最低位的数值"1",这样就选择了"201"号参数。

②设置参数值。按"▲"或"▼"键设置第 1 个参数值为"1"(正转),然后按"SET"键开始设置第 2 个参数值,用"▲"或"▼"键将第 2 个参数值设为"30"(30 Hz),再按"SET"键开始设置第 3 个参数值,用"▲"或"▼"键将第 3 个参数值设为"4. 30"(4:30)。这样就将 Pr. 201 参数设为 Pr. 201 = 1,30,4. 30。按"▲"键可移到下一个参数 Pr. 202,可用同样的方法设置该参数值。

在参数设置过程中,若要停止设置,可在设置转向和频率中写入"0",若无设定,则设置为

"9999"(参数无效)。如果设置时输入4.80,将会出现错误(80超过了59 min或者59 s)。

3.程序运行控制端子

变频器程序控制参数设置完成后,需要使用相应端子控制程序运行。程序运行控制端子的控制对象或控制功能如下。

RH 端子:1 组;

RM 端子:2 组;

RL 端子:3 组;

STF 端子:程序运行启动;

STR 端子:复位(时间清零)。

例如,当STF,RH端子外接开关闭合后,变频器自动运行1组(Pr.201~Pr.210)程序,输出相应频率,让电动机按设定转向、频率和时间运行。

(二)程序控制应用举例

图4-2-17是一个常见的变频器程序控制运行电路,图4-2-18为程序运行参数图。在进行程序运行控制前,需要先进行参数设置,再用相应端子外接开关控制程序运行。

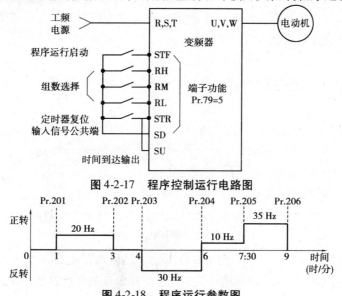

图4-2-17　程序控制运行电路图

图4-2-18　程序运行参数图

1.参数设置程序

参数设置程序如下:

①设置Pr.79=5,让变频器工作在程序控制模式。

②设置Pr.200=1,将程序运行时间单位设为(时/分);

③设置Pr.201~Pr.206,具体设定值及功能见表4-2-6。

2.程序运行控制

将RH端子外接开关闭合,选择运行第1程序组(Pr.201~Pr.210设定的参数),再将STF端子外接开关闭合,变频器内部定时器开始从0计时,开始按如图4-2-19所示程序运行参数曲线工作。当计时到1:00时,变频器执行Pr.201参数值,输出正转、20 Hz的电源驱动电动机运转,这样运转到3:00时(连续运转2 h),变频器执行Pr.202参数值,停止输出电源,当到达4:00时,变频器执行Pr.203参数值,输出反转、30 Hz电源驱动电动机运转,变频器后续的工作情况如图 4-2-18 曲线所示。

表 4-2-6　Pr.201～Pr.206 具体设定值及功能

参数设定值	设定功能
Pr.201 = 1,20,1:00	正转,20 Hz,1 点整
Pr.202 = 0,0,3:00	停止,3 点整
Pr.203 = 2,30,4:00	反转,30 Hz,4 点整
Pr.204 = 1,10,6:00	正转,10 Hz,6 点整
Pr.205 = 1,35,7:30	正转,35 Hz,7 点 30 分
Pr.206 = 0,0,9:00	停止,9 点整

当变频器执行完一个程序组后会从 SU 端输出一个信号,该信号送入 STR 端,对变频器的定时器进行复位,然后变频器又重新开始执行程序组,按图 4-2-18 所示曲线工作。若要停止程序运行,可断开 STF 端子外接开关。变频器在执行程序过程中,如果瞬间断电又恢复,定时器会自动复位,但不会自动执行程序,需要重新断开又闭合 STF 端子外接开关。

（三）PID 控制功能与参数

1. PID 控制原理

PID 控制又称比例微积分控制,是一种闭环控制。下面以如图 4-2-19 所示的恒压供水系统来说明 PID 控制原理。

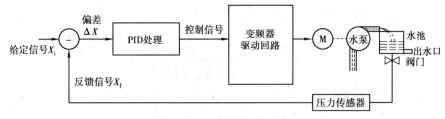

图 4-2-19　恒压供水系统

电动机驱动水泵将水抽入水池,水池中的水除了经出水口提供用水外,还经阀门送到压力传感器,传感器将水压大小转换成相应的电信号 X_f,X_f 反馈到比较器与给定信号 X_i 进行比较,得到偏差信号 $\Delta X(\Delta X = X_i - X_f)$。

若 $\Delta X > 0$,表明水压小于给定值,偏差信号经 PID 处理得到控制信号,控制变频器驱动回路,使之输出频率上升,电动机转速加快,水泵抽水量增多,水压增大。

若 $\Delta X < 0$,表明水压大于给定值,偏差信号经 PID 处理得到控制信号,控制变频器驱动回路,使之输出频率下降,电动机转速变慢,水泵抽水量减少,水压下降。

若 $\Delta X = 0$,表明水压等于给定值,偏差信号经 PID 处理得到控制信号,控制变频器驱动回路,使之输出频率不变,电动机转速不变,水泵抽水量不变,水压不变。

控制回路的滞后性,会使水压值总与给定值有偏差。例如当用水量增多水压下降时,电路需要对有关信号进行处理,再控制电动机转速变快,提高水泵抽水量,从压力传感器检测到水压下降到控制电动机转速加快,提高抽水量,恢复水压需要一定时间。通过提高电动机转速恢复水压后,系统又要将电动机转速调回正常值,这也需一定时间,在这段回调时间内水泵抽水量会偏多,导致水压又增大,又需进行反调。这样的结果是水池水压会在给定值上下波动(振荡),即水压不稳定。采用了 PID 处理可以有效减小控制环路滞后和过调问题(无法彻底消除)。PID 包括 P 处理、I 处理和 D 处理。P(比例)处理是将偏差信号 ΔX 按比例放大,提高控制的灵敏度;I(积分)处理是对偏差信号进行积分处理,缓解 P 处理比例放大量过大引起的超调和振荡;D(微分)处理是对偏差信号进行微分处理,以提高控制的迅速性。

2. PID 控制参数设置

为了让 PID 控制达到理想效果,需要对 PID 控制参数进行设置,PID 控制参数说明见表4-2-7。

表 4-2-7　PID 控制参数说明

参　数	名　称	设定值	说　明		
Pr.128	选择 PID 控制	10	对于加热、压力等控制	偏差量信号输入(端子1)	PID 负作用
		11	对于冷却等控制		PID 正作用
		20	对于加热、压力等控制	检测值输入(端子4)	PID 负作用
		21	对于冷却等控制		PID 正作用
Pr.129	PID 比例范围常数	0.1 ~ 1.0	如果比例范围较窄(参数设定值较小),反馈量的微小变化会引起执行量的很大改变。因此,随着比例范围变窄,影响灵敏性(增益)得到改善,但稳定性变差。例如:发生振荡。增益 $K = 1/$ 比例范围		
		9999	无比例控制		
Pr.130	PID 积分时间常数	0.1 ~ 3 600 s	由积分(I)作用时达到与比例(P)作用时相同的执行量所需要的时间,随着积分时间的减少,到达设定值就越快,但也容易发生振荡		
		9999	无积分控制		
Pr.131	上限值	0 ~ 100%	设定上限,如果检测值超过此设定,就输出 FUP 信号(检测值的 4 mA 等于 0,20 mA 等于 100%)		
		9999	功能无效		
Pr.132	下限值	0 ~ 100%	设定下限(如果检测值超出设定范围,则输出一个报警。同样,检测值的 4 mA 等于 0,20 mA 等于 100%)		
		9999	功能无效		
Pr.133	用 PU 设定的 PID 控制设定值	0 ~ 100%	仅在 PU 操作或 PU/外部组合模式下对 PU 指令有效对于外部操作,设定值由端子 2 ~ 5 间的电压决定(Pr.902 值等于 0 和 Pr.903 值等于 100%)		
Pr.134	PID 微分时间常数	0.01 ~ 10.00 s	时间值仅要求向微分作用提供一个与比例作用相同的检测值,随着时间的增加,偏差改变会有较大响应		
		9999	无微分控制		

3. PID 控制应用举例

图 4-2-20 是一种典型的 PID 控制应用回路,在进行 PID 控制时,先要接好电路,然后设置

PID 控制参数,在设置端子功能参数,最后操作运行。

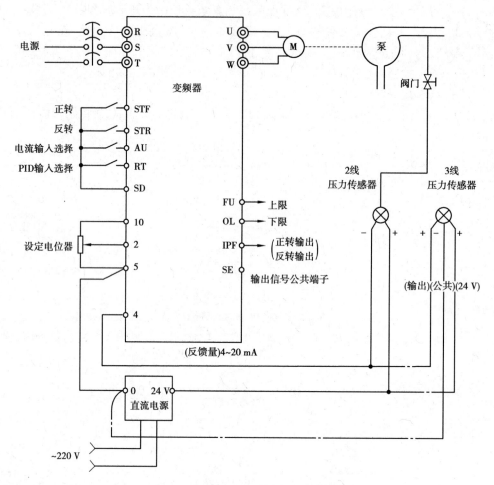

图 4-2-20   一种典型的 PID 控制应用电路

(1)PID 控制参数设置

如图 4-2-20 所示电路的 PID 控制参数设置见表 4-2-8。

表 4-2-8   PID 控制参数设置

参数及设置值	说　明
Pr.128 = 20	将端子 4 设为 PID 控制的压力检测输入端
Pr.129 = 30	将 PID 比例调节设为 30%
Pr.130 = 10	将积分时间常数设为 10 s
Pr.131 = 100%	设定上限值范围为 100%
Pr.132 = 0	设定下限值范围为 0
Pr.133 = 50%	设定 PU 操作时间的 PID 控制设定值(外部操作时,设定值由 2～5 端子间电压决定)
Pr.134 = 3 s	将积分时间常数设为 3 s

（2）端子功能参数设置

PID 控制时需要通过设置有关参数定义某些端子功能,端子功能参数设置见表4-2-9。

表4-2-9　端子功能参数设置

参数及设置值	说　明
Pr. 183 = 14	将 RT 端子设为 PID 控制端,用于启动 PID 控制
Pr. 192 = 16	设置 PID 端子输出正反转信号
Pr. 193 = 14	设置 OL 端子输出下限信号
Pr. 194 = 15	设置 FU 端子输出上限信号

（3）操作

①设置外部操作模式。设定 Pr. 79 = 2,面板" EXT"指示灯亮,指示当前为外部操作模式。

②启动 PID 控制。将 AU 端子外接开关闭合,选择端子4电流输入有效;将 RT 端子外接开关闭合,启动 PID 控制;将 STF 端子外接开关闭合,启动电动机正转。

③变给定值。调节设定电位器,2~5端子间的电压变化,PID 控制的给定值随之变化,电动机转速会发生变化,例如给定值大,正向偏差($\Delta X > 0$)增大,相当于反馈值减小,PID 控制使电动机转速变快,水压增大,端子4的反馈值增大,偏差慢慢减小,当偏差接近0时,电动机转速保持稳定。

④改变反馈值。调节阀门,改变水压大小来调节端子4输入的电流(反馈值),PID 控制的反馈值变化,电动机转速就会发生变化。例如阀门调大,水压增大,反馈值大,负向偏差($\Delta X < 0$)增大,相当于给定值减小,PID 控制使电动机转速变慢,水压减小,端子4的反馈值减小,偏差慢慢减小,当偏差接近0时,电动机转速保持稳定。

⑤PU 操作模式的 PID 控制。设定 Pr. 79 = 1,面板"PU"指示灯亮,指示当前为 PU 操作模式。按"FWD"或"REV"键,启动 PID 控制,运行在 Pr. 133 设定值上,按"STOP"键停止 PID 运行。

三、保护功能与参数

（一）变频器跳闸保护

变频器跳闸保护是指在变频器工作出现异常时切断电源,保护变频器不被损坏。图4-2-21是一种常见的变频器跳闸保护电路。变频器 A,B,C 端子为异常输出端,A,C 之间相当于一个常开开关,B,C 之间相当一个常闭开关,在变频器工作出现异常时,A,C 接通,B,C 断开。

【电路工作过程】

（1）供电控制

按下按钮 SB1,接触器 KM 线圈得电,KM 主触点闭合,工频电源经 KM 触点为变频器提供电源,同时 KM 常开辅助触点闭合,锁定 KM 线圈供电。按下按钮 SB2,接触器 KM 线圈失电,KM 主触点断开,切断变频器电源。

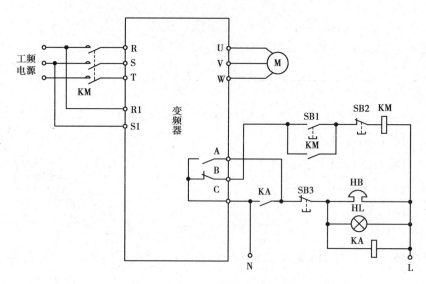

图 4-2-21　变频器跳闸保护电路

（2）异常跳闸保护

若变频器在运行过程中出现异常，A，C 之间闭合，B，C 之间断开。B，C 之间断开使接触器 KM 线圈失电，KM 主触点断开，切断变频器供电；A，C 之间闭合使继电器 KA 线圈得电，KA 触点闭合，振铃 HB 和报警灯 HL 得电，发出变频器工作异常声光报警。按下按钮 SB3，继电器 KA 线圈失电，KA 常开触点断开，HB，HL 失电，声光报警停止。

（二）电子过电流保护功能与参数

过电流是指变频器的输出电流的峰值超出了变频器的容许值。由于逆变器的过载能力很差，大多数变频器的过载能力都只有 50%，允许迟续时间为 1 min。因此变频器的过电流保护，就显得尤为重要。

产生过电流的原因较多，大致可分为以下两种：一种就是在加、减速过程中，由于加、减速时间设置过短而产生的过电流；另一种是在恒速运行时，由于负载或变频器的工作异常而引起的过电流。如：电动机遇到了冲击，变频器输出短路等。

在大多数的拖动系统中，由于负载的变动，短时间的过电流是不可避免的。为了避免频繁跳闸给生产带来的不便，一般的变频器都设置了失速防止功能（即防止跳闸功能），只有在该功能不能消除过电流或过电流峰值过大时，变频器才会跳闸，停止输出。可以通过对变频器失速防止功能的设置来限制过电流，用户根据电动机的额定电流 I_{MN} 和负载的情况，给定一个电流限值 I_{set}（通常该电流给定为 150%I_{MN}）。

如果过电流发生在加、减速过程中，当电流超过 I_{set} 时，变频器暂停加、减速（即维持 f_x 不变），待过电流消失后再进行加、减速，如图 4-2-22 所示。

如果过电流发生在恒速运行时，变频器会适当降低其输出频率，待过电流消失后再使输出频率返回原来的值，如图 4-2-23 所示。

Pr.9 参数用来设置电子过电流保护的电流值，可防止电动机过热，让电动机得到最优性能的保护。在设置电子过电流保护参数时需注意以下几点：

①当参数值设定为 0 时，电子过电流保护（电动机保护功能）无效，但变频器输出晶体管保护功能有效。

②当变频器连接两台或 3 台电动机时,电子过电流保护功能不起作用,需给每台电动机安装外部热继电器。

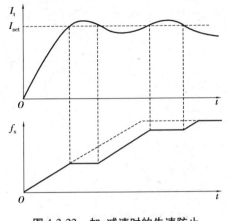

图 4-2-22 加、减速时的失速防止

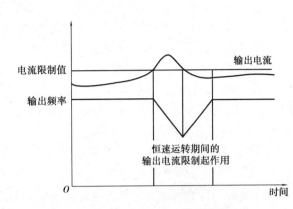

图 4-2-23 恒速时的失速防止

③当变频器和电动机容量相差过大和设定过小时,电子过电流保护特性将恶化,在此情况下,需安装外部热继电器。

④特殊电动机不能用电子过电流保护,需安装外部热继电器。

⑤当变频器连接一台电动机时,该参数一般设定为 $1\sim1.2$ 倍的电动机额定电流。

(三) 电动机过载保护

在传统的电力拖动系统中,通常采用热继电器对电动机进行过载保护。热继电器具有反时限特性,即电动机的过载电流越大,电动机的温升增加越快,容许电动机持续运行的时间就越短,继电器的跳闸也越快。

变频器中的电子热敏器,可以很方便地实现热继电器的反时限特性。检测变频器的输出电流,并和存储单元中的保护特性进行比较。当变频器的输出电流大于过载保护电流时,电子热敏器将按照反时限特性进行计算,算出允许电流持续的时间 t,如果在此时间内过载情况消失,则变频器工作依然是正常的,但若超过此时间过载电流仍然存在,则变频器将跳闸,停止输出。使用变频器的该功能,只适用于一个变频器带一台电动机的情况,如图 4-2-24 所示。

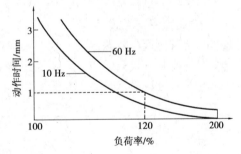

图 4-2-24 电子热敏器反时限特性

如果一个变频器带有多台电动机,则由于电动机的容量比变频器小得多,变频器将无法对电动机的过载进行保护,通常在每个电动机上再加装一个热继电器。

(四) 过电压保护

产生过电压的原因,大致可分为两大类:一类是在减速制动的过程中,由于电动机处于再生制动状态,若减速时间设置得太短,因再生能量来不及释放,引起变频器中间电路的直流电压升高而产生过电压;另一类是由于电源系统的浪涌电压而引起的过电压。对于电源过电压的情况,变频器规定:电源电压的上限一般不得超过电源电压的 10%。如果超过该值,变频器将会跳闸。

对于在减速过程中出现的过电压,也可采用暂缓减速的方法来防止变频器跳闸。可以由用户给定一个电压的限值 U_{set},在减速的过程中若出现直流电压 $U_D > U_{set}$ 时,则暂停减速,如图 4-2-25 所示。

（五）欠电压保护和瞬间停电的处理

当电网电压过低时,会引起变频器直流中间电路的电压下降,从而使变频器的输出电压过低并造成电动机输出转矩不足和过热现象。而欠电压保护的作用,就是在变频器的直流中间电路出现欠电压时,使变频器停止输出。当电源出现瞬间停电时,直流中间电路的电压也将下降,并可能出现欠电压的现象。为了使系统在出现这种情况时,仍能继续正常工作而不停车,现代的变频器大部分都提供了瞬时停电再启动功能。

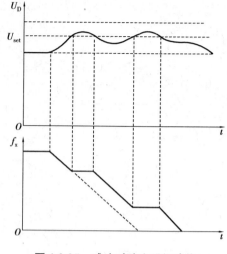

图 4-2-25　减速时防止跳闸功能

四、其他功能与参数

（一）控制方式功能与参数

变频器常用的控制方式有 U/f 控制（压/频控制方式）和矢量控制。一般情况下使用 U/f 控制方式,而矢量控制方式适用于负荷变化较大的场合,能提供大的启动转矩和充足的低速转矩控制方式,其参数说明见表 4-2-10。

在选择矢量控制方式时,需注意以下事项:

①在采用矢量控制方式时,只能一台变频器控制一台电动机,若一台变频器控制多台电动机时,则矢量控制无效。

②电动机容量与变频器所要求的容量相当,最多不能超过一个等级。

③矢量控制方式只适用于三相笼式异步电动机,不适合其他特种电动机。

④电动机级数最好是 2,4,6 级。

表 4-2-10　控制方式参数说明

参数	设定范围	说　　明		
Pr. 80	0.4　55 kW,9 999	9 999	U/f 控制	
		0.4 ~ 55	设定使用的电动机容量	先进磁通矢量控制
Pr. 81	2,4,6,12,14,16,9 999	9 999	U/f 控制	
		2,4,6	设定使用的电动机极数	先进磁通矢量控制
		12,14,16	当 X18（磁通矢量控制—U/f 控制切换）信号接通时,选择 U/f 控制方式（运行时不能进行选择）用 Pr. 180 ~ Pr. 186 中任何一个,安排端子用于 X18 信号的输入 12:对于 2 极电动机 14:对于 4 极电动机 16:对于 6 极电动机	

（二）负载类型选择功能与参数

当变频器配接不同负载时,要选择与负载相匹配的输出特性(U/f 特性)。Pr.14 参数用来设置适合负载的类型。

当 Pr.14 = 0 时,变频器输出特性适用恒转矩负载,如图 4-2-26（a）所示。

当 Pr.14 = 1 时,变频器输出特性适用变转矩负载（二次方律负载）,如图 4-2-26（b）所示。

当 Pr.14 = 2 时,变频器输出特性适用提升类负载（势能负载）,正转时按 Pr.0 提升转矩设定值,反转时不提升转矩,如图 4-2-26（c）所示。

当 Pr.14 = 3 时,变频器输出特性适用提升类负载（势能负载）,反转时按 Pr.0 提升转矩设定值,正转时不提升转矩,如图 4-2-26（d）所示。

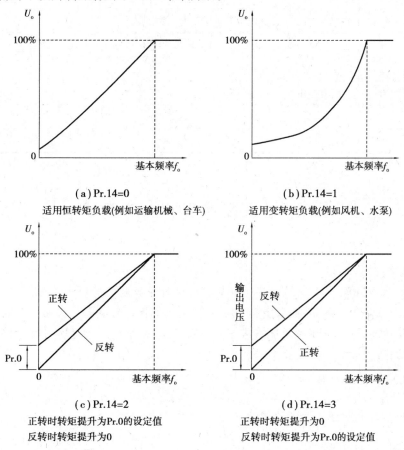

（a）Pr.14=0
适用恒转矩负载（例如运输机械、台车）

（b）Pr.14=1
适用变转矩负载（例如风机、水泵）

（c）Pr.14=2
正转时转矩提升为Pr.0的设定值
反转时转矩提升为0

（d）Pr.14=3
正转时转矩提升为0
反转时转矩提升为Pr.0的设定值

图 4-2-26　负载类型选择参数功能

（三）MRS 端子输入选择功能与参数

当 Pr.17 参数用来选择 MRS 端子逻辑,对于漏型逻辑,在 Pr.17 = 0 时,MRS 端子外接常开触点闭合后变频器停止输出;在 Pr.17 = 2 时,MRS 端子外接常闭触点断开后变频器停止输出。Pr.17 参数功能如图 4-2-27 所示。

（四）禁止写入和逆转防止功能与参数

Pr.77 参数用于设置参数写入允许或禁止,可以防止参数被意外改写。Pr.78 参数用来设置禁止电动机反转,如泵类设备。Pr.77 和 Pr.78 参数说明的具体设置见表 4-2-11。

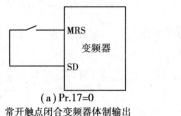
(a) Pr.17=0
常开触点闭合变频器体制输出

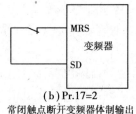
(b) Pr.17=2
常闭触点断开变频器体制输出

图4-2-27　Pr.17 参数功能

表4-2-11　Pr.77 和 Pr.78 参数说明

参数	设定值	说　明
Pr.77	0	在"PU"模式下,仅限于停止可以写入(出厂设定值)
	1	不可写入参数,但 Pr75,Pr.77,Pr.79 参数可以写入
	2	即使运行时也可以写入
Pr.78	0	正转和反转均可(出厂设定值)
	1	不可反转
	2	不可正转

任务 3　变频器与 PLC 的连接

【活动情景】

可编程控制器(PLC),是一种数字运算和操作的电子控制装置。由于 PLC 可通过软件来改变控制过程,且具有体积小、组装灵活、编程简单、抗干扰能力强和可靠性高等优点,在变频器构成的自动控制系统中,许多情况下采用与 PLC 配合使用,由 PLC 提供控制信号(如速度)和指令通信信号(启动、停止、反向)。

【任务要求】

掌握变频器与 PLC 配合使用的基本方法。

一、变频器与 PLC 的连接

可编程逻辑控制器 PLC(Programmable Logic Controller),采用可编程的存储器,用于其内部存储程序,执行逻辑运算,顺序控制,定时,计数与算术操作等面向用户的指令,并通过数字或模拟式输入/输出控制各种类型的机械或生产过程。PLC 实质是一种专门用于工业控制的计算机,其硬件结构基本上与微型计算机相同。基本上由 3 部分组成:中央单元、输入/输出模块和编程单元。在变频器用于交流传动的系统中,配合 PLC 的使用,可使系统实现自动控制。

(一)开关指令信号的输入

变频器的输入信号中包括对运行/停止、正转/反转、点动等运行状态进行操作的开关型指令信号(数字输入信号)。PLC 通常利用继电器触点或具有继电器触点开关特性的元器件(如晶体管)与变频器连接,获取运行状态指令,如图 4-3-1 所示。

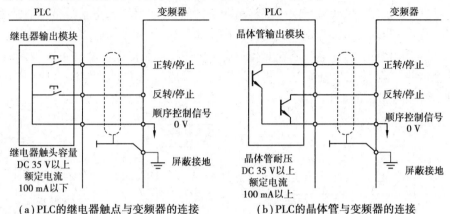

（a）PLC的继电器触点与变频器的连接　　（b）PLC的晶体管与变频器的连接

图 4-3-1　PLC 与变频器的连接

使用继电器触点进行连接时,常因接触不良而带来误动作;使用晶体管进行连接时,则需要考虑晶体管本身的电压、电流容量等因素,保证系统的可靠性。

在设计变频器的输入信号电路时还应该注意到,当输入信号电路连接不当时有时也会造成变频器的误动作。例如,当输入信号电路采用继电器等感性负载,继电器开闭时,产生的浪涌电流带来的噪声有可能引起变频器的误动作,应尽量避免。如图 4-3-2 所示为变频器输入信号接法。

当输入开关信号进入变频器时,有时会产生外部电源和变频器控制电源(DC24 V)之间的串扰。正确的连接是利用 PLC 电源,将外部晶体管的集电极经过二极管接到 PLC,如图 4-3-2所示。

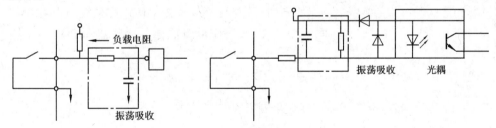

图 4-3-2　变频器输入信号接法

（二）数值信号的输入

变频器数值型(如频率、电压等)指令信号的输入,可分为数字输入和模拟输入两种,数字输入多采用变频器面板上的键盘操作和串行接口来设定;模拟输入则通过接线端子由外部给定,通常是通过 0~10 V(或 5 V)的电压信号或者0(或 4)~20 mA 的电流信号输入。由于接口电路因输入信号而异,故必须根据变频器的输入阻抗选择 PLC 的输出模块。图 4-3-3 为输入信号的抗干扰接法,图 4-3-4 为 PLC 与变频器之间的信号连接图。

当变频器和 PLC 的电压信号范围不同时,例如,变频器的输入信号范围为 0~10 V 而 PLC 的输出电压信号范围为 0~5 V 时,或 PLC 一侧的输出信号电压范围为 0~10 V 而变频器的输入信号电压范围为 0~5 V 时,由于变频器和晶体管的允许电压、电流等因素的限制,则需以串联电阻分压,以确保进行开关时不超过 PLC 和变频器相应部分的容量。此外,在连线时还应该注意将布线分开,保证主电路一侧的噪声不传至控制电路。

通常变频器也通过接线端子向外部输出相应的监测模拟信号,电信号范围通常为 0 ~ 5 V (或 10 V)及 0(或 4) ~ 20 mA 电流信号。无论是哪种情况,都必须注意 PLC 一侧输入阻抗的大小以保证电路中的电压和电流不超过电路的容许值,从而提高系统的可靠性和减少误差。此外,由于这些监测系统的组成互不相同,当有不清楚的地方时最好向厂家咨询。在使用 PLC 进行顺序控制时,由于 CPU 进行处理时需要时间,故总是存在一定时间的延迟。

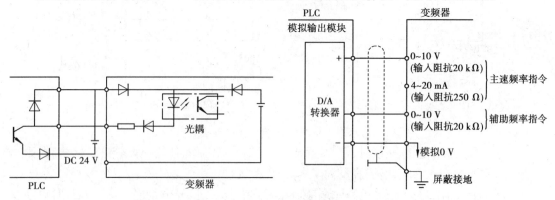

图 4-3-3   输入信号抗干扰接法   图 4-3-4   PLC 与变频器之间的信号连接图

由于变频器在运行过程中会带来较强的电磁干扰,为了保证 PLC 不因变频器主电路的断路器及开关器件等产生的噪声而出现故障,在将变频器和 PLC 等上位机配合使用时须注意:

①对 PLC 本体按照规定的标准和接地条件进行接地。此时,应避免和变频器使用共同的接地线,并在接地时尽可能使两者分开。

②当电源供电质量不高时,应在 PLC 的电源模块以及输入/输出模块的电源线上接入噪声滤波器和降低噪声用的变压器等。此外,如有必要在变频器一侧也应采取相应的措施。

③当把变频器和 PLC 安装在同一操作柜中时,应尽可能使与变频器和 PLC 有关的电线分开。

④通过使用屏蔽线和双绞线达到提高抗噪声水平的目的。

二、PLC 与变频器连接实现多挡转速控制

几乎所有的变频器都设置有多挡转速的功能,各挡转速间的转换是由外接开关的通断组合来实现的。3 个输入端子可切换 8 挡转速(包括 0 速)。对三菱 FR-A54O 系列变频器来说,3 个输入端分别用 RL,RM,RH 来表示。对森兰 SB60 系列变频器来说,需用编程的方法,将 X1,X2,X3 定义为多挡频率端子。但外接开关对于每挡转速通常只有一对触点来控制。这里,必须解决好由一对触点控制多个控制端的问题,常用的方法是通过 PLC 来进行控制。

例如,某机床有 8 挡转速(0 挡转速为 0),由手柄的 8 个位置来控制,每个位置只有一对触点。一般来说,实现一对触点与多个控制端之间的切换,采用 PLC 控制是比较方便的。现以三菱 FR-A540 系列变频器为例,其电路如图 4-3-5 所示。

图 4-3-5 中,SA$_1$ 用于控制 PLC 的运行;SB$_1$ 和 SB$_2$ 用于控制变频器的通电;SB$_3$ 和 SB$_4$ 用于控制变频器的运行;SB$_5$ 用于控制变频器的复位;SA$_2$ 用于控制 8 挡转速的切换开关。

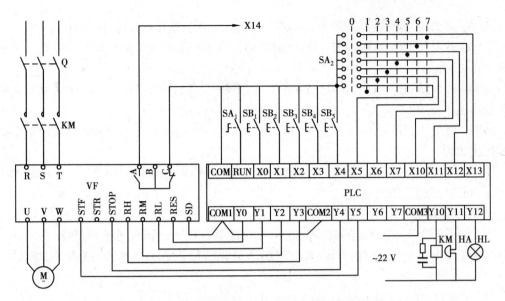

图 4-3-5 PLC 与变频器连接实现多挡转速控制电路

(一)功能预置

主要预置与各挡转速对应的频率,预置如下:

Pr. 4——第 1 挡工作频率:$f_{x1} = 15$ Hz。

Pr. 5——第 2 挡工作频率:$f_{x2} = 30$ Hz。

Pr. 6——第 3 挡工作频率:$f_{x3} = 40$ Hz。

Pr. 24——第 4 挡工作频率:$f_{x4} = 50$ Hz。

Pr. 25——第 5 挡工作频率:$f_{x5} = 35$ Hz。

Pr. 26——第 6 挡工作频率:$f_{x6} = 25$ Hz。

Pr. 27——第 7 挡工作频率:$f_{x7} = 10$ Hz。

(二)梯形图

如图 4-3-6 所示为 PLC 实现多挡转速梯形图。现对梯形图说明如下:

(1)变频器的通电控制(A 行)

①按下 SB_1→X0 动作→Y10 动作→接触器 KM 得电并动作→变频器接通电源。

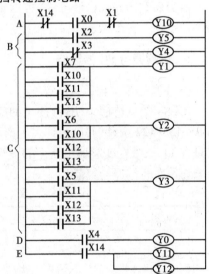

图 4-3-6 PLC 实现多挡转速梯形图

②按下 SB_2→Xl 动作→Y10 释放→接触器 KM 失电→变频器切断电源。

(2)变频器的运行控制(B 段)

由于 X3 未动作,其动断触点处于闭合状态,故 Y4 动,使 STOP 端与 SD 接通。由于变频器的 STOP 端接通,可以选择启动信号自保持,所以正转运行端(STF)具有自锁功能。

①按下 SB_3→X2 动作→Y5 动作→STF 工作并自锁→系统开始加速运行。

②按下 SB_4→X3 动作→Y4 释放→STF 自锁失效→系统开始减速停止。

(3)多挡转速控制(C 段)

①SA_2 旋至"1"位→X5 动作→Y3 动作→变频器的 RH 端接通→系统以第 1 挡速运行。

②SA_2 旋至"2"位→X6 动作→Y2 动作→变频器的 RM 端接通→系统以第 2 挡速运行。

③SA₂ 旋至"3"位→X7 动作→Y1 动作→变频器的 R1 接通→系统以第 3 挡速运行。

④SA₂ 旋至"4"位→X10 动作→Y1 和 Y2 动作→变频器的 RL 端和 RM 端接通→系统以第 4 挡速运行。

⑤SA₂ 旋至"5"位→X11 动作→Y1 和 Y3 动作→变频器的 RL 端和 RH 端接通→系统以第 5 挡速运行。

⑥SA₂ 旋至"6"位→X12 动作→Y2 和 Y3 动作→变频器的 RM 端和 RH 端接通→系统以第 6 挡速运行。

⑦SA₂ 旋至"7"位→X13 动作→Y1,Y2 和 Y3 都动作→变频器的 RL 端、RM 端和 RH 端都接通→系统以第 7 挡速运行。

(4)变频器报警(E 段)

当变频器报警时,变频器的报警输出 A 和 B 接通→X14 动作,一方面,Y10 释放(A 行)→接触器 KM 失电→变频器切断电源;另一方面,Y11 和 Y12 动作→蜂鸣器 HA 发声,指示灯 HL 亮,进行声光报警。

(5)变频器复位(D 行)

当变频器的故障已经排除,可以重新运行时,按下 SB₅→X4 动作→Y0 动作→变频器的 RES 端接通→变频器复位。

三、变频器与 PC 的通信

(一)串行接口与通信协议

在数字信息传输中,串行接口的应用越来越广泛。目前主要使用的串行接口有 RS-232 和 RS-485/422 两种,并已被许多生产厂家应用于变频器中。由于 RS-232 串行接口适用的范围只有 30 m,故在变频器中使用的多为 RS-485 串行接口,传输距离最大可达 500 m。表 4-3-1 给出几种串行接口的规范。

表 4-3-1　几种串行接口的规范

原理图示	应用标准	连接单元数量	最大距离/m	连线的数量	信号电平/V
	RS-232 (点对点)	1 发送器 1 接收器	15	双工: 最少 3 线 + 各状态信号	最小 ±5 最大 ±15
	RS-422 (点对点)	1 发送器 10 接收器	1 200	双工: 最少 3 线 + 各状态信号	最小 ±3.6 最大 ±6
	RS-422 (点对点)	1 发送器 10 接收器	1 200	双工:4	最小 ±2
	RS-485 (点对点)	31 发送器 31 接收器	1 200	半双工:2	最小 ±1.5

为使变频器和 PC 间通过串行接口来交换信息,需要一个通信协议。目前厂家使用各自的通信协议,并没有一个统一的标准,但有相似之处。一般来说,协议都规定了信息的最大长度和每一数据在信息链上的位置。此外,该协议还提供如下的功能:

①所用部件的选择(地址)。

②部件的数据需求(例如:额定电流及电压值)。

③通过地址将数据传输给各部件(例如:电压或电流的额定值、电流或频率的极限值)。

④将数据传输给所有单元,使其执行诸如同时停止或启动这样的指令。

在 PC 和变频器之间被传输的信号有 3 种。

①控制信号(如速度、启动、停止、反向)。

②状态信号(如电动机电流、频率、达到的频率)。

③报警信号(如电动机停止、过热)。

变频器先从 PC 接收控制信号,然后控制电动机。变频器将状态信号发送给 PC 并提供有关控制信号,对电动机或某一过程进行控制。如果出现不正常情况或运行参数超限,则报警信号被传送给 PC,PC 可通过 RS-485 串行接口来控制多台变频器或遥控从属于其他控制面板的设备。

(二)变频器与微机通信举例

下面以日本 FUJI 变频器 FRENIC11S 为例加以说明。

变频器与微机采用 RS-485 串行接口进行通信,最大组成为 1 台主机连接 31 台变频器。串行通信所完成的功能主要有:运行、停止的控制;频率(转速)值的设定;运行状态的监视;维护和报警状况的监视等。

1.传送规范

变频器与微机进行通信,需制定一定的传送规范,见表 4-3-2。

表 4-3-2 变频器与微机进行通信传送规范

项 目	规 范
物理电平	EIARS-485(和 RS-232C 主机连接时,应使用专用的通信电平变换器)
传送距离/m	最大可达 500
连接台数	主机 1 台,变频器 31 台(站号:01~31)
传送速度/(bit×s^{-1})	19 200、9 600、4 800、2 400、1 200
同步方式	起始—停止同步
传送协议	查询/选择、广播
字符代码/bit	7ASCII
字符长/bit	8,7 可选
停止位长/bit	1,2 可选
帧长/bit	一般传送 16
奇偶校验	奇校验、偶校验或不用(可选)
错误检查方式	校验和
传送方式	半双工

2.连接

变频器与微机通信系统的连接框图如图 4-3-7 所示。

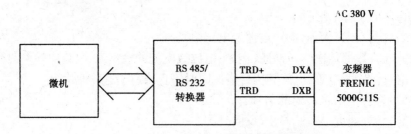

图 4-3-7 变频器与微机通信系统的连接框图

由于目前使用的 PC 及工控机串行接口多采用 RS-232C,因而需外加 RS-232C 或 RS-485 的电平转换器。RS-485 串行接口的输入、输出端子有 2 线式和 4 线式两种,2 线式其输入、输出(驱动、接收)在内部连接;4 线式其输入、输出(驱动、接收)在外部分开连接。

为了防止干扰影响,配线应尽可能短,连接的变频器应分配不同的站号,连接示意图如图 4-3-8 所示。

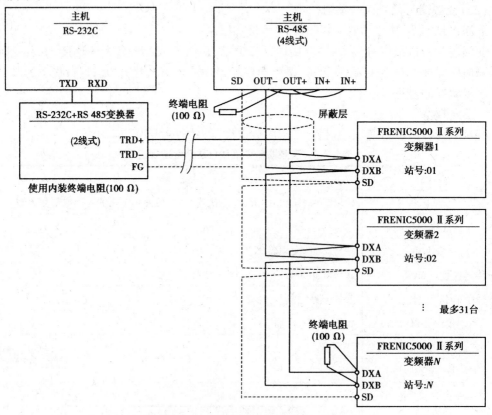

图 4-3-8 FRENIC5000OG11S 变频器串行通信连接示意图

串行通信电缆抗干扰措施连接示意图如图 4-3-9 所示。

3. 传送方式

对于应答电文的形态,采用查询/选择方式。变频器常处于等待主机选择和查询状态。变频器在待机状态时,符合编号的站接受主机的要求帧,判断为正常收信后,对要求进行处理,返回肯定应答帧(如为查询则数据和应答一起返回);如判断为不正常收信后,则返回否定应答帧。此外,对于选择所有站的广播方式,则不返回应答信号,其信息传送方式如图 4-3-10

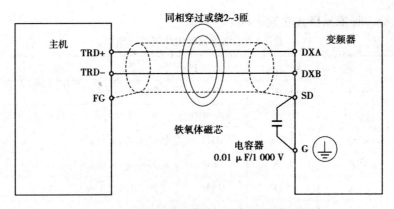

图4-3-9 串行通信电缆抗干扰措施连接示意图

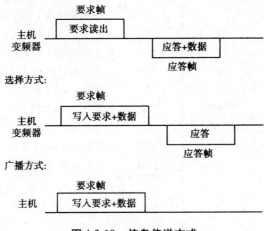

图4-3-10 信息传送方式

所示。

传送帧的格式有两种:适用于所有通信功能的标准帧和仅限于输入变频器命令和监视的高速通信用的选用帧。标准帧和选用帧一样,构成帧的所有字符(包括 BCC)都用 ASCII 代码表示。

(1)标准帧格式

①主机→变频器。

SOH	站号	ENQ	命令	种类	功能代码	SP	数据	ETX	BCC

②变频器→主机。

有效方式

SOH	站号	ACK	命令	种类	功能代码	SP	数据	ETX	BCC

无效方式

SOH	站号	NAK	命令	种类	功能代码	SP	数据	ETX	BCC

③功能代码。标准帧格式功能代码见表4-3-3。

表4-3-3　标准帧格式功能代码表

字节	字　段	ASCII值	十六进制	说　明
0	SOH	SOH	01H	1位电文开始标志
1	站号	"0~9"	30~39H	2位十进制的变频器站地址
2	ENQ	ENQ	05H	传送要求(1位)
	ACK	ACK	06H	回答标志(1位)
	NAK	NAK	15H	无回答标志(1位)
		"R"	52H	查询(1位)
3	命令	"W"	57H	选择(1位)
		"A"	41H	高速应答选择(1位)
		"E"	45H	报警复位(1位)
4	种类	"F"	46H	基本功能(1位)
		"E"	45H	端子功能(1位)
		"C"	43H	控制功能(1位)
		"H"	48H	高级功能(1位)
		"O"	6FH	选件功能(1位)
		"S"	53H	命令功能(1位)
		"M"	4DH	监视功能(1位)
5	功能代码			功能代码(两位十进制数)
6	SP		20H	1位固定空格
7	数据			4位十六进制数
8	ETX	ETX	03H	1位电文结束标志位
9	BCC			2位十六进制的校验和

(2)选择帧格式

①主机→变频器。

SOH	站号	ENQ	命令	数据	ETX	BCC

②变频器→主机。

有效方式

SOH	站号	ACK	数据	ETX	BCC

无效方式

SOH	站号	NAK	命令	ETX	BCC

③功能代码。

选择帧格式功能代码见表4-3-4。

表4-3-4 选择帧格式功能代码表

字节	字 段	ASCII 值	十六进制	说 明
0	SOH	SOH	01H	1 位电文开始标志
1	站号	"0~9"	30~39H	2 位十进制的变频器站地址
2	ENQ	ENQ	05H	传送要求(1 位)
	ACK	ACK	06H	回答标志(1 位)
	NAK	NAK	15H	无回答标志(1 位)
3	命令	"a"	61H	由操作面板设定频率(1 位)
		"e"	65H	通信设定频率(1 位)
		"f"	66H	运行操作命令(1 位)
		"m"	6DH	报警复位(1 位)
4	数据			4 位十六进制数
5	ETX	ETX	03H	1 位电文结束标志位
6	BCC		20H	2 位十六进制的校验和

（3）要求帧格式

①主机→变频器。

SOH	站号	ENQ	命令	数据	ETX	BCC

②变频器→主机。

有效方式

SOH	站号	ACK	数据	ETX	BCC

无效方式

SOH	站号	NAK	命令	ETX	BCC

③功能代码。

选择帧格式功能代码见表4-3-5。

标准帧、选择帧和要求帧三者都是采用 ASCII 代码来表示构成帧的所有字符,只是传送帧的长度不同。其中,校验和 BCC 为从站号开始的每位 ASCII 代码(除 SOH 和 BCC 外)所对应的十六进制数之和的后两位数。

例如,通过 PC 来设定第 12 号变频器的频率为 40 Hz。即站号(12)、命令(写入"W")、种类(指令频率"S")、功能代码(05)、数据(OFAO-40 Hz 的十六进制)。其校验和 BCC 的计算方法(以要求帧主机向变频器发送的信息为例)见表4-3-6。

表 4-3-5 要求帧格式功能代码表

字节	字 段	ASCII 值	十六进制	说 明
0	SOH	SOH	01H	1 位电文开始标志
1	站号	"0 ~ 9"	30 ~ 39H	2 位十进制的变频器站地址
2	ENQ	ENQ	05H	传送要求(1 位)
	ACK	ACK	06H	回答标志(1 位)
	NAK	NAK	15H	无回答标志(1 位)
3	命令	"g"	67H	输出频率(1 位)
		"h"	68H	转矩(1 位)
		"i"	69H	输出电流(1 位)
		"j"	6AH	输出电压(1 位)
		"k"	6BH	运行状态监视
4	数据			4 位十六进制数
5	ETX	ETX	03H	1 位电文结束标志位
6	BCC		20H	2 位十六进制的校验和

表 4-3-6 校验和 BCC 的计算方法

名 称	符 号	对应 ASCII 代码的十六进制数值
站号	12	31H
		32H
传送要求标志	ENQ	05H
命令	W	57H
种类	S	53H
功能代码	05	30H
		35H
空格	" "	20H
数据	0FA0	30H
		46H
		41H
		30H
结束标志	ETX	03H
对应 ASCII 代码的十六进制数值总和		3281H

检验和 BCC 取总和值的最后两位即为 81H,即要求帧为:

①主机→变频器。

| SOH | 12 | ENQ | W | S | 05 | SP | 0FA0 | ETX | 81 |

②变频器→主机。

应答有效方式

| SOH | 12 | ACK | W | S | 05 | SP | 0FA0 | ETX | 82 |

应答无效方式

| SOH | 12 | NAK | W | S | 05 | SP | 004C | ETX | 81 |

4.微机通信程序

在变频器和PC启动后,传送帧的通信应按照一定顺序来完成。在PC一侧无论是读出还是写入,都必须识别应答后,再发下一帧。若变频器在一定时间内无应答,则需作为超时进行重发。

PC查询顺序框图如图4-3-11所示(控制程序略)。

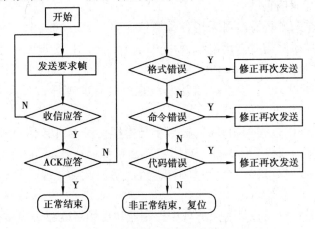

图 4-3-11 PC 查询顺序框图

任务4 变频器的总线控制

【活动情景】

变频器在自控领域的发展,是变频器应用的重要方面。变频自动化系统的组构离不开现场总线控制。

变频总线控制的特点,就是通过总线实现对变频器的监控,用数字通信实现信号传输。本任务从实际应用出发,研究和探索了变频器行业的现场总线,并以 Profibus 和 CC-Link 为例,介绍了现场总线的概况、组成、总线适配器及其在变频控制系统中的应用。

【任务要求】

掌握变频自控总线控制系统的构成,能够对变频器的总线适配器进行组态。

一、变频器总线系统的组成

(一)现场总线的基本概念及特点

1.现场总线的概念

现场总线控制系统(Fieldbus Control System,FCS)是用开放的现场总线控制通信网络,将自动化最底层的现场控制器和现场智能仪表设备互连的实时网络控制系统。它遵循 ISO 的 OSI 开放系统互连参考模型的全部或部分通信协议。

一般而言,现场总线与局域网的区别有如下两点。

①按功能比较,现场总线连接自动化最底层的现场控制器和现场智能仪表设备,网线上传输的是小批量数据信息,如检测信息、状态信息、控制信息等,传输速率低,但实时性高。简而言之,现场总线是一种实时控制网络。局域网用于连接局部区域的各台计算机,网线上传输的是大批量的数字信息,如文本、声音、图像等,传输速率高,但不要求实时性。从这个意义而言,局域网是一种高速信息网络。

②按实现方式比较,现场总线可采用各种通信介质,如双绞线、电力线、光纤、无线、红外线等,实现成本低。局域网需要专用电缆,如同轴电缆、光纤等,实现成本高。

根据国际电工委员会(International ElectrotechniCal CommiSSion,IEC)标准和现场总线基金会(FieldbuS Foundation,FF)的定义,现场总线是连接智能现场设备和自动化系统的数字式、双向传输、多分支结构的通信网络。

现场总线主要是面向过程控制,除传输数字与模拟信号的直接信息外,还可传输控制信息,网络交换的数据单元是帧(Frame)。与集散控制系统(Distributed Control System,DCS)相比,现场总线控制系统具有可靠性高、更好的安全性、互换性和互操作性、开放性及分散性等优点。

总之,现场总线是将自动化最底层的现场控制器和现场智能仪表设备互连的实时控制通信网络,它遵循 ISO/OSI 开放系统互联参考模型的全部或部分通信协议。

2.现场总线控制系统的特点

(1)开放性和可互操作性

开放性意味 FCS 将打破 DCS 大型厂家的垄断,给中、小企业的发展带来了平等竞争的机遇。可互操作性实现控制产品的"即插即用"功能,从而使用户对不同厂家工控产品有更多的选择余地,可以自由选择不同品牌设备。所有现场总线产品采用统一的标准,这使用户可以自由选择不同制造商所提供的设备。同时,现场总线采用完全分散的数据库概念。任何同现场总线接口的人机界面都可显示有关信息,这样就不会有重复的、不一致的数据库。现场总线只使用一个数据库,即分散于现场仪表中的数据库,人机界面就是从此数据库中获取"定标数据"的,手持终端所查询检索的也是同一个数据库。

(2)低成本

衡量一套控制系统的总体成本,不仅要考虑其造价,而且应该考察系统从安装调试到运行维护整个生命周期内总投入。相对 DCS 而言,FCS 开放的体系结构和 OEM 技术将大大缩短开发周期,降低开发成本,且彻底分散的分布式结构将1对1模拟信号传输方式变为1对N的数字信号传输方式,节省了模拟信号传输过程中大量的A/D、D/A转换装置、布线安装成本和维护费用。因此,从总体上来看,FCS的成本大大低于DCS的成本。

由于现场总线的通信是全数字式的且它的控制功能完全由现场设备去执行,因此不需要输入、输出及其他控制板;而且现场装置可直接与操作台相连,不再需要用于连接各控制板的"数据高速公路",上述各部分的冗余在现场总线系统里自然也就不再需要了。现场总线系统只保留DCS中的现场设备及操作站,操作站已不再是系统的关键部分。

(3)组态简单

由于所有现场设备都引入了功能模块,组态变得非常相似或简单,不需要因为自动化设备种类不同或组态方法的不同而进行培训或学习编程语言。所有的生产厂商都使用相同的现场总线功能模块。功能模块是以用户自定义的标识符和标准参数为基础的,用户可以根据标识符来指定某一设备,无须考虑设备地址、存储记忆地址和比特编号等。组态可通过计算机编辑,然后下载至现场自动化设备。

(4)查询检索更多的信息及诊断状况

数字通信使用户从控制室中查询检索所有设备的数据、组态、运行和诊断信息成为现实。而且现场总线的多变量特性为仪表及其他自动化设备的革新提供了更广阔的天地。

现场设备的自诊断功能使故障可以及时地被报告,使检修人员在事故发生之前可及时确定潜在事故地点并进行维修。硬件(如传感器、执行器和记忆单元)故障、软件故障(如组态和校准)都能够被及时报告。

现场总线设备能够模拟输入值和输出值,这使得在控制室内便能够测试系统对故障及过程状况的反应。现场总线可以存储有用的信息以便于维修,使信息不会丢失。大量的有用信息也被存储于自动化设备中,这些既可以从手持终端获取,又可从操作站获取。

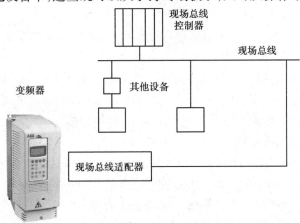

图4-4-1　现场总线适配器

(二)变频总线控制系统的构成

1.变频器的现场总线适配器

变频总线控制系统的特点,就是通过总线可以控制和监控变频器。在该系统中如果变频器要与现场总线控制系统很好地融合,就必须使用专用的现场总线适配器,如图4-4-1所示。一般而言,变频器的现场总线适配器是易拆装的模块,它能很方便地安装在变频器内部。由于现场总线模块的应用范围广,可以连接不同的可编程序控制器主站,因此,用户有很大的自由性来选择与变频器相配合的自动化系统。

2. 变频总线控制系统的特点

(1)对传动进行控制

通过现场总线,沟通上位控制系统和变频器传动之间的联系。通过传递控制字,可以实现对传动的多种控制功能。例如,启动、停止、复位、控制斜坡发生器的斜率,以及传递与速度、转矩、位置等有关的给定值或实际值。

以通用变频器为例,其传动控制如图 4-4-2所示。

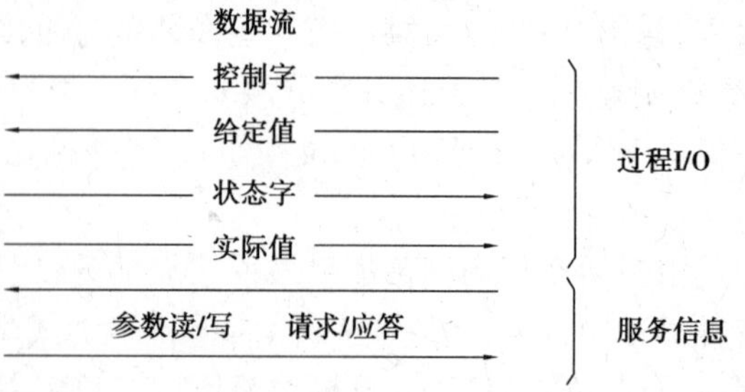

图 4-4-2 总线控制示意图

(2)对传动进行监测

传动内部的转矩、速度、位置、电流等一系列参数或实际值都可以设定循环发送模式,以满足生产过程中快速的数据传送。

(3)对传动进行诊断

准确、可靠的诊断信息可以从传动设定的报警、极限和故障字中获得,这样就可以降低传动的停机时间,因而减少了生产的停工时间。

(4)对传动参数的处理

生产过程中的所有参数的上传或下载都可以通过读/写参数来完成。

(5)方便的扩展

串行通信简化了模块化机械设计的升级问题,使得以后的升级更为简单。

(6)减少安装时间和成本

在电缆方面,用双绞线替换了大量传统传动控制电缆,不但降低了成本,而且提高了系统的稳定性。

在设计方面,由于软、硬件采用了模块化结构,缩短了现场总线控制安装的工期。

在调试和装配方面,由于采用了模块化的机械配置,可以对系统中功能各自独立的部分进行预先调试。模块化的结构使得系统的安装变得简单、快捷。

3. 变频总线控制系统的发展潜力

从目前国内、外自动化控制系统所应用的现场总线来看,主要有 Profibus, Modbus, Lonworks, FF, Hart, CAN 等现场总线。总线系统大多采用单一的现场总线技术,即整个自动化控制系统中只采用一种现场总线,整个系统构造比较单一。当然,还有两种或两种以上的现场总线系统共存的情况,这时可以通过总线桥原理来实现现场总线之间的调配。

从实际应用情况来看,变频器行业的现场总线已不仅仅是一个新技术领域或新技术问题,在研究它的同时,发现它已经改变了人们的观念;如何去看待在变频器应用中使用现场总线,要比研究它的技术细节更为重要。

(1)现场总线是一个巨大的商业机会

权威报告声称:现场总线的应用将使变频控制系统的成本下降67%;巨大的商业利益直接导致产生一个巨大的市场,并且促使传统的变频器控制市场萎缩,从而引发技术进步。这些对于变频器行业来说都非常重要,因为我们正处在新旧市场交替的关口。

(2)现场总线是一场技术革命

现场总线带来了观念的变化,以往开发变频器新产品,往往只注意变频器产品本身的性能指标,比如矢量控制的转矩特性、转速精度特性等,对于变频器与其他相关产品的关联考虑得较少。这样对于变频器行业来说,新产品就不容易被用户接收。而现场总线产品却恰恰相反,它是一个由用户利益驱动的市场,用户对新产品应用的积极性比生产商更高。然而,变频器现场总线新产品的开发也与传统产品不同;它是从系统构成的技术角度来看待问题,它注重的是系统整体性能的提高,不强求局部最优,而是整体的配合。这种配合在主控计算机软件运行下能使控制系统应用新的理论来发挥最大的效能;这一点是传统变频器产品很难做到的。总之,现场总线的"负跨越"(指在技术水平提高的同时,掌握和应用这项新技术的难度却降低了)特性使它在变频器应用中的推广将会越来越积极,越来越为用户所接受。

二、变频器与 Profibus 组成的总线控制

(一)Profibus 总线

1. 概况

Profibus,是一种开放而独立的总线标准,在机械制造、工业过程控制、智能建筑中充当通信网络。Profibus 由 Profibus-PA, Profibus-DP 和 Profibus-FMS 3 个系列组成。Profibus-PA(Process Automation)用于过程自动化的低速数据传输,其基本特性同 FF 的 H1 总线,可以提供总线供电和本质安全,并得到了专用集成电路(ASIC)和软件的支持。Profibus-DP 与 Profibus-PA 兼容,基本特性同 FF 的 H2 总线,可实现高速传输,适用于分散的外部设备和自控设备之间的高速数据传输,用于连接 Profibus-PA 和加工自动化。Profibus-FMS 适用于一般自动化的中速数据传输,主要用于传感器、执行器、电气传动、PLC、纺织和楼宇自动化等。后两个系列采用 RS485 通信标准,传输速率从 9.6 kb/s ~ 12 Mb/s,传输距离从 100 ~ 1 200 m(与传输速率有关)。介质存取控制的基本方式为主站之间的令牌方式和主站与从站之间的主从方式,以及综合这两种方式的混合方式。Profibus 是一种比较成熟的总线,在工程上的应用十分广泛。

Profibus 是一种国际化、开放式、不依赖于设备生产商的现场总线标准,总线存取协议是通过 OSI 参考模型第二层(数据链路层)来实现的,它包括了保证数据可靠性技术及传输协议和报文处理。由 Profibus-FMS,Profibus-DP 和 Profibus-PA 组成了 Profibus 系列。Profibus-FMS 主要用于工厂、楼宇自动化的单元级,实现对变量的访问、程序调用、运行控制及事件管理等;Profibus-DP 主要用于现场级的高速数据传输、解决自动控制系统(如 PLC,PC 等)通过高速串行总线与分散的现场设备(I/O、驱动器、阀门等)之间的通信任务。Profibus-PA 是 Profibus-DP 在保持其通信协议的条件下,增加了对现场仪表而言优选的传输技术,是 Profibus-DP 向现场的延伸。

2. 变频器的现场总线适配器

如果要连成一个变频器组的现场总线网络,那么总线适配器是必不可少的。以艾默生变频器的 Profibus 总线适配器为例,介绍一下适配器的构造和功能。

(1)总线基本结构

艾默生变频器 Profibus 总线适配器为 TDS-PA01,其基本结构如图 4-4-3 所示。

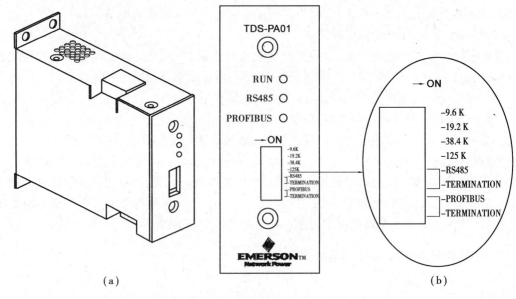

(a) (b)

图 4-4-3　TDS-PA01 外形结构图

TDS-PA01 是针对 TD 系列变频器开发的 Profibus-DP 适配器,变频器与 TDS-PA01 之间通过串行 RS485 总线进行连接,最高通信速率 125 Kbps,可满足现场控制的要求。

TDS-PA01 符合 Profibus-DP 协议标准 EN50170,并符合变速传动行规 PROFIDRIVE (PROFIBUSFROFILE3.072)。

TDS-PA01 的特点为:与变频器之间通信采用 RS485 通信协议;与变频器的物理接口为双绞线;与变频器之间的通信波特率从 38.4～125 kb/s;Profibus 接口为双绞线;Profibus 的最高波特率为 6 Mb/s。

现场总线适配器兼容所有支持 Profibus 通信协议的主站,如 Siemens,MODICON,AB 等系列 PLC 和各类主站插卡,其总线基本结构如图 4-4-4 所示。

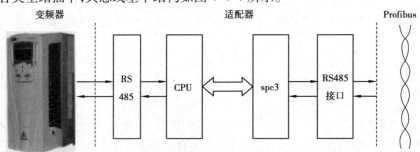

图 4-4-4　总线基本结构图

使用该总线适配器,使得艾默生变频器可以在新的现场总线控制系统中采用带现场总线接口的变频器;可以在原有的现场总线系统中用变频器进行设备升级和替换,如艾默生变频器 TD2000 功能已经不能满足传动控制的需要,则可以使用 EV2000 或 TD3000 变频器,而无需改变系统的整体框架;可以借助现场总线适配器方便地将传统控制系统升级为现场总线控制系统,使得控制精度和控制决策更加先进。

（2）总线适配器的接线

艾默生现场总线 TDS-PA01 的接线端子定义如表 4-4-1 所示。

表 4-4-1　TDS-PA01 的接线端子定义

端子符号	端子名称	功能说明
P24	24 V 电源 +	现场总线适配器供电
COM	24 V 电源 −	现场总线适配器供电
RS485 +	RS485 接口	与变频器通信的数据线
RS485 −	RS485 接口	与变频器通信的数据线
A	数据线负极	Profibus 数据线
B	数据线正极	Profibus 数据线
DG	数字地	Profibus 通信数字地
PE	地线	保护地

显然，它分成两部分的接线，即与变频器的内部接线和与总线网络 Profibus 的接线。总线适配器与变频器的内部接线可采取以下两种方式，如图 4-4-5 和图 4-4-6 所示。

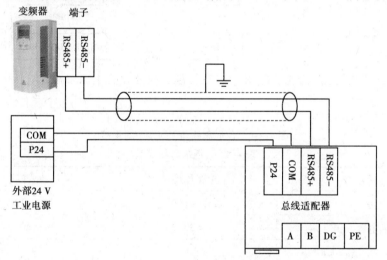

图 4-4-5　总线适配器与变频器接线方法一

两者的唯一区别在于电源的接线，即方法一采用外接法；方法二采用内置法，但必须注意变频器内部 24 V 的容量。

总线适配器与变频器内部接线建议采用屏蔽双绞线，且屏蔽层接地；导线的长短应视变频器与现场总线适配器的安装距离由用户自己确定，但长度不能超出变频器手册中规定的 RS485 通信距离。

现场总线与适配器的连接如图 4-4-7 所示。

在总线网络中，所用的 Profibus 通信导线类型及其传输距离可参照表 4-4-2 和表 4-4-3 所列的数据。

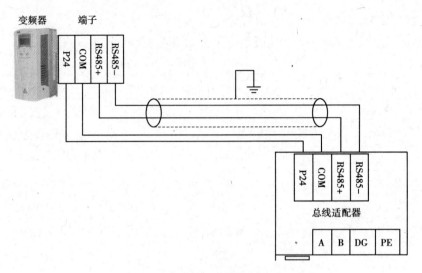

图 4-4-6　总线适配器与变频器接线方法二

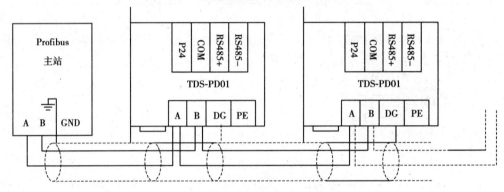

图 4-4-7　现场总线与 Profibus 的连接

表 4-4-2　通信导线类型

参　　数	A 型导线	B 型导线
阻抗/Ω	135 ~ 165	100 ~ 130
单位长度电容/$(pF \cdot m^{-1})$	< 30	< 60
回路电阻/$(\Omega \cdot km^{-1})$	110	—
线芯直径/mm	0.64	> 0.53
A 线芯面积/mm^2	> 0.34	> 0.22

表 4-4-3　通信导线传输距离

传输率/$(kb \cdot s^{-1})$	9.6	19.2	93.75	187.5	500	1 500	12 000
导线 A/m	1 200	1 200	1 200	1 000	400	200	100
导线 B/m	1 200	1 200	1 200	600	200	—	—

3. 现场总线的网络组构和功能

艾默生变频器按照如图 4-4-8 所示进行网络总线组构。

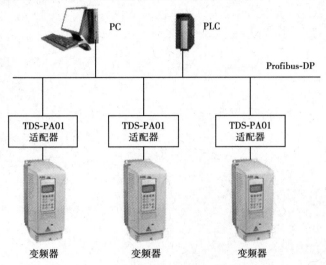

图 4-4-8   艾默生变频器网络组构图

在这个总线网络中,TDS-PA01 总线适配器实现的主要功能如下:向变频器发送启停和点动等控制命令;向变频器发送速度和频率给定信号;从变频器读取工作状态信息和实际值;修改变频器的功能码设置;对变频器进行故障复位。

4. 变频器的参数设置和软件配置

完成对总线适配器的正确接线后,就必须对变频器的参数进行设置,主要包括变频器的通信控制方式和通信参数配置,前者主要包括频率控制方式和端子控制方式,后者主要包括通信波特率、站地址和 PPO 协议类型,以保持与主站的协调一致。任何一个现场总线适配器都包含了电子数据库文件,即 GSD 文件,用户可以将此文件复制至组态工具软件的相关子目录下,具体操作方法可参见相关的主站说明书。

(二)基于 Profibus-DP 的安川变频器在连铸机中的应用

1. 系统介绍

Siemens S7 系列 PLC 是目前国内应用较为广泛的一种 PLC,而安川 VS G7 系列变频器则是性能价格比较高的一种变频器,它们两者在传动控制系统中的合理组合,无疑是一种较好的选择。

在大型圆坯连铸机控制系统中,将用于结晶器振动和拉矫机传动装置调速的安川 VS G7 变频器接入以 Siemens S7-400PLC(CPU 414-2DP)为主站的 Profibus-DP 网络中,通过 Profibus-DP,主站可监视变频器的运行状态,也可设置和改变其内部参数。

安川变频器和其他厂家生产的变频器一样,不能直接接入 Siemens 的 Profibus-DP 网络,而必须通过专用的接口卡 SI-P1 并需要相应的配置软件。SI-P1 卡可用于安川变频器的 GS,F7 和 G7 3 个系列。当用于 VS G7 系列时,将其插入变频器的 2CN 插槽中,并用 DP 总线电缆和总线连接器与 Profibus-DP 的主站(这里为 S7-400PLC 的 CPU 414-2DP)的 DP 口相连接,本系统中在一条专供电气传动用的 Profibus-DP 总线上接入了 8 台变频器,如图 4-4-9 所示。

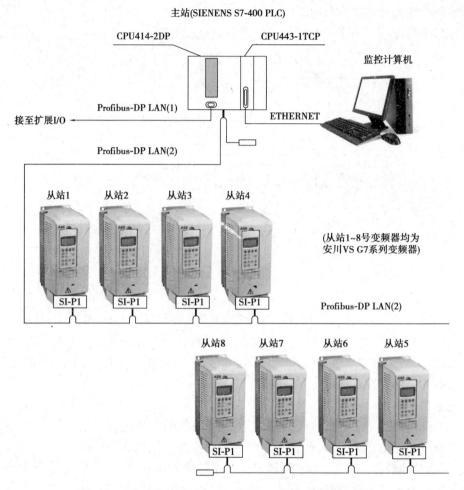

图 4-4-9　安川变频器接入 Profibus-DP 网络系统拓扑结构图

2. 系统组态和相关设置

（1）系统组态

使用 SI-P1 卡需在 PLC 的编程软件（如 Siemens 的 STEP7）中配置一通用源数据描述文件 GSD（Version3.1,此文件可在安川公司 YASGAWA 的网站中下载,文件名为 YASKOOCA. gsd）。当在 PLC 的编程软件中装入了 SI-P1 卡的配置文件 GSD 之后,在用 STEP7 的硬件配置功能配置 Profibus-DP 网络并组态有关硬件时,即可在系统中识别安川变频器的 SI-P1 卡的配置图标,并可将其作为网络上的一个从站来组态,然后设置相关参数。在本系统中,8 台变频器的从站地址分别为 1,3 ~ 9,其中从站 1 的 I/O 通信数据符号编辑如图 4-4-10 所示。

（2）使用 SI-P1 卡所需的设置

使用 SI-P1 卡,需设置卡（即从站）地址、通信参数（在配置主站,即 PLC 的 CPU 时统一设置）,并配置变频器的相关群组参数,以下是各项有关设置。

①设置卡（即从站）地址。用两个（旋转）地址开关（分别设置地址的个位和十位）设定变频器（作为从站）的（硬件）地址,该地址应与用 STEP7 编程软件配置的该变频器的 SI-P1 卡在 Profibus-DP 网上的（软件）地址一致。

②设定通信速率。当在 Profibus-DP 网的主站（PLC 的 CPU）上设置了通信速率后,网络

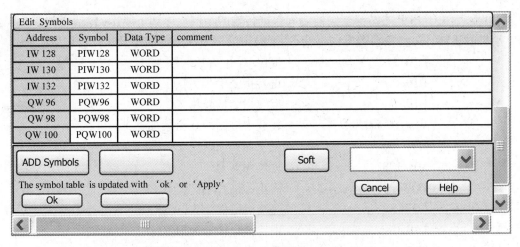

图 4-4-10　从站 1 的 I/O 通信数据符号编辑

上的各 SI-P1 卡的通信速率也就自动设置了。通信速率为 9.6 kb/s ～12 Mb/s,通常设置为 1.5 Mb/s。

③变频器的相关设置。

B1—01:频率基准输入方式设为 3(选择的通信卡)。

B1—02:运行指令输入方式设为 3(选择的通信卡)。

F6—01:当通信出错时的输入方式设为 0(继续运行)。

F6—02:设置为 1。

F6—03:设置为 3。

虽然主设置采用了网络数据通信方式,但变频器的"非常停止"输入端(S12)在任何运行指令输入方式下均有效。

(3)Profibus-DP Master(主站)与 VS G7 变频器之间的数据传输

高速 I/O 数据区的输入、输出数据各为 16 B(即 Byte 0～Byte 15,含扩展数据),其中基本数据的长度各为 6 B。

①从 PDP Master 传送至 VS G7 变频器的主要数据(输出数据)。

字节 0 和字节 1:用于操作指令,当 bit0 为"1"时正转,当 bit1 为"1"时反转,bit2～bit7 相当于变频器的 H1-01～H1-06 设置时控制端子 3～8 的功能;当 bit8 为"1"时为外部故障,当 bit9 为"1"时为故障复位,bitA～bitF 各位未使用。

字节 2 和字节 3:用于速度指令(速度基准值设置),按字为单位传送(含低字节和高字节),速度设置分辨率为 1/0.01 Hz。

字节 4 和字节 5:用于转矩基准/限制的设置。

②从 VS G7 变频器传送至 PDP Master 的主要数据(输入数据)。

字节 0 和字节 1:用于监视变频器的状态,bit0 为"1"时为正转运行,bit1 为"1"时为零速度,bit2 为"1"时为反转运行,bit3 为"1"时为复位指令接收等。

字节 2 和字节 3:用于速度反馈(速度测量值),按字为单位传送(含低字节和高字节),速度测量分辨率为 1/0.01 Hz。

3. 应用程序举例

若用 STEP7 配置的 1 号从站的地址为 1,其输入字节的首地址为 IB128,输出字节的首地

205

址为 QB96,则关于 PDP 主站与变频器之间数据传输的示例程序如下所示(包括变频器及其驱动电动机的正转、停止、反转等方向指令、速度设定值指令和运行状态及速度反馈值监视):

A	I 10.2	复位/停止指令信号为"1"
AN	I 10.0	正转指令信号为"0"
AN	I 10.1	反转指令信号为"0"
L	W # 16 # 0000	装载十进制的 0 至累加器 1
T	MW 100	复位 MW 100
T	MW 108	复位 MW 108
T	PQW 96	停止,方向字为"0"
T	PQW 98	速度设定值字为"0"
A	I 10.0	正转指令信号为"1"
AN	I 10.1	反转指令信号为"0"
S	M 100.0	MW 100 的 bit0 置"1"
R	M 100.1	MW 100 的 bit1 置"0"
L	MW 100	装入方向字
T	PQW 96	正转,QB 96 的 bit0 为"1"
L	W # 16 # 1400	装载十进制的 5120 至累加器 1
T	PQW 98	传送至速度设定值字
A	I 10.1	反转指令信号为"1"
AN	I 10.0	正转指令信号为"0"
S	M 100.1	MW 100 的 bit1 置"1"
R	M 100.0	MW 100 的 bit0 置"0"
L	MW 100	装入方向字
T	PQW 96	反转,QB96 的 bit1 为"1"
L	W # 16 # 1400	装载十进制的 5120 至累加器 1
T	PQW 98	传送至速度设定值字
L	PIW 128	将变频器运行状态字装入
T	MW 108	变频器的状态字中间变量
A	M 108.0	正转运行信号为"1"
=	Q 10.2	正转运行信号灯
A	M108.2	反转运行信号为"1"
=	Q 10.2	反转运行信号灯
A	M 108.1	停止信号为"1"
=	Q 10.1	停止信号灯
O	M 108.0	正转运行信号为"1"
O	M 108.2	或反转运行信号为"1"
L	PIW 130	装入变频器的速度反馈值
T	MW 110	变频器的速度测量值中间变量

上述 STEP7 的语句表程序也可用梯形图表达。

另外,数据通信的另一种编程方式就是调用模块:PLC 主站通过系统功能 SFC14(DPRD_DAT)和 SFC15(DPWR_DAT)对各从站分别进行数据读、写操作。

三、变频器与 CC-Link 组成的总线控制

（一）CC-Link 总线概况

1. 开放式现场总线 CC-Link 技术背景

（1）背景

CC-Link 是以三菱电动机为主导的多家公司以"多厂家设备环境、高性能、省配线"理念开发、公布和开放的现场总线,其简称是 Control & Communication Link(控制与通信链路系统),即在工控系统中可以将控制和信息数据同时以 10 Mb/s 高速传输的现场网络。

CC-Link 具有性能卓越、应用广泛、使用简单、节省成本等突出的优点。

（2）CC-Link 的通信原理

CC-Link 的底层通信协议遵循 RS485,具体的通信方式可参照图 4-4-11。

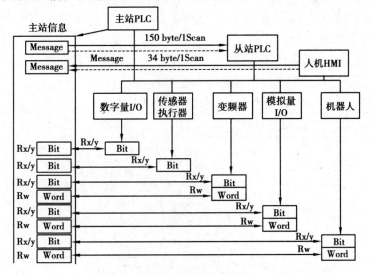

图 4-4-11　CC-Link 的通信协议

CC-Link 提供循环传输和瞬时传输两种通信方式。一般情况下,CC-Link 主要采用广播—轮询(循环传输)的方式进行通信。具体的方式是:主站将刷新数据(RY/RWw)发送到所有从站,与此同时轮询从站 1;从站 1 对主站的轮询作出响应(RX/RWr),同时将该响应告知其他从站;然后主站轮询从站 2(此时并不发送刷新数据), 从站 2 给出响应,并将该响应告知其他从站;以此类推,循环往复。除了广播—轮询方式以外,CC-Link 也支持主站与本地站、智能设备站之间的瞬时通信。

2. CC-Link 的性能

一般工业控制领域的网络分为 3 ～ 4 个层次,分别是上位的管理层、控制层和部件层。部件层也可再细分为设备层和传感器层,CC-Link 是一个以设备层为主的网络,同时也可以覆盖较高层次的控制层和较低层次的传感器层。

（1）CC-Link 的网络结构

现场总线 CC-Link 的一般系统构成如图 4-4-12 所示。

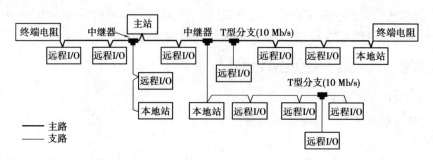

图 4-4-12　现场总线图 CC-Link 的一般系统构成

一般情况下,CC-Link 整个一层网络可由 1 个主站和 64 个子站组成,它采用总线方式通过屏蔽双绞线进行连接。网络中的主站由三菱 FX 系列以上的 PLC 或计算机担当,子站可以是远程 I/O 模块、特殊功能模块、带有 CPU 的 PLC 本地站、人机界面、变频器、伺服系统、机器人以及各种测量仪表、阀门、数控系统等现场仪表设备。如果需要增强系统的可靠性,可以采用主站和备用主站冗余备份的网络系统构成方式。采用第三方厂商生产的网关还可以实现从 CC-Link 到 ASI,S-Link,Unit-wire 等网络的连接。

（2）CC-Link 的传输速度和距离

CC-Link 具有高速的数据传输速度,最高可以达到 10 Mb/s,其数据传输速度随距离的增长而逐渐减慢,传输速度和距离的具体关系如表 4-4-4 所示。

表 4-4-4　通信导线传输距离

传输速度/(Mb·s^{-1})	不带中继器/m	带光中继器/m	带 T 型分支/m
10	100	4 300	1 100
5	150	4 450	1 650
2.5	200	4 600	2 200
625	600	5 800	6 600
156	1 200	7 600	13 200

CC-Link 的中继器目前有多种。

第一种为 T 型分支中继器 AJ65SBT-RPT,每增加一个,距离延长一倍。一层网络最多可以使用 10 个。

第二种为光中继器 AJ65SBT-RPS 或 AJ65SBT-RPG,用光缆延长,因此在一些比较容易受干扰的环境中可以采用。光中继器要成对使用,每一对 AJ65SBT-RPS 之间的延长距离为 1 km,最多可以使用 4 对;每一对 AJ65SBT-RPG 之间的延长距离为 2 km,最多可以使用 2 对。

第三种为空间光中继器 AJ 65 BT-RPI-10A/AJ 65 BT-RPI-10B,采用红外线或无线传输的方式,在布线不方便,或者连接设备位置会移动的场合使用。空间光中继器也必须成对使用,两者之间的距离不能超过 200 m,还有一些方便接线的中继器和与其他网络相连的网关和网桥。

CC-Link 提供了 110 Ω 和 130 Ω 两种终端电阻,用于避免因在总线的距离较长、传输速度较快的情况下,由于外界环境干扰出现传输信号的奇偶校验出错等传输质量下降的情况。

（3）CC-Link 实现高速大容量的数据传输

CC-Link 提供循环传输和瞬时传输两种方式的通信。

每个内存站循环传送数据为 24 B，其中 8 B（64 位）用于位数据传送，16 B（4 点 RWr、4 点 RWw）用于字传送。一个物理站最大占用 4 个内存站，故一个物理站的循环传送数据为 96 B。

对于 CC-Link 整个网络而言，其循环传输每次链接扫描的最大容量是 2 048 位和 512 字。

在循环传输数据量不够用的情况下，CC-Link 提供瞬时传输功能，可将 960 B 的数据，用指令传送给目标站。

CC-Link 在连接 64 个远程 I/O 站、通信速度为 10 Mb/s 的情况下，循环通信的链接扫描时间为 3.7 ms。稳定、快速的通信速度是 CC-Link 的最大优势。

（4）CC-Link 丰富的功能

①自动刷新功能、预约站功能。CC-Link 网络数据从网络模块到 CPU 是自动刷新完成的，不必用专用的刷新指令；安排预留以后需要挂接的站，可以事先在系统组态时加以设定，当此设备挂接在网络上时，CC-Link 可以自动识别，并纳入系统的运行，不必重新进行组态，保持系统的连续工作，方便设计人员设计和调试系统。

②完善的 RAS 功能。RAS 是 Reliability（可靠性）、Availability（有效性）、Serviceability（可维护性）的缩写，如故障子站自动下线功能、修复后的自动返回功能、站号重叠检查功能、故障无效站功能、网络链接状态检查功能、自诊断功能等，提供了一个可以信赖的网络系统，帮助用户在最短时间内恢复网络系统。

③互操作性和即插即用功能。CC-Link 提供给合作厂商描述每种类型产品的数据配置文档。这种文档称为内存映射表，用来定义控制信号和数据的存储单元（地址）。然后，合作厂商按照这种映射表的规定，进行 CC-Link 兼容性产品的开发工作。以模拟量 I/O 开发工作表为例，在映射表中位数据 RX0 被定义为"读准备好信号"，字数据 RWr0 被定义为模拟量数据。由不同的 A 公司和 B 公司生产的同样类型的产品，在数据的配置上是完全一样的，用户根本不需考虑在编程和使用上 A 公司与 B 公司的不同，另外，如果用户换用同类型的不同公司的产品，程序基本不用修改，可实现"即插即用"连接设备。

④循环传送和瞬时传送功能。CC-Link 的两种通信模式：循环通信和瞬时通信。循环通信是数据一直不停地在网络中传送，数据是主站的不同类型，可以共享，由 CC-Link 核心芯片 MFP 自动完成；瞬时通信是在循环通信的数据量不够用，或需要传送比较大的数据（最大 960 B）时，可以用专用指令实现一对一的通信。

⑤优异抗噪性能和兼容性。为了保证多厂家网络的良好兼容性，一致性测试是非常重要的。通常只是对接口部分进行测试。而且，CC-Link 的一致性测试程序包含了抗噪声测试。因此，所有 CC-Link 兼容产品具有高水平的抗噪性能。目前，能做到这一点的只有 CC-Link。除了产品本身具有卓越的抗噪性能以外，光缆中继器给网络系统提供了更加可靠、更加稳定的抗噪能力。

3. CC-Link 的应用特点

CC-Link 是一类基于 PLC 系统的现场总线，是 PLC 远程 I/O 系统向现场总线技术的发展和延伸。CC-Link 网络在实时性、分散控制、与智能机器通信、RAS 功能等方面具有最新和最高功能，同时，它可以与各种现场机器制造厂家的产品相连，为用户提供各厂商设备的使用环境。

该网络满足了用户对开放结构与可靠性的严格要求,具有以下特点:

(1)便于组建价格低廉的简易控制网

作为现场总线网络的 CC-Link 不仅可以连接各种现场仪表,而且还可以连接各种本地控制站及 PLC 作为智能设备站。在各个本地控制站之间通信量不大的情况下,采用 CC-Link 可以构成一个简易的 PLC 控制网,与真正的控制网相比,价格极为低廉。

(2)便于组建价格低廉的冗余网络

在一些领域对系统的可靠性提出了很高的要求,这时往往需要设置主站和备用主站构成例冗余系统。虽然 CC-Link 是一个现场级的网络,但是提供了很多高一等级网络所具有的功能。例如,可以对其设定主站和备用主站,由于其造价低廉,因此性价比较高。

(3)适用于一些控制点分散,安装范围狭窄的现场

在楼宇监控系统中,如燃气监控系统,其相应的检测点很多,而且比较分散。另外,高层建筑为追求设计的经济型,往往尽量缩小夹层和上下通道的尺寸。采用 CC-Link 现场网连接分立的远程 I/O 模块,一层网络最多可以控制 64 个地方的 2 048 点,总延长距离可达 7.6 km。小型的输入输出模块体积仅为 87.3 mm×50 mm×40 mm,足以安装在极为狭窄的空间内。

(4)适用于直接连接各种现场设备

由于 CC-Link 是一个现场总线网,因此它可以直接连接各种现场设备。

4. CC-Link 需要做硬件及软件两方面的设置

(1)在硬件方面

采用屏蔽双绞线按照总线方式连接各控制设备。双绞线的 DA/DB 为两根信号传输线,DG 为接地线,SLD 屏蔽层。然后对每个站上的站号开关和传输速度开关(旋钮式或拨动式)做设定。变频器设定为 1 号站,人机界面设定为 2 号站。采用 5 Mb/s 的通信速度。注意所有设备的速度必须一致,否则 L. ERR(通信出错)灯会点亮。

(2)在软件方面

①对 CC-Link 组态。可以通过编写初始化程序,或者在参数设定画面进行设定来完成。

②编写相应的通信程序。在 CC-Link 运行以前,需要在主站设定该系统连接了几个子站,每个站都是什么。然后编写初始化程序;如果采用参数设定画面,则如图 4-4-13 所示。

Station No.	Station type	Exclusive station count	Reserve nvalid Station select	Inteligent buffer select(word)		
				Sent	Rexeive	Automatic
1/1	Remote device station	Exclusive station1	No setting			
2/2	Inteligent device station	Exclusive station1	No setting	64	64	128

图 4-4-13 参数设定画面

通信程序主要编写变频器通信所需的数据交换。

人机界面与 CC-Link 连接,其通信方式有两种:一种为循环通信方式,需要在 PLC 侧对通信内容进行简单的编程;另一种为瞬时通信方式,只需在人机界面侧直接指定所需监控的软元件就可以了,但是所需的通信时间稍长一些。因此对一些实时要求不高的信息可采用简单设定的瞬时传输方式。在本系统中人机界面主要采用了瞬时传输,在软元件的设定画面中,在"网络"选项直接指定需要监控的软元件在第几号网络的第几号站,这里指定 MMI 要监控

的是 1 号网络的 0 号站即主站。

（二）CC-Link 在塑料挤出机变频控制中的应用

1. 系统介绍

塑料机械中,挤出机是其加工中的基础设备,用途非常广泛。塑料通过挤出机塑化成均匀的熔体,并在塑化中建立的压力作用下,使螺杆连续地定温、定量、定压地挤出机头。大部分热塑性塑料均采用此方法。挤出机有多种不同的型号和规格,最常用的就是螺杆挤出机,挤出机的传动控制主要有以下特点:

①对螺杆的转速需进行精确调速控制。

②喂料传动、牵引传动必须与主机传动保持同步。

以双螺杆塑料挤出机的四传动变频控制系统为例,介绍 CC-Link 的应用。系统硬件组成如图 4-4-14 所示,主要由下列组件构成:

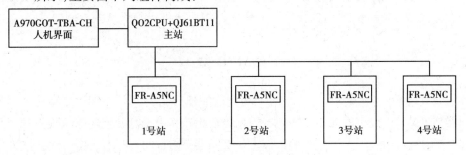

图 4-4-14　系统硬件组成

①Q02CPU 为系统的核心组成,QJ61BT11 作为主站。

②A970GOT-TBA-CH 人机界面用于设定和监视频率、启动电动机及其他数据的设定和监视。

③FR-A5NC 的 A500 变频器组成 4 个 CC-Link 远程设备站,包括双螺杆传动 2 个（1 号站和 2 号站）、喂料传动（3 号站）和牵引传动（4 号站）。

CC-Link 的连接如图 4-4-15 所示。

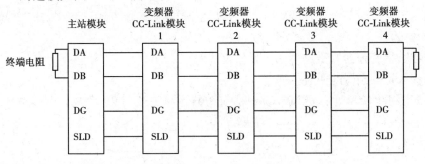

图 4-4-15　CC-Link 连接

2. 系统控制方式和程序设计

在本系统中,通过 A970GOT-TBA-CH 人机界面给定 4 台变频器的初始运行频率,同时启动 4 台变频器带动 4 条传送带做简易的同步控制。本系统在运行时,每一台变频器受到外部的扰动或来自本系统的扰动都是随动变化的。这样就可能引起控制系统的不稳定。

在本系统中利用 CC-Link 现场总线技术通过 Q02CPU 自动实时刷新读取变频器的运行频

率。通过 PLC 自动控制程序,实时比较刷新频率和给定频率,取它们之间的差值作为系统引入扰动的反馈,从而实时给定每一台变频器的控制频率,达到简易的同步控制的稳定效果。

由于该系统控制的精度低,若要提高整个系统的控制精度则可以在每个电动机上通过联轴器加一个编码器,采取高速计数的方法,获得电动机的实际转速。通过比较和设定值的差值,取它们之间的差值作为系统反馈。实时、高速地控制电动机的转速。

其中,CC-Link 通信数据表如图 4-4-16 所示(以 1 号站为例,1 号站占有一个站的通信数据)。

3. 小结

在挤出设备中,包括主机和各种类型的辅机,一般来说,辅机由机头定型装置、冷却装置、牵引装置、切割装置以及制品的卷曲或堆放装置等部分组成。由于塑料挤出机的辅机传动众多,且控制主、辅机的拖动电动机,满足工艺要求所需的转速和功率,并保证主、辅机能协调地运行,因此采用以 CC-Link 现场总线控制的变频器组完全可以确保这些控制要求。

项目小结

本项目从变频器实际应用出发,介绍了变频器的外形结构、操作面板、控制功能与参数设置、变频器与 PLC 与 PC 机的连接及变频器的总线控制。其中控制功能与参数设置属于变频器使用中的基本操作。在使用中,应参照具体型号变频器所附带的说明书,熟悉有关功能的设置。

在变频自控领域,以变频器、PLC 构成的控制系统应用十分广泛,因此掌握变频器与 PLC 的通信技术是开发和应用变频控制系统的基础。本项目研究和探索了变频器行业的现场总线,并以 Profibus 和 CC-Link 为例,介绍了现场总线的概况、组成、总线适配器及其在变频控制系统中的应用。

思考练习

4.1　变频器既能工作在外部操作方式,也能工作 PU 操作方式,那么两者之间如何切换?请说明切换过程。

4.2　什么是变频器的给定频率? 如何设置?

4.3　什么是变频器的回避频率?

4.4　如图 4-1 所示为三菱 FR-A540 型变频器运行 U/f 曲线,请根据图中数字标注进行参数设定。

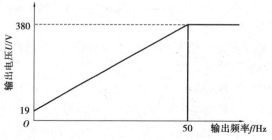

图 4-1　变频器运行 U/f 曲线

4.5 如图 4-2 所示为三菱 V500 变频器控制连线,其功能要求实现正转、反转的端子控制,需要设定哪些参数? 并根据启动时序画出相对应的"输出频率-时间"曲线。

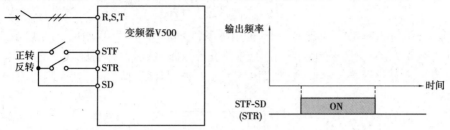

图 4-2 V500 变频器的端子控制

4.6 对于电梯应用中的变频器来说(见图 4-3),哪种加、减速方式最适合人体舒适度? 以一种变频器为例进行加、减速参数设定。

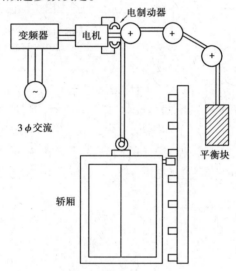

图 4-3 变频器电梯应用

4.7 如图 4-4 所示为变频器进行正转与反转运行过程,请根据现场变频器型号进行 A 点和 B 定的参数设定,以确保变频器的正常工作。

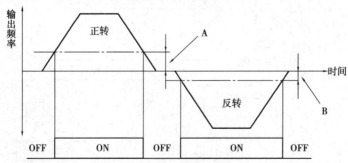

图 4-4 变频器正传与反转

4.8 工频-变频切换与变频-工频切换在功能设置上的注意事项有哪些?

4.9 如何实现 PU 操作模式的 PID 控制?

4.10 变频器与 PLC 之间如何实现通信?

4.11 在 PC 和变频器之间被传输的信号有几种？

4.12 阐述现场总线对变频控制系统的影响。并列举在变频器中应用最广泛的几类现场总线。

4.13 在某厂带材机组改造项目中,采用了多台 Siemens 变频器,用于对生产线上主传动电动机如开卷机、卷取机、辊道供电。由于现场设备分布范围较广,现采用 Profibus 现场总线技术将变频器和其他设备连接起来,如图4-5 所示。请以你所熟悉的一款变频器为例,进行方案设计。

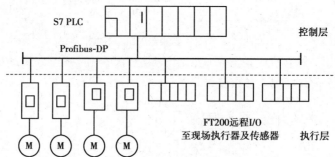

图 4-5 带材机组改造示意图

4.14 某纺织企业并条生产系统的组成为:1 个主通信控制站,8 节 FX2N 系列 PLC 控制的并条机作为远程装置站,4 个用于传感器信号输入的远程 I/O 模块,1 个用于故障指示的远程 I/O 模块,8 个控制操作机完成换筒操作的阀岛,1 个人机界面,1 台变频器及 1 台 PC 机,所有这些模块都挂在 CC-Link 总线上(见图4-6)。请阐述该总线控制的工作原理,并画出总线适配器的接线图。

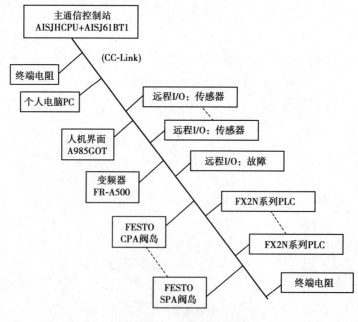

图 4-6 系统连接框图

【项目五】 高压变频器

【项目描述】

在冶金、钢铁、石油、化工、水处理、电力牵引等领域,大容量的电动机都采用高压电动机。据统计,高压电动机消耗的能源占电动机总能耗的比例达 2/3 以上,而且大多数高压电动机都有调速要求。高压变频调速装置的应用,对节能降耗和实现交流传动的精确控制有着重大意义。在变频原理、机械特性与负载特性、控制技术等方面,高压变频器与低压变频器没有实质上的区别。但由于电力电子开关受到电压等级的限制以及谐波对周边影响较大、造价高等原因,高压变频器的主电路拓扑结构有其独特的设计。如果将低压变频器使用的 SPWM 逆变器主电路结构单纯地依靠开关器件的串并联来获得高电压、大功率,会出现调速系统结构复杂、损耗增加、效率下降等问题。尤其是电压波动大、谐波和过高的电压变化率会引起电动机绕组绝缘过早老化,并对附近通信或其他电子设备产生强烈的电磁干扰。因此,在实现高压交流调速的同时,如何保证输出电压波形接近正弦波,是高压变频器需要解决的主要问题。

本项目包含两个任务:即高压变频器主电路结构;高压变频器故障处理及抗干扰措施。

【学习目标】

1. 了解高压变频器主电路结构及其特点。
2. 掌握多电平电压源型逆变器的工作原理。
3. 了解高压变频器使用中对电动机的影响及防治措施。

【能力目标】

1. 掌握高压变频器主电路结构的分析。
2. 掌握高压变频器的防干扰措施。

任务 1 高压变频器的主电路结构

【活动情景】

高压变频器在技术要求、主电路结构上与低压变频器有许多不同之处,这都源自开关器件受耐压条件的限制,在学习高压变频器的主电路结构时,应注意各种主电路结构的特点以及为了获得接近正弦波的电压输出波形和提高电源的利用率方面所采取的方法。

【任务要求】

掌握常用的高压变频器主电路结构。

一、高压变频器概述

按国际惯例和我国国家标准对电压等级的划分,供电电压大于等于 10 kV 时称为高压,

1～10 kV 称为中压。习惯上也把额定电压为 3 kV 或 6 kV 的电机称为高压电机。由于相应额定电压 1～10 kV 的变频器有着共同的特征,因此,本书把驱动 1～10 kV 交流电动机的变频器统称为高压变频器。

高压变频器在变频原理、机械特性与负载特性、控制技术等方面和低压变频器相比并无实质性的差别。只是为了克服功率器件受到电压等级、功率限制以及整机造价对其商品化的影响,在主电路上形成了与低压变频器不同的结构。由于高压变频器的输出对周边设备影响较大,负载对动态稳定性的要求较高,在 SPWM 方法及控制技术等方面也有许多新的特点。

（一）高压变频器的分类

高压变频器按主电路的结构方式分为交-交方式和交-直-交方式。

1. 交-交方式

交-交变频器的主电路由 3 组反并联晶闸管可逆桥式变流器所组成,分为有环流和无环流两种方式,控制晶闸管根据电网正弦变化实现自然换相。交-交变频的高压变频器一般容量都在数千瓦以上,多用在冶金、钢铁企业。交-交变频器过载能力强、效率高、输出波形好,但输出频率低,且需要无功补偿和滤波装置,因造价高,限制了它的应用。

2. 交-直-交方式

高压交-直-交方式与低压交-直-交方式变频器的结构有较大差别,为适应高电压大电流需要,高压变频器的元器件多采用串并联,变流器单元也采用串并联,这种结构称为多重化。

（二）高压变频调速系统的基本形式

高压变频调速系统不像低压变频调速系统具有统一的结构形式,高压变频器的主电路结构形式可分为 3 类:直接高-高型、高-低型和高-低-高型。

1. 直接高-高型

直接高-高型变频调速系统的电路结构如图
5-1-1 所示。是指变频器不经过升压和降压变压器,直接把电网的工频电压变为频率可调的电压,供高压电动机变频调速。按其结构不同,可分为

图 5-1-1　直接高-高型变频调速系统

两种:开关器件串联高压变频器和钳位式多电平高压变频器。

2. 高-低型

高-低方式高压变频装置为功率单元串联电压型变频器,如图 5-1-2 所示。它由多个低压功率单元串联叠加而达到高压输出,各功率单元由一体化的输入隔离变压器的二次侧分别供电,由若干个低压变频功率单元以输出电压串联方式来实现高压输出,故也称为多重化变频器,是一种能输出多电平的变频器。

图 5-1-2　高-低型变频调速系统

3. 高-低-高型

高-低-高型变频调速系统的电路结构如图 5-1-3 所示。高-低-高型变频调速系统是把电网的高压经降压变压器降为低压,然后用普通低压变频器变频,再经升压变压器将低压升为

高压,供给电动机运行。这种变频装置除了一台低压变频器,还需要两台变压器。高-低-高型变频调速系统存在中间低压环节电流大、效率低、占地面积大等缺点。但对于已有低压变频器及低压配电电源,需要高压变频的场合,此时只需增加一台升压变压器,便可驱动高压电动机工作,从而也不失为一种实用的选择。此种变频器比较适合于调速比要求不高,功率在1 500 kW以下的风机和泵。

图5-1-3　高-低-高型变频调速系统

(三)高压变频器的应用

电动机额定功率的计算公式为

$$P_N = \sqrt{3} U_N I_N \cos \phi_N \eta_N \tag{5-1-1}$$

由式(5-1-1)可知:在功率保持不变的情况下,如果提高电动机的供电电压,就可以减少绕组中的电流。对大容量的电动机来说,这是非常有意义的,绕组中的电流减少可使电动机的体积和制造成本大为降低。因此在冶金、钢铁、石油、化工、水处理等工矿企业中,大容量的电动机基本上都是中压和高压电动机。这些企业的风机、泵类、压缩机及各种其他大型机械的拖动电动机消耗的能源占电机总能耗的70%以上,而且绝大部分都有调速的要求,但目前的调速和启动方式远不近人意,大量的能源被浪费的同时,还造成机械寿命的降低。因此,应用高压变频调速装置的效益和潜力较大。

高压变频器可与中、大功率交流异步电动机或同步电动机配套,组成交流变频调速系统,用来驱动风机、水泵、压缩机、鼓风机和各种机械传动装置。达到节能、高效、提高产品质量的目的。

1.拖动风机或水泵

可调节风量或水流量,取代老式的依靠阀门或挡板改变流量的方式,达到节能的效果。一般来说,使用交流变频调速,由于消除了阀门(或挡板)的能量损失并使风机、水泵的工作点接近其峰值效率线,其总的效率可提高25% ~ 50%。

2.压缩机、鼓风机、轧机或其他工作机械

当交流变频调速装置与压缩机、鼓风机、轧机或其他工作机械配套使用,具有如下显著的优点:

①可精确地调节速度或流量,保证工艺质量。

②可直接与工作机械耦合,省去减速机等中间机械环节,减少投资和中间费用。

③可接受计算机或PLC的模拟或数字信号,进行实时控制,且控制性能更为优越。

3.机车交流传动

交流传动电力机车和内燃机车牵引近年来发展速度较快,大功率逆变技术在牵引领域的应用已成为牵引动力发展的方向。交流传动机车一般采用两套主变流器,每套内部可以看成由3个独立的"整流—中间电路—逆变"环节(牵引变流器)构成,由IGBT元件组成PWM逆变单元。整车的6个牵引逆变器分别向6台牵引电动机(额定电压2 028 V)供电。由于采用矢量控制模式的变频调速,使异步电动机具有快速反应的动态性能,可对机车每台牵引电动机进行独立控制,对于轴重转移及空转等可能引起的负载分配不均匀,均可通过牵引变流器的控制进行适当的补偿,可最大限度地发挥机车牵引力。

4. 要求启动性能好的机械

大型交流同步电动机或异步电动机,传统的启动方式是直接启动或降压启动,不仅启动电流大,造成电网电压降低,影响其他电气设备的正常工作,而且主轴的机械冲击大,易造成疲劳断裂,影响机械寿命。当电网容量不够大时,甚至有可能启动失败。如果使用中压或高压变频器,就可实现"软"启动。电机速度从零开始启动,可使电机电流限制在规定值以下(一般在额定电流的 1.5 ~ 2 倍以内),以选定的加速度平稳升速,直到指定速度。变频装置的特性保证了启动和加速时具有足够转矩,且消除了启动对电动机的冲击,保证电网稳定,提高电动机和机械的使用寿命。

(四)高压变频器的技术要求

1. 可靠性要求

由于高压变频器的输入和输出电压高,所以设备的可靠性和安全性更为重要。故在产品设计制作时,应采用合理的主电路拓扑结构,如多电平、多重化结构等;选择优良的功率单元和控制单元;具有良好的冷却系统;出厂前要经过完备的质量检测,符合技术规范要求。现在生产的高压变频器,整机和部件的平均无故障时间(MTBF)已经达到 10^5 h 以上,平均维修时间(MTTF)已经小于 30 min。当然,可靠性保证还与使用者的管理、生产工艺、试验测试、故障诊断、维护维修和售后服务有关。

2. 对电网波动容忍度大

高压变频器的容量较大,一般都在几百千瓦以上,因此其开停机和运行时会对电源电压造成影响。一方面要求电网供电线路有合理的设计,增强抗电源瞬变能力;另一方面也要求通过合理的保护设定,增大变频器对电网电压波动范围的容忍度。

3. 能有效地抑制外界对变频器的干扰

供电电源对变频器的干扰主要有过压,欠压、瞬时掉电;浪涌、跌落,尖峰电压脉冲,射频干扰等。变频器的供电电源受到来自被污染的交流电网的谐波干扰后若不加处理,电网噪声就会通过电源电路干扰变频器。变频器的输入电路侧,是将交流电压变成直流电压。这就是常称为"电网污染"的整流电路。由于这个直流电压是在被滤波电容平滑之后输出给后续电路的,电源供给变频器的实际上是滤波电容的充电电流,这就使输入电压波形产生畸变。

①电网中存在各种整流设备、交直流互换设备、电子电压调整设备、非线性负载及照明设备等大量谐波源。电源网络内存在的这些负荷都使电网中的电压、电流产生波形畸变,从而对电网中其他设备产生危害性干扰。例如:当供电网络内有较大容量的晶闸管换流设备时,因晶闸管总是在每相半周期内的部分时间内导通,故容易使局部电网电压出现凹口,波形失真。它使变频器输入侧的整流电路有可能出现较大的反向回复电压而受到损害,从而导致输入回路击穿而烧毁。

②电力补偿电容对变频器的干扰。电力部门对用电单位的功率因数有一定的要求,为此,用户在变电所或配电室采用集中电容补偿的方法来提高功率因数。在补偿电容投入或切换的暂态过程中,网络电压有可能出现很高的峰值,其结果可能使变频器的整流二极管因承受过高的反向电压而被击穿。

③电源辐射传播的干扰信号。电磁干扰(EMI),是外部噪声和无线电信号在接收中所造成的电磁干扰,通常是通过电路传导和以电磁场的形式传播的,即以电磁波方式向空中幅射,

其辐射电磁场取决于干扰源的电流强度、装置的等效辐射阻抗以及干扰源的发射频率。

4.抑制对周边设备的干扰

变频器的输出电压和电流除了基波之外,还含有许多高次谐波的成分,它们将以各种方式把自己的能量传播出去,这些高次谐波对周围设备带来不良的影响。其中,供电电源的畸变,使处于同一供电电源的其他设备出现误动作,过热、噪声和振动;产生的无线干扰电波给变频器周围的电视机、收音机、手机等无线接收装置带来干扰,严重时不能正常工作;对变频器的外部控制信号产生干扰,这些控制信号受干扰后,就不能准确、正常地控制变频器运行,使被变频器驱动的电动机产生噪声、振动和发热现象。

高压变频器如果输出谐波成分过高,较大的谐波和过高的电压变化率 du/dt,会引起电动机绕组绝缘过早老化,并对附近的通信或其他电子设备产生强烈的电磁干扰,不得已时,电动机必须"降额"使用。

5.抑制共模电压和 du/dt 的影响

变频器的共模电压和 du/dt 会使电动机的绝缘受到"疲劳"损害,影响其使用寿命,如果处理不当,还会损坏变频器本身。

6.改善功率因数

大功率电动机常常是企业的用电大户,其变频器的输入功率因数和效率将直接决定使用变频器系统的经济效益。

综上所述,高压变频器在元器件、电路结构、控制模式等方面需要较高水平的设计和制造技术,才能使高压变频器的性能不断得到改进和提高。

二、高压变频器的主电路结构

(一)电流型变频器

1.晶闸管电流型变频器

如图 5-1-4 所示为晶闸管电流型变频器的主电路,必要时采用开关器件串联,以适应高压传动的需要。

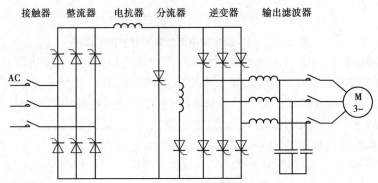

图 5-1-4　晶闸管电流型变频器的主电路

晶闸管电流型变频器采用晶闸管三相桥式整流电路将交流变为直流,然后再经晶闸管三相桥式逆变电路将直流变为频率可调的交流,以控制电动机的运行和调速。由于在它的直流母线上串联有平波电抗器,因此该变频器称为电流型变频器。

晶闸管电流型变频器属于"负载换向式",它通过负载所供给的超前电流使晶闸管关断,以实现自然换向。由于同步电动机可以通过励磁电流的调整达到功率因数超前,实现起来比较容易,因此,负载换向式电流型变频器(LCI)特别适合于同步电动机的变频调速系统。当电流型变频器用于异步电动机调速时,必须在变频器的输出端加接 LC 滤波器,使滤波器和电动机合成的负载功率因数超前,以达到自然换向的目的,这称为"输出滤波器换向式"变频器或"自换向式"变频器。

自换向式变频器的逆变桥和整流桥具有相同的结构,器件可互换。位于直流回路上的分流电路用于辅助换向。当频率较低或启动初期,由于滤波器不能有效换向,可通过分流器使直流回路中的电流迅速旁路,使逆变器的晶闸管有效关断,实现换向。大约达到额定频率的 60% 时(视电动机特性而定),分流器断开,逆变器通过输出滤波器和交流电动机自身反电势的联合作用自然换向。输出滤波器的另一个作用是减小输出波形畸变并抑制 di/dt。滤波器的参数应根据特性选择。滤波器与电动机之间的接触器触点是用来隔断电容器和电动机之间的联系,以防止一旦变频器停止功率输出时电动机的自激发电。

2. GTO 晶闸管电流型变频器

该类变频器使用 GTO 晶闸管作为功率输出器件。由于 GTO 晶闸管本身可以通过门极控制关断,从而可引入 PWM 控制技术,简化控制电路,其主电路如图 5-1-5 所示。

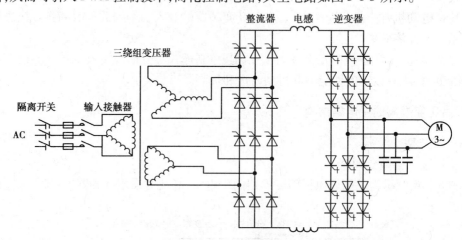

图 5-1-5 GTO 晶闸管电流型变频器的主电路图

图 5-1-5 电路中,变压器二次绕组采用Y和△两种连接组别,是为了获得互差 60° 的六相电压,既可以减少整流后的电压纹波,也可以降低电网的谐波。整流部分采用 GTO 晶闸管,逆变部分也采用 GTO 晶闸管,开关频率为 180 Hz,六电路均是电流源和 PWM 技术的结合(简称"CSI-PWM"技术)。由于采用 PWM 方式,输出谐波降低,滤波器可大大减小,但不能省去。在实际使用中常加电容滤波器,为防止电容与电动机的电感在换向过程中产生谐振。

GTO 晶闸管目前实用水平为 6 000 V/6 000 A。采用器件串联方式,变频器容量可达 5 000 kW 以上,这种电路结构对谐波有抑制作用。因此,GTO 晶闸管电流型变频器是晶闸管方式的改进。

但采用 GTO 晶闸管的高压变频器仍有需要改进的地方,主要表现在:

①GTO 受耗散功率的限制,其开关频率较低,一般为 200 Hz 左右。

②GTO 晶闸管的通态压降为 2.5 ~ 4 V,高于晶闸管的压降 1.5 ~ 2 V,因此效率较低。

③对 GTO 晶闸管的门极驱动,除了要提供与晶闸管一样的导通脉冲外,还要提供峰值为

阳极电流 1/5 ~1/3 的反向关断电流,故其驱动电路的功率高达晶闸管驱动电路的 10 倍。

3.电流型变频器的特点

①能量可以回馈到电网,因此系统可以四象限运行。对需要快速制动的场合,可采用直流放电制动装置,如图 5-1-6 所示。图中,R 为限制冲击充电电流的电阻。如需要四象限运行,或需要能量回馈,可采用如图 5-1-7 所示的 PWM 整流电路(双 PWM 变频器),使输入电流更接近于正弦波。

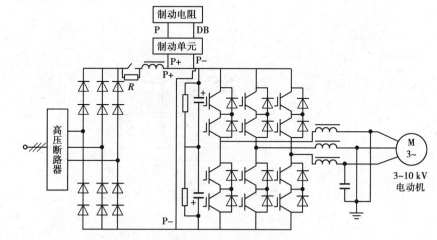

图 5-1-6　具有制动单元的器件串联高压变频器

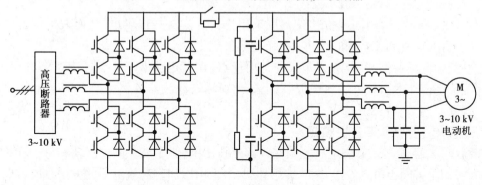

图 5-1-7　双 PWM 高压变频器

②SCR,GTO 的耐压指标及功率容量较大,通过器件的串联使用(指直接高-高型主电路结构),电压等级可满足高压交流调速系统的功率要求。由于晶闸管(SCR)器件具有其开关器件尚不能达到的电压和容量(10 kV/10 kA 以上),因此,此种变频器在 3 000 kW 以上的大型调速系统、尤其是在大型同步电动机调速系统中仍具有一定的优势。

③由于存在大的平波电抗器和快速电流调节器,过电流保护较容易实现。

④由于采用三相桥式晶闸管整流,电流型变频器的输入波形畸变较为严重,功率因数也会随电动机转速的下降而有所下降。

⑤常采用接入输入滤波器和多重化(如 12 脉波)的方法,使输入电压和电流畸变满足 IEEE519-92 的限制要求。

(二)IGBT 并联多重化 PWM 电压型变频器

由于 IGBT 具有优良的性能,故在高压变频器中应用较多。其中比较成功的例子是"并联多重化 PWM 电压型"变频器。

如图 5-1-8 所示为并联多重化 PWM 电压型变频器电路图。采用二极管构成两组三相桥式整流电路,按 12 脉波组态,输出为二重式,每组由 6 个 IGBT 构成一个桥式逆变单元。输出滤波器用来去除 PWM 的调制波中的高频成分并减少 du/dt,di/dt 的影响,由于频率高,故滤波器的体积较小。

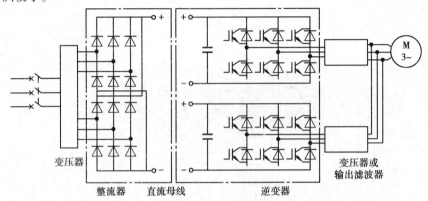

图 5-1-8　并联多重化 PWM 电压型变频器主电路图

将变频器的驱动(逆变)单元设计成模块化独立单元的形式,直流母线(DC-Bus)上可任意连接 1~6 个驱动单元,驱动单元可驱动同一台电动机,也可驱动多台不同的电动机(驱动同一台电动机的逆变单元一般不超过 2 个)。

这种设计使工厂中不同地方的设备可采用公共的直流母线供电,从而减少设备的总投资,并使多台电动机调速系统的总功率平衡达到最优化。

这种变频器具备了 PWM 技术带来的各项优点,在额定功率下效率可达到 98% 以上,在整个速度范围内功率因数可达到 0.95 以上。无须输入滤波器就可达到 IEEE519-92 对谐波的限制要求。

(三) 多电平电压型高压变频器

在高压、大容量、交-直-交电压源型变频调速技术中,为了减少开关损耗和每个开关承受的电压,进而改善输出电压波形,减少转矩脉动,多采用增加直流侧电平的方法。既避免了开关器件串联引起的动态均压问题,又可降低输出谐波和电压变化率 du/dt。由此组成的高压变频器属于钳位式多电平高压变频器。

1. 钳位式多电平高压变频器

(1)基本原理

一般低压变频器的输入为单一的直流电源,只有两条接线,只能对一个恒定幅值的直流电压进行脉宽调制,输出为幅值一定的 PWM 波。如果设直流电源电压为 U_{de},以低压节点为零电位点,经过逆变器得到输出的 PWM 波只有两个电平,即 O 和 U_{de},称为两电平变频器,这种逆变器存在两个问题:一个是串联器件可能会同时导通或关断,造成逆变失败;另一个是存在很高的 du/dt 和共模电位,对电动机绝缘造成威胁。因此,自 20 世纪 80 年代以来,人们开发了多电平高压变频器。

多电平变频器能输出多于 2 个的电平,其原理如下:如果有几个直流源经逆变器通过特定的拓扑变换,并控制不同的直流源串联输出,则在逆变器电路的不同开关状态下,就可以在输出端得到不同幅值的多电平输出。采用这种原理的变换电路称为多电平电路,用这种方法实现的逆变器,就是多电平变频器。多电平逆变器半周期等效原理电路如图 5-1-9 所示。

（2）钳位式多电平变频器

高压大功率电压型多电平变频器成为高压大功率电力电子系统的发展方向。近年来,这种变频器开始在大功率变频领域得到大量应用。目前多电平逆变器的拓扑结构十分繁多,常用的为二极管钳位式多电平变频器。

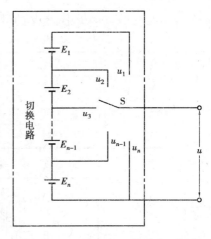

图 5-1-9　多电平逆变器等效电路图

2. 三电平高压变频器

三电平高压变频器的主电路如图 5-1-10 所示。功率开关器件可采用 GTO,IGBT 或 IGCT 等。

图 5-1-10 为一个三相二极管钳位三电平变频器电路。变频器的整流部分由两个三相桥电路串联,输出 12 脉波的直流电压,大大减少了电网侧的谐波成分。同时,直流侧采用两个相同的电解电容串联滤波,在中间的连接处引出一条线与逆变电路中的钳位二极管相接,若将该节点视为参考点（电压为零）,加到逆变器的电平有 3 个:U_d,0,$-U_d$。逆变器部分是由 IGBT 和钳位二极管组成的三电平电压型逆变器,也称为中心点钳位方式（NPC）。

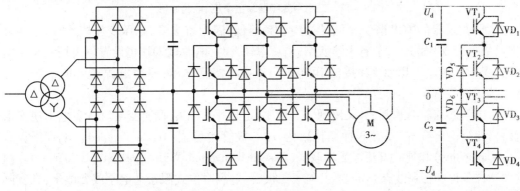

图 5-1-10　IGBT 三电平高压变频器主电路图　　图 5-1-11　三电平逆变器一相的结构图

如图 5-1-11 所示为三电平逆变器一相的结构图。电路中的逆变器功率开关器件 VT_1 ~ VT_4 为 IGBT;VD_1 ~ VD_4 为反并联的续流二极管;VD_5 和 VD_6 为钳位二极管,所有的二极管均要求选用与功率开关相同的耐压等级。U_d 为滤波电容 C_1 上端的电压;0 为 C_1,C_2 连接中心点的电位;$-U_d$ 为滤波电容 C_2 下端的电压。当改变 VT_1 ~ VT_4 的通断状态时,在输出端将获得 3 种不同的电压,见表 5-1-1。

由表 5-1-1 可知,应保证功率开关 VT_1 和 VT_3 不能同时处于导通状态,VT_2 和 VT_4 也不能同时处于导通状态。同时规定,输出电压只能是 $-U_d$ ~ 0 或 0 ~ U_d。不允许在 U_d 和 $-U_d$ 之间直接变化。由于两个开关器件不可能同时开通或关断,因此也就不存在动态均压问题。

如图 5-1-12 所示为三电平变频器输出电压、电流波形。图中阶梯形 PWM 波为电压波形,近似正弦波为电流波形（U_d 为峰值电压）。这种变频器输出的线电压有 5 个电平即 $\pm U$, $\pm 2U$

和0,输出谐波小,$\mathrm{d}u/\mathrm{d}t$ 小,电平的增加使电动机电流波形的失真度减小。

表 5-1-1 三电平逆变器一相输出电压组合

VT$_1$	VT$_2$	VT$_3$	VT$_4$	输出电压
ON	ON	OFF	OFF	U_d
OFF	ON	ON	OFF	0
OFF	OFF	ON	ON	$-U_\mathrm{d}$

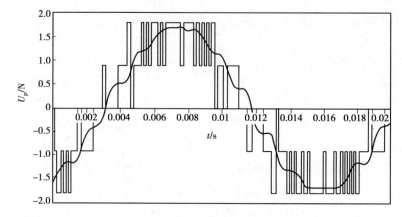

图 5-1-12 三电平变频器输出电压、电流波形

三电平变频器的输出谐波比低压通用变频器低;因为省去升、降压变压器,因而结构紧凑,损耗减少,占地面积小,节省土建费用;当功率较大时,电源输入端仍设置隔离用三相绕组变压器,变压器副边采用△和丫接法,可输出 12 脉波整流电压,使得电源输入端谐波大为降低。

在三电平逆变器的基础上,又出现了五电平、七电平和九电平逆变器。从多电平逆变器主电路拓扑结构来看,主要有 3 种拓扑结构,即二极管钳位式(Diode-clamped)、电容钳位式(Flying-Capacitors)和独立直流电源串联式(Cascaded-Inverters With Separater DC Sources)。由于受到硬件条件和控制复杂性的制约,对于二极管、电容钳位式限于七电平或九电平,在实际应用中,最为成熟的是三电平或五电平逆变器。对于独立直流电源逆变器也会在实际应用中受到一定的限制。因此在满足性能指标的前提下,不宜追求过高的电平数目。

3. 五电平逆变器结构原理图

当要求变频器的输出电压比较高时,可采用五电平逆变器。图 5-1-13(a)为一个二极管钳位式五电平逆变器主电路,其工作原理与三电平逆变器相似。开关状态见表 5-1-2,相、线电压波形如图 5-1-14 所示。

这种结构的优点是:在器件耐压相同的条件下,能输出更高的交流电压,适合制造更高电压等级的变频器。缺点是:用单个逆变器难以控制有功功率传递,存在电容电压均压问题。

如图 5-1-13(b)所示为一电容钳位式五电平电路结构图。这种电路采用的是利用跨接在串联开关器件之间的串联电容进行钳位,工作原理与二极管钳位电路相似,其开关状态见表 5-1-3,输出波形与图 5-1-14 相同。该电路在电压合成方面,对于相同的输出电压,可以有不同的选择,比二极管钳位式具有更大的灵活性。例如,对于输出 $3U_\mathrm{dc}/4$,可有两种选择:V_a1,V_a2,

V_{a3}，$V_{a'1}$开通，$V_{a'4}$，$V_{a'1}$，$V_{a'2}$，$V_{a'3}$断开。这种开关组合的可选择性，为有功功率变换提供了可能性，但是对于高压大容量系统而言，在给变频器带来因电容体积庞大而占地面积大、成本高的缺点外，还会带来控制上的复杂性和器件开关频率高于基频等问题。

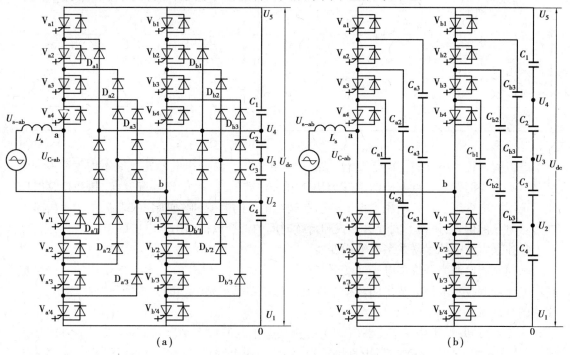

(a)　　　　　　　　　　　　　(b)

图 5-1-13　五电平变频器

表 5-1-2　二极管钳位式五电平逆变器开关状态

开关状态							
输出电压 U	V_{a1}	V_{a2}	V_{a3}	V_{a4}	$V_{a'1}$	$V_{a'2}$	$V_{a'3}$	$V_{a'4}$
$U_5 = U_{dc}$	1	1	1	1	0	0	0	0
$U_4 = 3U_{dc}/4$	0	1	1	1	1	0	0	0
$U_3 = U_{dc}/2$	0	0	1	1	1	1	0	0
$U_2 = U_{dc}/4$	0	0	0	1	1	1	1	0
$U_1 = 0$	0	0	0	0	1	1	1	1

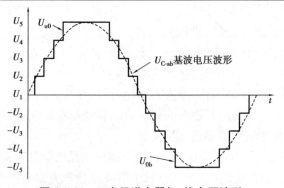

图 5-1-14　五电平逆变器相、线电压波形

225

表 5-1-3   电容钳位式五电平逆变器开关状态

输出电压 U	开关状态							
	V_{a1}	V_{a2}	V_{a3}	V_{a4}	$V_{a'1}$	$V_{a'2}$	$V_{a'3}$	$V_{a'4}$
$U_5 = U_{dc}$	1	1	1	1	0	0	0	0
$U_4 = 3U_{dc}/4$	1	1	1	0	1	0	0	0
$U_3 = U_{dc}/2$	1	1	0	0	1	1	0	0
$U_2 = U_{dc}/4$	1	0	0	0	1	1	1	0
$U_1 = 0$	0	0	0	0	1	1	1	1

二极管钳位和电容钳位的逆变器电路,都存在由于直流分压电容充放电不均衡造成的中点电压不平衡问题。中点电压的增减取决于开关模式的选择、负载电流方向、脉冲持续时间及所选用的电容等。这一电压不平衡会引起输出电压的畸变,必须加以抑制。主要手段是根据中点电压的偏差,采用不同开关模式和持续时间的选择以抑制中点电压的偏差。

4. 独立直流电源串联式多电平逆变器

独立直流电源串联式多电平逆变器是美国罗宾康(ROBICON)公司首先使用的一种直接高压输出控制技术。该方案采用若干个独立的低压功率单元串联的方式实现高压输出,其原理如图 5-1-15 所示。

从图中可知,每相功率逆变器由 5 个低压功率单元的输出端串联而成,按星形方式连接成三相输出,实现低压变频的高压直接输出,供给高压电动机。电网电压经过输入隔离变压器二次侧将三相电源电压转换为 15 个独立的交流电源,为 15 个功率单元供电,功率单元为三相输入、单相输出的交-直-交 PWM 电压源型逆变器结构,每个功率单元提供 1/5 的相电压,承受全部的输出电流。

如果变频器的额定输出电压是 6 kV,则每个功率单元的额定电压应为 690 V 左右,变频器的输出相电压最高可达 3 450 V。每个功率单元的电压等级和每相的串联数量决定变频器的输出电压、功率单元的额定电流和变频器输出电流。此电路的主要优点是:由于直流侧直流电源相互分离,不存在电容电压均压问题;由于每个功率单元构造相同,便于模块化设计和制造,系统可靠性高。另外,当某一级逆变桥出现故障时,就被旁路掉,剩余模块可不间断供电,以尽量减少生产损失。缺点是:需多个独立电源。

由于这种电路可以使变频器的输出电压波形非常接近正弦波,所以不存在由谐波引起的电动机附加发热和转矩脉动等问题,可以使用普通的高压异步电动机,在正常的调速范围内对电网谐波污染小,功率因数超过 0.95,无须任何功率因数补偿电容。美国罗宾康(ROBICON)公司称它为"完美无谐波"高压变频器。

目前,多电平控制技术在国外已逐步进入实用阶段,在我国还处于实验室研究阶段,由于这种控制技术市场需求旺盛,国内有很多的研究机构和企业在关注这一技术的发展。

(四)IGBT 功率单元多级串联电压型变频器

功率单元串联的方法解决了用低电压的 IGBT 实现高压变频的困难,它既保留了 IGBT 和 PWM 技术相结合所具有的各项优点,而且在减小谐波分量等方面有更大的改进,变频器的功率得以提高。

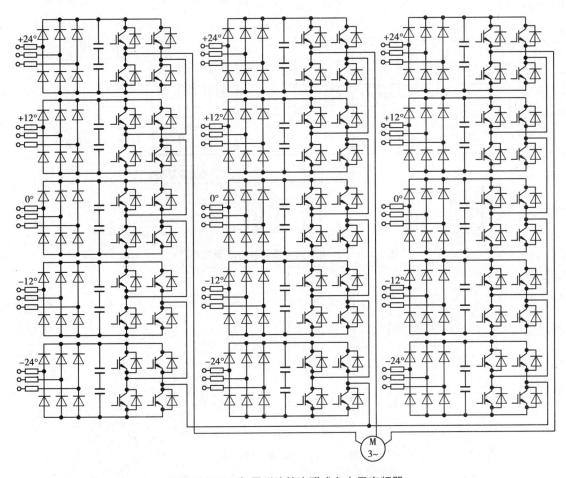

图 5-1-15　三相星形连接串联式多电平变频器

1. 功率单元多级串联电压型变频器

图 5-1-16 为功率单元多级串联电压型变频器的示意图。多级串联高压变频器采用多级小功率低电压 IGBT 的 PWM 变频单元,分别进行整流、滤波、逆变,将其串联叠加起来得到高压三相变频输出(主电路结构为高-低型)。例如,对于 6 kV 输出,每相采用 6 组低压 IGBT 功率单元,每个功率单元由一体化的输入隔离变压器二次侧绕组分别供电,二次绕组采用延边三角形接法,18 个二次绕组分成 3 个位组,互差 20°,实现输入多重化接法,可消除各功率单元产生的谐波。电源侧电压畸变率小于 1.2%,电流畸变率小于 0.8%,因此变频器对电网污染小。

改变每相串联功率单元数就可以得到不同电压等级的高压变频器,如日本东芝公司的该系列变频器的电压为 2.3 ~ 13.8 kV,容量为 800 ~ 5 600 kW,功率因数为 0.95,效率为 96%。

如图 5-1-17 所示为功率单元电路图,每个功率单元在结构上完全相同,可以互换,这不但使测试、维修方便,而且备份也十分经济。假如某一功率单元发生故障,该单元的输出端能自动旁路而整机可以暂时降额工作,直到慢慢停止运行。

如图 5-1-18 所示为电压叠加的原理图。例如,对于额定输出电压为 6 kV 的变频器,每相由 6 个低压为 580 V 的 IGBT 功率单元串联而成,则叠加后输出相电压最高可达 3 480 V,线电压为

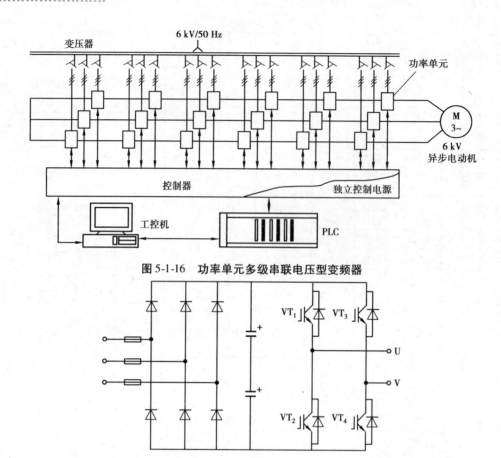

图 5-1-16 功率单元多级串联电压型变频器

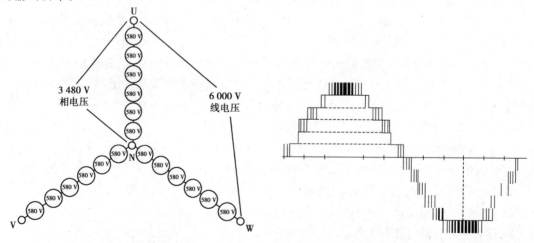

图 5-1-17 功率单元电路图

$$\sqrt{3} \times 3\,480 \text{ V} = 6\,000 \text{ V}$$

由图 5-1-18 可以看出每个功率单元将承受全部输出电流,但只提供 1/6 的相电压和 1/18 的输出功率。

图 5-1-18 电源叠加原理　　**图 5-1-19 变频器输出的相电压阶梯 PWM 波形**

多级串联高压变频器由每个单元的 U,V 输出端子相互串联而成Y连接给电动机供电,通过对每个单元的 PWM 波形进行多重化组合,使输出波形正弦度高,$\mathrm{d}u/\mathrm{d}t$ 小。如图 5-1-19 所示为变频器输出的相电压阶梯 PWM 波形。变频器输出谐波小可减少对电缆和电动机的绝缘损耗,无须输出滤波器就可使输出电缆加长,电动机不需要降额使用,且转矩脉动小。同时,电动机谐波损耗大为减少,消除了由此引起的机械振动,减小了轴承和叶片的机械应力。

2. 功率单元串联变频器的优点

除了可以使用低压等级器件、du/dt 小、单元模块化、装配和维修方便等优点。还具有下列较为突出的优点:

(1)灵活性

可以用不同个数、不同电压等级的开关器件,构成几种电压等级的变频器,灵活多样。例如对于额定输出电压为 6 kV 的变频器,每相由 5 个额定电压为 690 V 功率单元串联而成,输出相电压最高可达 3 450 V,线电压可达 6 kV 左右,每个功率单元承受全部的输出电流,但只提供 1/5 的相电压和 1/15 的输出功率。当每相由 3 个额定电压为 480 V 的功率单元串联时,变频器输出额定电压为 2 300 V;当每相由 4 个额定电压为 480 V 的功率单元串联时,变频器输出额定电压为 3 300 V。当每相由 5 个额定电压为 480 V 的功率单元串联时,变频器输出额定电压为 4 160 V;当每相由 5 个额定电压为 1 275 V 的功率单元串联时,变频器输出额定电压为 10 kV 左右。因此,单元的电压等级和串联数量决定变频器输出电压,单元的额定电流决定变频器输出电流。

(2)输入输出波形好、谐波小

输入电流波形接近正弦波,总的谐波电流失真可低于 1%,如图 5-1-20 所示。大大地减少了对电网的污染,被称为绿色产品。且因可以采用二极管不控整流,功率因数较高(接近于 1)。

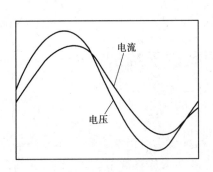

图 5-1-20　功率单元串联变频器输入波形

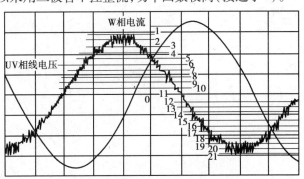

图 5-1-21　功率单元串联变频器输出波形

由于逆变器采用多电平移相式 PWM 技术,实现多电平 PWM,输出电压非常接近正弦波,降低输出谐波,如图 5-1-21 所示为 6 kV 电压等级变频器的输出电压和电流波形,可以看到每个电平台阶只有单元母线电压大小,du/dt 很小,可不用浪涌吸收回路。

功率单元串联变频器也存在一些缺点,例如结构和控制较复杂,成本较高;产品体积大占地大,变压器绕组多损耗大等。但从能消除对电网的污染出发,仍有推荐采用的价值。

(五)高压变频的发展趋势

在高压变频领域,目前以单元串联多电平和三电平方式发展最为迅速,其最新技术及今后发展的方向主要有:

①全数字式系统,由微处理器按照 PWM 方式控制每个开关管的导通和截止,输出正弦调制波,输出频率和电压相当准确和稳定。

②运行控制接口丰富,既有就地控制,又有远端控制;既有通信接口,又有模拟量和数字量接口,用户可选择的余地相当大。

③光纤通信和信号传输技术,既可以解决高电压隔离问题,又可提高通信速度、增强抗干扰能力。

④采用最新的导通压降低和开关损耗小的开关器件,提高系统效率,改善通风冷却设计。如 ABB 公司的 6 500 V 等级 IGCT 器件,导通压降在 4 V 以下,其开关损耗也较低,最新的 TRENCH 工艺或 SPT 工艺生产的 IGBT,耐压 1 700 V,导通压降在 3.4 V 以下,其开关损耗比以前的器件更低。

⑤随着电力电子器件的发展,在技术和市场成熟情况下,采用高压器件,使高压变频装置结构和电路趋于简单,提高可靠性。

⑥改善输入和输出谐波,这与采用高压器件有一定的矛盾,但可以考虑采用有源谐波补偿技术。

⑦发展和完善电力电子器件保护技术,保证在任何外部工况下(包括短路、过压、过流、过负荷等)使变频装置不损坏,提高高压变频器的可靠性。

⑧采用微机控制技术,实现自诊断和故障定位,有利于维护正常运行和对故障的快速处理。

⑨提高制动性能。

⑩提高动态响应性能,引入矢量控制、直接转矩控制等现代控制方法。

⑪对于单元串联多电平来说,最新发展技术还有单元冗余、单元切除后继续运行以及带电更换单元技术。

⑫减小装置尺寸。

任务 2　高压变频器故障处理及抗干扰措施

【活动情景】

高压变频器的使用,使高压电动机面临着输出谐波、电压变化率以及共模电压对其绝缘和使用寿命的影响,如何通过高压变频器结构上的改善降低和消除这些影响,关乎高压变频调速系统的发展。此外,对于在使用中可能出现的故障也应通过旁路技术予以妥善处理。

【任务要求】

掌握高压变频器在使用中的防干扰措施及常见故障处理技术。

一、高压变频器对电动机的影响及防治措施

在高压变频器的使用过程中,对电动机影响起决定作用的是逆变器的电路结构和控制特性,逆变器主要通过输出谐波、输出电压变化率 du/dt 和共模电压(在每一导体和所规定的参照点之间出现的相量电压的平均值)来影响电动机的绝缘和使用寿命,这些因素产生的影响见表5-2-1。在实际应用中,采用什么样的防治措施最合适? 应根据逆变器结构和对电动机的具体影响情况而定。

表 5-2-1　高压变频器影响电动机的主要因素

主要因素	产生的变频器类型	可能产生的主要影响
输出谐波	电压源型或电流源型变频器	电动机温升过高
输出电压变化率 $\mathrm{d}u/\mathrm{d}t$	电压源型变频器	电动机绝缘过早老化或被击穿
共模电压	电流源型变频器	电动机绝缘过早老化

（一）输出谐波对电动机的影响及防治措施

输出谐波对电动机的影响主要有谐波引起电动机的温升过高、转矩脉动和噪声增加，经常采用的防治措施一般有两种：一是设置输出滤波器；二是改变逆变器的结构或连接形式，以降低输出谐波，使其作用到电机上的输出波形接近正弦波。

对于电流源型变频器，可采用输出 12 脉波方案，使其输出波形接近正弦波；对于电压型变频器，可采用增加输出相电压的电平数目（大于三电平），达到降低输出谐波的目的。尽管三电平逆变器输出波形质量比二电平 PWM 逆变器有较大的提高，但是在相同开关频率的前提下，输出电压谐波失真仍达 29%，电动机电流谐波失真达 17%，如果采用普通电动机，三电平逆变器的输出仍需设置输出滤波器。对于独立直流电源串联式逆变器，一般输出电压总谐波失真小于 7%，不会对电动机产生附加的谐波电流引起的发热和转矩脉动，变频器的输出可直接使用普通的异步电动机，不必设置输出滤波器。

（二）输出电压变化率对电动机的影响及防治措施

对于电压源型变频器，当输出电压的变化率（$\mathrm{d}u/\mathrm{d}t$）比较高时，相当于在电动机绕组上反复施加了陡度很大的脉冲电压，加速了电动机绝缘的老化。特别是当变频器与电动机之间的电缆距离比较长时，电缆上的分布电感和分布电容所产生的行波反射放大作用增大到一定程度，有时会击穿电动机的绝缘。所谓行波是指：某一物理量的空间分布形态随着时间的推移，在振幅不变的情况下向一定的方向行进（不断向前推进所）所形成的传播方向为无限波。

经常采用的防治措施一般有两种：一是设置输出电压滤波器；二是降低输出电压的变化率。降低输出电压变化率的主要方法也有两种：一是降低输出电压每个台阶的幅值；二是降低逆变器功率器件的开关速度。在相同额定输出电压的情况下，逆变的输出电平数越多，输出电压的变化率就越低，通常是传统双电平输出电压的变化率的 $1/(m-1)$ 倍，其中 m 是电平数目。一般情况下，对于三电平 PWM 电压源型变频器，仍不能符合相关标准（允许变化范围：1 μs 内从 10% 的相电压峰值变换 90% 的相电压峰值），还需增加输出滤波器；对于独立直流电源串联式逆变器，其输出电压的变化率非常低，即使变频器与电动机之间的电缆距离相当长，也不会因行波反射作用产生电压变化率 $\mathrm{d}u/\mathrm{d}t$ 放大问题。

（三）共模电压对电动机的影响及防治措施

电动机定子绕组的中心点和地之间的电压 $U_{\mathrm{N-G}}$ 称为共模电压（或称为零序电压），如图 5-2-1 所示。

在电流源型变频器中，根据流经电抗器上的电流不能发生突变的原理，为了便于实现接地短路保护，在上下直流母线上各串联一个大小相等的电抗器 L_{d}，形成每个滤波电抗器上的压降相等。如果以地 G 为参考点，那么可有如下关系：

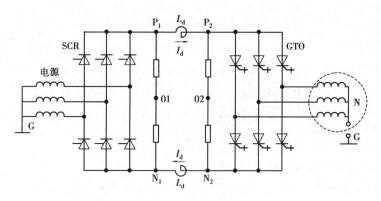

图 5-2-1　电流源型变频器

$$U_{P1-G} - U_{P2-G} = U_{N2-G} - U_{N1-G} \Rightarrow U_{P1-G} + U_{N1-G} = U_{P2-G} + U_{N2-G}$$

$$\Rightarrow U_{01-G} = \frac{U_{P1-G} + U_{N1-G}}{2}, \frac{U_{P2-G} + U_{N2-G}}{2} \Rightarrow U_{N-G} = U_{02-G} - U_{02-N} = U_{01-G} - U_{01-N}$$

由于 U_{01-G} 的频率基本不变(是电网电压频率的 3 倍),而 U_{02-G} 的频率会随着逆变器输出频率的变化而变化。考虑到逆变器输出频率一般不等于电网频率,因此,在某一时刻 U_{01-G} 和 U_{02-G} 的组合可使共模电压达到最大值。当没有输入变压器时,共模电压会直接施加到电动机上,导致电动机绕组绝缘击穿,从而影响电动机的使用寿命。当共模电压对地产生的高频漏电流经过电动机的轴承入地时,还会出现"电蚀"轴承现象,降低轴承的使用寿命。经常采用的防治措施是设置二次侧中点不接地的输入变压器,由输入变压器和电动机共同来承担共模电压。一般情况下,将 90% 的共模电压由输入变压器来承担。因此,对于电流源型变频器,电动机的绝缘一定要足够强,否则容易发生因绝缘被击穿而烧毁输入变压器或电动机的后果。

二、故障处理技术

(一) 旁路技术

旁路技术是当功率单元发生故障时的处理技术,分晶闸管旁路法和功率单元旁路法。

1. 晶闸管旁路

功率单元旁路技术,是在每个功率单元输出端 T_1,T_2 之间并联一个双向晶闸管(或反并联两个晶闸管),当功率单元发生故障时,封锁对应功率单元 IGBT 的触发信号,然后让晶闸管导通,保证电动机电流能流过,仍形成通路。为了保证三相输出电压对称,在旁路故障功率单元的同时,另外两相对应的两个功率单元也同时旁路。对于 6 kV 的变频器而言,每相由 5 个功率单元串联而成,当每相 1 个单元被旁路后,剩下 4 个功率单元,输出最高电压为额定电压的 80%,输出电流仍可达到 100%,这样,输出功率仍可达到 80% 左右,对于风机、水泵等平方转矩负载而言,转速仍可达 92% 以上,基本能维持生产,大大提高了系统运行的可靠性。然后可以在生产允许的条件下,有准备地停止变频器,更换新的功率单元或对单元进行维修。如果负载十分重要,还可以进行冗余设计,安装备用功率单元。例如,对 6 kV 的变频器,本来每相由 5 个功率单元串联而成,现可以设计成每相 6 个单元串联,正常工作时,每个单元输出电压仅为原来的 5%,如果出现功率单元故障,一组单元(每相各一个)被旁路后,单元的输出电压恢复正常,总的输出电压仍可达到 100%,变频器还能满载运行。

2.功率单元旁路

在功率单元的输出端增加一个旁路接触器,可方便地实现该单元的投入(或退出),如图 5-2-2 所示。

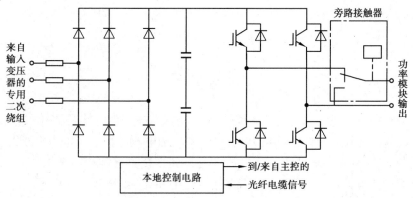

图 5-2-2　功率单元接触器旁路

当变频器内置的微机系统检测到某功率单元失效时,即发出指令使该单元的旁路接触器闭合,将失效单元的输出电压与主电路断开,并使与失效单元相邻的两个单元连接起来,这样,就完成了将失效单元从主电路中分离出来的过程。此时,变频器可以降额运行,以后在适当的时候再停机更换失效的单元。

采用这种旁路方式时,不管功率单元内哪一个元器件失效(包括通信用光纤连接电路失效),只要失效能被检测到,微机就会发出旁路指令。这种方法可以对功率单元或通信光纤回路的任何元器件的失效作出反应。该功能可以在 0.25 s 内将失效单元旁路,并使变频器在降容的情况下继续工作。

在单元串联多电平变频器中,如果每相额外增加一个冗余的功率单元,在系统正常时该单元被旁路,仅在参与工作的功率单元出现失效被旁路时,该相中作为备份的单元参与工作,这种方式称为"功率单元备份"。备份可以在 0.25 s 内自动投入,基本不影响负载工作。

(二)中性点漂移的处理技术

在多电平高压变频器中,每一相都是由数个功率单元串联而成,将失效单元旁路不影响变频器输出电流的额定值,但输出电压将有所下降。按 U/f 特性,电动机的定子电压大致与 f/n 成正比,所以当一个或数个功率单元失效时,将出现中性点漂移,变频器也不能输出最大电压。例如五单元变频器 15 个功率单元均正常工作时,可提供 100% 的输出电压,当变频器的某个或几个功率单元失效而被旁路时,输出相电压将变得不平衡。若在其他两相中也旁路掉相应的功率单元,虽可避免输出电压的不平衡,但是却降低了输出电压的最大值。例如只旁路一个单元,仍有 93% 的电力电子器件是正常的,但将其他两相中并未失效的相应功率单元旁路后,只有 80% 的单元投入使用,只能提供 80% 的输出电压。

中性点漂移处理技术提供了一种在不影响电压不平衡前提下,解决中性点漂移的方法。这种方法根据的是变频器功率单元的Y形中性点是浮动的且不与电动机的中性点相连接的事实。如果对各相功率单元电压的相位角进行适当调整,变频器输出电压的中点允许偏离中性点。此时,尽管失效的功率单元被旁路使某相串联后的电压存在不平衡,但是变频器输出到电动机的三相线电压仍维持平衡,如某一相旁路一个功率单元后,余下 93% 的正常功率单元全部投入运行,可提供 90% 的最大输出电压。旁路两个功率单元后,余下 87% 的功率单元仍全部投入运行,可提供 80% 的最大输出电压。各功率单元电压的相位被调整后,A 相与 B,C 相之间的相位差是 132.5°,但三相线电压之间的相位仍维持为 120°,电压保持平衡。如果某相被旁路的功率单元多于两个,或者失效单元不是出现在同一相中,上述的中性点漂移技术仍然适用。

项目小结

高压变频器按其主电路结构可分为交-交调速方式和交-直-交调速方式。交-直-交变频调速方式按中间直流滤波环节的不同可分为:电流源型和电压源型。受电力电子开关器件耐压和功率的限制,高压变频调速系统不像低压变频调速系统具有统一的结构形式,高压变频器的主电路结构形式可分为 3 类:直接高-高型、高-低型和高-低-高型。

高-低-高电压源型这种高压变频调速方式的实质还是低压变频,只不过是从电网和电动机两端来看是高压。因其存在着中间低压环节,有着电流大、结构复杂、效率低、可靠性差等缺点,该方式是高压变频技术发展中的一种由低压变频向高压变频过渡的方式,在今后的发展中有被淘汰的趋势。

直接器件串联二电平线路,采用功率器件串联方法,线路复杂,可靠性低,且输入和输出谐波均需抑制,无法实现冗余。易引起电动机绕组绝缘过早老化以及强烈的电磁干扰。如果采用高-低-高方式,由于中间环节可以使用低压变频器,能避免开关器件的静态和动态均压问题,但是存在着中间低压环节电流大、效率低、体积大等缺点。

在高压、大容量、交-直-交电压源型变频调速技术中,为了减少开关损耗和每个开关承受的电压,进而改善输出电压波形,减少转矩脉动,多采用增加直流侧电平的方法形成多电平逆变器主电路结构。主要有二极管钳位式、电容钳位式和独立直流电源串联式。这种电路结构,既避免了开关器件串联引起的动态均压问题,又可降低了输出谐波和电压变化率 du/dt。由此组成的高压变频器属于钳位式多电平高压变频器。

单元串联多电平 PWM 电压源型逆变器采用若干个低压 PWM 变频功率单元串联的方式实现直接高压输出。该变频器具有对电网谐波污染小、可实现冗余、输入功率因数高、不必采用输入谐波滤波器和功率因数补偿装置,输出波形质量好、不存在谐波引起的电动机附加发热和转矩脉动、du/dt 低等特点,不必加装输出滤波器就可以用于普通异步电动机。

将多个低压大容量逆变器通过变压器采用多重化技术获得高压大功率变频器,输出电压波形可接近于正弦波,但也存在效率低、动态性能不高和体积大等缺点。

独立直流电源串联式多电平逆变器,由于直流侧直流电源相互分离,不存在电容电压均压问题;由于每个功率单元构造相同,便于模块化设计和制造,系统可靠性高。另外,当某一级逆变桥出现故障时,通过隔离可尽量减少生产损失。独立直流电源串联式多电平逆变器,可以使变频器的输出电压波形非常接近正弦波,所以不存在由谐波引起的电动机附加发热和转矩脉动等问题,可以使用普通的高压异步电动机,在正常的调速范围内对电网谐波污染小,功率因数超过 0.95,无须任何功率因数补偿电容。

高压变频器在工业领域的应用具有显著的节能效果,其主电路结构处在一个发展完善的过程中,随着大功率开关器件制造工艺水平的提高及高压逆变控制技术的不断完善,高压变频器将在工业领域发挥更大的作用。

思考练习

5.1　高压交-直-交方式的变频器多用于什么场合？该方式的变频器有什么优缺点？

5.2　高压变频调速系统的基本形式有哪几种？画出其结构图。

5.3　说明如图 5-1-8 所示并联多重化 PWM 电压型变频器电路的工作原理。

5.4　说明如图 5-1-10 所示 IGBT 三电平高压变频器主电路为什么称为三电平式变频器？该电路结构有什么优点？根据图 5-1-11，回答如下问题：

(1)电容 C_1 和 C_2 为什么要串联使用？电容 C_1 和 C_2 串联后的主要功能是什么？

(2)二极管 VD_5，VD_6 的作用是什么？

5.5　说明功率单元多级串联电压型变频器电路结构原理？若每相由 5 个功率单元串联得到 6 000 V 的线电压，每个功率单元的电压大致为多少？

5.6　高压变频为什么不采用双电平控制方式？简述三电平逆变器的工作原理。

5.7　钳位式多电平变频器的优点是什么？

5.8　共模电压对电动机的影响及防治措施有哪些？

5.9　高压变频器在什么情况下会对电动机绕组绝缘造成不利影响？防治措施有哪些？

5.10　什么是中性点漂移？简述中性点漂移的处理技术。

【项目六】 变频器的安装、调试与维护

【项目描述】

变频器属在安装和维护中必须遵守一定的规范,才能保证变频器长期、安全、可靠地发挥作用。现场安装和使用中,主控回路的接线;外围设备的选用;测试仪器的使用;变频器的调试方法等都是应该掌握的基本技能。变频器在使用过程中,不可避免地会出现故障,而通过检修排除故障,则是保证变频器正常发挥功能的较基本要求。

本项目含4个任务,即变频器的安装及接线;变频器外围设备的接线及选用;变频器系统的调试和维护;变频器常见故障的检修。

【学习目标】

1.了解变频器的安装以及对工作环境的基本要求。

2.掌握变频器的接线、外围设备的选用及接线方法。

3.掌握变频调速系统的调试步骤和方法。

4.了解变频调速系统防干扰的措施。

5.了解变频器常见故障的处理方法。

【能力目标】

1.掌握变频器安装、调试的步骤和方法,能够独立完成变频器的安装工作。

2.掌握变频调速系统一般故障的检测、排除方法。

任务1 变频器的安装及接线

【活动情景】

在选择好变频器和控制方式后,要进行的工作就是变频器的安装及接线。变频器属于电力电子产品,其安装环境、工作条件有较为严格的规定。变频器接线分为主回路接线和控制回路接线,接线方法的正确与否,不但影响变频器能否正常运行,还直接关系到变频器抗干扰的能力。

【任务要求】

了解和掌握变频器的安装及接线方法,从消除和防止谐波、无线电干扰的角度理解有关安装、接线的规定。

一、变频器的储存与安装

(一)变频器的储存

变频器在未安装之前,需要储存一段时间。变频器的储存需注意下列事项:

①必须置于无尘垢、干燥的环境中。

②环境温度在 $-20 \sim +65$ ℃范围内。

③相对湿度在 ≤95% 范围内,且无结霜。

④避免储存于含有腐蚀性气体、液体的环境中。

⑤最好释放包装存放在架子或台面上。

⑥长时间存放会导致电解电容的失效,所以必须保证在 6 个月内通一次电,通电时间至少 5 h 以上,输入电压必须用调压器缓缓升高至额定值。

(二)装设场所

装设变频器的场所须满足以下条件:湿气少、无水浸入;无爆炸性、无可燃性或腐蚀性气体和液体,粉尘少;装置易于搬入安装位置;有足够的空间,便于维修检查;备有通风口或换气装置以排除变频器在工作中产出的热量;与易受谐波和无线电干扰影响的装置分离。若安装在室外,必须按照户外配电装置设置条件安装。

(三)使用环境

1. 环境温度

变频器运行中环境温度的容许值一般为 $-10 \sim +40$ ℃,避免阳光直射。对于单元型装入配电柜或控制盘内使用的变频器,考虑柜内预测温升为 10 ℃,则上限温度多为 50 ℃。变频器为全封闭结构、上限温度为 40 ℃的壁挂用单元型装入配电柜内使用时,为了减少温升,可以装设通风管或者取下单元外罩。环境温度的下限值多为 -10 ℃,以不冻结为前提条件。

2. 环境湿度

变频器安装环境湿度在 40% ~90% 为宜。要注意防水或水蒸气进入变频器内,以免引起漏电,甚至打火、击穿。周围湿度过高,也可使电气绝缘降低、金属部分腐蚀。

3. 周围气体

变频器安装周围,不可有腐蚀性、爆炸性或可燃性气体,还需满足粉尘少和油雾少的要求。

4. 振动

耐振性因机种的不同而不同,设置场所的振动加速度多被限制在 $0.3 \sim 0.6 \ g/s^2$ 以下。对于机床、船舶等事先可预测振动的场合,必须选择有耐振措施的机种。

5. 抗干扰

为防止电磁干扰,控制线应有屏蔽措施,母线与动力线要保持不小于 100 mm 的距离。

6. 安装方向与空间

变频器在运行中会发热,为了保证散热良好,必须将变频器安装在垂直方向,因变频器内部装有冷却风扇以强制风冷,其上下左右与相邻的物品和挡板(墙)必须保持足够的空间,如图 6-1-1 所示。

将多台变频器安装在同一装置或控制箱(柜)内时,为减少相互热影响,应横向并列安装。必须上下安装时,为了使下部的热量不至影响上部的变频器,应设置隔板等物。箱(柜)体顶部装有引风机的,其引风机的风量必须大于箱(柜)内各变频器出风量的总和;没有安装引风机的,其箱(柜)体顶部应尽量开启,无法开启时,箱(柜)体底部和顶部保留的进、出风口面积必须大于箱(柜)体各变频器端面面积的总和,且进、出风口的风阻应尽量小。若将变频器安于控制室墙上,则应保持控制室通风良好,不得封闭。安装方法如图 6-1-2 所示。

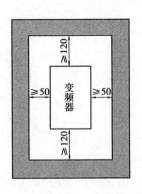
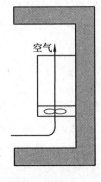
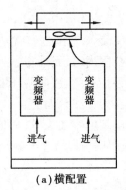
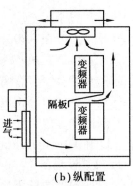

图 6-1-1　变频器安装周围的空间　　　　　图 6-1-2　多台变频器的安装方法

由于冷却风扇是易损品,某些 15 kW 以下变频器(例如森兰 BT40 系列)的风扇控制是采用温度开关控制,当变频器内温度大于温度开关设定的温度时,冷却风扇才运行;一旦变频器内温度小于温度开关设定的温度时,冷却风扇停止运行。因此,变频器刚开始运行时,冷却风扇处于停止状态,这是正常现象。

(四)安装方法

①把变频器用螺栓垂直安装到坚固的物体上,而且从正面就可以看见变频器操作面板的文字位置,不得上下颠倒或平放安装。

②变频器在运行中会发热,为确保冷却风道畅通,按图 6-1-1 所示的空间安装(电线、配线槽不要通过这个空间)。由于变频器内部热量从上部排出,所以不要安装到不耐热的设备下方。

③变频器在运转中,散热片的附近温度可上升到 90 ℃,故变频器背面要使用耐温材料。

④安装在控制箱(柜)内时,可以通过将发热部分露于箱(柜)之外的方法降低箱(柜)内温度,若不具备将发热部分露于箱(柜)外的条件,可装在箱(柜)内,但要注

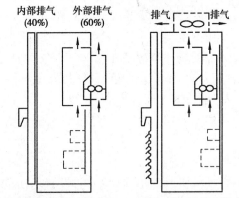

(a)发热部分露与箱(柜)外　(b)变频器整体装在箱(柜)内

图 6-1-3　变频器安装在箱(柜)内

意有充分换气的条件,防止变频器周围温度超过额定值,如图 6-1-3 所示,不要放在散热不良的小密闭箱(柜)内。

二、变频器主电路接线

(一)电缆选择

由于主回路电压高、电流大,所以选择主回路连接导线时,应考虑电流容量、短路保护、电缆压降等因素。一般情况下,变频器输入电流的有效值比电动机电流大。变频器变流回路的电路形式不同,输入功率因数就不同,使用交流电抗器和直流电抗器的情况下,也有不同的功率因数。

变频器与电动机之间的连接电缆要尽量短,因为此电缆距离长,则电压降大,可能会引起电

动机转矩的不足。特别是变频器输出频率较低时,其输出电压也较低,线路电压损失所占百分比加大。变频器与电动机之间的线路压降规定不能超过额定电压的 2%。采用专用变频器时,如果有条件对变频器的输出电压进行补偿,则线路压降损失容许值可取为额定电压的 5%。

容许压降给定时,主电路电线的电阻值还必须满足下式:

$$R_C \leqslant \frac{1\,000 \times \Delta U}{\sqrt{3}\,LI} \tag{6-1-1}$$

式中　R_C——单位长电线的电阻值,Ω/km;

　　　ΔU——容许线间压降,V;

　　　L——一相电线的铺设距离,m;

　　　I——电流,A。

【例 1】　变频器传动鼠笼型电动机,电动机铭牌数据:额定电压 220 V,功率为 7.5 kW,4级,额定电流为 15 A,电缆铺设距离为 50 m,线路电压损失允许在额定电压 2% 以内,试选择所用电缆的截面大小?

解　1)求额定电压下的容许电压降。

$$\Delta U = 220\ \mathrm{V} \times 2\% = 4.4\ \mathrm{V}$$

2)求容许压降以内的电线电阻值。

$$R_C = \left[\frac{1\,000 \times 4.4}{\sqrt{3} \times 50 \times 15}\right]\Omega/\mathrm{km} = 3.39\ \Omega/\mathrm{km}$$

3)根据计算出的电阻选用导线。

由计算出的 R_C 值,从厂家提供的相关表格中选用电缆,从表 6-1-1 列出的常用电缆选用表中可知,应选电缆电阻为 3.39 Ω/km 以下、截面积为 5.5 mm^2 的电缆。

表 6-1-1　常用电缆的导体电阻

电缆截面/mm^2	2	3.5	5.5	9	14	22	30	50	90	100	125
导体电阻/$(\Omega \cdot \mathrm{km}^{-1})$	9.24	5.20	3.33	2.31	1.30	0.924	0.624	0.379	0.229	0.190	0.144

实际进行变频器与电动机之间的电缆铺设时,需根据变频器、电动机的电压、电流及铺设距离通过计算来确定电缆的截面。

表 6-1-2 给出了三垦 400 系列 SHF/SPF 变频器主电路电器电线选用表。

表 6-1-2　三垦 400 系列 SHF/SPF 变频器主电路电器电线选用表

变频器型号	适用电动机/kW	额定容量/KVA	额定电流/A	断路器/A	电磁接触器		主电路电线		
					额定电流/A	接点电流/A	输入线/mm^2	P,P1 线	输出线/mm^2
SHF-1.5K	1.5	2.9	4	10	7	20	2.0	2.0	2.0
SPF-2.25K	2.2	3.9	5.5	15	7	20	2.0	2.0	2.0
SHF-2.2K	2.2	4.2	6						
SPF-4.0K	4.0	6.2	9.9	20	7	20	2.0	2.0	2.0
SHF-4.0K	4.0	6.2	9						

续表

变频器型号	适用电动机/kW	额定容量/KVA	额定电流/A	断路器/A	电磁接触器		主电路电线		
					额定电流/A	接点电流/A	输入线/mm²	P,P1线	输出线/mm²
SPF-5.5K	5.5	9.7	12.6	30	7	20	2.0	2.0	2.0
SHF-5.5K	5.5	9.7	12.6	30	17	32	2.0	2.0	2.0
SPF-7.5K	7.5	11.4	16.4	30	17	32	3.5	3.5	3.5
SHF-7.5K	7.5	11.9	17	50	17	32	3.5	3.5	3.5
SPF-11K	11	16.6	24	50	25	50	5.5	3.5	3.5
SHF-11K	11	17.3	25	50	25	50	9.0	5.5	3.5
SPF-15K	15	22.2	32	60	32	60	14	5.5	5.5
SHF-15K	15	22.2	32	60	32	60	14	5.5	5.5
SPF-19.5K	19.5	26.3	39	75	49	90	14	9.0	5.5
SHF-19.5K	19.5	26.3	39	100	49	90	14	9.0	5.5
SPF-22K	22	31.2	45	100	49	90	22	14	9.0
SHF-22K	22	31.9	46	100	65	100	22	14	9.0
SPF-30K	30	40.9	59	125	75	135	22	22	14
SHF-305K	30	42.3	61	150	75	135	39	22	14
SPF-37K	37	51.3	74	150	75	135	22×2	22	22
SHF-37K	37	51.3	74	175	93	150	22×2	22	22
SPF-45K	45	62.4	90	200	150	200	22×2	39	22
SHF-45K	45	62.4	90	200	150	200	60	39	22
SPF-55K	55	76.2	110	225	150	200	39×2	60	39
SHF-55K	55	76.2	110	225	150	200	39×2	60	39
SPF75K	75	99.4	142	225	150	200	60	39×2	60

(二) 主电路接线

1. 主电路接线图

三菱 FR-A540 变频器的端子接线端如图 6-1-4 所示。

主电路的接线端子排如图 6-1-5 所示。

主电路端子和连接端子的功能见表 6-1-3。

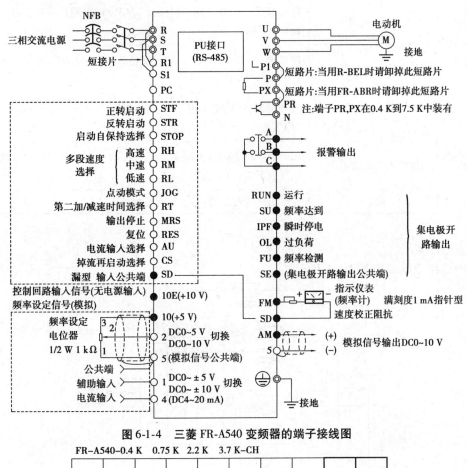

◎　主回路端子
○　控制回路输入端子
●　控制回路输出端子

图 6-1-4　三菱 FR-A540 变频器的端子接线图

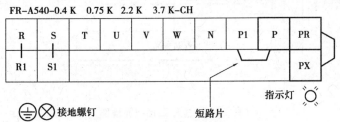

FR–A540–0.4 K　0.75 K　2.2 K　3.7 K–CH

接地螺钉

短路片

指示灯

图 6-1-5　主电路接线端子排

表 6-1-3　主电路端子和连接端子的功能

端子符号	端子名称	说　明
R,S,T	主电路电源端子	连接三相工频电源,内接变频器整流电路
U,V,W	变频器输出端子	连接三相电动机,内接逆变电路
R1,S1	控制回路电源	与交流电源端子 R,S 连接。在保持异常显示和异常输出时或当使用高功率因数转换器(FR-HC)时,或希望 R,S,T 端子无工频电源输入时,控制电路也能工作,可拆下 R-R1 和 S-S1 之间的短路片,将两相工频电源直接接 R1,S1 端子

续表

端子符号	端子名称	说　明
P,PR	连接制动电阻器	拆开端子 PR-PX 之间的短路片,在 P-PR 之间连接选件制动电阻器(FR-ABR)
P,N	连接制动单元	连接选件 FR-BU 型制动单元或电源再生(FR-RC)或高功率因数转换器(FR-HC)
P,P1	连接 DC 电抗器	拆开端子 P-P1 间的短路片,连接选件改善功率因数用电抗器(FR-BEL)
PR,PX	连接内部制动电阻	用短路片将 PX-PR 间短路(出场设定)内部制动回路便生效(7.5 K 型以下装有)
⏚	接地	变频器外壳接地用,必须与大地相接

2. 主电路接线

主电路接线原理如图 6-1-6 所示。

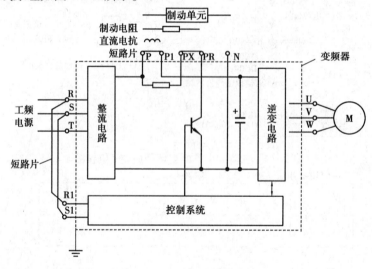

图 6-1-6　主回路接线原理图

3.电源、电动机与变频器的连接

电源、电动机与变频器的连接如图 6-1-7 所示。在连接时要注意电源线绝对不能接 U,V,W 端,否则会损坏变频器内部电路。由于变频器工作时可能会漏电,为安全起见,应将接地端子与接地线连接好,以便泄放变频器漏电电流。

4. 选件的连接

变频器的选件较多,主要有外接制动电阻、FR-BU 制动单元 FR-HC 提高功率因数整流器、FR-RC 能量回馈单元和改善功率因数直流电抗器等。下面介绍常用的外接制动电阻和直流电抗器的连接。

（1）外接制动电阻的连接

变频器的 P,PX 端子内部接有制动电阻,在高频率制动时,内置制动电阻易发热,由于封

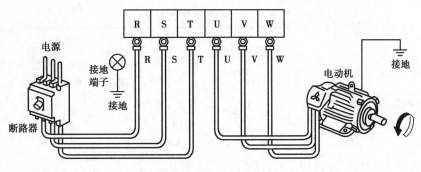

图 6-1-7　工频电源、电动机与变频器的连接示意图

闭散热能力不足,这时需要安装外接制动电阻来替代内置制动电阻。外接制动电阻的连接如图 6-1-8 所示,先将 PR,PX 端子间的短路片取下,然后用连接线将制动电阻与 PR,PX 端子连接。

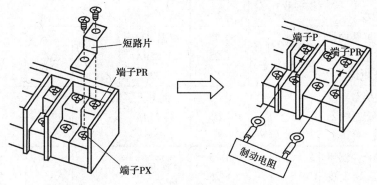

图 6-1-8　外接制动电阻的连接示意图

（2）直流电抗器的连接

为了提高变频器的电能利用率,可给变频器外接改善功率因数的直流电抗器（电感器）。直流功率因数电抗器的连接如图 6-1-9 所示,先将 P1,P 端子间的短路片取下,然后用连接线将直流电抗器与 P1,P 端子连接。

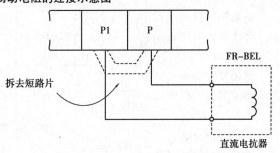

图 6-1-9　直流功率因数电抗器的连接示意图

三、变频器控制回路接线

变频器控制回路的控制信号均为弱电信号,控制回路易受外界强电场或高频杂散电磁波的影响,易受主电路的高次谐波场的辐射及电源侧振动的影响,因此,必须对控制回路采取适当的屏蔽措施。

（一）控制回路电缆选用及注意事项

1.电缆种类选择

控制电缆可参照表 6-1-4 进行选择。

表 6-1-4　控制电缆选用表

编号	电缆名称	标号	导体截面 /mm²	依据标准	使用条件			备注
					弱电流回路	弱电流回路	与强电流回路接触	
1	600 总软铜屏蔽同轴绞合控制用乙烯绝缘电缆	CVVS（对绞总软铜屏蔽）	0.75 1.25 2	据 JCS 第 259A （1996）	√	√	√	
2	600 总软铜屏蔽对绞控制用乙烯绝缘乙烯表皮电缆	CVVS（各对软铜屏蔽）	0.75 1.25 2	据 JCS 第 259A （1996）	√	√	√	
3	600 各对软铜屏蔽对绞控制用乙烯绝缘乙烯表皮电缆	CVVS（总铜铁屏蔽）	0.75 1.25 2	据 JCS 第 259A （1996）	√	√	√	软铜带间要绝缘
4	600 总铜铁屏蔽同轴绞合控制用乙烯绝缘乙烯表皮电缆	CVVS（对绞总钢铁屏蔽）	0.75 1.25 2	据 JQ 第 259A （1996）	√	√	√	
5	600 总铜铁屏蔽对绞控制用乙烯绝缘乙烯表皮电缆	CVVS	0.75 1.25 2	据 JCS 第 259A （1996）	√	√	√	
6	600 同轴绞合控制用乙烯绝缘乙烯表皮电缆	CVVS	0.75 1.25 2	据 JCS 第 C3401	√	√	√	
7	总软铜屏蔽同轴绞合计测控制用乙烯绝缘乙烯表皮电缆	采用厂家标号	<0.5	厂家标准	×	√	×	
8	总软铜屏蔽对绞计测控制用乙烯绝缘乙烯表皮电缆	采用厂家标号	<0.5	厂家标准	×	√	×	
9	各对软铜屏蔽对绞计测控制用乙烯绝缘乙烯表皮电缆	采用厂家标号	<0.5	厂家标准	×	√	×	软铜带间要绝缘
10	同轴绞合计测控制用乙烯绝缘乙烯表皮电缆	采用厂家标号	<0.5	厂家标准	×	√	×	

控制电缆的截面选择必须考虑机械强度、线路压降、费用等因素。建议使用截面积为 1.25 mm² 或 2 mm² 的电缆。当铺设距离短、线路压降在容许值以下时，使用截面积为 0.75 mm² 的电缆较为经济。

2. 注意事项

①主、控电缆分离　主回路电缆与控制回路电缆必须分离铺设，相隔距离按电器设备技

术标准执行。

②电缆的屏蔽　如果控制电缆确实在某一很小区域与主回路电缆无法分离或分离距离太小以及即使分离了,但干扰仍然存在,则应对控制电缆进行屏蔽。屏蔽的措施有:将电缆封入接地的金属管内;将电缆置入接地的金属通道内;采用屏蔽电缆。

③采用绞合电缆　弱电压、电流回路(4~20 mA,1~5 V),特别是长距离的控制回路,电缆采用绞合线,绞合线的绞合间距尽可能小,并且都使用屏蔽恺装电缆。

④铺设路线　由于电磁感应干扰的大小与电缆的长度成比例,所以应尽可能以最短的路线铺设控制电缆。

大容量变压器及电动机的漏磁通,对控制电缆直接感应产生干扰,铺设线路时要远离这些设备。弱电压、电流回路用电缆不要接近装有很多断路器和继电器的仪表盘。

⑤电缆的接地　弱电压电流回路(4~20 mA,1~5 V)有一接地线,该接地线不能作为信号线使用。

如果使用屏蔽电缆,需使用绝缘电缆,以免屏蔽金属与被接地了的通道或金属管接触。若控制电缆的接地设在变频器一侧,则使用专设的接地端子,不得与其他接地端子共用。

屏蔽电缆的屏蔽要与电缆芯线一样长。电缆在端子箱中再与线路连接时,要装设屏蔽端子进行屏蔽连接。

3. 接线举例

综合考虑抗干扰措施后的接线实例如图6-1-10所示。

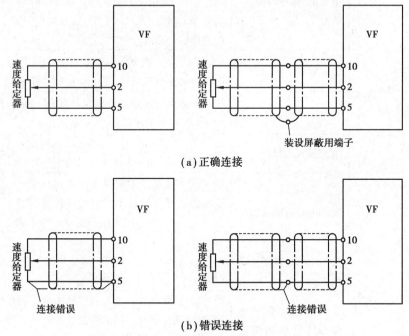

(a)正确连接

(b)错误连接

图 6-1-10　屏蔽电缆的连接方法

从图6-1-10中可以看出,连接端子处应很好地进行屏蔽处理;屏蔽电缆的连接应正确;接地的末端要作相应处理。

需要强调的是:要使控制电路能够正常工作,必须避免控制回路电缆与主回路电缆靠近或接触。

（二）控制电路接线端

控制电路接线端分为输入信号接线端、模拟信号接线端、输出信号接线端及通讯接线端。

1. 输入信号接线端

表 6-1-5 为输入信号接线端。

表 6-1-5　输入信号接线端

类　型	端子记号	端子名称	说　　明	
启动接点·功能设定	STF	正转启动	STF 信号处于 ON 便正转,处于 OFF 便停止。程序运行模式时为程序运行开始信号(ON 开始,OFF 静止)	当STF 和 STR信号同时处于 ON 时,相当于给出停止指令
	STR	反转启动	STR 信号 ON 为逆转,OFF 为停止	
	STOP	启动自保持选择	使 STOP 信号处于 ON,可以选择启动信号自保持	
	RH,RM,RL	多段速度选择	用 RH,RM 和 RL 信号的组合可以选择多段速度	输入端子功能选择(Pr.180 到 Pr.186)用于改变端子功能
	JOG	点动模式选择	JOG 信号 ON 时选择点动运行(出厂设定),用启动信号(STF 和 STR)可以点动运行	
	RT	第 2 加/减速时间选择	RT 信号处于 ON 时选择第 2 加/减速时间。设定了[第 2 力矩提升][第 2V/F(基底频率)]时,也可以用 RT 信号处于 ON 时选择这些功能	
	MRS	输出停止	MRS 信号为 ON(20 ms 以上)时,变频器输出停止。用电磁制动停止电机时,用于断开变频器的输出	
	RES	复位	用于解除保护回路动作的保持状态。使端子 RES 信号处于 ON 在 0.1 秒以上,然后断开	
	AU	电流输入选择	只在端子 AU 信号处于 ON 时,变频器才可用直流 4～20 mA 作为频率设定信号	输入端子功能选择(Pr.180 到 Pr.186)用于改变端子功能
	CS	瞬停电再启动选择	CS 信号预先处于 ON,瞬时停电再恢复时变频器便可自动启动。但用这种运行必须设定有关参数,因为出厂时设定为不能再启动	
	SD	公共输入端子(漏型)	接点输入端子和 FM 端子的公共端。直流 24 V,0.1 A(PC 端子)电源的输出公共端	
	PC	直流 24 V 电源和外部晶体管公共端接点输入公共端(源型)	当连接晶体管输出(集电极开路输出),例如可编程控制器时,将晶体管输出用的外部电源公共端接到这个端子时,可以防止因漏电引起的误动作,这端子可用于直流 24 V,0.1 A 电源输出。当选择源型时,这端子作为接点输入的公共端	

2. 模拟信号

表 6-1-6 为模拟信号接线端。

表 6-1-6　模拟信号接线端

类　型	端子记号	端子名称	说　明	
频率设定	10E	频率设定用电源	10VDC, 允许负荷电流 10 mA	按出厂设定状态连接频率设定电位器时, 与端子 10 连接。当连接到 10E 时, 请改变端子 2 的输入规格
	10		5VDC, 允许负荷电流 10 mA	
	2	频率设定(电压)	输入 0~5VDC(或 0~10VDC)时 5 V(10VDC)对应于为最大输出频率。输入、输出成比例, 用参数单元进行输入直流 0~5 V(出厂设定)和 0~10VDC 的切换。输入阻抗 10 kΩ, 允许最大电压为直流 20 V	
	4	频率设定(电流)	DC4~20 mA, 20 mA 为最大输出频率, 输入、输出成比例, 只在端子 AU 信号处于 ON 时, 该输入信号有效, 输入阻抗 250 Ω, 允许最大电流为 30 mA	
	1	辅助频率设定	输入 0~±5VDC 或 0~±10VDC 时, 端子 2 或 4 的频率设定信号与这个信号相加。用参数单元进行输入 0~±5VDC 或 0~±10VDC(出厂设定)的切换。输入阻抗 10 kΩ, 允许电压 ±20VDC	
	5	辅助频率设定	频率设定信号(端子 2, 1 或 4)和模拟输出端子 AM 的公共端子。不接大地	

3. 输出信号

表 6-1-7 为输出信号接线端。

表 6-1-7　输出信号接线端

类　型	端子记号	端子名称	说　明	
接点	A, B, C	异常输出	指示变频器因保护功能动作而输出停止的转换接点。AC200 V 0.3 A, 30VDC 0.3A, 异常时: B-C 间不导通(A-C 间导通), 正常时: B-C 间导通	输出端子的功能选择通过(Pr. 190 到 Pr. 195)改变端子功能
集电极开关	RUN	变频器正在运行	变频器输出频率为启动频率(出厂时为 0.5 Hz, 可变更)以上时为低电平, 正在停止或正在直流制动时为高电平[*2]。允许负荷为 DC24 V, 0.1 A	
	SU	频率到达	输出频率达到设定频率的 ±10%(出厂设定, 可变更)时为低电平, 正在加/减速或停止时为高电平[*2]。允许负荷为 DC24 V, 0.1 A	

续表

类　　型	端子记号	端子名称	说　　明	
集电极开关	OL	过负荷报警	当失速保护功能动作时为低电平,失速保护解除时为高电平*2。允许负荷为DC24 V,0.1 A	输出端子的功能选择通过(Pr. 190到Pr. 195)改变端子功能
	IPF	瞬时停电	瞬时停电,电压不足保护动作时为低电平*2,允许负荷为DC24 V,0.1 A	
	FU	频率检测	输出频率为任意设定的检测频率以上时为低电平,以下时为高电平*2,允许负荷为DC 24 V,0.1 A	
	SE	集电极开路输出公共端	端子RUN,SU,OL,IPF,FU的公共端子	
脉冲	FM	指示仪表用	可以从16种监示项目中选一种作为输出*3,例如输出频率,输出信号与监示项目的大小成比例	出厂设定的输出项目:频率允许负荷电流1 mA 60 Hz时1 440脉冲/s
模拟	AM	模拟信号输出		出厂设定的输出项目:频率输出信号0到DC10 V允许负荷电流1 mA

*1:端子PR,PX在FR-A540-0.4K至7.5K中装设。

*2:低电平表示集电极开路输出用的晶体管处于ON(导通状态),高电平为OFF(不导通状态)。

*3:变频器复位中不被输出。

4.通信接线端

表6-1-8为通信接线端。

表6-1-8　通信接线端子

类　　型	端子记号	端子名称	说　　明
RS-485		PU接口	通过操作面板的接口,进行RS-485通信 ● 遵守标准:EIA RS-485标准 ● 通信方式:多任务通信 ● 通信速率:最大19 200 bps ● 最长距离:500 m

(三)控制回路接线

1.控制回路外接电源接线

控制回路电源端R1,S1默认与R,S端子连接。在工作时,如果变频器出现异常,可能会导致变频器电源输入端的断路器(或接触器)断开,变频器控制回路电源也随之断开,变频器无法输出显示异常信号。为了在需要时保持异常信号,可将控制回路的电源R1,S1端子与断路器输入侧的两相电源线连接,这样断路器断开后,控制回路仍有电源提供。控制回路外接电源接线如图6-1-11所示。

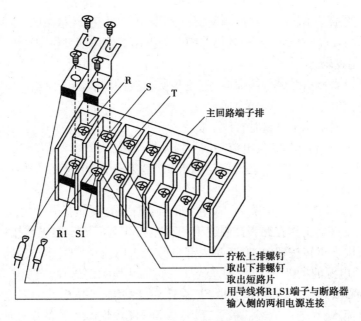

图 6-1-11　变频器控制回路外接电源

2. 控制回路端子排

控制回路端子排如图 6-1-12 所示。

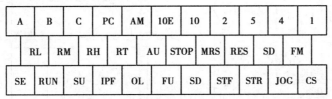

A	B	C	PC	AM	10E	10	2	5	4	1

RL	RM	RH	RT	AU	STOP	MRS	RES	SD	FM

SE	RUN	SU	IPF	OL	FU	SD	STF	STR	JOG	CS

图 6-1-12　控制回路端子排

3. 改变控制逻辑

(1) 控制逻辑的设置

FR-A540 型变频器有漏型和源型两种控制逻辑,出厂时设置为漏型逻辑。若要将变频器的控制逻辑改为源型逻辑,可按图 6-1-13 进行操作,具体操作过程如下:

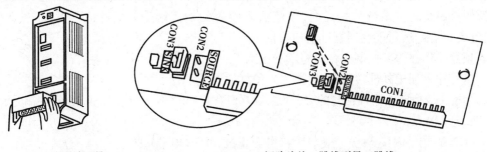

（a）取下端子排　　　　　　　　（b）短路片从一跳线到另一跳线

图 6-1-13　变频器控制逻辑的改变方法

①将变频器前盖板拆下;

②松开控制回路端子排螺钉,取下端子排,如图 6-1-13(a)所示;

③在控制回路端子排的背面将控制逻辑设置跳线上的短路片取下,再安装到旁边的另一个跳线上,如图6-1-13(b)所示,这样就将变频器的控制逻辑由漏型控制转设成源型控制。

(2)漏型控制逻辑

漏型控制逻辑是指信号端子接通时,电流是从相应的输入端子流出,是否可以推动其他的后端设备就视此电流(Source电流)而定。

变频器工作在漏型控制逻辑时有以下特点:

①信号输入端子外部接通时,电流从信号输入端子流出;

②端子SD是接点输入信号的公共端,端子SE是集电极开路输出信号的公共端,要求电流从SE端子输出;

③PC,SD端子内接24 V电源,PC接电源正极,SD接电源负极。

图6-1-14是变频器工作在漏型控制逻辑的典型接线图。图中的正转按钮在STF端子与SD端子之间,当按下正转按钮时,变频器内部电源产生电流从STF端子流出,经正转按钮从SD端子回到内部电源的负极,该电流的途径如图6-1-14所示。另外,当变频器内部三极管集电极开路输出端需要外接电路时,需要以SE端作为公共端,外接电路的电流从相应端(与图中的RUN端子)流入,在内部流经三极管,最后从SE端子流出,电流的途径如图6-1-14所示,图中虚线连接的二极管表示在漏型控制逻辑下不导通。

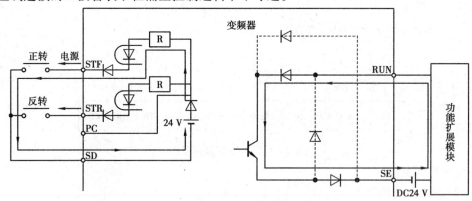

图6-1-14　变频器工作在漏型控制逻辑的典型接线图

(3)源型控制逻辑

源型控制逻辑是指信号接通时,电流流入相应的输入端子。这种情形下,超过此电流(sink电流)的限制,可能会对器件造成损伤。

变频器工作在源型控制逻辑时有以下特点:

①信号输入端子外部接通时,电流流入信号输入端子;

②端子PC是接点输入信号的公共端,端子SE是集电极开路输出信号的公共端,要求电流从SE端子输入;

③PC,SD端子内接24 V电源,PC接电源正极,SD接电源负极。

图6-1-15是变频器工作在源型控制逻辑的典型接线图。图中的正转按钮需接在STF端子与PC端子之间,当按下正转按钮时,变频器内部电源产生电流从PC端子流出,经正转按钮从STF端子流入,回到内部电源的负极,该电流的途径如图6-1-15所示。另外,当变频器内部三极管集电极开路输出端需要外接电路时,须以SE端作为公共端,并要求电流从SE端流入,

在内部流经三极管,最后从相应端子(如图中的 RUN 端子)流出,电流的途径如图中箭头所示,图中虚线连接的二极管表示在源型控制逻辑下不能导通。

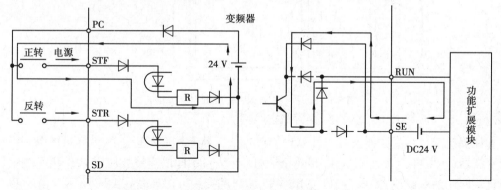

图 6-1-15　变频器工作在源型控制逻辑的典型接线图

4. STOP,CS 和 PC 端子的使用

(1)STOP 端子的使用

需要进行停止控制时使用 STOP 端子。图 6-1-16 是一个启动信号自保持(正转、逆转)的接线图(以漏型逻辑为例)。

图中的停止按钮是一个常闭按钮,当按下正转按钮时,电流途径是:STF 端子→正转按钮→STOP 端子→停止按钮→SD 端子。STF 端子有电流输出,表示该端子有正转指令输入,变频器输出正转电源给电动机,让电动机正转。松开正转按钮,STF 端子无电流输出,电动机停转。如果按下停止按钮,STOP,STF,STR 端子均无电流输出,无法启动电动机运转。

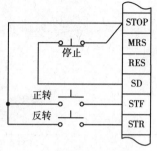

图 6-1-16　启动信号自保持的接线图

(2)CS 端子的使用

在需要进行瞬时掉电再启动和工频电源与变频器切换时使用 CS 端子。例如在漏型逻辑下进行瞬时掉电再启动,先将端子 CS-SD 短接,如图 6-1-17 所示,再将参数 Pr. 57 设定为除"9999"以外的"瞬时掉电再启动自由运行时间"(参数设置方法见后述内容)。

图 6-1-17　端子 CS-SD 短接

(3)PC 端子的使用

使用 PC,SD 端子可向外提供直流 24 V 电源,PC 为电源正极,SD 为电源负极(公共端)。PC 端可向外提供 18～26 V 直流电压,允许电流为 0.1 A。

5. PU 接口的连接

变频器有一个 PU 接口,操作面板通过 PU 接口与变频器内部电路连接,拆下前盖板可以见到 PU 接口,如图 6-1-13(b)所示。如果要用计算机来控制变频器运行,可将操作面板的接线从 PU 口取出,再将专用带电缆的接头插入 PU 接口,将变频器与计算机连接起来,在计算机上可以通过特定的用户程序对变频器进行运行、监视及参数的读写操作。

(1)PU 接口

PU 接口外形与计算机网卡 RJ45 接口相同,但接口的引脚功能定义与网卡不同,三菱变频器 A5000PU 接口外形及各引脚定义如图 6-1-18 所示。

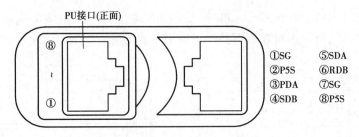

PU接口(正面)

⑧
≀
①

①SG	⑤SDA
②P5S	⑥RDB
③PDA	⑦SG
④SDB	⑧P5S

图 6-1-18　PU 接口外形与引脚定义连接

（2）PU 接口与带有 RS-485 接口的计算机连接

①计算机与单台变频器连接　计算机与单台变频器 PU 接口连接时,计算机的 RS-485 接口和变频器的 PU 接口都使用 RJ45 接头(俗称水晶头),中间的连接线使用 10Base-T 电缆(如计算机联网用的双绞线)。PU 接口与 RS-485 接口的接线方法如图 6-4-19 所示。由于 PU 接口的引脚②和引脚⑧的功能是为操作面板提供电源,在与计算机进行 RS-485 通信时不用这两个引脚。

②计算机与多台变频器连接　计算机与多台变频器连接如图 6-1-20 所示。图中分配器

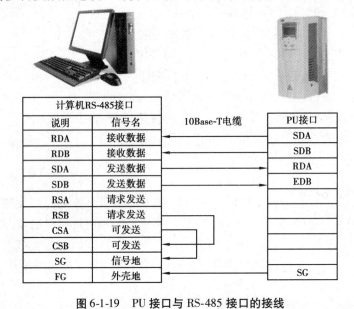

计算机RS-485接口		10Base-T电缆	PU接口
说明	信号名		
RDA	接收数据	←	SDA
RDB	接收数据	←	SDB
SDA	发送数据	→	RDA
SDB	发送数据	→	EDB
RSA	请求发送		
RSB	请求发送		
CSA	可发送		
CSB	可发送		
SG	信号地		
FG	外壳地		SG

图 6-1-19　PU 接口与 RS-485 接口的接线

站号1　　　　站号2　　　　站号n

RS-485接口

PU接口　　　PU接口　　　PU接口

分配器　　　分配器　　　分配器　　　终端阻抗电阻

图 6-1-20　计算机通过 RS-485 接口与多台变频器 PU 接口接线

将一路信号分成多路信号,由于传送速度、距离等原因,可能会出现信号反射造成通信障碍,为此在最后一台变频器的分配器安装终端阻抗电阻(100 Ω)。

图 6-1-21 是计算机通过 RS-485 接口与多台变频器 PU 接口接线方法示意图。

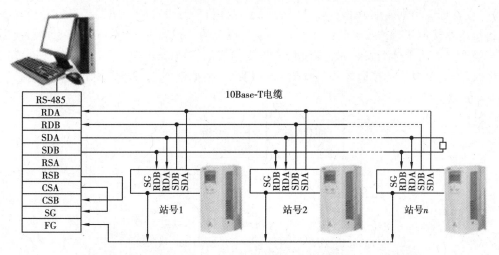

图 6-1-21 计算机 RS-485 与多台变频器 PU 接口接线方法示意图

③PU 接口与带有 RS-232C 接口的计算机连接 对于只带 RS-232 接口(串口,又称 COM 口)的计算机,可采用 RS-232 转 RS-485 接口的转换器,使变频器的 PU 口与之连接,如图 6-1-22所示。

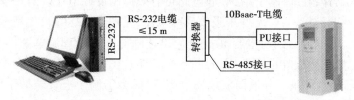

图 6-1-22 PU 接口与带有 RS-485 接口的计算机连接

6. 模拟量接线

模拟量接线主要包括:输入侧的各顶信号线和反馈线,输入侧的频率信号线和电流信号线。由于模拟量信号易受干扰,因此需要采用屏蔽线作模拟量接线。模拟量接线如图 6-1-23 所示,屏蔽线靠近变频器的屏蔽层应接公共端(COM),而不要接 E 端(接地端),屏蔽层的另一端要悬空。

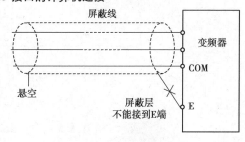

图 6-1-23 模拟量接线

7. 开关量接线

开关量接线主要包括启动、点动和多挡转速等接线。一般情况下,模拟量接线原则适用开关量接线,不过由于开关量信号抗干扰能力强,所以在距离不远时,开关量接线可不采用屏蔽线,而使用普通的导线,但同一信号的两根线必须互相绞在一起。

如果开关量控制操作台距离变频器很远,应先用电路将控制信号转换成能远距离传送的信号,当信号传送到变频器一端时,要将该信号还原为变频器所要求的信号。

（四）变频器接地

为了防止漏电和干扰信号侵入或向外辐射，变频器必须良好接地。在接地时，应采用较粗的短导线将变频器的接地端子（通常为 E 端）与地连接。当变频器和多台设备一起使用时，每台设备都应分别接地，如图 6-1-24 所示，不允许将一台设备的接地端接到另一台设备接地端再接地。接地回路须按电气设备技术标准所规定的方式施工，可具体参考变频器使用说明书。当变频器为单体型安装时，接地电缆与变频器的接地端子连接；当变频器被设置在配电柜中时，则与配电柜的接地端子或接地母线相接。根据电气设备技术标准，接地线必须用直径 6 mm 以上软铜线。

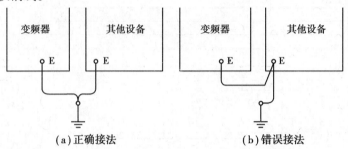

（a）正确接法　　　　　　　　　　（b）错误接法

图 6-1-24　变频器与多台设备一起使用时的接地方法

（五）线圈反峰电压吸收电路接线

接触器、继电器或电磁铁线圈在断电的瞬间会产生很高的反峰电压，易损坏电路中的元件或使电路产生误动作，在线圈两端接吸收电路可有效抑制反峰电压。对于交流电源供电的控制回路，可在线圈两端接 R，C 元件来吸收反峰电压，见图 6-1-25（a），当线圈瞬间断电时可产生很高反峰电压，该电压会因对电容 C 充电而迅速降低。对于直流电源供电的控制回路，可在线圈两端接二极管来吸收反峰电压，见图 6-1-15（b），图中线圈断电后会产生很高的左负右正反峰电压，二极管 VD 马上导通而使反峰电压降低，为了使二极管能抑制反峰电压，其正极应对应电源的负极。

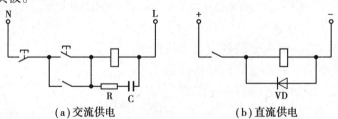

（a）交流供电　　　　　　　　　　（b）直流供电

图 6-1-25　线圈反峰电压吸收电路接线

四、变频器的干扰

变频器主要由电力电子器件和微电子器件组成，变频器的输入侧是整流电路，输出侧是逆变电路，在输入、输出侧的电压、电流中，不可避免地含有谐波成分。由于逆变桥采用 SPWM 调制方式，其输出电压为占空比按正弦规律分布的系列矩形波。又由于电动机定子绕组的电感性质，其定子电流十分接近正弦波，但其中与载波频率相等的谐波分量仍较大。

谐波的存在会引起电网波形的畸变；同时电网电压是否对称、平衡，变压器容量的大小及配电母线上是否接有非线性设备等，也会影响变频器的正常工作。为了实现变频器的功能控制和主电路逆变的驱动控制,变频器内部有计算机芯片或 DSP 芯片,由于计算机芯片的电压电流小,工作速度高,故极易受到外界的一些电气干扰。因此,要实现电网和变频器都能安全可靠的运行,必须对两者之间的相互干扰采取抑制措施。

在变频器的输入和输出电路中,除较低次的谐波成分外,还有许多频率较高的谐波电流,这些谐波电流除了增加输入侧的无功功率、降低功率因数(主要是频率较低的谐波电流)以外,还将以各种方式把自己的能量传播出去,形成对其他设备的干扰信号,严重的甚至使某些设备无法正常工作。

（一）干扰信号的传播方式

变频器产生谐波时,由于功率较大,因此可视为一个强大的干扰源,其干扰途径与一般电磁干扰途径相似,分别为传导、辐射和二次辐射、电磁耦合、边传导边辐射等,如图 6-1-26 所示。

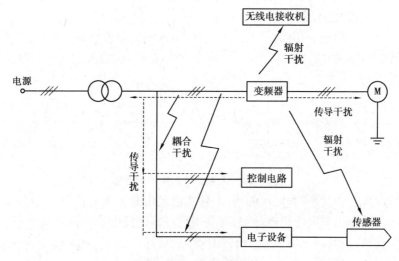

图 6-1-26　谐波干扰途径

1. 电路传导方式

电路传导方式,即通过相关电路传播干扰信号,具体的传播途径有:

①通过电源网络传播。这是变频器输入电流干扰信号的主要传播方式。

②通过漏电流传播。这是变频器输出侧干扰信号的主要传播方式。

传导干扰使直接驱动的电动机产生电磁噪声,铁损和铜损增加,同时传导电源对电源输入端所连接的其他电子敏感设备也有影响。

2. 感应耦合方式

当变频器的输入电路或输出电路与其他设备的电路在位置上靠得很近时,变频器的高次谐波信号将通过感应的方式耦合到其他设备中去,同时对变频器内部的微机芯片产生干扰。感应的方式又有如下两种:

①电磁感应方式。这是电流干扰信号的主要传播方式。由于变频器的输入电流和输出电流中的高频成分要产生高频磁场,该磁场的高频磁力线穿过其他设备的控制线路而产生感应干扰电流。

②静电感应方式。这是电压干扰信号的主要传播方式,是变频器输出的高频电压波通过线路的分布电容传播给主电路。

3.空中辐射方式

频率很高的谐波分量具有向空中辐射电磁波的能力,从而对其他设备形成干扰。

(二)变频器运行对电网的影响

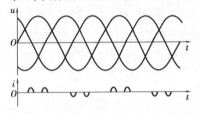

图 6-1-27　变频器输入电压、电流实测波形

变频器的整流电路和逆变电路都是由非线性器件组成,其电路结构会导致电网的电压、电流波形发生畸变,三相交流电压 U_R, U_S, U_T 通过三相桥式整流电路将交流电变换为直流电,经电容滤波,使直流电压基本恒定。整流电路所用的二极管为非线性器件,整流后输出的电压向滤波电容充电,其充电电流的波形取决于整流电压和电容电压之差,如图6-1-27所示为变频器输入电压 u、电流 i 实测波形。可以看出在各相线的输入电压为正弦波的情况下,各相线的输入电流并不是正弦波。

当变频器处于不同频率、电流的工作状态时,输入电流波形也有所不同,图 6-1-28 所示为 55 kW 变频器驱动笼式电动机,负载在 10 Hz,20 Hz 和 50 Hz 输入电流的波形。

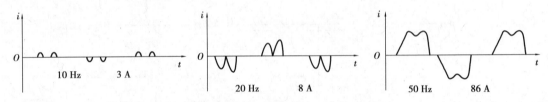

图 6-1-28　变频器输入电流的波形

可见,随着电动机的频率和电流的增加,输入电流由断续变为连续,电流的波形畸变也越来越小。对这些波形用傅里叶级数分解,将会得到许多谐波电流分量。这些谐波电流分量因变流电路的种类及其运转状态、系统、条件的不同而有所不同。实验还证明,变频器运行时,由于整流侧二极管的换相作用,会造成电源电压波形出现一些缺口和凸口,如图 6-1-29 所示。

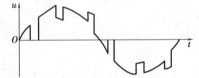

图 6-1-29　变频器输入电压波形

综上所述,变频器运行时,会引起电网电压、电流波形发生畸变,综合判断这种畸变对系统的影响,可用下式计算综合电压畸变率 D:

$$D = \frac{\sqrt{U_2^2 + U_3^2 + \cdots}}{U_1} \times 100\% \tag{6-1-2}$$

式中　U_1——基波相电压,V;

　　　U_2, U_3——三次谐波相电压,V。

(三)变频器对电网影响的抑制

按照低压配电线路谐波的管理标准:电压的综合畸变率应在 5% 以下。若电压的综合畸变率高于 5% ,可以用接入交流电抗器或直流电抗器的方法抑制高次谐波电流,使受电点电压的综合畸变率小于 5% 。

在变频器与变压器之间接入交流电抗器 X_L,在变频器直流回路中接入直流电抗器 D_L,其接线如图 6-1-30 所示。

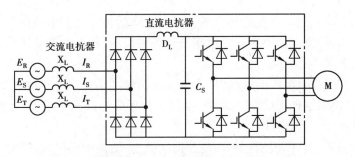

图 6-1-30　变频器接入交流电抗器 X_L 和直流电抗器 D_L

当接入电抗值小的 X_L 时,其输入电流波形如图 6-1-31(a)所示;当接入电抗值大的 X_L 时,其输入电流波形如图 6-1-31(b);若同时接入 D_L,则其输入电流波形如图 6-1-31(c)所示。由图 6-1-31 可看出,接入 X_L 和 D_L 后输入电流波形有明显的变化;当同时接入电抗值大的 X_L 和 D_L 时,输入电流基本接近正弦波,有效地抑制了谐波分量成分。

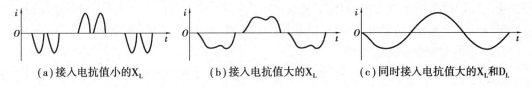

图 6-1-31　接入 X_L 和 D_L 后的电流波形

(四)变频器对其他设备的干扰及抑制

不仅变频器的整流电路会产生谐波,而且变频器的逆变电路也会产生谐波。对于 PWM 控制的逆变电路,只要是电压型变频器,不管是何种 PWM 控制,其输出的电压波形为矩形波,如图 6-1-32 所示;输出电流波形如图 6-1-33 所示。

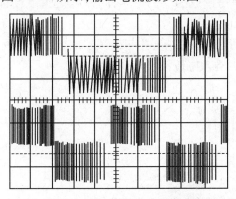

图 6-1-32　PWM 控制输出的电压波形图

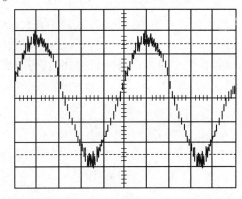

图 6-1-33　PWM 控制输出的电流波形

从图 6-1-32 和图 6-1-33 可知,谐波频率的高低与变频器调制频率有关,调制频率低(如 1~2 kHz),人耳就能听得见高次谐波频率所产生的电磁噪声(尖叫声);调制频率高(如 1 GHz以上),虽然人耳听不见,但高频信号是客观存在的,对电网和电子设备仍会产生干扰。

若变频器接入的低压配电网络中有其他用电设备同时接入,如电力电容器、变压器、发电机和电动机等负载,则变频器产生的谐波电流按各自的阻抗大小分流到电网系统并联的负载和电源,将对各种设备产生不良影响。若是补偿电容接入,则可能产生并联谐振而发生故障等。因此,当使用容量大的变频器时,建议设置专用的变压器连接到高压系统。通过共用的接地线传导干扰是最普遍的干扰传导方式。将动力线的接地与控制线的接地分开是切断这一途径的根本方法,即将动力装置的接地端子接到地线上,将控制装置的接地端子接到该装置盘的金属外壳上。

信号线靠近有干扰源电流的导线时,干扰会被诱导到信号线上,使信号线上的信号受到干扰,布线分离对消除这种干扰行之有效。实际工程中应把高压电缆、动力电缆、控制电缆与仪表电缆、计算机电缆分开走线。

在变频器前加装 LC 无源滤波器,可滤掉高次谐波。滤波器可包括多级,每一级滤掉相应的高次谐波。通常滤掉 5 次和 7 次谐波,但该方法完全取决于电源和负载,灵活性小。一般采用加装与负载和电源并联的有源补偿器,通过自动产生反方向的滤波电流来消除电源和负载中的正向谐波电流。

此外,变频器本身采用铁壳屏蔽,输出线用钢管屏蔽,注意与其他弱电信号线分别敷设,附近的其他灵敏电子设备线路也要屏蔽好,电源线要采用隔离变压器或电源滤波器以避免传导干扰。为了减少电磁噪声,可以配置输出滤波器;为了减少对电源的污染,在要求比较高的情况下,变频器输入端加装电源滤波器,在要求不高时,可安装零序电抗器。

(五)电网对变频器干扰的防止

电网三相电压不平衡时,会使变频器输入电流的波形发生畸变。配电网络电源电压不平衡,可用不平衡率来表示:

$$电压不平衡率 = \frac{最大电压 - 最小电压}{三相平均电压} \times 100\% \tag{6-1-3}$$

当不平衡率大于 3% 时,变频器输入电流的峰值就显著变大,将导致三相电流严重失衡,从而造成连接的电线过热,变频器过电压、过电流,并使整流二极管将因电流峰值过大而烧毁,也有可能损坏电解电容。为减少三相电压不平衡造成的负面影响,同样可在变频器的输入侧加装交流电抗器,并在直流侧加装直流电抗器。

配电网络中接有功率因数补偿电容器及晶闸管整流装置等,并与变频器同处于一个网络中,当补偿电容投入或晶闸管换相时,将造成变频器输入电压波形畸变,如图 6-1-34 所示。

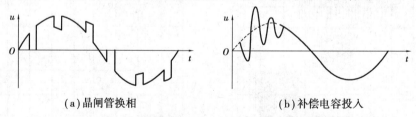

(a)晶闸管换相　　　　　　　　　　　　(b)补偿电容投入

图 6-1-34　同电源其他装置引起变频器输入电压发生畸变

该畸变电压输入到变频器时,会使输入电流峰值增大,从而加重变频器整流二极管及电解电容的负担,产生过电压或过电流,使运行不正常,还可能导致电动机不能正常工作,甚至烧毁变频器中的整流二极管及电解电容,为此,必须采取各种对策来防止这种现象的发生。

防止电网对变频器干扰的措施有:

①当变频器的容量较大时,例如 100 kVA 以上,可以考虑单独配置供电变压器。

②对于配电变压器容量非常大,且变压器容量大于变频器容量 10 倍以上时,可以采用在变频器输入侧加装交流电抗器。

③当配电网络有功率因数补偿电容或晶闸管整流装置时,若在变频器交流侧连接有交流

电抗器,则变频器产生的谐波电流就通过交流电抗器送给补偿电容及配电系统;当配电系统的电感与补偿电容发生谐振呈现最小阻抗时,其补偿电容和配电系统将呈现最大电流,使变频器及补偿电容都会受损伤。为了防止谐振现象发生,在补偿电容前应串接适当数值的电抗器,就可以使5次以上高次谐波的电流成为感性,避免谐振现象的产生。

任务2　变频器外围设备的接线及选用

【活动情景】

变频调速系统的构成,离不开外围设备。为了使变频调速系统正常可靠地工作,应根据需要,正确选用变频器外围设备。

【任务要求】

掌握变频器外围设备的基本用途及适用场合。

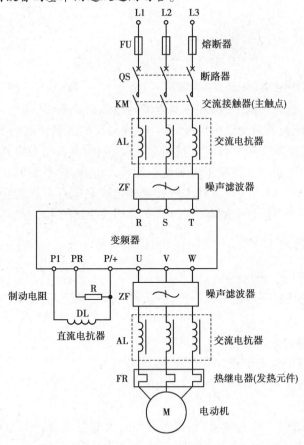

图 6-2-1　变频器主回路的外围设备及接线

一、外围设备的接线

变频器和必要的外接电器一起使用,构成一个较完整的主电路才能正常工作,如图 6-2-1

259

所示。实际应用中,图6-2-1电路中的电器并不是全部都得采用,有的电器只是选配件。

图6-2-2是常见的一台变频器带一台电动机的连接电路。

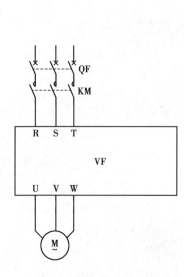

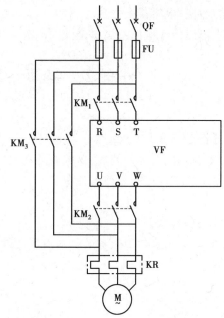

图6-2-2　一台变频器带一台电动机的连接电路　　　图6-2-3　切换控制主电路

在某些不允许停机的系统中,当变频器因发生故障而跳闸时,须将电动机迅速切换到工频运行;还有一些系统为了减少设备投资,由一台变频器控制多台电动机,所谓一拖 n。由于变频器只能在同一时间段内带一台电动机负载,其他电动机只能切换到工频运行,常见的供水系统即如此。对于这种能够实现工频和变频切换的电路,熔断器FU和热继电器KR是不能省略的,同时变频器的输出接触器和工频接触器之间必须有可靠的互锁,防止工频电源直接与变频器输出端相接而损坏变频器。图6-2-3为切换控制的主电路。

二、外围设备的选用

(一)熔断器的选用

熔断器用来对变频器进行过电流保护,熔断器的额定电流 I_{UN} 可根据下式选择:

$$I_{UN} > (1.1 \sim 2.0)I_{MN}$$

式中　I_{UN}——熔断器的额定电流,A;

　　　I_{MN}——电动机的额定电流,A。

(二)断路器的选用

1. 断路器的功能

断路器又称空气开关,其主要功能:接通和断开变频器电源,对变频器进行过电流、欠电压保护。断路器的外形如图6-2-4所示。

①隔离作用　当变频器维修时,或长时间不用时,将其切断,使变频器与电源隔离以确保安全。

②保护作用　低压断路器具有过电流及欠电压等保护功能,当变

图6-2-4　断路器

频器的输入侧发生短路或电源电压过低时,可迅速进行保护。

由于变频器本身具有比较完善的过电流和过载保护功能,如在电路中选用了断路器(具有过流保护功能),则进线侧可以不接熔断器。

2.断路器的选择

断路器具有过电流自动跳闸保护功能,为防止其误动作,应正确选择断路器的额定电流,选择断路器的额定电流I_{QN}分以下两种情况:

①一般情况下,I_{QN}根据下式选择:

$$I_{QN} > (1.3 \sim 1.4)I_{CN}$$

式中　I_{CN}——变频器的额定电流,A。

②在工频和变频切换电路中,断路器额定电流应按电动机在工频下的启动电流来选择:

$$I_{QN} > 2.5I_{MN}$$

式中　I_{MN}——电动机的额定电流,A。

(三)交流接触器的选用

交流接触器的功能是在变频器出现故障时切断主电路,并防止掉电及故障后的再启动。按照安装位置的不同,交流接触器可分为输入侧交流接触器和输出侧交流接触器。图6-2-5为交流接触器的外形。

1.输入侧交流接触器的选择

输入侧交流接触器安装在变频器的输入端,它可以远距离接通和分断三相交流电源。选择原则是:主触点的额定电流I_{KN}只需大于或等于变频器的额定电流I_N即可。

$$I_{KN} > I_{CN}$$

式中　I_{CN}——变频器的额定电流,A。

2.输出侧交流接触器的选择

输出侧交流接触器仅用于和工频切换等特殊情况,一般并不采用。因为输出电流中含有较强的谐波成分,其有效值略大于工频运行时的有效值,故主触点的额定电流I_{KN}满足:

$$I_{KN} \geqslant 1.1I_{MN}$$

式中　I_{MN}——电动机的额的电流,A。

3.工频接触器的选择

工频接触器的选择应考虑到电动机在工频下的启动情况,其触点电流通常可按电动机的额定电流再加大一个档次来选择。

图6-2-5　交流接触器

图6-2-6　交流电抗器

(四)交流电抗器的选用

交流电抗器是一个带铁芯的三相电感器,如图6-2-6所示。

1. 作用

①抑制谐波电流,提高变频器的电能利用效率(可提高功率因数)。

②对突变电流有一定的阻碍作用,故在接通变频器的瞬间,可降低浪涌电流,减小电流对变频器的冲击。

③可减小三相电源不平衡对变频器的影响。

2. 应用场合

交流电抗器可根据实际情况使用,当遇到下列情况之一时,可考虑给变频器安装交流电抗器:

①电源的容量达到变频器容量的 10 倍以上;

②在同一供电线路上接有晶闸管整流器或无功功率补偿器;

③三相供电电源不平衡超过 3%;

④变频器功率大于 30 kW;

⑤变频器供电电源含有较多高次谐波成分。

在选用交流电抗器时,为了减小电抗器对电能的损耗,要求交流电抗器的电感量与变频器的容量相适应,表 6-2-1 列出了一些常用交流电抗器的规格。

表 6-2-1　常用交流电抗器的规格

电动机容量/kW	30	37	45	55	75	90	110	160
变频器容量/kW	30	37	45	55	75	90	110	160
电感量/mH	0.32	0.26	0.21	0.18	0.13	0.11	0.09	0.06

交流电抗器的型号规定:ACL-□,其中型号中的□为使用变频器的容量千瓦数,例如,132 kW 的变频器应选择 ACL-132 型电抗器。

(五)直流电抗器的选用

直流电抗器如图 6-2-7 所示,它接在变频器 P1,P(或 +)之间,直流电抗器的作用是削弱变频器开机瞬间电容充电形成的浪涌电流,同时提高功率因数,与交流电抗器相比直流电抗器不但体积小,而且结构简单,提高功率因数更为有效,若两者同时使用,可使功率因数达到 0.95,大大提高了变频器的电能利用率。

常用直流电抗器的规格见表 6-2-2。

图 6-2-7　直流电抗器

表 6-2-2　常用直流电抗器的规格

电动机容量/kW	30	37~55	75~90	110~132	160~200	230	280
允许电流/A	75	150	220	280	370	560	740
电感量/mH	600	300	200	140	110	70	55

(六)无线电噪声滤波器

无线电噪声滤波器的作用就是用来削弱高频率的谐波电流,以防止变频器对其他设备的干扰。滤波器主要由滤波电抗器和电容器组成。图 6-2-8(a)所示为输入侧滤波器;图 6-2-8(b)所示为输出侧滤波器。应注意的是:变频器输出侧的滤波器中,其电容器只能接在电动机侧,且应串入电阻,以防止逆变器因电容器的充、放电而受冲击。噪声滤波器的结构如图 6-2-8(c)所示,由各相的连接线在同一个磁心上按相同方向绕 4 圈(输入侧)或 3 圈(输出侧)构成。需要说明的是:三相的连接线必须按相同方向绕在同一个磁心上,这样,其基波电流的合成磁场为 0,因而对基波电流没有影响。

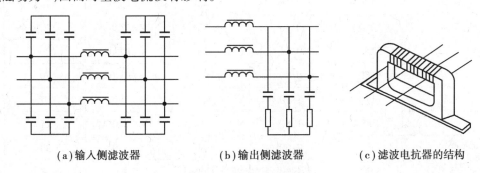

（a）输入侧滤波器　　　　　（b）输出侧滤波器　　　　　（c）滤波电抗器的结构

图 6-2-8　无线电噪声滤波器

在对防止无线电干扰要求较高及要求符合 CE,UL,CSA 标准的使用场合,或变频器周围有抗干扰能力不足的设备等情况下,均应使用该滤波器。安装时注意接线尽量缩短,滤波器应尽量靠近变频器。

图 6-2-9　制动电阻

（七）制动电阻及制动单元的选用

制动电阻及制动单元的功能是当电动机因频率下降或重物下降(如起重机械)而处于再生制动状态时,避免在直流回路中产生过高的泵升电压。制动电阻的外形如图 6-2-9 所示。

1. 制动电阻 R_B 的选择

（1）制动电阻 R_B 的大小

$$R_B = \frac{U_{DH}}{2I_{MN}} \sim \frac{U_{DH}}{I_{MN}}$$

式中　U_{DH}——直流回路电压的允许上限值,V;在我国,$U_{DH} \approx 600\ \text{V}$。

（2）制动电阻的功率 P_B

$$P_B = \frac{U_{DH}^2}{\gamma R_B}$$

式中　γ——修正系数。

①在不反复制动的场合　设 t_B 为每次制动所需要的时间;t_C 为每个制动周期所需时间。

如每次制动时间小于 10 s,可取 $\gamma = 7$;如每次制动时间超过 100 s,可取 $\gamma = 1$;如每次制动时间在两者之间,则 γ 大体上可按比例算出。

②在反复制动的场合　如 $t_B/t_C \leq 0.01$,取 $\gamma = 5$;如 $t_B/t_C \geq 0.15$,取 $\gamma = 1$;如 $0.01 < t_B/t_C < 0.15$,则 γ 大体上可按比例算出。

③常用制动电阻的阻值与容量参考值

表 6-2-3　常用制动电阻的阻值与容量参考值

电动机容量/kW	电阻值/Ω	电阻功率/kW	电动机容量/kW	电阻值/Ω	电阻功率/kW
0.40	1 000	0.14	37	20.0	8
0.75	750	0.18	45	16.0	12
1.50	350	0.40	55	13.6	12
2.20	250	0.55	75	10.0	20
3.70	150	0.90	90	10.0	20
5.50	110	1.30	110	7.0	27
7.50	75	1.80	132	7.0	27
11.0	60	2.50	160	5.0	33
15.0	50	4.00	200	4.0	40
18.5	40	4.00	220	3.5	45
22.0	39	5.00	280	2.7	64
30.0	24	8.00	315	2.7	64

由于制动电阻的容量不易掌握,如果容量偏小,则极易烧坏。所以,制动电阻箱内应附加热继电器 KR。

2. 制动单元 VB

一般情况下,根据变频器的容量进行配置。

(八) 热继电器的选用

热继电器在电动机过载运行时起保护作用。热继电器的发热元件额定电流 I_{RN} 可按下式选择:

$$I_{RN} \geq (0.95 \sim 1.15) I_{MN}$$

式中　I_{MN}——电动机额定电流,A。

三、变频器常用的外围控制电路

变频器可采用面板操作方式,也可采用外部操作方式。当变频器使用外部操作方式时,需要给有关端子接外围控制电路,并且将变频器设为外部操作方式(Pr.79-2)。变频器外围控制电路形式很多,下面介绍几种常用的外围控制电路。

(一) 正转控制电路

正转控制电路用于控制电动机单向运转。正转控制既可采用开关控制方式,也可采用继电器控制方式。

1. 开关控制式正转控制电路

开关控制式正转控制电路如图 6-2-10 所示,它是依靠手动操作变频器 STF 端子外接开关 SA,来对电动机进行正转控制。电路工作原理说明如下:

①启动准备　按下按钮 SB2→接触器 KM 线圈得电→KM 常开辅助触点和主触点均闭合→KM 常开辅助触点闭合锁定 KM 线圈得电(自锁),KM 主触点闭合为变频器接通主电源。

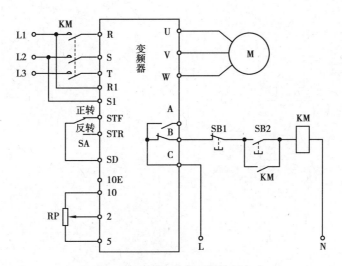

图 6-2-10　开关控制式正转控制电路

②正转控制　按下变频器 STF 端子外接开关 SA,STF,SD 端子接通,相当于 STF 端子输入正转控制信号,变频器 U,V,W 端子输出正转电源电压,驱动电动机正向运转。调节端子 10,2,5 外接电位器 R_P,变频器输出电源频率会发生改变,电动机转速也随之变化。

③变频器异常保护　若变频器运行期间出现异常或故障,变频器 B,C 端子间内部等效的常闭开关断开,接触器 KM 线圈失电,KM 主触点断开,切断变频器输入电源,对变频器进行保护。

④停转控制　在变频器正常工作时,将开关 SA 断开,STF,SD 端子断开,变频器停止输出电源,电动机停转。

若要切断变频器输入主电源,可按下按钮 SB1,接触器 KM 线圈失电,KM 主触点断开,变频器输入电源被切断。

2. 继电器控制式正转控制电路

继电器控制式正转控制电路如图 6-2-11 所示。电路工作原理说明如下:

①启动准备　按下按钮 SB2→接触器 KM 线圈得电→KM 主触点和两个常开辅助触点均闭合→KM 主触点闭合为变频器接通主电源,一个 KM 常开辅助触点闭合锁定 KM 线圈得电,另一个 KM 常开辅助触点闭合为中间继电器 KA 线圈得电作准备。

②正转控制　按下按钮 SB4→继电器 KA 线圈得电→3 个 KA 常开触点均闭合,一个常开触点闭合锁定 KA 线圈得电,一个常开触点闭合将按钮 SB1 短接,还有一个常开触点闭合将 STF,SD 端子接通,相当于 STF 端子输入正转控制信号,变频器 U,V,W 端子输出正转电源电压,驱动电动机正向运转。调节端子 10,2,5 外接电位器 R_P,变频器输出电源频率会发生改变,电动机转速也随之变化。

③变频器异常保护　若变频器运行期间出现异常或故障,变频器 B,C 端子间内部等效的常闭开关断开,接触器 KM 线圈失电,KM 主触点断开,切断变频器输入电源、对变频器进行保护。同时继电器 KA 线圈也失电,3 个 KA 常开触点均断开。

④停转控制　在变频器正常工作时,按下按钮 SB3,KA 线圈失电,KA 3 个常开触点均断开,其中一个 KA 常开触点断开使 STF,SD 端子连接切断,变频器停止输出电源,电动机停转。

在变频器运行时,若要切断变频器输入主电源,须先对变频器进行停转控制,再按下按钮

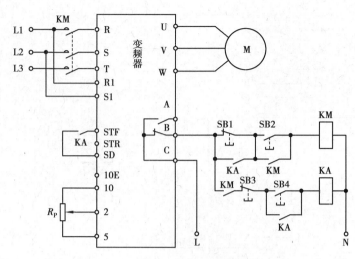

图 6-2-11　继电器控制式正转控制电路

SB1,接触器 KM 线圈失电,KM 主触点断开,变频器输入电源被切断。如果没有对变频器进行停转控制,而直接去按 SB1,是无法切断变频器输入主电源的,这是因为变频器正常工作时 KA 常开触点已将 SB1 短接,断开 SB1 无效,这样做可以防止在变频器工作时误操作 SB1 切断主电源。

　　(二)正、反转控制电路

　　正、反转控制电路用于控制电动机正、反向运转。正、反转控制也有开关控制方式和继电器控制方式。

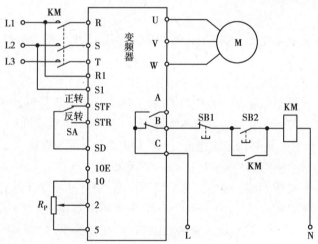

图 6-2-12　开关控制式正、反转控制电路

　　1. 开关控制式正、反转控制电路

　　开关控制式正、反转控制电路如图 6-2-12 所示,它采用了 1 个三位开关 SA,SA 有"正转""停止"和"反转"3 个位置。

　　电路工作原理说明如下:

　　①启动准备　按下按钮 SB2→接触器 KM 线圈得电→KM 常开辅助触点和主触点均闭合→KM 常开辅助触点闭合锁定 KM 线圈得电(自锁),KM 主触点闭合为变频器接通主电源。

②正转控制 将开关SA拨至"正转"位置,STF,SD端子接通,相当于STF端子输入正转控制信号,变频器U,V,W端子输出正转电源电压,驱动电动机正向运转。调节端子10,2,5外接电位器R_P,变频器输出电源频率会发生改变,电动机转速也随之变化。

③停转控制 将开关SA拨至"停转"位置(悬空位置),ST,SD端子连接切断,变频器停止输出电源,电动机停转。

④反转控制 将开关SA拨至"反转"位置,STR,SD端子接通,相当STR端子输入反转控制信号,变频器U,V,W端子输出反转电源电压,驱动电动机反向运转。调节电位器R_P,变频器输出电源频率会发生改变,电动机转速也随之变化。

⑤变频器异常保护 若变频器运行期间出现异常或故障,变频器B,C端子间内部等效的常闭开关断开,接触器KM线圈失电,KM主触点断开,切断变频器输入电源,对变频器进行保护。

若要切断变频器输入主电源,须先将开关SA拨至"停止"位置,让变频器停止工作,再按下按钮SB1,接触器KM线圈失电,KM主触点断开,变频器输入电源被切断。该电路结构简单,缺点是在变频器正常工作时操作SB1可切断输入电源,这样易损坏变频器。

2. 继电器控制式正、反转控制电路

继电器控制式正、反转控制电路如图6-2-13所示,该电路采用了KA1,KA2继电器分别进行正转和反转控制。

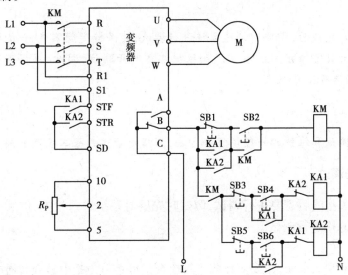

图6-2-13 继电器控制式正、反转控制电路

电路工作原理说明如下:

①启动准备 按下按钮SB2→接触器KM线圈得电→KM主触点和两个常开辅助触点均闭合→KM主触点闭合为变频器接通主电源,1个KM常开辅助触点闭合锁定KM线圈得电,另1个KM常开辅助触点闭合为中间继电器KA1,KA2线圈得电作准备。

②正转控制 按下按钮SB4,继电器KA1线圈得电→KA1的1个常闭触点断开,3个常开触点闭合→KA1的常闭触点断开使KA2线圈无法得电,KA1的3个常开触点闭合分别锁定KA1线圈得电、短接按钮SB1和接通ST,SD端子→STF,SD端子接通,相当于STF端子输入正转控制信号,变频器U,V,W端子输出正转电源电压,驱动电动机正向运转。调节端子

10，2，5 外接电位器 R_P，变频器输出电源频率会发生改变，电动机转速也随之变化。

③停转控制　按下按钮 SB3→继电器 KA1 线圈失电→3 个 KA 常开触点均断开，其中 1 个常开触点断开切断 STF，SD 端子的连接，变频器 U，V，W 端子停止输出电源电压，电动机停转。

④反转控制　按下按钮 SB6→继电器 KA2 线圈得电→KA2 的 1 个常闭触点断开，3 个常开触点闭合→KA2 的常闭触点断开使 KA1 线圈无法得电，KA2 的 3 个常开触点闭合分别锁定 KA2 线圈得电、短接按钮 SB1 和接通 STR，SD 端子→STR，SD 端子接通，相当于 STR 端子输入反转控制信号，变频器 U，V，W 端子输出反转电源电压，驱动电动机反向运转。

⑤变频器异常保护　若变频器运行期间出现故障，变频器 B，C 端子间内部等效的开关断开，接触器 KM 线圈失电，KM 主触点断开，切断变频器输入电源，对变频器进行保护。

若要切断变频器输入电源，可在变频器停止工作时按下按钮 SB1，接触器 KM 线圈失电，KM 主触点断开，变频器输入电源被切断。由于在变频器正常工作期间（正转或反转），KA1，KA2 常开触点短接，断开 SB1 无效，这样做可以避免在变频器工作时切断主电源。

任务3　变频器系统的调试和维护

【活动情景】

变频器安装和接线后，需要对调速系统进行调试；为保持变频器良好的运行状态，必须按照一定的方法进行日常维护。由于调试和维护都离不开测试，因此，根据不同的测量项目和测试点，应能正确选择测量仪表。

【任务要求】

了解变频器调试和维护的一般步骤和方法，掌握变频器的基本检测和测量方法。

一、变频器的调试

变频器安装和接线后需要进行调试，调试时先要对系统进行检查，然后按照"先空载，再轻载，后重载"的原则进行调试。

（一）检查

在变频调速系统试车前，先要对系统进行检查。检查分为断电检查和通电检查。

1.断电检查

断电检查内容主要有：

①外观、结构的检查。主要检查变频器的型号、安装环境是否符合要求，装置有无损坏和脱落，电缆线径和种类是否合适，电气接线有无松动、错误，接地是否可靠等。

②绝缘电阻的检查。在有必要测量变频器主回路的绝缘电阻时（出厂时已进行过绝缘测试），要将 R，S，T 端子（输入端子）和 U，V，W 端子（输出端子）都连接起来，再用 500 V 的兆欧表测量这些端子与接地端之间的绝缘电阻，如图 6-3-1 所示。正常绝缘电阻应在 10 MΩ 以上。

③供电电压的检查。检查主回路的电源电压是否在允许的范围之内，避免变频调速系统

在允许电压范围外工作。

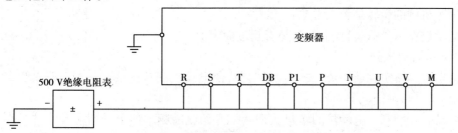

图6-3-1　用绝缘电阻表测试主电路的绝缘电阻

【注意】

在测量控制回路的绝缘电阻时,应采用万用表 $R \times 10$ kΩ 挡测量各端子与地之间的绝缘电阻,不能使用兆欧表或其他高电压仪表测量,以免损坏控制回路。

①拆开控制电路端子与外部的全部连接;

②进行对地之间电路测试,测量值若在 1 MΩ 以上,就属正常;

③用万用表测试接触器、继电器等控制电路的连接是否正确。

2. 通电检查

在断开电动机负载的情况下,对变频器通电,主要的检查内容有:

①观察显示情况　变频器通电后,显示屏的显示内容有一定的变化规律,应对照说明书,观察其通电后的显示过程是否正常?

②观察风机　可用手在变频器风口处试探变频器内部是否有热空气排出? 并注意风机运转的声音是否正常。

③测量进线电压　测量三相进线电压是否正常? 若不正常应查出原因,确保供电电源的正确。

④功能预置　根据生产机械的具体要求,对照产品说明书,进行变频器内部各功能的设置。

⑤观察显示内容　通过操作面板上的操作按钮进行变频器的显示内容切换,观察显示的输出频率、电压、电流、负载率等是否正常。

(二)试验

1. 空载试验

将变频器的输出端与电动机相接,电动机不带负载,主要测试以下项目:

①电动机的运转　对照说明书在操作面板上进行一些简单的操作,如启动、升速、降速、停止、点动等。慢慢提升工作频率,观察电动机的启动情况及旋转方向是否正确。将频率升到额定频率,使电动机运行一段时间,如一切正常,再选几个常用工作频率,也使电动机运行一段时间。将给定频率信号突降至0,观察电动机的制动情况。

②电动机参数的自动检测　对于需要应用矢量控制的变频器,应根据说明书的指导,在电动机空转情况下,测定电动机参数。有的新型变频器可以在静止状态下进行自动检测。

2. 带负载测试

将电动机的输出轴与机械传动装置连接起来,进行试验。负载测试的主要内容如下:

(1)低速运行试验

低速运行试验是指变频系统电动机运行在该生产机械要求的最低转速。电动机应在该

转速下运行 1~2 h(视电动机的容量而定,容量大的运行时间长一些)。主要测试的项目有:

①生产机械的运转是否正常?

②电动机在满负荷运行时,温升是否超过额定值?

(2)全速启动试验

将给定频率设定在最大值,按"启动"按钮,使电动机的转速从 0 一直上升至生产机械所要求的最大转速,测试以下内容:

①启动是否顺利 电动机的转速是否从一开始就随频率的上升而上升?如果在频率很低时,电动机不能很快旋转起来,说明启动困难,应适当增大 U/f 比或启动频率。

②启动电流是否过大 将显示内容切换至电流显示,观察在启动全过程中的电流变化。如因电流过大而跳闸,应适当延长升速时间;如机械对启动时间并无要求,则最好将启动电流限制在电动机的额定电流以内。

③观察启动过程是否平稳 主要观察是否在某一频率时有较大的振动?如有,则将运行频率固定在发生振动的频率以下,确定是否发生机械谐振?是否有预置回避频率的必要?

④停机状态下是否旋转 对于风机,应注意观察在停机状态下,风叶是否因自然风而反转?如有反转现象,则应预置启动前的直流制动功能。

(3)全速停机试验

在停机试验过程中,注意观察以下内容:

①直流电压是否过高 将显示内容切换至直流电压显示,观察在整个降速过程中,直流电压的变化情形。如因电压过高而跳闸,应适当延长降速时间,如降速时间不宜延长,则应考虑加入直流制动功能或接入制动电阻和制动电单元。

②拖动系统能否停住 当频率降至 0 Hz 时,机械是否有"蠕动"现象?并了解该机械是否允许蠕动?如需要制止蠕动时,应考虑预置直流制动功能。

(4)高速运行试脸

把频率升高至与生产机械所要求的最高转速相对应的值,运行 1~2 h,并观察:

①电动机的带载能力 电动机带负载高速运行时,注意观察当变频器的工作频率超过额定频率时,电动机能否带动该转速下的额定负载?

②机械运转是否平稳 主要观察生产机械在高速运行时是否有振动?

二、变频器的维护

变频器在长期运行中,由于温度、湿度、灰尘、振动等使用环境的影响,内部元器件会发生变化或老化,为了确保变频器的正常运行,必须进行维护与检查,及早发现问题,消除隐患,避免故障的发生,减少不必要的维修和因停机而产生的经济损失。

(一)变频器的日常检查与维护

变频器的日常维护是指:变频器在正常运行过程中,不拆卸其盖板,检查有无异常现象,以便及时发现问题,及时处理。

为保证变频器长期可靠运行,一方面要严格按照使用手册的规定安装、操作变频器;另一方面要认真做好变频器的日常检查与维护工作。变频器日常维护的项目有:

①变频器的运行参数是否在规定范围内,电源电压是否正常?用整流型电压表分别测量三相电源电压,正常情况下三相电压应平衡、电压值在正常范围内,单相电源电压也在正常范

围内。若三相电压不平衡或输出电压偏低,说明变频器存在潜在故障,必须停机检修。直流电压值过低,也要检查修理。

②变频器的操作面板显示是否正常?仪表指示是否正确?是否有振动、震荡等现象?如有异常,应更换面板或仪表。

③冷却风扇部分是否运转正常,有无异常声音?如不正常,停机后清洗或更换新冷却风机。

④变频器和电动机是否有异常噪声、异常振动及过热的迹象?

⑤变频器及引出电缆是否有过热、变色、变形、异味、噪声等异常情况?如有此情况,必须停机更换导线。电缆过热,通常是由于接线端松动所致,必须拧紧接线端。

⑥变频器的周围环境是否符合标准规范?温度和湿度是否正常?

⑦检查散热器温度是否正常(可用红外线测温仪测量)?如不正常,若是环境温度过高,应该采取措施降低环境温度;若是冷却风机使用年限已到或堆积尘埃油污,致使散热器温度升高,则应清洗或更换冷却风机。

⑧检查变频器是否有振动现象(最好用振动测量仪测试)?手触变频器外壳,如可感觉到振动,说明振动较严重;用长柄螺丝刀一头与变频器接触,耳朵贴紧螺丝刀柄,可发现轻微的振动现象,这种振动,通常是内部与电动机振动引起的共鸣,可造成电子器件的机械损伤。可通过增加橡胶垫来减少或消除振动。另外也可以利用变频器的频率设定功能,避开机械共振点,这种做法应在确保控制精度的前提下进行。

⑨检查变频器在运行过程中有无异味。

(二)定期检修

变频器在长期运行过程中,除了日常检查外,还必须进行定期检修;通常是每3~6个月进行一次,具体时间可根据平常检查的结果和生产情况灵活决定。日常检查时发现的比较严重的问题,尽管尚未造成变频器停机,但已存在较严重的隐患,就应该提前进行检修;若没有发现异常,生产任务又较重,可适当延期进行定期检修。遇到停产时,可利用停机间隙进行定期检修。

定期检修是要对变频器进行的全面检修,需拆下盖板对部件进行逐项检查。有时甚至需要把整个变频器拆下,进行检查维修。

在定期检修时,先停止运行,切断电源,再打开机壳进行检查。但必须注意,必须把进线R,S,T(L1,L2,L3)出线U,V,W和外接电阻接线端子全部断开。即使切断电源,主电路直流部分滤波电容放电也需要时间,需待充电指示灯熄灭后,用万用表测量,确认直流电压已降到安全电压(DC 25 V以下)后,再进行检查。

1.停机检修的主要内容

(1)清洗

变频器定期检修的第一项工作就是对变频器进行全面、彻底的清洗。任何场合使用的变频器经过一段时间的运行后,内部均有不同程度的尘埃或油腻需要清洗。

①用吸尘器或吹风机把变频器内的悬尘吸走或吹掉,做初步清洗。

②按部件位置,自上而下拆下大部件,控制键盘面板、主控制电路、驱动电路直至主回路,以便进行清洗。

③主回路部分尘埃聚集不多,作一般清洗。如遇到积有油腻,必须用酒精进行清洗。

④清洗的重点是机壳底部、主回路元器件、散热器和风扇。用吸尘器、吹风机消除尘埃及异物,然后用软布对各部件包括引线、连线进行擦拭,用酒精清洗油腻。冷却风机,一般须拆下来清洗,特别是对于粘有油腻的风机,需用酒精进行彻底清洗。

(2)主回路检修

①滤波电容:检查电容外壳有无爆裂和漏液? 测量电容容量应该大于电容量85% 。否则应该更换。

②限流电阻:观察其颜色有无变黄、变黑现象。

③继电器:检查继电器的触点有无烧黑的迹象,有无粗糙和接触不良现象。检查继电器线包有无变色、异味现象,出现上述种种异常,都必须更换继电器。

④整流模块:用万用表电阻挡检测整流模块中6个整流二极管的正反向电阻值是否在正常值范围内。测试方法如下:

a. 万用表置×10 Ω挡,负表笔置 P 端,正表笔分别测 R,S,T 端;正表笔置 N 端,负表笔测 R,S,T 端,其值应该为∝ 。

b. 万用表置×10 Ω挡,负表笔置 N,正表笔分别测 R,S,T 端;正表笔置 P 端,负表笔分别测 U,S,T 端,其值应为几十欧姆。

只要其中有一个数值远离这两个值(∝,几十欧姆),说明整流模块有部分二极管已损坏或老化,必须更换整流模块。

⑤逆变模块:目前市场上中小功率的变频器,逆变模块主要是 GTR(双极型功率电力晶体管),IGBT(绝缘栅双极型晶体管)和 IPM(智能功率模块)。其中绝大部分是 IGBT,因此以 IGBT 为例,介绍检测、判断逆变模块是否正常的方法。

a. 与测试整流模块的方法完全一样,测试后只要发现其中有一个数值远离这两个值(∝,几十欧姆),说明逆变模块中有部分功率管已损坏或老化,必须更换逆变模块。因为 IGBT 在未加驱动信号的情况下是截止状态,CE 之间电阻接近∝,可以视为开路,忽略不计。逆变模块就成了由缓冲二极管组成与整流模块相似的电路;若 IGBT 本身出问题(除去缓冲电路),同样能在上述的检测中反映出来。

b. 万用表置×10 Ω挡,拔掉驱动插件,3 个上桥臂 IGBT 的 G 极(栅极)分别对 U,V,W 端测电阻值,阻值应该接近∝;3 个下桥臂 IGBT 的 G 极对 N 端电阻值应该接近∝。

上述测试中,只要有一个数值远离参考值,都必须更换逆变模块。

c. 主回路绝缘电阻的测定。将 500 V 绝缘电阻表接于公共线和接地端(外壳)间,绝缘电阻值应该大于5 MΩ。如果远小于这个值,检查油腻是否擦拭干净;每个元件与机壳的支撑架(柱)之间的绝缘是否达到要求? 是否有元件碰到机壳等?

检查完毕,再查主回路部分的焊线是否牢固,所有紧固件(螺栓等)是否拧紧。

(3)保护电路的检查

变频器的保护电路通常由 3 部分组成。即取样电路、取样信号的处理电路和设定比较电路。但不同品牌的变频器,保护电路的设计各不相同。特别是西欧的一些品牌,更多的是利用微机及相应的软件来处理。作为变频器的定期检修,一般检查取样电路元件。例如,电流互感器、电压互感器、电压分压电路、压敏电阻、热敏电阻等是否有异常现象。观察外表有无变色,接线是否牢固。热敏电阻是否有脱离被测器件的现象(通常贴在散热器上)。用万用表测量电阻值是否随温度变化而变化。

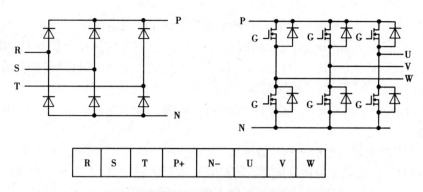

图6-3-2　变频器模块测试图(直接在接线柱上测试)

(4)冷却风机的检查

首先根据变频器使用运行的时间,判断冷却风机是否到需更换的年限,一般使用寿命2~3年。到年限尽管能运行,但风力大大减小,达不到设计要求,必须更换。在使用年限内的风机,在不通电的情况下,用手拨动旋转,有无异常振动或异常声音? 如果有,也要更换。同时要注意加固接线,防止松动。

(5)控制、驱动电源电路的检查

这些电路分布在几块印刷电路板上,首先,目测这些电路板上的各种元器件,有无异味、变色、爆裂、损坏等现象? 如有,必须更换。印刷板上的线路有无生霉、锈蚀现象? 如有,必须清除。锈蚀的要用焊锡补焊。锈蚀严重的,用裸导线"搭桥",必须保证线路畅通。这些电路板上都有不少接插件,检查有无松动和断线现象? 若有,要一一修好。

【注意】

开关电路和驱动电路中的小电解电容,使用一年左右就开始老化,存在许多隐患,要无条件地全部更新。这些电容从外表上,也许发现不了什么问题,变频器的一些故障也由此而产生(尽管分析起来,好像故障与它无直接关系)。这是许多具有丰富修理经验的技术人员,在长期实践中得出的共同结论。

(6)紧固检查和加固

变频器在长期运行过程中,由于振动、温度的变化等原因,往往成为变频器接线端子和引线发生松动、腐蚀、氧化、断线等问题的原因。在定期检修过程中,必须进行逐个检查和加固。

2.通电试运行检查

经停机检修后,还需通电试运行检查。这是检验变频器是否能正常稳定运行而必不可少的环节。

①通电试运行检查,必须和正常运行时一样,把输入电源线接好,输出接电动机负载,控制和制动电路都按原样接好。

②变频器接通电源,数秒钟后应听到继电器动作的声音(有些变频器由可控硅取代继电器的机型无此声)。高压指示灯亮,变频器冷却风机开始运行(也有变频器运行时,冷却风机才转动的情况)。

③测量输入电压是否是正常数值? 如果不正常,要检查配电柜进线电压。测量三相平衡情况,是否缺相? 如果缺相,可检查三相熔断丝有无烧毁现象,检查自动开关或电源接触器有无接触不良现象。

④变频器通电,在未给指令运行时,变频器中的逆变模块不应被驱动,逆变模块都处于被

截止状态,缓冲二极管也被反压连接。理想情况是 U,V,W 三端输出之间电压、三端与 P,N 之间电压均为 0。而实际情况,由于模块漏电流的缘故,会有几伏到几十伏不等的电压存在,这属于正常情况。若电压超过 40 V,就可以断定逆变模块不正常,出故障或存在潜故障。为使变频器能正常长期稳定运行,模块必须予以更换。

⑤在正常前提下(未发现问题或问题已得到了解决),给予变频器运行指令,常会出现以下几个问题:

a. 速度上升时出现过电流故障。解决的方法是:在生产工艺允许的情况,减小上升速度(延长上升时间),或者增大电流设定值。若已到极限最大电流值,工艺又不允许减小上升速度,速度上升时连续出现过电流故障报警,则需要更换新的变频器,甚至要更换功率大一级的变频器。

b. 停机时,出现过电压故障。解决方法是:延长停机时间。如果没有装制动电阻,应增设制动电阻;已装有制动电阻的,可适当更换高一挡的制动电阻。经上述处理后,仍然经常出现过电压故障,就要考虑逆变模块故障或载波频率设定值不合适等。

c. 变频器的压频比是否符合要求?检查的方法是:将变频器的输出频率调到 50 Hz,测变频器的输出端子 U,V,W 之间的电压,其数值应该与电动机铭牌上的额定电压一致。否则,重新设置压频比。把输出频率降到 25 Hz,变频器的输出电压应该是上次数值的一半,这反映变频器压频比的线形度。

3. 定期检修中注意的问题

①对长期不使用的变频器,应进行充电试验,以使变频器主回路的电解电容器的特性得以恢复。充电时,应使用调压器慢慢升高变频器的输入电压直至额定电压,通电时间应在 2 h 以上,可以不带负载,充电试验至少每年一次。

②变频器的绝缘测试时,应全部卸开变频器与外部电路和电动机的连接线,用导线可靠连接主回路端子 R,S,T,P$_1$,P +,DB,N,U,V,W,用 DC 500 V 绝缘电阻表对短接线和 PE 端子测试,显示 5 MΩ 以上,就属正常;不要对控制回路进行绝缘测试,否则有可能造成变频器损坏。

③零部件更换,变频器中不同种类零部件的使用寿命不同,并随其安置的环境和使用条件而改变,为保证变频器可靠运行,建议以下零部件按使用年限,在其损坏之前予以更换:

a. 冷却风扇,使用 3 年应更换。

b. 直流滤波电容器,使用 5 年应更换。

c. 电路板上的电解电容器,使用 7 年应更换。

d. 其他零部件,根据情况适时进行更换。

三、变频器基本检测和测量方法

在变频器的检修时,需测量输入输出电压、电流、主回路直流电压、各电路相关点的电压、驱动信号的电压与波形等参数,根据测得的参数和波形来分析、判断故障所在。最基本的仪器设备有:指针式万用表、数字式万用表、示波器、频率计、信号发生器、直流电压源、驱动电路检测仪、电动机、代负载等。

(一)测量仪表简介

在对变频器进行测量检查时,必须正确地选用仪表,才能使测量的数据准确。现对常用

的测量仪表简介如下:

1. 电磁式仪表

电磁式仪表的基本结构如图 6-3-3 所示。

当线圈中通入电流后,铁芯被吸入,并带动指针偏转,偏转部分不必通入电流是电磁式仪表的一大优点。这使它的结构比较简单、坚固;又由于其偏转角与电流的二次方成正比,可以十分方便地测量交变量。因此,在工程应用中,电磁式仪表使用较多。在变频器主电路测量中,可用来测量输入电压、输入和输出电流,但不能用来测量输出电压。

2. 磁电式仪表

磁电式仪表的基本结构如图 6-3-4 所示。

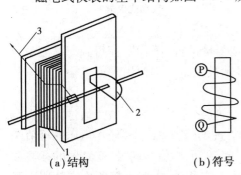

图 6-3-3　电磁式仪表
1—固定不动的线圈;2—铁芯;3—指针

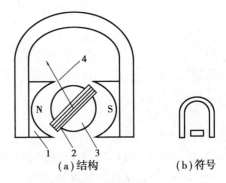

图 6-3-4　磁电式仪表
1—永久磁铁;2—线圈;3—铁芯;4—指针

当线圈中通入电流后,线圈因受到磁场的作用力而转动,并带动指针偏转。由于磁电式仪表的偏转部分是线圈,故线圈的导线比较细,不能通入大电流。并且,电流方向改变后,线圈受力的方向也要改变。故一般情况下,磁电式仪表只能用来测量直流电流和电压。所以,不能用来测量变频器的电流和电压。

3. 整流式仪表

所谓整流式仪表,就是把交变电压或电流整流成直流电压或电流后再通入磁电式仪表,是用磁电式仪表来测量交流电的一种方式,如图 6-3-5 所示。

由于线圈是偏转部分,其匝数不能太多,故电感量小。当用来测量交流电压时,须串联阻值很大的附加电阻,故整个测量电路基本上呈纯电阻性质。所以,利用它来测量变频器的输出电压时,流入线圈的电流波形基本上和电压波形相同。利用这一特点,由整流式仪表来测量变频器的输出电压是比较准确的。但须注意,磁电式仪表的读数是和电流的平均值成正比的,要得到有效值,需进行必要的校准。

4. 电动式仪表

电动式仪表由两组线圈构成:固定线圈 1 和偏转线圈 2,指针 3 与偏转线圈同轴,如图 6-3-6所示。

当两个线圈中通入电流时,它们的磁场相互作用,使偏转线圈受力而旋转,偏转角与两线圈内电流的乘积成正比。

电动式仪表通常用来作为功率表。一般情况下,不动的线圈 1 为电流线圈,导线较粗,串联在被测电路中;偏转线圈 2 为电压线圈,导线较细,经串联附加电阻后跨接在被测电压两端。

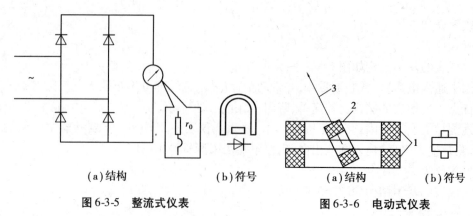

(a)结构　　　　(b)符号　　　　　　　(a)结构　　　　(b)符号

图 6-3-5　整流式仪表　　　　　　图 6-3-6　电动式仪表

5. 数字式仪表

数字式仪表中并无线圈,它主要是以一定频率对被测量进行"采样",而得到与被测量成比例的数值,然后进行"A/D 转换"等一系列变换后显示被测量。因此用来测量输入电压与电流,以及输出电流都不成问题。

由于变频器的输出电压是由 PWM 调制过的系列脉冲波,电平的平均值是通过脉冲占空比来进行调节的。而数字万用表采样的信号正是系列脉冲的峰值,变频器输出电压的峰值是不变的;数字万用表电压挡不可能准确地测出系列脉冲波的平均值。同时,变频器的载波频率为 1.5 ~ 15 kHz,这样的频率将导致采样和 A/D 转换工作紊乱,也就不能测出变频器正确的输出电压值。所以不能用数字电压表来测量变频器的输出电压。

6. 示波器

示波器用来观察各相关电路中 PWM 信号的波形和变频器的输出波形。

7. 信号发生器

应选择具有方波波形输出型号的信号发生器,在检查驱动电路是否正常工作时,以方波来代替 PWM 信号。

8. 高压直流电源

可用已无修理价值,但主回路中的整流和平滑电路又正常的变频器改制,也可自制,如图 6-3-7 所示。图中 D 为 3 只电压为 220 V 的普通灯泡,作 PN 短路保护用。由于仅是为开关电源电路提供高压直流电源,可取值 1 000 V/450 V。在检修控制回路、驱动电路、保护电路时,为了检修方便起见,往往把它们从变频器机壳内取出。目前,变频器控制电路、驱动电路、保护电路、操作面板的电源都是由开关电源提供的,绝大部分变频器开关电源的高压取自于主回路的 PN 之间,这个电压由高压直流电源替代很方便。对额定电压 400 V 型的变频器,把三相电源线接至 L1,L2,L3;对额定电压为 220 V 型的变频器,只要把 220 V 的相线和中线接至 L1,L2,L3 中任意两个即可。

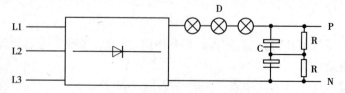

图 6-3-7　自制高压直流电源

9. 驱动电路检测仪

与示波器配合,用来检查驱动电路故障的专用仪器,如图 6-3-8 所示。使用这种驱动电路检测仪时,可以把驱动电路板从变频器机内取出,单独对驱动电路进行检查,寻找故障很方便。

图 6-3-8　驱动电路检测仪

10. 通信接口电路检测仪

变频器除用操作面板控制和外部控制外,在许多情况下,变频器的控制是通过 PLC 或其他上位机进行。通讯接口电路的故障时有发生,通过通讯接口电路检测仪,来检查寻找通讯接口的故障。

11. 电动机带负载

变频器的一些故障,如过流故障、过压故障、过热故障等,在电动机空载时是反映不出来的,修理过的变频器通过电动机带负载运行以后,方能鉴定出是否排除了故障。

12. 红外线测温仪

用以测量变频器内相关部分和部件在运行过程中的实际温度。

由于变频器输入、输出电压或电流中均含有不同程度的谐波分量,用不同种类的测量仪表会测量出不同的结果,并有很大差别,甚至有可能测量出错误的结果。因此,在选择测量仪表时,应区分不同的测量项目和测试点,选择不同的测量仪表,见表 6-3-1。

表 6-3-1　主电路测量推荐使用的仪表

测定项目	测定位置	测定仪表	测定值基准
电源侧电压 U_1 和电流 I_1	R—S,S—T,T—R 间电压和 R,S,T 中的电流	电磁式仪表	变频器的额定输入电压和电流值
电源侧功率 P_1	R,S,T	电动式仪表	$P_1 = P_{11} + P_{12} + P_{13}$(3 功率表法)
输出侧电压 U_2	U—V,V—W,V—U 间	整流式仪表	各相间的差应在最高输出电压的 1% 以下
输出侧电流 I_2	U,V,W 的线电流	电磁式仪表	各相间的差应在变频器额定电流 10% 以下
输出侧功率 P_2	U,V,W 和 U—V,V—W	电动式仪表	$P_2 = P_{21} + P_{22}$(2 功率表法)
整流器输出	DC$^+$ 和 DC$^-$ 之间	磁电式仪表	$1.35 U_1$,再生时最大 950 V(390 V 级),仪表机身 LED 显示发光

(二)变频器主电路的测量

变频器主电路的测量电路如图 6-3-9 所示。变频器输入电源为 50 Hz 的交流电源,其测量方法与传统电气测量方法基本相同,但变频器的输入、输出侧的电压和电流中均含有谐波分量,应按表 6-3-1 选择不同的测量仪表和测量方法,并注意校正。

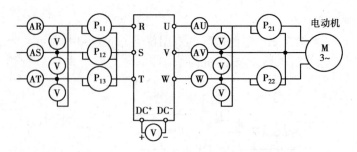

图6-3-9　变频器主电路的测量电路

1.输出电流的测量

变频器的输出电流是指基波电流的方均根值,其中含有较大的谐波成分,测量时,应选择能测量畸变电流波形有效值的仪表,如0.5级电磁式(动铁式)电流表和0.5级电热式电流表,测量结果为包括基波和谐波在内的有效值,当输出电流不平衡时,应测量三相电流并取其算术平均值。因测量而采用电流互感器时,由于在低频情况下电流互感器可能饱和,所以应选择适当容量的电流互感器。

2.输入、输出电压的测量

由于变频器的电压平均值正比于电压基波有效值,整流式电压表测得的电压值是基波电压方均根值,并且相对于频率呈线性关系。所以,0.5级整流式电压表最适合测量输出电压,数字式电压表不适合输出电压的测量。

输入电压的测量可以使用电磁式电压表或整流式电压表。考虑会有较大的谐波,推荐采用整流式电压表。

3.输入、输出功率的测量

变频器的输入、输出功率应使用电动式功率表或数字式功率表测量,输入功率采用3功率表法测量,输出功率可采用3功率表法或2功率表法测量。当三相不对称时,用2功率表法测量将会有误差。当不平衡率大于5%额定电流时,应使用3功率表测量。

4.输入电流的测量

变频器输入电流的测量应使用电磁式电流表测量有效值。为防止由于输入电流不平衡造成的测量误差,应测量三相电流,并取三相电流的平均值。

5.直流母线电压的测量

在对变频器维护时,有时需要测量直流母线电压。直流母线电压的测量是在通用变频器带负载运行下进行,在滤波电容器或滤波电容器组两端进行测量。把直流电压表置于直流电压正、负端,测量直流母线电压应等于线路电压的1.35倍,这是实际的直流母线电压。一旦电容器被充电,此读数应保持恒定。由于是滤波后的直流电压,还应将交流电压表置于同样位置测量交流纹波电压,当读数超过AC5V时,这就预示滤波电容器可能失效,应采用LCR自动测量仪或其他仪器进一步测量电容器容量及其介质损耗等,当电容量低于额定容量的85%时,应予以更换。

6.电源阻抗的影响

当怀疑有较大谐波含量时,应测量电源阻抗值,以便确定是否需要加装输入电抗器,最好采用谐波分析仪进行谐波分析,并对系统进行综合分析和判断;当电压畸变率大于4%以上时,应考虑加装交流电抗器抑制谐波,也可以加装直流电抗器,提高功率因数、减小谐波。

7. U/f 比的测量

测量变频器的 U/f 比可帮助查找故障。测量时应将整流式电表(万用表、整流式电压表)置于交流电压最大量程,在变频器输出频率为 50 Hz 下运行,在变频器输出端子(U,V,W)处测量送至电动机的线电压,读数应等于电动机的铭牌额定电压;接着,调节变频器输出频率为 25 Hz 下运行,电压读数应为上一次读数的 1/2;再调节变频器输出频率为 12.5 Hz 下运行,电压读数应为电动机的铭牌额定电压的 25%。如果读数偏离上述值较大,则应该进一步检查其他相关项目。

任务 4　变频器常见故障处理

【活动情景】

变频器的故障原因可能是多方面的,需要在掌握变频器电路结构的基础上,通过测量、分析、判断查找故障原因。

【任务要求】

掌握变频器常见故障分析及处理方法。

一、变频器修理方法及步骤

变频器控制系统常见的故障类型主要有过电流、短路、接地、过电压、欠电压、电源缺相、变频器内部过热、变频器过载、电动机过载、CPU 异常、通信异常等。当发生这些故障时,变频器保护会立即动作停机,并显示故障代码或故障类型,大多数情况下可以根据显示的故障代码迅速找到故障原因并排除故障。但也有一些故障的原因是多方面的,并不是由单一原因引起的,因此需要从多个方面查找,逐一排除才能找到故障点。如过电流故障是最常见、最易发生,也是最复杂的故障之一,引起过电流的原因往往需要从多个方面分析查找,才能找到故障的根源,只有这样才能真正排除故障。

(一)变频器修理的常用方法

变频器的修理,既有修理一般电子产品的共性,又具有变频器的特性。修理时,通常采用的方法是:逐步缩小法、顺序法或直接切入法。

1. 逐步缩小法

所谓逐步缩小法,就是通过对故障现象进行分析、对参数测量作出判断,把故障产生的范围一步一步地缩小,最后落实到故障产生的具体电路或元器件上。实质上是一个肯定、否定、再肯定、再否定,最后做到肯定(判定)的判断过程。

例如,一台变频器通电后,发现操作盘上无显示:首先判断是无直流供电(可用万用表测量其直流电源电压,进一步证实),发现高压指示灯是亮的(测量 PN 电压进一步证实),否定主回路高压电路的故障,怀疑是开关电源有问题。测得其他电路的直流电压正常,否定整个开关电源的问题,怀疑开关电源中,给操作盘供电的一路电源有问题。测该路电源的交流电压正常,无直流输出,又无短路现象,故障就可以断定是该电源电路的整流管元件损坏。这个例子是典型的逐步缩小法。它的整个过程,就是通过分析和参数测量,肯定、否定、几个回合。

最后判定是整流元件损坏。

2. 顺序法

顺序法,是一种按照电路逻辑寻找故障点的方法。例如,一台变频器输出电压三相电压不平衡。这种故障显然由两种可能性造成:一种可能是逆变桥内 6 个功率单元中,至少有一个单元损坏(开路);另一种可能是 6 组驱动信号中,至少有一组损坏。假设,已确定有一个逆变单元无驱动信号。进一步确定驱动电路中故障点,可采用顺序法来寻找。

具体到这个例子,可从上而下地查找。即从驱动信号的源头,也就是 CPU 的输出起,按照图 6-4-1 的顺序往下查。

3. 直接切入法

在掌握变频器基本原理,并有一定实践经验的基础上,可采用直接切入法。

明确了变频器的故障现象以后,根据故障现象,进行理论分析,结合修理经验,直接判断故障点,在故障点处,

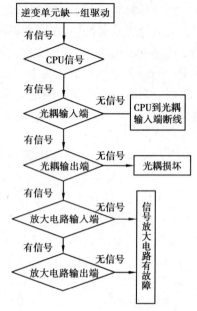

图 6-4-1　顺序法故障查找

再进行核实判断,准确、快速地进行修理。通过不断地学习和实践,即能达到较高的修理水平。

(二)变频器修理的步骤

1. 测试

对变频器进行静态参数的测量。通过对静态参数测量,确定该变频器的整流模块和逆变模块是否损坏。这是与修理其他电子产品不同的地方。

变频器中的整流模块和逆变模块,是主回路中大功率、高电压、价格较高的元器件。通过静态测试,可以判断变频器的损坏程度。若整流模块、逆变模块损坏,就属于大故障(这里所说的大故障,是指变频器的损坏程度大,并非是故障难以排除),更重要的是,若逆变模块、整流模块损坏后,不允许再接通电源。不然,往往会发生严重后果。

测出逆变模块、整流模块已损坏,不再接通电源。直接拆下相关部件,然后分析、判断损坏模块的原因。经对相关电路修理恢复后,方可更换模块。切忌未找出损坏原因,未作任何处理,就直接更换模块。这样做,只会继续损坏模块。

2. 通电

变频器经过测量,在整流模块、逆变模块都正常的情况下,可接通电源。接通电源几秒钟后,认真观察高压指示灯是否亮?是否听到继电器的动作声音(采用电力器件的变频器无此声)?操作面板是否有显示?查看操作面板存储的历史故障。试运行,测量输入、输出电压等。根据这一过程中的各种现象,可以初步确定变频器故障的范围。

3. 清洗

通过上述过程,对变频器的故障初步确定后,不要急于着手修理,应该拆卸大部件,然后进行清洗工作。除掉尘埃,特别是冷却风机和散热板的风导处。除油污的重点是冷却风机、主控板、驱动板等部件。通常用工业酒精清洗,清洗后擦干。

4. 更换易老化元件

整个变频器清洗干净后,仍然不要急于去修理,而是更换那些易老化变质的元件,这些元件可能已老化,或接近于老化。它们的变质和老化往往是变频器故障发生的原因之一。

5. 故障诊断

这是修理的主要内容,也是花精力最多的工作。根据故障现象进行分析、测量、检查等工作,最后把故障发生处确定出来。具体可采取上述介绍过的几种方法。

6. 故障处理

当故障点已确定,具体处理时,主要是更换损坏的元器件。更换元器件,既要坚持原则,又要灵活处理。

所谓坚持原则,就是更换的新元件与旧元件最好选用同品牌、同规格参数的器件。但出于目前变频器的品牌型号较多,有许多元器件在国内市场难以买到,需要灵活处理。灵活处理是指可用其他品牌(或国产或自制),参数相同或相近(不影响使用)的元件替换。

例如,主回路中的限流电阻。它只是在接通电源时,为了减少和平滑电容的充电电流,当电压升到一定值,充电电流较小时,这个限流电阻即被短接,通常是用继电器或可控硅控制。在修理变频器过程中,可以灵活地将继电器和可控硅相互替代。假设一台变频器原来用的是可控硅来短接限流电阻,而可控硅已经损坏,一时又不易买到,就可以考虑用继电器来取代它。具体处理时,要注意控制信号和空间等问题。

还有一些变频器的整流、逆变、可控硅制作在同一模块中,如果这三种元件仅一种元件损坏,为节省修理成本,可以把损坏的一种元件,在模块之外用类似的元件取代。如可控硅损坏,可以在模块之外用可控硅或继电器取代,能达到同样的效果。

处理故障一定要灵活,否则将会有相当大比例的变频器无法修理。灵活性,是修理人员必须具备的基本能力之一。

7. 试运行

变频器修理完毕,一定要通电试运行。而且最好用电动机带负载运行。在试运行中,检查各种数据,主要指三相输出电压、压频比是否符合要求,检查各种功能是否正常,在一切正常的情况下,运行半小时以上。

8. 总结

详细地填写修理单。修理单内容主要有:变频器品牌机号,故障内容、故障原因、故障处理内容(更换元器件、电路处理情况等)备注等,对于遇到的新问题和特殊情况,应详细地把故障现象,故障诊断处理,体会记下来,以便今后遇到同样问题,少走弯路,提高修理效率。

以上是变频器修理的通常步骤,维修人员可根据自己的修理体会和经验,确定适合自己的修理步骤。

二、变频器主要组成部分的检修

变频器的整体结构主要由主回路、驱动电路、开关电路、保护检测电路、通信接口电路、控制电路等组成。在这些电路中,中央微处理器、数字处理器、ROM、RAM、EPROM 等集成电路涉及程序问题,一般为厂商保密内容,各厂家、品牌其内容各不相同。一旦这方面出故障,只有厂方和委托代理方能够解决。除此之外,变频器各部分的故障基本都可通过检修得以解决。

（一）主回路

主回路主要由整流电路、限流电路、滤波电路、制动电路、逆变电路和检测取样电路等部分组成,如图6-4-2所示。

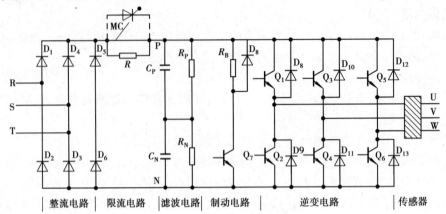

图6-4-2　变频器主回路结构

1. 主回路的常见故障

（1）整流电路的常见故障

整流电路是由一块或三块整流模块组成的全波桥式整流电路,它的作用是把三相(或单相)50 Hz,380 V(或220 V)的交流电,通过整流模块的桥式整流电路,变换成脉动直流。整流电路的常见故障有:

①整流模块中的整流二极管一个或多个开路,导致主回路直流电压值下降或无电压值。

②整流模块中的整流二极管一个或多个短路,导致变频器输入电源短路,供电电源跳闸,变频器无法接上电源。

（2）限流电路的常见故障

限流电路是限流电阻和继电器触点(或可控硅)相并联的电路。变频器开机瞬间会有一个很大的充电电流,为了保护整流模块,充电电路串联限流电阻,以限制充电电流值。

随着充电时间的增长,充电电流减少,当减少到一定数值时,继电器动作,触点闭合,短接限流电阻。正常运行时,主回路电流流经继电器触点。限流电路故障主要有:

①继电器触点氧化,接触不良,导致变频器工作时,主回路电流部分或全部流经限流电阻,使限流电阻被烧毁。

②继电器触点烧毁,不能恢复常开状态。导致开机时,限流电阻不起作用,过大的充电电流损坏整流模块。

③继电器线包损坏不能工作,导致变频器工作时,主回路电流全部流经限流电阻,限流电阻被烧毁。

④限流电阻烧毁,除由上述原因所致外,再就是限流电阻老化损坏。变频器接通电源,主回路无直流电压输出。因此,也就无低压直流供电。操作面板无显示,高压指示灯不亮。

（3）滤波电路的常见故障

滤波电路是将整流电路输出的脉动直流电压,变成波动较小的直流电压。通常对于电压型变频器,由滤波电解电容对整流电路的输出进行平波。对于380 V电源的变频器,是两个电解电容串联后使用。匀压电阻 R_P, R_N 是为了使直流电压平分加到每个电容上。滤波电路常见的故障有：

①滤波电容老化，其容量低于额定值的 85%，致使变频器运行时，输出电压低于正常值。

②滤波电容损坏开路，导致变频器运行时，输出电压低于正常值。滤波电容损坏短路，会导致另一只滤波器损坏。进而可能损坏限流电路中的继电器、限流电阻、整流模块。

③均压电阻损坏。均压电阻损坏后，会由于两个电容受压不均，而逐个超压被损坏。

（4）制动电路的常见故障

制动电路工作时，可以使变频器在减速过程中，增加电动机的制动转矩，同时吸收制动过程中产生的泵升电压，使主回路的直流电压不至于过高。制动电路的故障有：

制动控制管 Q_7 损坏：Q_7 开路，失去制动功能；Q_7 短路，制动电路始终处于工作状态，制动电阻 R_B 会损坏。同时增加整流模块的负荷，整流模块易老化，甚至损坏。

（5）逆变电路的常见故障

逆变电路的基本作用是在驱动信号的控制下，将直流电源转换成频率和电压可调的交流电源，即变频器的输出电源。它由 6 个开关器件（如 GTR,IGBT）组成三相桥式逆变电路。这些元器件一般做成模块形式，通常由同一桥臂的上下两个开关器件组成一个模块，也有由 6 个开关器件组成一个模块。逆变电路常见故障：

6 个开关器件中一个或一个以上损坏，造成输出电压抖动、断相或无输出现象。同一桥臂上下两个开关器件同时短路（主回路短路）。造成短接限流电阻的继电器或可控硅、整流模块损坏。

损坏原因是：负载电流过大，主回路直流电压过高，而过流保护和过压保护又未起到保护作用；驱动信号不正常，出现同一桥臂上下两个开关器件同时导通；逆变模块老化等。值得注意的是，已有许多小功率变频器采用集成功率模块或智能功率模块。智能功率模块内部集成了整流模块、限流电路中的可控硅、逆变模块、驱动电路、保护电路及各种传感器。它的优点是：使变频器外围电路减少，只有一块功率模块，安装方便、体积减小。缺点是智能模块中只要其中的一个部件损坏，整个模块就要更换。导致修理费用增加或无修理价值。

2.主回路常见故障的处理

主回路无输出直流电压是因限流电阻开路造成，限流电阻开路使滤波电路无脉动直流电压输入。主回路无直流电压输出的另一个原因是整流模块损坏，整流电路无脉动直流电压输出所致。这时不能简单地更换整流模块，必须进一步查找整流模块损坏的原因。

整流模块的损坏可能是：自身老化自然损坏；主回路有短路现象损坏整流模块。判断方法是：首先换下整流模块，用万用表检测主回路，若主回路无短路现象，说明整流模块是自然损坏，更换新元件即可，若主回路有短路现象，要检测出是哪一个元件引起短路的，是制动电路中的 R_B 和 Q_7 均短路、滤波电容短路，还是逆变模块短路等。通过检测，落实主回路短路的原因。同时还要找出造成这些元件短路的原因，要把最后故障源找出，并处理好，才能更换新元件。

故障处理方法：

①限流电阻损坏开路，整流电路的脉动直流电压无法送到滤波电路，使主回路无直流电压输出。

a.检查限流电路中的继电器或可控硅是否损坏？

b.更换限流电阻。

②逆变模块中,至少有一个桥臂上下两个开关器件短路,造成主回路短路而烧毁整流模块。

    a. 检查电动机是否损坏?电动机是否有过载或堵转现象?处理之。

    b. 检查驱动信号是否正常?处理之。

    c. 检查制动电路是否正常?处理之。

    d. 更换逆变模块和整流模块。

③制动电路中控制元件短路和制动电阻短路,造成主回路短路而烧毁整流模块。

    a. 检查制动控制信号是否正常?处理之。

    b. 更换制动控制元件、制动电阻和整流模块。

④滤波电容短路,造成主回路短路而烧毁整流模块。

    a. 检查匀压电阻是否正常?处理之。

    b. 更换滤波电容和整流模块。

    c. 整流模块老化损坏,更换整流模块。

⑤变频器输出电压偏低

输出电压偏低是因为主回路直流电压低于正常值造成,另外还有逆变模块老化、信号幅值较低等原因。首先用万用表测量高压直流值,确定输出电压偏低的原因。

故障及处理方法:

    a. 整流模块内有一个以上整流二极管损坏,整流电路缺相整流,输出的脉动直流电压低于正常值,使主回路直流电压低于正常值,造成变频器输出电压偏低。更换整流模块。

    b. 滤波电容老化,输出电压偏低。更换滤波电容。

    c. 逆变模块老化,开关元件在导通状态时,有较高的管压降,造成变频器输出电压偏低。更换逆变模块。

    d. 驱动信号幅值偏低,逆变模块工作在放大状态,而不是在开关状态,造成变频器输出电压偏低。检查驱动电路,并处理之。

⑥变频器输出电压缺相

变频器输出电压缺相,是有一个桥臂不工作所致。

故障及处理方法:

    a. 逆变模块中有一个桥臂损坏,更换逆变模块。

    b. 驱动电路有一个桥臂无输出信号,检查处理损坏的那个桥臂的驱动电路。

⑦变频器输出电压波动

变频器的输出电压值忽大忽小地波动,被驱动的电动机抖动,是由于变频器逆变电路的6个开关元件中,一个或不在同一桥臂的一个以上的开关器件不工作造成的。

故障及处理方法:

    a. 有一个或不在同一桥臂上的一个以上的开关器件损坏而不工作,要更换逆变模块。

    b. 有一个或不在同一桥臂上的一个以上的驱动信号不正常,导致相应的开关元件不工作。检查驱动电路,并处理之。

⑧变频器接上电源,供电电源跳闸或烧熔断丝,这是由于变频器的整流模块短路所致。分析和处理方法同前故障⑤a。

（二）驱动电路

驱动电路是将主控电路中 CPU 产生的 6 个 PWM 信号，经光电隔离和放大后，向逆变电路的换流器件(逆变模块)提供驱动信号。

对驱动电路的要求，因换流器件的不同而异。同时，一些开发商开发了许多适宜各种换流器件的专用驱动模块。有些品牌、型号的变频器直接采用专用驱动模块。但是，大部分的变频器采用如图 6-4-3 所示的典型驱动电路。

图 6-4-3 所示的驱动电路，由隔离放大电路、驱动放大电路和驱动电路电源组成。3 个上桥臂驱动电路是 3 个独立驱动电源电路，3 个下桥臂驱动电路是一个公共的驱动电源电路。

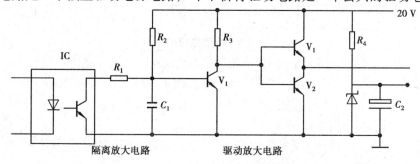

图 6-4-3　驱动电路

1. 隔离放大电路

驱动电路中的隔离放大电路，对 PWM 信号起隔离和放大作用。为了保护变频器主控电路中的 CPU，当 CPU 送出 PWM 信号后，首先通过光电隔离集成电路，将驱动电路和 CPU 隔离，这样驱动电路发生故障或损坏，不至于伤及 CPU，对 CPU 起到了保护作用。

隔离电路可根据信号相位的需要，分为反相隔离电路或同相隔离电路，如图 6-4-4 所示。

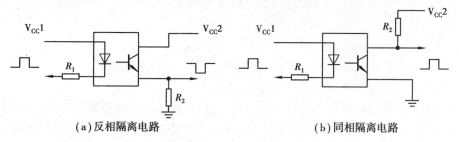

(a)反相隔离电路　　　　　　　　　　(b)同相隔离电路

图 6-4-4　隔离电路原理图

隔离电路中的光电隔离集成块容易损坏，它损坏后，主控电路 CPU 产生的 PWM 信号就被阻断。自然，这一路驱动电路中就没有了驱动信号输出。

2. 驱动放大电路

驱动放大电路是将光电隔离后的信号进行功率放大，使之具备一定的驱动能力。这种电路通常采用双管互补放大的电路形式。驱动功率要求大的变频器采用二级驱动放大。同时，为了保证 IGBT 所获得的驱动信号幅值被控制在安全范围内，有些驱动电路的输出端串联了两个极性相反连接的稳压二极管。

驱动放大电路中，容易损坏的元件就是三极管，这部分电路损坏后，若输出信号保持低电平，相对应的换流元件处于截止状态，不可能起到换流作用。

如果输出信号保持高电平，相对应的换流元件就处于导通状态，当同桥臂的另一个换流元件也处于导通状态时,这一桥臂就处于短路状态,就会烧毁这一桥臂的逆变模块。

3. 驱动电路电源

图 6-4-5 是典型的驱动电路电源,它的作用是给光电隔离集成电路的输出部分和驱动放大电路提供电源。

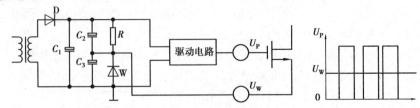

图 6-4-5　驱动电路电源

值得注意的是,驱动电路的输出非 U_P 与地之间,而是 U_P 与 U_M 之间。当驱动信号为低电平时,驱动输出电压为负值(约为: $-U_W$),保证可靠截止,也提高了驱动电路的抗干扰能力。

4. 驱动电路常见故障现象,原因和处理方法

(1)驱功电路无驱动信号输出

①光耦隔离集成电路损坏,通常是由于老化、自然损坏,更换之。

②驱动放大电路中的三极管损坏所致,更换三极管。

③驱动电路电源中整流二极管损坏,滤波电容损坏短路,放大电路损坏短路,致使整流二极管被烧毁,使驱动电路无直流供电,导致驱动电路无输出信号。措施:检查滤波电容、放大电路是否有短路现象? 处理之,然后,更换整流二极管。

④驱动电路电源中,滤波电容短路,电容老化是主要原因,导致驱动电路无直流供电,损坏整流二极管。更换滤波电容。

⑤驱动电路电源中,稳压二极管损坏开路,使驱动电路有驱动信号,而无驱动输出电压。更换稳压二极管。

(2)驱动输出电压偏低

①驱动电路电源中的滤波电容老化,容量降低所致,更换滤波电容。

②驱动放大电路中的三极管老化,更换三极管。

③驱动电路电源中的稳压二极管老化,稳压值增大所致。更换稳压二极管。

④驱动输出电压偏高;静态时无负电压。驱动电路电源中的稳压二极管损坏短路所致。更换稳压二极管。

⑤整个驱动电路被烧毁。这是由于逆变模块损坏过程中,高压窜进驱动电路造成的。恢复难度相对较大,可参照未损坏的驱动电路进行修理恢复。

变频器驱动电路的故障率通常较高,而驱动电路无驱动信号输出的故障现象更是比较常见。利用驱动电路检测仪,使用方便、检测效果好。

拆下驱动电路板,将驱动电路检测仪的 5 V 电源,作为光电耦隔离集成电路输入端电源,20 V 电源作为驱动电路的电源,5 V 电源接在 N(或 U、V、W)端。把驱动电路检测仪输出的方波信号,作为光电耦隔离集成电路的输入信号。然后,用示波器依次从光电耦隔离集成电路输入端,放大电路输入端和驱动电路输出端检查信号。根据信号的有无,就能简单、直观地找出故障发生处。

由于变频器驱动电路中,电源电路的滤波电容器属易老化器件,一般使用一年左右的时

间,就要全部更换。驱动电路中的光耦隔离集成电路也属于易损坏的器件。检查发现驱动电路无驱动信号输出,可首先去查一下光耦隔离集成电路。若已损坏,应该把6只光耦隔离集成电路全部更换,因为有一只出现老化损坏,其他的使用寿命也将到期。如果只是更换已损坏的,可能会使用不多久,就因其他光耦隔离集成电路老化损坏,而出现同样现象的故障。

(三)保护电路

当变频器出现异常时,为了使变频器元件损失减少到最小,各品牌的变频器都很重视保护功能,都设法增加保护功能,提高保护功能的有效性。

在变频器保护功能方面,厂商可谓使尽解数,大做文章。这样,也就形成了变频器保护电路的多样性和复杂性。有常规的检测保护电路,也有软件综合保护功能。有些变频器的驱动电路模块、智能功率模块、整流逆变组合模块等,内部都具有保护功能。

对于修理来说,不是所有保护电路的故障都能修复,仅能修复常规检测保护电路的故障。

图6-4-6所示的电路是较典型的过流检测保护电路。由电流取样,信号隔离放大,信号放大输出3部分组成。

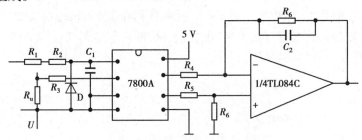

图6-4-6　过流检测保护电路

1.电流取样电路

电流取样电路以电阻降压方式实现。变频器的三相输出电流,分别经过取样电阻R_u,R_v,R_w,在3个电阻上的电压降与三相输出电流呈线性关系,反映电流值的大小。作为3个光耦隔离集成电路输入信号,电压与电流的线性关系,决定于取样电阻的阻值。

因此,取样电阻损坏或变值,改变了电压与电流之间的线性关系,致使保护电路产生误判断。

取样电阻因流过变频器的输出电流,因而是个功率元件。长期处于高温状态下的电阻,容易损坏或改变电阻值。若电阻值变大,则同样的输出电流,其电阻上的电压降会增大。变频器的输出电流并没有达到过流值,而由于取样电阻阻值增大,检测保护电路反映出来的结果已达到了过流值,所以,变频器就发出了过流停机信号。

取样电阻损坏开路,变频器输出电压全部加到光耦隔离器7 800 A的输入端,使其损坏;相反,取样电阻阻值变小,起不到过流保护的作用。

取样电阻短路,变频器有输出,但由于这一相的取样信号始终是零电压,变频器发出缺相报警,并停机。

有不少变频器的电流取样采用互感器法。这种方法是将变频器的输出导线穿过电流互感器,输出电流与电流互感器产生的感比电压成正比关系。主回路与检测保护电路之间是隔离的,可把互感器上产生的感应电压直接进行放大。

把取样电阻接成如图6-4-7所示,这就成了电压取样电路,当R_1和R_2的电阻阻值关系确

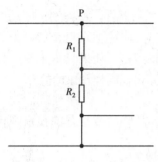

图 6-4-7　电压取样电路

定下来后,电阻 R_2 上的电压降与 PN 之间的电压呈线性关系,用来反映 PN 之间的电压值。再配上与电流检测保护电路相似的光耦隔离放大电路,信号放大输出电路,就成了电压检测保护电路。

2.光耦隔离放大电路

检测主回路的电流、电压等信号,采用电阻取样法,为电路安全起见,一定要把取样电路与放大电路相隔离,光耦隔离电路就起这个作用。

3.信号放大输出电路

检测保护电路的输出信号,先经 A/D 转换后,作为 CPU 的输入信号,然后经过处理、判断后再发出相应信号。也有一些变频器把检测保护电路的输出信号作为比较电路的输入信号,与参数设定信号比较,输出相应信号。因此,检测保护电路的输出信号对功率没有要求。所以,通常检测保护电路的信号放大电路,采用运算放大集成电路。这种集成电路确定放大系数较容易,同时,性能稳定、体积小。图 6-4-6 中选用了四运放集成电路 4TL084C,这种放大电路的故障率一般较低。只有运算放大集成电路老化,使用寿命到期后,才出现损坏现象。

4.电流检测保护电路常见故障

（1）假过流

所谓假过流是指变频器显示过流故障停机,而变频器的实际输出电流并未过流。严重的甚至不带负载时也出现过流现象。

①取样电阻阻值变大。措施:更换为标准阻值的电阻。

②运算放大集成电路上的输入电阻或反馈电阻的阻值发生变化。措施:更换标准电阻。

③高次谐波干扰信号窜入放大电路,被放大。措施:更换检测保护电路中的抗干扰电容。

（2）变频器因缺相显示而停机

缺相故障的原因有好多种,其中由保护电路造成的原因是取样电阻损坏所致。更换取样电阻。

（3）变频器运行电流显示值明显小于实际输出电流值

①取样电阻中有电阻损坏短路现象,该相的输出电流测不出来,取样信号始终为零值。变频器 CPU 中计算出来的三相电流的平均值明显减小。措施:更换电阻。

②光耦隔离集成电路有损坏现象,措施:更换光耦隔离集成电路。

（四）开关电源电路

开关电源电路向操作面板、主控板、驱动电路及风机等电路提供低压电源。图 6-4-8 为富士 G11 型开关电源电路组成的结构图。

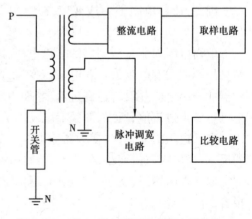

图 6-4-8　富士 G11 型开关电源电路结构

直流高压 P 端加到高频脉冲变压器初级端,开关调整管串接脉冲变压器另一个初级端后,再接到直流高压 N 端。开关管周期性地导通、截止,使初级直流电压换成矩形波。由脉冲变压器耦合到次级,再经整流滤波后,就获得相应的直流输出电压。它又对输出电压取样比较,去控制脉冲调宽电路,以改变脉冲宽度的方式,使输出电压稳定。

开关电源电路的激励方式有:他激控制式和自激控制式。自激式电路是利用开关管、脉冲变压器等,构成正反馈环路形成自激振荡。变频器中开关电源的稳压控制,通常采用频率控制方式。这种方式是保持导通时间(或截止时间)不变,通过控制开关脉冲频率(周期),相应调节脉冲占空比,使输出电压达到稳定。

图6-4-9为变频器开关电源电路示意图。

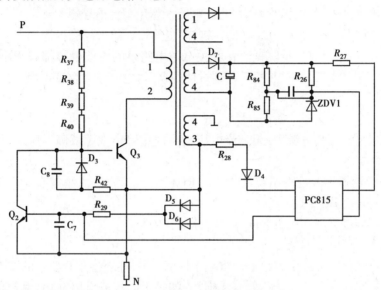

图6-4-9 变频器开关电源电路

1.变频器所有直流供电无电压

这种故障一定是由于脉冲变压器初级线圈上无脉冲开关信号所致,原因除脉冲变压器线圈损坏外,就是自激振荡电路和稳压电路有问题。

①无直流供电。脉冲变压器初级线圈上无直流电压,检查主回路是否有直流供电?检查连线是否有虚脱现象?相关降压电阻有否损坏?针对查出的问题逐一处理。

②开关管 Q_3 损坏。这是开关电源电路中损坏率较高的器件之一。检查三极管 Q_2、二极管 D_6 是否损坏?更换损坏的三极管 Q_2、二极管 D_6。

③三极管 Q_2 损坏,使开关管 Q_3 始终处于导通状态。一方面开关电源电路无直流电压输出;另一方面,开关管长期处于导通状态,会因电流过大而损坏。要更换损坏的三极管 Q_2,并进一步检查开关管 Q_3 是否损坏,采取相应的处理方法。

④二极管 D_6 损坏开路。电容器 C_7 的充电回路不通,电容器 C_7 得不到充电,三极管 Q_2 不可能导通饱和,开关管 Q_3 会始终处于饱和状态。措施:更换二极管 D_6,并检查开关管 Q_3 是否损坏?采取相应的措施。

⑤电阻 R_{37},R_{38},R_{39},R_{40} 之中有损坏开路现象。详细检查,对损坏器件进行更换。

⑥脉冲变压器初级线圈开路,更换同类标准的脉冲变压器。

2.输出直流电压普遍偏高

这种现象是由于电源电压偏高等原因引起,同时稳压电路未起作用。

①ZDV₁ 可控稳压管损坏开路,输出直流电压偏高,虽然取样信号已反映出来了,但由于 ZDV₁ 开路、光耦隔离集成电路始终得不到输入信号,稳压电路未起到作用。措施:更换损坏的 ZDV₁ 稳压管。

②光耦隔离集成电路 PC815 损坏。措施:更换光耦隔离集成电路 PC815。

③二极管 D₄ 损坏开路。措施:更换二极管 D₄。

3. 输出直流电压普遍偏低。

①可控稳压管 ZDV₁ 短路。ZDV₁ 短路后,光耦隔离集成电路上始终有输入信号,只要脉冲变压器 3 端出现高电压,三极管 Q₂ 在稳压电路的作用下提前导通饱和。开关管 Q₃ 提前截止,导通周期 Tₒ 缩短,输出直流电压降低。措施:更换损坏的可控稳压管 ZDV₁。

②滤波电容老化,电容容量降低。在开关电源电路中的滤波电容都属于小容量、低耐压的小电解电容。其使用寿命较短,接近或超过使用期时,电容量大幅度下降,导致输出直流电压偏低,应及时更换。

4. 个别直流电源无电压

这个故障显然是开关电源中,无直流电压输出的这路出现了故障。所以,只要检查这一路即可。

①整流二极管损坏。检查出整流二极管损坏后,再检查直流负载有无短路现象并处理之,然后再更换整流二极管。

②脉冲变压器绕组损坏。更换同规格的脉冲变压器。

5. 个别直流电源电压偏低。

①滤波电容老化损坏或电容容量严重小于标值。措施:更换不合要求的滤波电容。

②直流负载明显增大。检查负载有无损坏,如是否因集成电路损坏,而使供电电流增大或因负载电阻阻值减小而使供电电流增大等。措施:查出这一块的问题,有针对性地进行处理。

③脉冲变压器绕组有局部短路现象。其输出的脉冲电压值偏低。措施:更换同规格的脉冲变压器。

(五)通信接口电路

当变频器由可编程控制器(PLC)或上位计算机、人机界面等进行控制时,必须通过通信接口相互传递信号。图 6-4-10 是 LG 变频器的通信接口电路。变频器通信时,通常采用两线制的 RS485 接口,西门子变频器也是一样。两线分别用于传递和接收信号。变频器在接收到信号后和传递信号之前,这两种信号都经过缓冲器 A1701,75176B 等集成电路,以保证良好的通信效果。所以,变频器主控板上的通信接口电路主要是指这部分电路,还有信号的抗干扰电路。

1. 信号缓冲电路

变频器通信接口通常是用 9 针 D 形网络连接头,连接变频器主控板的 9 针 D 形网络插座,经信号缓冲电路后,接到 CPU 相应的管脚上。西门子变频器的缓冲电路选用缓冲器 75176B 集成电路。由于采用通信接口控制方式,最远可达 100 m。除通信介质采用屏蔽双绞线抗干扰外,在变频器主控板采用电容吸收法和电感抑制法。

2. 通信接口电路中的常见故障

通信接口电路中常见的故障就是上位机显示"通信故障"。

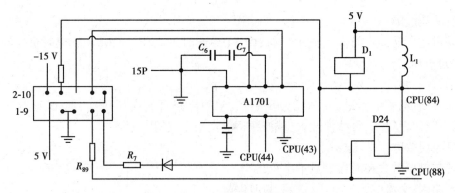

图6-4-10　LG变频器通信接口电路

①连接错误。检查屏蔽连接线,是否有断路现象? 措施:针对检查结果进行处理。

②缓冲器A1701(西门子75176B)集成电路损坏。措施:更换A1701(西门子75176B)集成电路。

(六)外部控制电路

变频器外部控制电路主要是指频率设定电压输入,频率设定电流输入,正转、反转、点动及停止运行控制,多挡转速控制。频率设定电压(电流)输入信号通过变频器内的A/D转换电路进入CPU。其他一些控制信号通过变频器内输入电路的光耦隔离传递到CPU中。

外部控制电路的主要故障有以下几种:

1.频率设定电压(电流)控制失效

当频率设定电压(电流)信号加到控制端上后,变频器设定频率无反应,或设定频率不准确、不稳定,这种故障原因通常是外部频率控制电路中的A/D转换器集成电路损坏所致,更换之。

2.控制功能失效

外部控制信号由开关来传递的正转、反转,点动和停止运行控制、多挡转速控制等,这些控制功能失效的原因,主要是变频器输入电路中的光耦隔离器损坏所致,更换之。

3.控制接线端接触不良

这也是外部控制失败的原因之一,必须检查和拧紧控制接线端。

三、变频器常见故障及事故的处理

变频器的故障是多种多样的,原因也并非单一,需要从多方面查找,逐一排除才能最终确定故障点。以下以富士通变频器为例,简述故障的诊断过程,其他品牌变频器的故障诊断流程也基本相同,只是故障代码有所区别而已。

(一)变频器的常见故障及处理

1.过电流故障

出现过电流时会在面板上显示字符:OC1(加速时过电流)、OC2(减速时过电流)、OC3(恒速时过电流)。

跳闸原因:过电流或主回路功率模块过热。

故障诊断:可能是短路、接地、过负载、负载突变、加/减速时间设定太短、转矩提升量设定不合理、变频器内部故障或谐波干扰大等。

2. 过电压故障

出现过电压时会在面板上显示字符: OU1(加速时过电压)、OU2(减速时过电压)、OU3(恒速时过电压)。

跳闸原因: 直流母线产生过电压。

故障诊断: 电源电压过高、制动力矩不足、中间回路直流电压过高、加/减速时间设定太短、电动机突然甩负载、负载惯性大、载波频率设定不合适等。

3. 欠电压故障

出现欠电压时会在面板上显示字符: LU。

跳闸原因: 交流电源欠电压、缺相、瞬时停电。

故障诊断: 电源电压偏低、电源断相、在同一电源系统中有较大启动电流的负载启动、变频器内部故障等。

4. 变频器过热故障

出现过热故障时会在面板上显示字符: OH。

跳闸原因: 散热器过热。

故障诊断: 负载过大、环境温度高、散热片吸附灰尘太多、冷却风扇工作不正常或散热片堵塞、变频器内部故障等。

5. 变频器过载、电动机过载故障

出现变频器过载、电动机过载故障时会在面板上显示字符: OLU, OL1(电动机 1 过载), OL2(电动机 2 过载)。

跳闸原因: 负载过大、保护设定值不正确。

故障诊断: 负载过大或变频器容量过小、电子热继电器保护设定值太小、变频器内部故障等。

(二) 变频器的事故处理

变频器在运行中出现跳闸,即视为事故。跳闸事故的处理有以下几种方法:

1. 电源故障处理

如电源瞬时断电或电压低落出现"欠电压"显示; 瞬时过电压出现"过电压"显示都会引起变频器跳闸停机。待电源恢复正常后即可重新启动。

2. 外部故障处理

如输入信号断路、输出线路开路、断相、短路、接地或绝缘电阻很低,电动机故障或过载等,变频器显示"外部"故障而跳闸停机,经排除故障后,即可重新启用。

3. 内部故障处理

如内部风扇电路断路或风扇过热,熔断器断路,元器件过热,存储器错误,CPU 故障等,可切换至工频运行,不致影响生产,待内部故障排除后,即可恢复变频运行。

变频装置一旦发生内部故障,如在保修期内,要通知厂家或厂家代理负责保修。根据故障显示的类别和数据进行下列检查:

①打开机箱,观察内部是否断线、虚焊、烧焦或变质变形的元器件? 如有则及时处理。

②用万用表检测电阻的阻值和二极管、开关管及模块通断电阻,判断是否开断或击穿? 如有,按原额定值和耐压值更换,或用同类型的代替。

③用双踪示波器检测各工作点波形,采用逐级排除法判断故障位置和元器件。

④内部故障在检修中应注意的问题。

a. 严防虚焊、虚连,或错焊、连焊,或者接错线。特别是别把电源线误接到输出端。

b. 通电静态检查指示灯、数码管和显示屏是否正常?预置数据是否适当?

c. 有条件者,可用一台小电动机进行模拟动态试验。

d. 带负载试验。

4. 功能参数设置不当的处理

当参数预置后,空载试验正常,加载后出现"过电流"跳闸,可能是启动转矩设置不够或加速时间不足;也有的运行一段时间后,转动惯量减小,导致减速时"过电压"跳闸,修改功能参数,适当增大加速时间便可解决。

新一代高性能的变频器具有较完善的数字诊断功能、保护及报警功能,熟悉这些功能对正确使用和维修变频器极为重要。当变频调速系统出现故障时,变频器大都能自动停车保护,并给出提示信息(可参照各产品的说明书),检修时应以这些显示信息为线索,查找故障点并进行维修。

通常,变频器的控制核心——微处理器系统与其他电路部分之间都设有可靠的隔离措施,因此出现故障的概率较低。即使发生故障,用常规手段也难以检测发现,所以,当系统出现故障时,应将检修的重点放在主电路及微处理器以外的接口部分。

变频器常见故障原因及处理方法见表6-4-1。

表6-4-1 变频器常见故障原因及处理方法

保护功能		故障原因	处理方法
欠电压保护	主电路电压不足,瞬时停电保护。控制电路电压不足	电源容量不足,线路压降过大造成电源电压过低,变频器电压选择不当(11 kW以上),处于同一电源系统的大容量电动机启动,用发电机供电的电源进行急速加速,当切断电源时执行的运转操作,电源端电电磁解除其发生故障或接触不良	检测电源电压:检测电源容量及电源系统
过电流保护			
对地短路保护			
	加减速时间太短,在变频器输出端直接接通电动机电源,变频器输出端发生短路或接地现象,额定值大于变频器容量的电动机启动,驱动的电动机是高速电动机、脉冲电动机或其他特殊电动机	由于可能引起晶闸管故障,须认真检查、排除故障后再启动	
	电动机的绝缘劣化,负载侧接线不良	检查电动机或负载侧接线是否与地线之间有短路	

续表

保护功能		故障原因	处理方法
减速时间太短,出现负载(由负载带动旋转),电源电压过高		制动力矩不足,适当延长减速时间,如仍不能解决问题,选用制动电阻或制动单元	更换冷却风扇,清洗过滤网,将周围温度控制在 40 ℃ 以下(封闭悬挂式),或 50 ℃ 以下(柜内安装式)
过电流保护重复动作,过载保护的电源,复位重复动作,过励磁状态下,急速加减速(U/f特性不适),外来干扰	排除故障后,确定主电路晶闸管是否损坏,更换熔断丝再运行	过负载,低速长时间运转,U/f特性不当等,电动机额定电流设定错误,生产机械异常或由于过载使电动机电源超过设定位,因机械设备异常或过载等原因,电动机中记载过设定值以上的电流	查找过载原因,核对运转状况、U/f特性、电动机及变频器的容量,变频器过载保护动作以后,须找出原因并排除后方可重新通电,否则有可能损坏变频器。将额定电流设定在指定范围内,检查生产机械的使用状况,并排除不良因素,或者将电流设定值上调到最大允许值
制动晶体管异常		制动电阻的阻值太小,制动电阻被短路或接地	检查制动电阻的阻值或抱闸的使用率,更换制动电阻或考虑加大变频器容量
制动电阻过热		频繁启动、停止,连续长时间再生回馈运转	缩短减速时间,再检查制动电阻,或使用附加的制动电阻及制动单元
冷却风扇异常		冷却风扇故障	更换冷却风扇
外部异常信号输入		外部异常条件成立	排除外部异常
制动电路故障,选件接触不良,选件故障,参数写入错误		外来干扰,过强的振动、冲击	重新确认系统参数,记下全部数据后进行初始化;切断电源后,再投入电源,如仍出现异常,则需与厂家联系
通信错误		外来干扰,过强的振动、冲击,通信电缆接触不良	重新确认系统参数,记下全部数据后进行初始化;切断电源后,再投入电源,如仍出现异常,则需与厂家联系,检查通信电缆线

项目小结

　　变频器的使用,离不开储存和安装。与其他电子设备一样,变频器的储存和安装对环境有明确的要求,这些要求来自 IEC 和国标对环境的允许值。在安装时,特别需要考虑的是通风散热问题。一旦错误选择了安装环境,会因此而留下隐患,而且很难调整。

　　变频器的接线分为主电路接线和控制电路接线,除了保证接线位置正确外,还应在线径选择、接线长度、屏蔽、接地等方面保证电压、信号的强度和防止干扰等因素。在变频器调速系统中,变频器与电网、变频器与电动机、变频器与周边设备相互之间都存在着干扰,安装时应采取适当的抗干扰措施。

变频调速系统,离不开相关的外围设备。常用的外围设备有熔断器、断路器、交流接触器、交流电抗器、直流电抗器、制动电阻、热继电器、噪声滤波器等。根据需要合理选择外围设备,才能组建起实用的变频调速系统。

对变频器的调试、维护、检修是变频器使用过程中的重要技能。在掌握电路结构的基础上,正确使用测试仪表,按照一定的步骤和方法,分析故障现象,找出最终故障点,除了课程训练外,还需要实践经验的不断积累。

思考练习

6.1　变频器储存时应注意哪些事项?

6.2　变频器的安装场合应满足什么条件?

6.3　变频器安装时周围的空间最少为多少?

6.4　笼型电动机铭牌数据为:额定电压为 220 V,功率为 11 kW,4 级,额定电流为 22.5 A,电缆铺设距离为 50 m,线路电压损失允许在额定电压 2% 以内,现采用变频器调速,试选择变频器与电动机接线所用电缆的截面大小。

6.5　变频器系统的主回路电缆与控制回路电缆安装时有什么要求?

6.6　变频器运行为什么会对电网产生干扰? 如何抑制?

6.7　变频器运行时为什么会对周围设备产生干扰? 防治的措施有哪些?

6.8　变频器在什么情况下需要选择交流电抗器?

6.9　变频器外围设备中交流电抗器和直流电抗器的作用是什么?

6.10　根据图 6-3-9,说明变频器主电路的不同位置进行电量测量时,应分别使用什么仪表?

6.11　磁电式仪表为什么不能用来测量变频器的电流和电压?

6.12　变频器的输出电压应该使用什么仪表测量? 为什么?

6.13　逆变模块中,6 个开关器件中有一个或一个以上损坏,会造成什么后果?

6.14　变频器输出电压偏低是什么原因造成的?

6.15　简述变频器过流故障的原因。

【项目七】 变频器的应用

【项目描述】

变频器是一种具有丰富功能的智能化装置。变频技术的应用可以分为两大类:一类用于传动调速;另一类用于静止电源。变频技术的应用,可较大幅度地降低生产性电耗,还可以提高生产机械的控制性能,从而提高劳动生产率,提高产品质量,是目前最具发展前途的交流调速方式,得到广泛的应用。

提高变频器的应用水平,是提高工业自动化水平的基础。要充分发挥变频调速的功能,首先要了解被控对象的生产环境和工艺过程、功能和技术指标以及负载特性,然后才能制订出应用方案。并对应用系统作出合理性和经济性评估。

本项目通过具有代表性的风机、水泵;空调系统;运输提升机械;电梯;机床;交流传动电力机车变流器等设备的变频技术应用实例,详细地介绍了变频器的应用技术。

【学习目标】

1. 了解变频器在工业生产中的应用。
2. 通过应用实例的学习,掌握一般的变频调速系统设计方法。

【能力目标】

1. 能够分析变频调速系统的组成和应用电路。
2. 应用已学知识设计实用的变频调速方案。

任务 1　风机、水泵的变频调速

【活动情景】

水泵和风机在采用变频调速之前,一直是恒速运行,调节水量、风量通过调节阀门或挡板来实现,造成功率浪费。采用变频调速后,以调节转速的方式来调节水量和风速,可节约大量电能。

【任务要求】

1. 了解和掌握变频器控制水泵、风机的节能原理。
2. 掌握供水、通风系统采用变频控制的基本方法。

一般使用的风机、水泵,配置时选定的额定风量、流量,通常都比实际需要量大,当工艺要求需要在运行中变更风量、流量时,采用挡板或阀门来实现对流量和风量的调节,这种调节方式称为节流调节。节流调节方法简单,应用比较普遍。但节流调节实际上是通过人为增加阻力的办法达到调节目的的,代价是造成电能的大量浪费。

从流体力学原理知道,离心水泵的流量与电机转速及电机功率有如下关系:

$$\frac{Q_1}{Q_2} = \frac{n_1}{n_2}; \quad \frac{H_1}{H_2} = \left(\frac{n_1}{n_2}\right)^2; \quad \frac{P_1}{P_2} = \left(\frac{n_1}{n_2}\right)^3$$

式中 Q_1/Q_2——流量;

  H_1/H_2——扬程;

  P_1/P_2——电机轴功率;

  n_1/n_2——电机转速。

当水流量减少,水泵转速下降时,电动机输入功率迅速降低。例如,流量下降到80%,转速(n)也下降到80%时,其轴功率则下降到额定功率的51%;若流量下降到50%,轴功率将下降到额定功率的13%,可见其节电潜力之大。

上述原理也基本适用于离心风机,因此对风量、流量调节范围较大的风机、水泵,采用调速控制来代替风门或阀门调节,是实现节能的有效途径。图7-1-1所示为某离心泵的流量负载曲线,可以看出,采用变频控制时,水泵和风机的节能效果非常显著。

驱动风机、水泵,大多数为交流异步电机(大功率多为同步电机)、异步电动机或同步电动机的转速与电源的频率 f 成正比,改变定子供电频率就改变了电动机的转

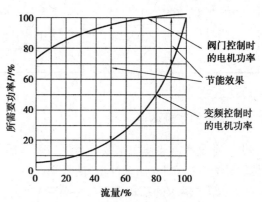

图 7-1-1 离心水泵的流量—负载曲线

速。变频调速的特点是效率高,没有因调速带来的附加转差损耗,调速的范围大、精度高、无级调速。容易实现开环控制和闭环控制,由于可以利用原笼型电动机,所以特别适合于对旧设备的技术改造,它既保持了原电动机结构简单、可靠耐用、维护方便的优点,又能达到节电的显著效果,是风机、水泵节能的较理想的方法。

据现场调查,厂矿企业的电费约有70%消耗在风机、泵类等通用机械的负载上,传统风机、泵类、空气压缩机、制冷压缩机的流量控制大部分仍采用节流调节。如果能将效率提高到95%,那么就能节省约50%的电费,将电机的容量,每度电费金额及每日运转小时相乘,就可以估算出每日节省的电费金额。因此如何提高传统的负载运转效率是厂矿企业提高企业效益的一项重要工作。

采用变频调速技术对水泥厂和化工厂的罗茨风机、自来水厂水泵、工厂锅炉鼓风机和引风机、酒厂和制药厂的循环水泵、中央空调的水循环泵等进行节能改造的实践表明,一般投资回收时间为 6~16 个月,属于投资效益极佳的节能改造项目。

表7-1-1是对100 kW的离心水泵的流量,通过3种流量控制方法即变频器控制、输入阀门控制和输出阀门控制得出的实际耗电量,显然,变频器的输出流量在低于90%的情况下,节能效果非常显著。

表 7-1-1 水泵 100 kW 3 种流量控制方法的耗电实测比较

流量/%	轴功率/%	变频器控制		输入阀门控制		输出阀门控制	
		用电/kW	总损失/kW	用电/kW	总损失/kW	用电/kW	总损失/kW
100	100.0	108	8.0	106.0	6.0	107.0	7.0
90	72.9	79	6.0	84.0	11.1	103.5	30.6

续表

流量 /%	轴功率 /%	变频器控制		输入阀门控制		输出阀门控制	
		用电/kW	总损失/kW	用电/kW	总损失/kW	用电/kW	总损失/kW
80	51.2	55	3.8	72.5	21.3	99.5	48.3
70	34.3	38	3.7	68.0	33.7	95.5	60.7
60	21.6	25	3.4	64.0	42.4	89.5	67.9
50	12.5	15	2.5	60.0	47.5	84.0	71.5
40	6.4	9	2.6	56.0	49.6	77.5	71.1
30	2.7	5	2.3	52.0	47.3	71.0	68.3

一、水泵的变频调速

供水系统都需要使用水泵。为提高供水质量,特别是高楼和宾馆的供水系统,变频调速以其优异的调速和起、制动性能,高效率、高功率因数和节电效果,得到广泛的应用。

（一）水泵供水的基本模型与主要参数

1. 基本模型

图 7-1-2 所示是一个生活小区供水系统的基本模型。水泵将水池中的水抽出,并上扬至所需高度,以便向生活小区供水。

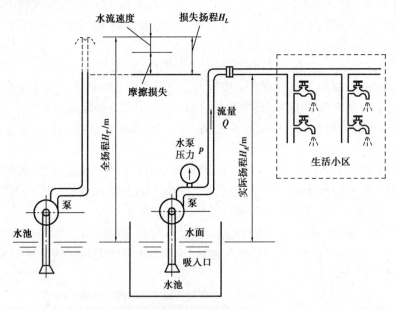

图 7-1-2　水泵供水的基本模型

2. 供水系统的主要参数

（1）流量

指单位时间内流过管道内某一截面的水量。符号是 Q,常用单位是 m^3/s, m^3/min, m^3/h 等。供水系统的基本任务就是要满足用户对流量的要求。

（2）扬程

单位质量的水被水泵上扬时所获得的能量,称为扬程。符号是 H,常用单位是 m。扬程主要包括 3 个方面:

①提高水位所需的能量。

②克服水在管路中的流动阻力(管阻)所需的能量。

③使水流具有一定的流速所需的能量。

由于在同一个管路中,上述的②和③是基本不变的,在数值上也相对较小。可以认为:提高水位所需的能量是扬程的主体部分。因此,在同一管路内分析时,常简略地把水从一个位置"上扬"到另一个位置时水位的变化量(即对应的水位差)用来表示扬程。

（3）全扬程

全扬程也称为总扬程或水泵的扬程。它是说明水泵的泵水能力的物理量,包括把水从水池的水面上扬到最高水位所需的能量,以及克服管阻所需的能量和保持流速所需的能量,符号是 H_T。它在数值上等于:在管路没有阻力,也不计流速的情况下,水泵能够上扬水的最大高度,如图 7-1-2 所示。

（4）实际扬程

实际扬程即通过水泵实际提高的水位所需的能量,符号是 H_A。在不计损失和流速的情况下,其主体部分正比于实际的最高水位于水池水面之间的水位差,如图 7-1-2 所示。

（5）损失扬程

损失扬程为全扬程与实际扬程之差,符号是 H_L。H_A,H_T 和 H_L 之间的关系是:

$$H_T = H_A + H_L \tag{7-1-1}$$

（6）管阻

管阻是表示管道系统(包括水管、阀门等)对水流阻力的物理量,符号是 R。因为不是常数,难以简单地用公式来定量计算,通常用扬程与流量间的关系曲线来描述,故对其单位常不提及。

（7）压力

压力是表明供水系统中某个位置(某一点)水压的物理量,符号是 p。其大小在静态时主要取决于管路的结构和所处的位置,而在动态情况下,压力还与供水流量和用水流量之间的平衡情况有关。

（二）供水系统的节能原理

1. 调节流量的方法

如前所述,在供水系统中,最根本的控制对象是流量。因此,要讨论节能问题,必须从考察调节流量的方法入手。常见的方法有阀门控制法和转速控制法两种。

（1）阀门控制法

阀门控制法是通过关小或开大阀门来调节流量,而转速则保持不变(通常为额定转速)。

阀门控制法的实质是:水泵本身的供水能力不变,而是通过改变水路中的阻力大小来改变供水的能力(反映为供水流量),以适应用户对流量的需求。这时,管路特性将随阀门开度的改变而改变,但扬程特性则不变。

如图 7-1-3 所示,设用户所需流量从 Q_A 减小为 Q_B,当通过关小阀门来实现时,管阻特性将改变为曲线③,而扬程特性则仍为曲线①,故供水系统的工作点由 A 点移至 B 点,这时流量减

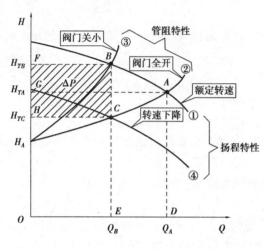

图7-1-3　调节流量的方法与比较

小了,但扬程却从 H_{TA} 增大为 H_{TB};由图可知,供水功率 P_G 与面积 $OEBF$ 成正比。

(2)转速控制法

转速控制法是通过改变水泵的转速来调节流量,而阀门开度则保持不变(通常为最大开度)。

转速控制法的实质是通过改变水泵的全扬程来适应用户对流量的需求。当水泵的转速改变时,扬程特性将随之改变,而管阻特性则不变。

仍以图7-1-3中用户所需流量从 Q_A 减小为 Q_B 为例,当转速下降时,扬程特性下降为图7-1-3的曲线④,管阻特性则仍为曲线②,故工作点移至 C 点。可见在水量减小为 Q_B 的同时,扬程减小为 H_{TC}。供水功率 P_G 与面积 $OECH$ 成正比。

2.转速控制法节能的几个方面

(1)供水功率的比较

比较上述两种调节流量的方法,可以看出:在所需流量小于额定流量的情况下,转速控制时的扬程比阀门控制时小得多,所以转速控制方式所需的供水功率也比阀门控制方式小得多。两者之差 ΔP 便是转速控制方式节约的供水功率,它与面积 $HCBF$(图7-1-3中阴影部分)成正比。这是变频调速供水系统具有节能效果的最基本的方面。

(2)从水泵的工作效率看节能

水泵的供水功率 P_G 与轴功率 P_P 之比,即为水泵的工作效率 η_G,用公式表示为:

$$\eta_G = \frac{P_G}{P_P} \tag{7-1-2}$$

式中　P_P——水泵轴上的输入功率(即电动机的输出功率),或者说,是水泵取用的功率;

　　　P_G——根据实际供水的扬程和流量算得的功率,是供水系统的输出功率。

因此,这里所说的水泵工作效率,实际上包含了水泵本身的效率和供水系统的效率。根据有关资料介绍,水泵工作效率相对值 η^* 的近似计算公式如下:

$$\eta^* = C_1 \left(\frac{Q^*}{n^*}\right) - C_2 \left(\frac{Q^*}{n^*}\right)^2 \tag{7-1-3}$$

式中　η^*, Q^*, n^*——效率、流量和转速的相对值(即实际值与额定值之比的百分数);

　　　C_1, C_2——常数,由制造厂家提供。

C_1 与 C_2 之间,通常遵循如下规律:

$$C_1 - C_2 = 1 \tag{7-1-4}$$

式(7-1-3)表明,水泵的工作效率主要取决于流量与转速之比。

由式(7-1-3)可知,当通过关小阀门来减小流量时,由于转速不变,$n^* = 1$,比值 $Q^*/n^* = Q^*$,其效率曲线如图7-1-4中的曲线①所示。当流量 $Q^* = 60\%$ 时,其效率将降至 B 点。可见,随着流量的减小,水泵工作效率的降低是十分显著的。

转速控制方式,由于在阀门开度不变的情况下,流量 Q^*/n^* 和转速 n^* 是成正比的,比值 Q^*/n^* 不变。其效率曲线因转速而变化,在 $Q^* = 60\%$ 时的效率曲线如图 7-1-4 中的曲线②所示,效率由 C 点决定,它和 $Q^* = 100\%$ 时的效率(A 点)是相等的。就是说,采用转速控制方式时,水泵的工作效率总是处于最佳状态。

所以,转速控制方式与阀门控制方式相比,水泵的工作效率要大得多。这是变频调速供水系统具有节能效果的第二个方面。

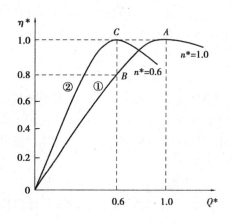

图 7-1-4 水泵工作效率曲线

(三)恒压供水系统的构成与工作过程

1. 恒压供水系统框图

恒压供水系统框图如图 7-1-5 所示。由图可知,变频器有两个控制信号:目标信号和反馈信号。

①目标信号 X_T。即给定 VRF 上得到的信号,该信号是一个与压力的控制目标相对应的值,通常用百分数表示。目标信号也可以由键盘直接给定,而不必通过外接电路来给定。

②反馈信号 X_F。是压力变送器 SP 反馈回来的信号,该信号是一个反映实际压力的信号。

2. 系统的工作过程

变频器一般都具有 PID 调节功能,其内部框图如图 7-1-6 中的虚线框所示。由图 7-1-6 可知,X_T 和 X_F 两者是相减的,其合成信号 $X_D = (X_T - X_F)$ 经过 PID 调节处理后得到频率给定信号,决定变频器频率 f_x。

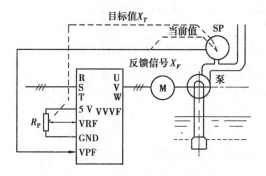

图 7-1-5 恒压供水系统框图

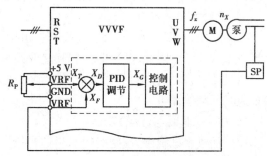

图 7-1-6 变频器内部控制框图

当水流量减小时,供水能力 Q_G 大于用水量 Q_U,则压力上升,$X_F \uparrow \rightarrow$ 合成信号($X_T - X_F$)$\downarrow \rightarrow$ 变频器输出频率 $f_x \downarrow \rightarrow$ 电动机转速 $n_X \downarrow \rightarrow$ 供水能力 $Q_G \downarrow \rightarrow$ 直至压力大小回复到目标值,供水能力与用水流量重新又达到平衡($Q_G = Q_U$)时为止;反之,当用水流量增加,使 $Q_G < Q_U$ 时,则 $X_F \downarrow \rightarrow (X_T - X_F) \uparrow \rightarrow f_x \uparrow \rightarrow n_X \uparrow \rightarrow Q_G \uparrow \rightarrow Q_G = Q_U$,又达到新的平衡。

3. 变频器的选型

大部分制造厂都生产了"风机、水泵专用型"变频器系列,一般情况下可直接选用。但对于用在杂质或泥沙较多场合的水泵,应根据其对过载能力的要求,考虑选用通用型变频器。此外,齿轮泵属于恒转矩负载,应选用 U/f 控制方式的通用型变频器为宜。

大部分变频器都给出两条"负补偿"的 U/f 线。对于具有恒转矩特性的齿轮泵以及应用在特殊场合的水泵,则应以带得动为原则,根据具体工况进行设定。

4. 变频器的功能预置

（1）最高频率

水泵属于二次方律负载,当转速超过其额定转速时,转矩将按平方规律增加。例如,当转速超过额定转速 10%（$n_X = 1.1 \, n_N$）时,转矩将超过额定转矩 21%（$T_X - T_N$）,导致电动机严重过载。因此,变频器的工作频率是不允许超过额定频率的,其最高频率只能与额定频率相等,即

$$f_{max} = f_N = 50 \text{ Hz}$$

（2）上限频率

一般来说,上限频率也以等于额定频率为宜,但有时也可预置得略低一些,原因有如下两个:

①由于变频器内部往往具有转差补偿的功能,因此,同是在 50 Hz 的情况下,水泵在变频运行时的实际转速高于工频运行时的转速,从而增大了水泵和电动机的负载。

②变频调速系统在 50 Hz 运行时,还不如直接在工频下运行为好,可以减少变频器本身造成的损失。所以,将上限频率预置为 49 Hz 或 49.5 Hz 是适宜的。

（3）下限频率

在供水系统中,转速过低,会出现水泵的全扬程小于基本扬程（实际扬程）,形成水泵"空转"的现象。所以在多数情况下,下限频率应定为 30～35 Hz。在其他场合,根据具体情况,也有定得更低的。

（4）启动频率

水泵在启动前,其叶轮全部是静止的,启动时存在着一定的阻力,在从 0 Hz 开始启动的一段频率内,实际上转不起来。因此,应适当预置启动频率,使其在启动瞬间有一点冲力。

（5）升速与降速时间

一般来说,水泵不属于频繁启动与制动的负载,其升速时间与降速时间的长短并不涉及生产效率的问题。因此,升速时间和降速时间可以适当地预置得长一些。通常决定升速时间的原则是:在启动过程中,其最大启动电流接近或略大于电动机的额定电流。降速时间只需和升速时间相等即可。

（6）暂停（睡眠与苏醒）功能

在生活供水系统中,夜间的用水量通常较少,即使水泵在下限频率下运行,供水压力仍可能超过目标值,这时可使水泵暂停运行。

（四）恒压供水系统的应用实例

图 7-1-7 所示为变频恒压供水系统的控制线路,图中电动机线路未画出。

1. 调节原理方框图

图 7-1-8 所示为变频恒压供水系统的控制框图。其控制原理是由压力传感器测得供水管网的实际压力,信号比较结果经 D/A 转换后控制变频器的输出频率,进而控制水泵电动机的转速以达到恒压的目的。

调节过程如下:

$$P \uparrow \rightarrow U_f \uparrow \rightarrow \Delta U(U_s - U_f) \rightarrow \Delta U' \downarrow \rightarrow f \downarrow$$
$$P \downarrow \longleftarrow \hspace{6cm} n \downarrow \swarrow$$

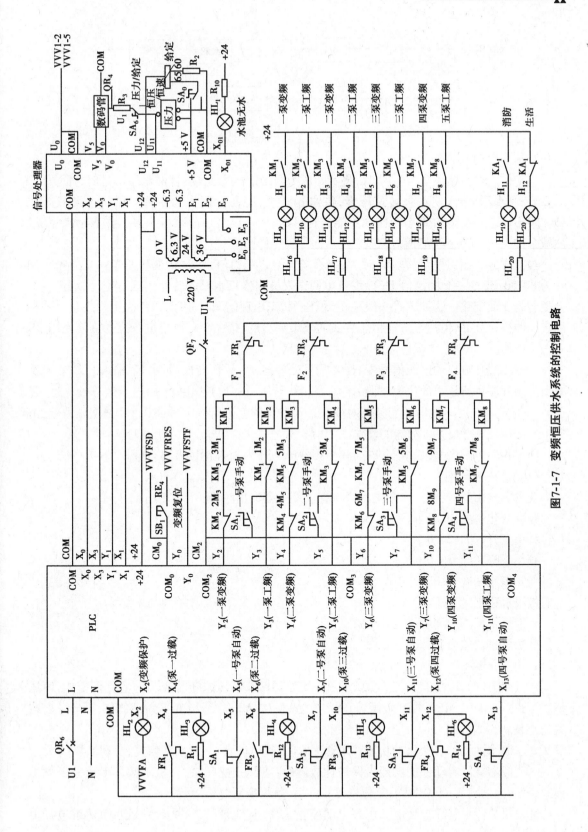

图7-1-7　变频恒压供水系统的控制电路

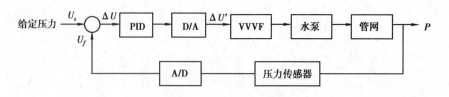

图 7-1-8　变频恒压供水系统控制框图

2. 基本原理

当工作方式拨钮拨至"恒压"时,将实际压力与给定压力比较,管网水压不足时,通过 PID 运算,控制水压上升,使水泵转速减慢,供水量减少,迫使管网压力下降。由于单泵只能在 15～50 Hz 变化调节,在调节范围内不能达到目的时,可以增加或减少水泵工作数量来完成,加减泵按 1→2→3→4 循环顺序选择。

当工作方式拨钮拨至"恒速"时,系统不考虑给定压力值,而是将变频器 VVVF 的频率调整为 0～50 Hz 的一个固定值上(该值可由调试人员调整),水泵的转速也就不变,供水量也不会随着需要而变化。这种方式一般是在"恒压"状态出现问题时使用,以解决用户之急。若是固定值调得比较好,恒速方式与恒压方式的效果基本是一致的,它也可进行泵的交换使用,不需人工操作。

压力传感器输出的电压信号 U_{11} 送入信号处理器,经 A/D 转换后,由 X_0 输入 PLC,在 PLC 中由控制程序进行压力的比较,即给定压力和管网压力的比较,由 Y_1 回送至信号处理器,经过 D/A 转换后,由 U_0 输出到变频器对变频器的输出频率进行调节,同时 PLC 根据压力差,由 $Y_2～Y_{11}$ 输出,执行相关接触器的动作。

图 7-1-7 中采用三菱公司的 PLC 和变频器(VVVF),原理请读者自行分析。

3. 主要技术参数

变频器输出容量:根据水泵电动机选择。变频器输出频率:0.5～50 Hz。

频率变化精度:0.01 Hz。

频率上升时间:25.0 s。

频率下降时间:10.0 s。

变频恒压精度:±0.01 MPa。

极限恒压精度:±0.02 MPa。

生活供水恒压范围:0.1～1.0 MPa。

变频器过载能力:不低于 120%。

4. 功能介绍

①供水自动恒压功能。工作方式选择"恒压"时,水泵转速随着压力的变化而变化,恒压精度可达到 ±0.01 MPa,频率极限恒压精度为 ±0.02 MPa。若精度不到,将顺次循环开启或关闭水泵。

②水源水池无水自动保护功能。水池无水时,暂停供水,一旦水源恢复,自动恢复供水。

③变频器故障自动保护功能。保护性故障时,将停止变频泵,转由工频泵形成差压供水模式,变压差为 0.2～1.0 MPa,复位恢复正常后,就能恢复恒压运行。

④电机故障自动保护功能。水泵自动停止工作,其他泵照常供水,一旦水泵热继电器复位,该泵会自动恢复工作。

⑤水泵选通功能。对需要维护、检修的水泵,可以不选通。

⑥手动供水功能。当设备发生故障,无法维持自动供水时,可用手动供水方式,即用选通开关人为开启相应泵供水,此时无压力检测和保护。

⑦定时换泵功能。单泵变频或多泵工作时,只要还有备用泵,连续工作3 h后,自动切换备用泵工作。

⑧自动保护水泵功能。水泵在全部投入2 h工作期后,自动停机休息15 min,再自动投入工作。

⑨工作状态自动保持功能。断电后恢复供电时,能自动恢复工作状态,并切换备用泵。

⑩数字显示功能。能实时显示实际供水压力和希望供水压力。

⑪希望供水压力调整功能。通过给定电位器,可在0.10~1.0 MPa范围调节。

⑫可专门定制定时供水功能、水池水位显示功能等。

二、风机的变频调速

(一)风机的机械特性

风机是一种气体压缩和气体输送机械,是把旋转的机械能转换为气体压力能和动能,并将气体输送出去的机械。通过风机排出风的压力较小者称为通风机,较大者则称为鼓风机,统称风机。

目前在我国各行各业的各类机械与电气设备中与风机配套的电机耗用电能约占全国发电总量的三分之一。如前所述,大多数风机在使用过程中都存在大马拉小车的现象,加之因生产、工艺等方面的变化,需要经常调节风量、压力、温度等。目前,许多单位仍然采用落后的调节挡风板或阀门开启度的方式来调节气体的流量、压力和温度。这实际上是以浪费电能和金钱为代价来满足工艺和工况对气体流量调节的要求。这种落后的调节方式,不仅浪费了宝贵的能源,而且调节精度差。

1. 二次方律风机

二次方律风机的机械特性,如图7-1-9所示,n表示风机转速,P表示风压,Q表示风量,T表示风机转矩。当风量从Q_1增加到Q_2时,转矩从T_{L1}增加到T_{L2},转速从n_{L1}增加到n_{L2},其特性为典型的二次方率负载。属于这种类型的有离心式风机、混流式风机、轴流式风机等。其中以离心式风机最为普遍,其特点也最为典型。风机的机械特性和水泵十分类似,但其空载转矩要比水泵小得多。因而在低速运行时,其节能效果也比水泵更加显著。

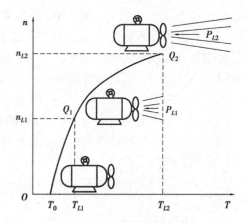

图7-1-9　风机的机械特性

2. 恒转矩风机

恒转矩风机的主要类型为罗茨风机。其基本结构如图7-1-10(a)所示。在其机壳内有两个形状相同的叶轮,安装在互相平行的两根轴上,两轴上装有完全相同的,而且互相啮合的一对齿轮,一为主动轮,一为从动轮。叶轮端面和风机前后端盖之间及风机叶轮之间始终保持微小的间隙,在主动轮的带动下,两个叶轮同步反向旋转,使低压腔的容积逐渐增大,气体经进气口进入低压腔,并随着叶轮旋转进入高压腔,在高压腔内,由于容积的逐渐减小而压缩气体,使气体从排气口排出。所以罗茨风机属于容积式风机,输送的风量与转数成比例。罗茨风机具有高效节能,精度高,寿命长,结构紧凑,体积小,重量轻,使用方便等优点。产品用途广泛,遍布石化、建材、电力、冶炼、化肥、矿山、港口、轻纺、食品、造纸、水产养殖和污水处理、环保产业等诸多领域,大多用于输送空气,也可用来输送煤气、氢气、乙炔、二氧化碳等易燃、易爆及腐蚀性气体。

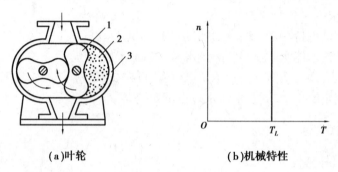

(a)叶轮　　　　　　　　　　(b)机械特性

图 7-1-10　罗茨风机

1—叶轮;2—气体容积;3—机壳

(二)风机的主要参数和特性

1. 主要参数

①风压:管路中单位面积上风的压力称为风压,用 P_F 表示,单位为 Pa。

②风量:即为空气的流量,指单位时间内排出气体的总量,用 Q_F 表示,单位为 m^3/s,m^3/h。图 7-1-11 为风机运行示意图。

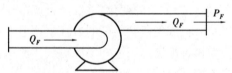

2. 风压特性

在转速不变的情况下,风压 P_F 和风量 Q_F

图 7-1-11　风机运行示意图

之间的关系称为风压特性曲线,如图 7-1-12(a)和(b)中的曲线①所示。风压特性与水泵的扬程特性相当,但风量很小时,风压也较小。随着风量的增大,风压逐渐增大,当其增大到一定程度后,风量再增大,风压又开始减小。故风压特性曲线呈中间高,两边低的形状。

3. 风阻特性

在风门开度不变的情况下,风量与风压的关系曲线称为风阻特性。如图 7-1-12(a)和(b)中的曲线②所示。风阻特性与供水系统的管阻特性相当,形状也类似。

4. 通风系统的工作点

风压特性与风阻特性的交点即为通风系统的工作点,如图 7-1-12(a)和(b)中的 A_1 点所示。

(三)风量的调节方法与比较

调节风量大小的方法有下列两种。

1. 调节风门(挡风板)的开度

转速不变,风压特性也不变,风阻特性随风门开度的改变而改变,如图 7-1-12(a)中的曲线③和④所示,由于风机消耗的功率与风压和风量的乘积成正比,在通过关小风门来减小风量时,消耗的电功率虽然也有所减少,但减少得不多,如图 7-1-12(c)中的曲线①所示。

2. 调节转速

风门开度不变,故风阻特性也不变,风压特性则随着转速的改变而改变,由图 7-1-12(b)中的曲线⑤和⑥所示。由于风机属于二次方律负载,消耗的电功率与转速的二次方成正比,如图 7-1-12(c)中的曲线②所示。其节能效果十分显著。

3. 两种方法的比较

由图 7-1-12(c)可知,在所需风量相同的情况下,调节转速的方法所消耗的功率要小得多,其节能效果十分显著。

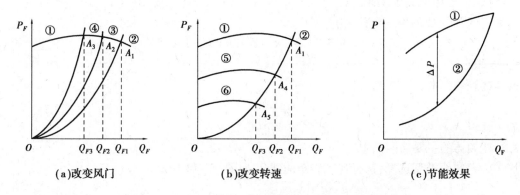

(a)改变风门　　　　　　　(b)改变转速　　　　　　　(c)节能效果

图 7-1-12　风机的工作特性

(四)风机变频调速实例

某厂燃煤锅炉鼓风机的电动机容量为 55 kW,原来是通过调节风门开度来调节风量的,现改造为采用变频调速实现风量调节。风速大小由司炉工操作。由于炉前温度较高,故要求变频器放在较远处的配电柜内。

1. 控制电路

如图 7-1-13 所示,图中按钮开关 SB_1 和 SB_2 用于控制接触器 KM,从而控制变频器的通电与断电。

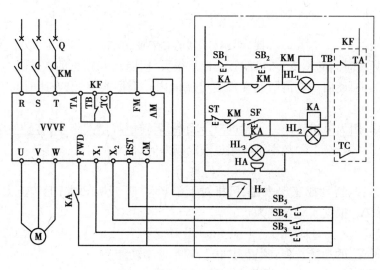

图 7-1-13　风机的远程控制线路

SF 和 ST 用于控制继电器 KA,从而控制变频器的运行与停止。

KM 与 KA 之间具有连锁关系:一方面,KM 未接通之前,KA 不能通电;另一方面,KA 未断开时,KM 也不能断电。

SB$_3$ 为升速按钮,SB$_4$ 为降速按钮,SB$_5$ 为复位按钮。HL$_1$ 是变频器通电指示,HL$_2$ 是变频器运行指示,HL$_3$ 和 HA 是变频器发生故障时的声光报警,Hz 是频率指示。

2. 主要器件选择

①变频器选择:根据厂方要求,选用康沃 CVF-P1- 4T0055 型变频器。额定容量为 73.7 kVA,额定电流为 112 A。

②空气开关 Q 的额定电流 I_{QN}

$$I_{QN} = (1.3 \sim 1.4) \times 112 = 145.6 \sim 156.8 \text{ A}$$

选 $I_{QN} = 200$ A。

③接触器的额定电流 I_{KN}

$$I_{KN} = 112 \text{ A}$$

选 $I_{KN} = 150$ A。

3. 变频器的主要功能预置

①U/F 曲线类型选择:选择递减转矩曲线 2,如图 7-1-14 所示。

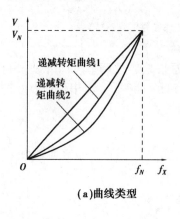
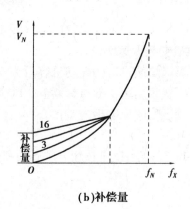

(a)曲线类型　　　　　　　　　　(b)补偿量

图 7-1-14　风机的 U/F 曲线

②升速和降速时间的预置:风机的转动惯量很大,但启动和停止的次数极少,故升速和降速时间可尽量加长,使启动电流限制在额定电流以内。根据实验,选升速时间 $t_r = 30$ s,降速时间 $t_d = 60$ s。

③上限频率:因为风机转速一旦超过额定频率,阻转矩将增大很多,容易使电动机和变频器处于过载状态。因此,上限频率不应超过额定频率 f_N,即

$$F_H \leqslant f_N$$

④下限频率:从特性或工况来说,风机对下限频率 F_L 没有要求,但转速太低时,风量太小,并无实际意义。根据实验预置为

$$F_L \geqslant 20 \text{ Hz}$$

⑤输入端子 X$_1$ 的功能选择:预置为"10",频率递增功能。

⑥输入端子 X$_2$ 的功能选择:预置为"11",频率递减功能。

任务2　变频器在空调系统的应用

【活动情景】

中央空调是楼宇和恒温厂房的耗电大户,采用变频控制在节约大量电能的同时,可提高循环系统的控制精度,保持系统热力平衡;实现水泵电动机软启动,延长系统使用寿命。

【任务要求】

1. 了解和掌握变频器在中央空调系统的应用。

2. 掌握制订空调系统变频改造方案的基本方法。

一、中央空调的变频调速

(一)中央空调的构成

中央空调系统主要由冷冻主机与冷却水塔、外部热交换系统等部分组成,如图7-2-1所示。

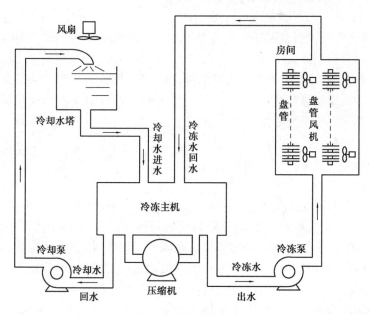

图 7-2-1　中央空调系统的构成

1. 冷冻主机与冷却水塔

(1)冷冻主机

冷冻主机也叫制冷装置,是中央空调的"制冷源"。通往各个房间的循环水由冷冻主机进行"内部热交换",降温为"冷冻水"。

(2)冷却水塔

冷冻主机在制冷过程中必然会释放热量,使机组发热。冷却水塔用于为冷冻主机提供"冷却水"。冷却水在盘旋流过冷冻主机后,将带走冷冻主机所产生的热量,使冷冻主机降温。

2.外部热交换系统

外部热交换系统由以下几个系统组成：

（1）冷冻水循环系统

冷冻水循环系统由冷冻泵及冷冻水管道组成。从冷冻主机流出的冷冻水由冷冻泵加压送入冷冻水管道，通过各房间的盘管，带走房间内的热量，使房间内的温度下降。同时，房间内的热量被冷冻水吸收，使冷冻水的温度升高。温度升高了的循环水经冷冻主机后又变成冷冻水，如此循环不已。

从冷冻主机流出（进入房间）的冷冻水简称为"出水"，流经所有的房间后回到冷冻机的冷冻水简称为"回水"。无疑，回水的温度将高于出水的温度，形成温差。

（2）冷却水循环系统

冷却泵、冷却水管道及冷却塔组成了冷却水循环系统。冷却主机在进行热交换、使水温降低的同时，释放出大量的热量，该热量被冷却水吸收，使冷却水温度升高。冷却泵将升温的冷却水压入冷却塔，使之在冷却塔中与大气进行热交换，然后再将降温后的冷却水送回到冷却机组。如此不断循环，带走了冷冻主机释放的热量。

流进冷却主机的冷却水简称为"进水"，从冷却主机流回冷却塔的冷却水简称为"回水"。同样，回水的温度将高于进水的温度，形成温差。

（3）冷却风机

①盘管风机。安装于所有需要降温的房间内，用于将由冷冻水盘管冷却了的空气吹入房间，加速房间内的热交换。

②冷却塔风机。用于降低冷却塔中的水温，加速将"回水"带回的热量散发到大气中去。

可以看出，中央空调系统的工作过程是一个不断地进行热交换的能量转换过程。在这里，冷冻水和冷却水循环系统是能量的主要传递者。因此，对冷冻水和冷却水循环系统的控制便是中央空调控制系统的主要组成部分。

（二）中央空调机组变频节能原理

1.节能的必要性

一般而言，空调节能技术分为3种：一是节能元件与节能技术的应用；二是改善空调设计，优化结构参数；三是运行中的节能控制，即变容量控制技术，特别是变频技术。

中央空调机组和众多的风机盘管，随时都在调节过程中，冷冻水使用量也处在不断变化的过程中。如果没有自控措施，系统压力会很不稳定，甚至使系统不能正常工作。一般传统做法是在冷冻水的分水缸和集水缸之间加装一套压力旁通控制装置，这样做虽然也能解决压力平衡问题，但很不经济。如果改用变频调速技术来控制冷冻水循环泵的转速（即改变冷冻水流量），跟踪冷冻水的需求量，便可以取消旁通水量，更好地解决压差平衡，并能大大地节约能源。这种控制方式就是运行中的节能控制。

中央空调对使用单位来说是耗电较大的设备，在有些商厦中，每年的电费中，空调耗电占到总用电量的60%左右，因此中央空调的节能改造显得尤为重要。在中央空调系统中，冷冻水泵和冷却水泵的容量是根据建筑物最大设计热负荷选定的，且留有一定的设计余量。在没有使用调速的系统中，水泵一年四季在工频状态下全速运行，只好采用节流或回流的方式来调节流量，产生大量的节流或回流损失，且对水泵电机而言，由于它是在工频下全速运行，因此造成了能量的很大浪费。

由于设计时,中央空调系统必须按天气最热、负荷最大时设计,并且留10%～20%设计余量,然而实际上绝大部分时间空调不会运行在满负荷状态下,存在较大的富余,所以节能的潜力就较大。其中,冷冻主机可以根据负载变化随时加载或减载,而冷冻水泵和冷却水泵却不能随负载变化作出相应调节,存在很大的浪费。

水泵系统的流量与压差是靠阀门和旁通调节来完成,因此,不可避免地存在较大节流损失和大流量、高压力、低温差的现象,不仅大量浪费电能,而且还造成中央空调最末端达不到合理效果的情况。为了解决这些问题需使水泵随着负载的变化调节水流量并关闭旁通。

另外由于水泵采用的是Y—△启动方式,电机的启动电流均为其额定电流的5～7倍,一台90 kW电动机的启动电流可达到500 A以上,在如此大的电流的冲击下,接触器、电动机的使用寿命大大下降,同时,启动时的机械冲击和停泵时水锤现象,容易对机械散件、轴承、阀门、管道等造成破坏,从而增加维修工作量和备品、备件费用。

综合以上原因,为了节约能源和费用,需对水泵系统进行改造,以便达到节能和延长电机、接触器及机械散件、轴承、阀门、管道的使用寿命的目的。

2.变频控制的方式

(1)冷冻(媒)水泵系统的闭环控制

冷冻(媒)水泵系统的闭环控制主要有以下两种情况:

①制冷模式下冷冻水泵系统的闭环控制 该方式在保证最末端设备冷冻水流量供给的情况下,确定一个冷冻泵变频器工作的最小工作频率,将其设定为下限频率并锁定,变频冷冻水泵的频率调节是通过安装在冷冻水系统回水主管上的温度传感器检测冷冻水回水温度,再经由温度控制器设定的温度来控制变频器的频率增减,控制方式是:冷冻回水温度大于设定温度时频率无极上调。

②制热模式下冷冻水泵系统的闭环控制 该模式是在中央空调中热泵运行(即制热)时,冷冻水泵系统的控制方式。同制冷模式控制方式一样,在保证最末端设备冷冻水流量供给的情况下,确定一个冷冻泵变频器工作的最小工作频率,将其设定为下限频率并锁定,变频冷冻水泵的频率调节是通过安装在冷冻水系统回水主管上的温度传感器检测冷冻水回水温度,再经由温度控制器设定的温度来控制变频器的频率增减。不同的是:冷冻回水温度小于设定温度时频率无极上调,当温度传感器检测到的冷冻水回水温度越高,变频器的输出频率越低。

(2)冷却水系统的闭环控制

目前,在冷却水系统进行改造的方案最为常见,节电效果也较为显著。该方案同样在保证冷却塔有一定的冷却水流出的情况下,通过控制变频器的输出频率来调节冷却水流量,当中央空调冷却水出水温度低时,减少冷却水流量;当中央空调冷却水出水温度高时,加大冷却水流量,从而在保证中央空调机组正常工作的前提下达到节能增效的目的。

现有的控制方式大都先确定一个冷却泵变频器工作的最小工作频率,将其设定为下限频率并锁定,变频冷却水泵的频率是取冷却管进、出水温度差和出水温度信号来调节的,当进、出水温差大于设定值时,频率无极上调,当进、出水温差小于设定值时,频率无极下调,同时当冷却水出水温度高于设定值时,频率优先无极上调,当冷却水出水温度低于设定值时,按温差变化来调节频率。进、出水温差越大,变频器的输出频率越高;进、出水温差越小,变频器的输出频率越低。

（3）送风机的节能控制

在中央空调系统中冷暖的输送介质通常是风，水在末端将与热交换器充分接触的清洁空气加热或变冷，由风机直接送入室内，从而达到调节室温的目的。在输送介质水温恒定的情况下，改变送风量可以改变带入室内的制冷热量，从而较方便地调节室内温度，这样便可以根据自己的要求来设定需要的室温，调整风机的转速，控制送风量。使用变频器对风机实现无级变速，在变频的同时，输出端的电压亦随之改变，从而节约了能源，降低了系统噪声，其经济性和舒适性是不言而喻的。

在室内适当的位置，安装手动调节控制终端，调速电位器 VR，并将运行开关 KK 置于控制终端盒内，变频器的集中供电由空气开关控制，需要送电时在配电控制室直接操作，调整频率设定电位器 VR，可以改变变频器的输出频率，从而控制风机的送风量。此方式成本低廉、随意性强。当室外温度变化或者冷/暖输送介质温度发生改变时，可使得室温随之改变。

对环境舒适度要求较高的消费群体，则可以采用自动恒温运行方式，选择内置 PID 软件模块的变频器控制终端的方式，手动方式电位器用来设定温度，通过采集来自反馈端的温度测量值与给定值作比较送入 PID 模块，通过运算自动改变输出频率，调整送风量达到自动恒温运行。送风机的分布可能不是均匀的，对于稍大的室内空间，则可以采集区域温度平均法策略调节送风量，以满足特殊需求。

3.中央空调制冷系统的特点

（1）制冷系统节能指标

制冷系统的节能指标，意指在规定的参数，例如，冷水机组冷冻水进、出水温度，冷却水进、出水温度，室内外环境空气温度、湿度等，在这些条件下，每生产 1 kW 的制冷量所耗用能量应为最小，按目前的指标，每生产 1 kW 制冷量的耗电量不得大于 0.213 kW。

然而，空调的制冷系统仅仅考虑在设计工况下，即在满负荷条件下运行时的能耗指标是不够的，还应考虑空调制冷系统在部分负荷下运行的节能问题。`

（2）空调制冷系统在部分负荷下运行的概率

一般空调制冷系统的设计都是以最大负荷为设计工况，但在实际运行中，综合所有的因素与设计工况相符合的情况是比较少见的，因此空调制冷系统常常会在部分负荷下运行。

据统计，空调制冷系统在满负荷情况下运行只占 20% ~30% ,70% ~80% 的时间是在部分负载运行。这就给空调设计提出了一个新问题，在部分负荷运行情况下如何设计才能使空调制冷系统符合节能原则？这比在设计工况下提出能耗指标更为重要。

（3）离心式冷水机组运行时的节能特性

离心式冷水机组的工作效率，除了考虑离心式压缩机本身的效率外，还与冷凝器和蒸发器的换热效率有关，所以判断离心式冷水机组的效率应该判断离心式压缩机及冷凝器和蒸发器的综合效率，这就为离心式冷水机组在部分负荷情况下的运行如何节能创造了条件。从各厂家离心式冷水机组运行特性曲线看，发现各种系列冷水机组特性曲线基本相同，差别很小。以美国约克公司生产的制冷量 650 Rt/h 的离心式冷水机组特性曲线为例，在部分负荷运行，节能情况如表 7-2-1 所示。

从表 7-2-1 所列的数据可以看出：负荷为 100% ~40% ,随着负荷的下降，每产生 1 kW 冷量的耗电比满负荷时少，而负荷为 10% ~40% 时，随着负荷的下降，每产生 1 kW 冷量的耗电均比满负荷大，因此，为了节能必须将冷水机组控制为 100% ~40% 运行。

表 7-2-1　650 Rt/h 的离心式冷水机组的节能情况

负荷率/%	制冷量/(Rt·h^{-1})	耗能量/kW	耗电指标/(kW·Rt^{-1})
100	650	429	0.660
90	585	355	0.607
80	520	296	0.569
70	455	250	0.549
60	390	213	0.546
50	325	182	0.560
40	260	158	0.608
30	195	134	0.687
20	130	109	0.838
13	85	93	1.094

（4）其他供暖和通风

除了制冷之外，暖通空调系统中还包含了大量的供暖或通风设备，其变频节能控制原理基本与制冷相同。

（三）中央空调的变频调速分析

1. 循环水系统的特点

一般来说，水泵属于二次方律负载，工作过程中消耗的功率与转速的二次方成正比。这是因为，水泵的主要用途是供水，对于一般供水系统来说，上述结论无疑是正确的。然而，水泵的用途是多方面的，在某些非供水系统中，上述结论却未必是正确的。

（1）循环水的特点

如图 7-2-2 所示，在水循环系统中，理论上并无水量的消耗。从水泵流出的水又将流回到水泵进口处，并且回水本身所具有的动能和势能，也将被反馈到水泵的进口处。

（2）调速特点

在循环水系统中，当通过改变转速来调节流量时，由于：

①水在封闭的管路中具有连续性，即使水泵的转速很低，循环水也能在管路中流动。

②在水泵转速为"0"的状态下，回水管与出水管中的最高水位永远是相等的。因此，水泵的转速只是改变水的流量，而与扬程无关。所以在循环水系统中，仅用扬程来描绘水泵的做功情形是不够准确的。

（3）压差的概念

循环水系统的工作情形与电路十分类似，水泵的做功情形也可通过水泵出水与回水的压力差 P_D 来描绘，即

$$P_D = P_1 - P_2 \tag{7-2-1}$$

式中　P_1——出水压力；

　　　P_2——回水压力。

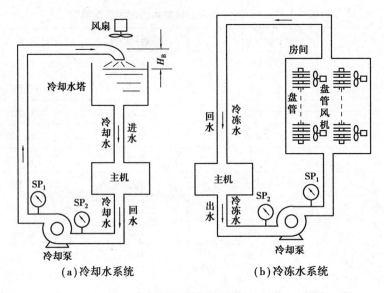

图 7-2-2　循环水系统

（4）功率计算

与电路的工作情形相类似，循环水系统中的流量 Q 的大小与 P_D 成正比，即

$$Q = \frac{P_D}{R} \tag{7-2-2}$$

式中　R——循环水路的管阻。

而水泵做功的功率 P 可计算如下：

$$P = P_D Q = Q^2 R \tag{7-2-3}$$

由于流量和转速成正比，所以在循环水系统里，水泵的功率与转速的二次方律成正比，

$$\frac{P_1}{P_2} = \frac{n_1^2}{n_2^2} \tag{7-2-4}$$

式中　P_1, P_2——水泵转速变化前、后的功率；

n_1, n_2——水泵转速变化前、后的转速。

可见，在循环水系统中，当通过改变转速来调节流量时，其节能效果与供水系统相比略为逊色。

2. 冷却水系统的变频调速

冷却水系统虽然并不如冷冻水系那样，是一个完全的闭合回路，但在计算节能效果方面，与闭合回路是基本一致的。

（1）控制的主要依据

①基本情况。冷却水的进水温度也就是冷却水塔内水的温度，它取决于环境温度和冷却风机的工作情况；回水温度主要取决于冷冻主机的发热情况，但还与进水温度有关。

②温度控制。在进行温度控制时，需要注意以下两点：

a. 如果回水温度太高，将影响冷冻主机的冷却效果。为了保护冷冻主机，当回水的温度超过一定值后，整个空调系统必须进行保护性跳闸。一般规定，回水温度不得超过 37 ℃。因此，根据回水温度来决定冷却水的流量是可取的。

b. 即使进水和回水的温度很低，也不允许冷却水断流，所以在实行变频调速时，应预置一个下限工作频率。综合起来便是:当回水温度较低时,冷却泵以下限转速运行;当回水温度升高时,冷却泵的转速也逐渐升高;而当回水温度升高到某一个设定值(如 37 ℃)时,应该采取进一步措施:或增加冷却泵的运行台数,或增加水塔冷却风机的运行台数。

③温差控制。最能反映冷冻主机的发热情况、体现冷却效果的是回水温度 t_0 与进水温度 t_i 之间的"温差"Δt,因为温差的大小反映了冷却水从冷冻主机带走的热量。所以把温差 Δt 作为控制的主要依据,通过变频调速实现恒温差控制是可取的,如图 7-2-3 所示。即:温差大,说明主机产生的热量多,应提高冷却泵的转速,加快冷却水的循环;反之,温差小,说明主机产生的热量少,可以适当降低冷却泵的转速,减缓冷却水的循环。实际运行表明,把温差值控制在 $3 \sim 5$ ℃ 的范围内是比较适宜的,如图 7-2-4 所示。

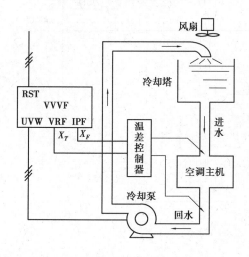

图 7-2-3 冷却水的温差控制

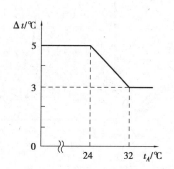

图 7-2-4 目标值范围

④温差与进水温度的综合控制。由于进水温度是随环境温度而改变的,因此,把温差恒定为某值并非上策。因为,当采用变频调速系统时,所考虑的不仅仅是冷却效果,还必须考虑节能效果。具体地说就是:温差值定低了,水泵的平均转速上升,影响节能效果;温差值定高了,在进水温度偏高时,又会影响冷却效果。实践表明,根据进水温度来随时调整温差的大小是可取的。即:进水温度低时,应主要着眼于节能效果,温差的目标值可适当地高一点;而在进水温度高时,则必须保证冷却效果,温差的目标值应低一些。

(2)控制方案

根据以上介绍的情况,冷却泵采用变频调速的控制方案可以有许多种。这里介绍的是利用变频器内置的 PID 调节功能,兼顾节能效果和冷却效果的控制方案,如图 7-2-5 所示。

①反馈信号。反馈信号是由温差控制器得到的与温差 Δt 成正比的电流或电压信号。

②目标信号。目标信号是一个与进水温度 t_A 有关的,并与目标温差成正比的值,如图 7-2-5 所示。其基本考虑是:当进水温度高于 32 ℃ 时,温差的目

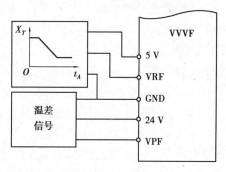

图 7-2-5 控制方案

标值定为 3 ℃;当进水温度低于 24 ℃ 时,温差的目标值定为 5 ℃,当进水温度在 24 ~ 32 ℃ 变化时,温差的目标将按此曲线自动调速。

3. 冷冻水系统的变频调速

(1)冷冻水系统的变频调速控制的主要依据在冷冻水系统的变频调速方案中,提出的变频控制依据主要有两个。

①压差控制。压差控制是以出水压力和回水压力之间的压差作为控制依据。其基本考虑是:使最高楼层的冷冻水能够保持足够的压力,如图 7-2-6 中的虚线所示。

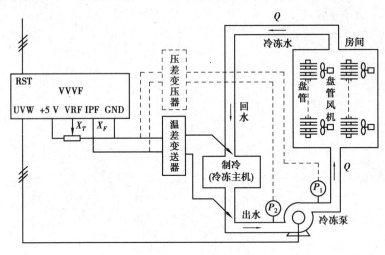

图 7-2-6 冷冻水的控制

这种方案存在着两个问题:

a. 没有把环境温度变化的因素考虑进去。就是说,冷冻水所带走的热量与房间温度无关,这明显不合理。

b. 由于压差 P_D 不变,循环水消耗功率的计算公式是:

$$P = P_D Q = K'_p n \tag{7-2-5}$$

式中　K'_p——比例常数。

式(7-2-5)表明:功率 P 的大小将只与流量 Q 和转速 n 的一次方成正比。在平均转速低于额定转速的情况下,其节能效果与供水系统相比将更为逊色。

②温度或温差控制。严格地说,冷冻主机的回水温度和出水温度之差表明了冷冻水从房间带走的热量,应该作为控制依据,如图 7-2-6 所示。但由于冷冻主机的出水温度一般较为稳定,故实际上只需根据回水温度进行控制就可以了,为了确保最高楼层具有足够的压力,在回水管上接一个压力表,如果回水压力低于规定值,电动机的转速将不再下降。

(2)冷冻水系统变频调速的控制方案

综合上述分析,可以改进的控制方案有两种。

①压差为主、温度为辅的控制。以压差信号为反馈信号,进行恒压差控制。而压差的目标值可以在一定范围内根据回水温度进行适当调整。当房间温度较低时,使压差的目标值适当下降一些,减小冷冻泵的平均转速,提高节能效果。这样一来,既考虑到了环境温度的因素,又改善了节能效果。

②温度(差)为主、压差为辅的控制。以温度(或温差)信号为反馈信号,进行恒温度(差)

控制,而目标信号可以根据压差大小作适当调整。当压差偏高时,说明负荷较重,应适当提高目标信号,增加冷冻泵的平均转速,确保最高层具有足够的压力。

（四）循环水泵的变频控制过程

1. 循环水泵的变频控制

循环泵的节流变频控制系统必须要做到压差检测的合理性,如图 7-2-7所示。具体做法是:在供水管和回水管之间加装压差传感器,将压差数值转换成 4~20 mA 的标准信号,送到变频器的模拟量输入端,经变频器的数据处理系统计算并与设定压力值比较后,给出比例调节（PID）后的输出频率,以改变水泵电机的转速来恒定供回水管之间压差,形成一个完整的闭环控制系统。

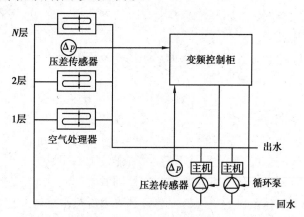

图 7-2-7　循环水泵的节流变频控制

当管道用水量加大时,管道压差会有所下降,自控环节令变频器输出频率有所上升,电机转速随即上升,使管道压差回升至设定值;反之,频率会降低,管道压差相应回落,最终达到供回水压差恒定的目的。而使空气处理器两侧压差恒定,空气处理器就有效供暖或制冷,不至于采用节流技术后出现制冷或供暖效果不足的状况。

2. 多台循环泵的变频控制过程

一般的中央空调系统都可由多台循环水泵组成,这时要实现多泵循环控制可以再配置一台智能控制器（PLD 或单片机）,实现一台变频器多泵联用等。其中图 7-2-8 所示是三泵联用的简图。

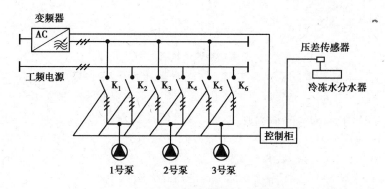

图 7-2-8　三台循环水泵连用的变频控制

当给出启动泵指令后,K_1 接通 1 号泵,使其变频软启动;若工作频率升至 50 Hz 管道压差未达到设定值,一定延时后,会自动快速切断 K_1 接通 K_2,将此泵切入工频电路运行,并自动接通 K_3,使 2 号泵接入变频启动并运行,跟踪管道压差的设定值,如 2 号泵工作频率上升至50 Hz 仍达不到设定压差时,则同样顺序启动 3 号循环泵。相反的过程是当冷冻水用水量下降时,管道压差会有所提高,自然是要求降低频率,当频率降低到一定值（如 10 Hz）则经一定延时会自动切除上一台运行在工频上的循环泵,如果输出的频率再一次低到 10 Hz,则再切除一台运行在工频的循环泵。总之,始终保持有一台循环泵运行在变频状态。由于是循环控制泵的启停顺序,因而泵的使用率也是均匀的。相应冷冻机组的冷却水循环泵也可类似控制。由于所有的泵都是软启动,所以节省了减压启动器等,且压差旁通控制装置也被省去,因此初装费用已可以和装压差平衡阀的方案相比较,更何况变频调速还具有可观的长期节省运行费用的经济效益。

(五)中央空调变频风机的控制方式

1.系统介绍

目前的中央空调系统中,变频风机正在被广泛使用,其突出的优点是:节能潜力大,控制灵活,可避免冷冻水、冷凝水上顶棚的麻烦等。然而变频风机系统需要精心设计、严格施工、认真调试和科学管理,否则有可能产生诸如新风不足、气流组织不好、房间负压或正压过大、噪声偏大、系统运行不稳定、节能效果不明显等一系列问题。

2.变频风机的静压 PID 控制方式

送风机的空气处理装置是采用冷热水来调节空气温度的热交换器,冷、热水是通过冷、热源装置对水进行加温或冷却而得到的。大型商场、人员较集中且面积较大的场所常使用此类装置。图 7-2-9 给出了一个空气处理装置中送风机的静压控制系统。

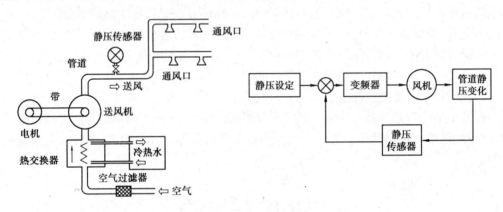

图 7-2-9　中央空调送风机的静压控制

在第一个空气末端装置的 75% ~100% 处设置静压传感器,通过改变送风机入口的导叶或风机转速的办法来控制系统静压。如果送风干管不只一条,则需设置多个静压传感器,通过比较,用静压要求最低的传感器控制风机。风管静压的设定值(主送风管道末端最后一个支管前的静压)一般取 250 ~375 Pa。若各通风口挡板开启数增加,则静压值比给定值低,控制风机转速增加,加大送风量;若各通风口挡板开启数减少,静压值上升,控制风机转速下降,送风量减少,静压又降低,从而形成了一个静压控制的 PID 闭环。

在静压 PID 控制算法中,通常采用两种方式,即定静压控制法和变静压控制法。定静压控制法是系统控制器根据设于主风道 2/3 处的静压传感器检测值与设定值的偏差、变频调节送风机转速以维持风道内静压恒定。变静压控制法即利用 DDC 数据通信技术,系统控制器综合各末端的阀位信号,来判断系统送风量盈亏,并变频调节送风机转速,满足末端送风量的需要。由于变静压控制法在部分负荷下风机输出静压低,末端风阀开度大、噪声低,风机节能效果好,同时又能充分保证每个末端的风量需要。

控制管道静压的好处是有利于系统稳定运行并排除各末端装置在调节过程中的相互影响。此种静压 PID 控制方式,特别适合于上下楼或被隔开的各个房间内用一台空气处理装置和公用管道进行空气调节的场合,如商务大厦的标准办公层等。

3.变频风机的恒温控制 PID 控制方式

在室内空调有诸如舒适性等要求较高而空间又不是太大的空调区域内,可以使用恒温控制(图 7-2-10)。恒温控制中必须注意以下几个方面:

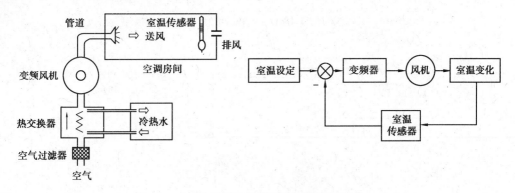

图 7-2-10 变频风机的恒温控制

①温控系统的热容量比较大,控制指令发出后,不是瞬间响应,响应速度慢;

②外界条件如气温、日照等对温控系统的影响很大;

③因为控制对象为气体,温度检测传感器的安装位置非常重要。

本控制方式利用了变频器内置的 PID 算法进行温度控制,当通过传感器采集的被测温度偏离所希望的给定值时,PID 程序可根据测量信号与给定值的偏差进行比例(P)、积分(I)、微分(D)运算,从而输出某个适当的控制信号给执行机构(即变频器),提高或降低转速,促使测量值室温恢复到给定值,达到自动控制的效果。比例运算是指输出控制量与偏差的比例关系。积分运算的目的是消除静差。只要偏差存在,积分作用将控制量向使偏差消除的方向移动。比例作用和积分作用是对控制结果的修正动作,响应较慢。微分作用是为了消除其缺点而补充的。微分作用根据偏差产生的速度对输出量进行修正,使控制过程尽快恢复到原来的控制状态,微分时间是表示微分作用强度的单位。恒温控制中必须要注意 PID 的正作用和反作用,也就是说在夏季(使用冷气)和冬季(使用暖气)是不一样的。在使用冷气中,如果检测到的温度高于设定温度时,变频器就必须加快输出频率;而在使用暖气中,如果检测到温度高于设定温度时,变频器就必须降低输出频率。因此,必须在控制系统增设夏季/冬季切换开关以保证控制的准确性。

4.变频风机的多段速变风量控制方式

在大型空调大楼中,由于所需要的空气量是随着楼内人数及昼夜大气温度的变化而不同,所以相应地对风量进行调节,可以减少输入风扇的电能并调整主机的热负载。人少时,如周末、节假日,空气需求量少。所以考虑这些具体情况来改变吸气扇转速,控制进风量,可减少吸气扇电机的能耗,同时还可以减轻输入暖气时锅炉的热负载和输入冷气时制冷机的热负载。

图 7-2-11 所示为某大楼在不同的工作时段内(平时、周六、周日或节假日)的风量需求量,该风量必须根据二氧化碳浓度等环境标准来确定最少必需量。由于通常在设计中都留有一定的余量,因此可以按高速时 86%、中速时 67%、低速时 57% 的进风量来进行多段速控制。

该控制方式是基于对风量需求进行经验估算的基础上进行的程序控制。

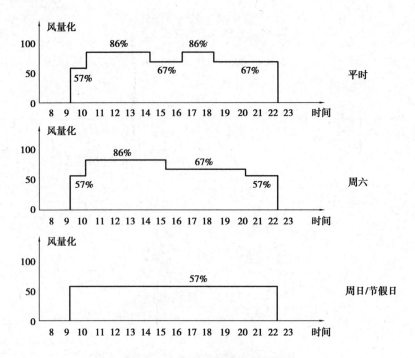

图 7-2-11　变频风机的多段速控制

如在某地铁线的车站内安装有 2 个体积小巧的可开启表冷器和 4 台变频风机,整个系统由计算机控制。工作人员首先按照地铁客流峰谷表编好调温程序,控制风机转速:高峰时车站温度高,变频风机吹出较大风量;人少时车站里温度相对较低,风机风量较小,从而站台的温度可控制在 29 ℃,站厅温度控制在 30 ℃,乘客舒适度大为提高。

变频风机的控制方式直接影响到中央空调系统的运行效果,在不同的使用场合中,只有采用合理的控制方式才能获得更高的节能效果、更好的舒适度,这里所提出的静压 PID 控制方式、恒温 PID 控制方式和多段速控制方式只是其中的几种有效方式。

二、分体式空调的变频调速

家用空调有移动式(柜式)、窗式和分体式。分体式空调也可以为一个房间、二个房间(一拖二)和三个房间(一拖三)使用。这里主要介绍对分体式一个房间和三个房间使用的空调进行变频调节控制的方法。

(一)分体式一个房间使用的空调

家用空调通常是采用 ON/OFF 控制方式,用笼型电动机带动压缩机来调节冷暖气。

1. 存在的问题

①根据地区气候、房间面积和朝向等因素,估计一年中最大负荷,使选择适当的空调机比较困难。

②由于是 ON/OFF 方式运行,室内温度和湿度发生波动时,会引起不适感。

③在 50/60 Hz 地区会产生较大差别。

④压缩机的电动机在启动时,有较大的冲击电流,因此需要比连续运行时更大的电源容量。

⑤由于压缩机转速恒定,室外温度变化会引起冷暖空调器调节能力的变化(特别在暖气运行时,室外温度下降导致暖气效果下降,这是家用空调用于制热的弱点)。

2. 变频器调速控制

把变频器应用于房间空调可连续地控制笼型电动机的转速,较好地解决上述问题。变频器控制框图如图 7-2-12 所示。

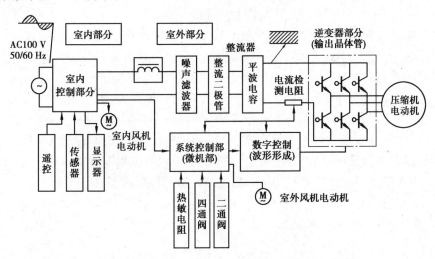

图 7-2-12 变频器控制框图

图 7-2-12 中,室内机以室内控制部分为中心,由遥控、传感器、显示器和风机电动机驱动电路组成。温度和湿度数据及运行模式等设定条件以序列信号的形成送往室外机。

室外机以系统控制部分为中心,由整流单元、逆变单元、电流传感器、室外风机电动机及阀门控制部分组成。

房间空调的室内机备有室温传感器,并将设定温度和运行情况等信息传送给室外部分。室外机分析这些信息,了解温差与室温变化情况等,然后计算并设定压缩机电动机的频率。开始运行时,如果室温与设定温差相差很大,采用高频运行,随着温差减小而采用低频运行。在室温急剧变化时,使频率变化范围大;而当温度变化缓慢时,使频率变化范围小,并在平衡冷暖气负载与压缩机输出的同时,以最短的时间使室温达到所希望的值。

3. 使用变频器控制达到的效果

①利用变频器控制节能。房间空调一年的运行模式基本上是轻负载运行,采用变频器的容量控制,负载下降时,压缩机的能力也下降,以此来保持与负载平衡。在利用变频器控制使压缩机转速下降时,由于相对于压缩机容量,热交换器容量的相对比率增加,所以是高效率运行,特别是轻负载时更为显著。

②压缩机 ON/OFF 损失减少。由于使用变频器控制的空调可用变频来对应轻负载,所以可减少压缩机开停次数,使制冷电路的制冷剂压力变化引起的损失减少。

③舒适性好。与通常的热泵空调相比,装上变频器后,在室外温度下降,负载增加时,压缩机转速上升,能提高暖气效果。

④消除 50/60 Hz 地区影响。由于变频器控制的空调在原理上是先将交流变为直流再产生交流,所以与 50 Hz 和 60 Hz 的地区差无关,始终具有最大能力。

⑤启动电流减小。由变频器控制的空调在启动压缩机时,可选择较低的电压及频率来抑制启动电流,并获得所需是启动转矩,所以可降低启动电流,减少对电网的干扰。

（二）分体式一拖三使用

此种空调用于既有工作区,又有住宅区的场所。采用变频的方式可按工作区和生活区的时间带分开使用空调,也可满足高级住宅、套房的多室空调与多种要求,所以其应用范围较为广阔。现以用于三个房间的多重分体空调为例加以说明。

变频控制后,可对应于冷暖气负载的变化改变电源频率,从而改变压缩机转速,调节房间温度。由于同一压缩机,其负载减少得越多,相对于压缩机能力的热交换容量就越大,成为低压缩比、高效率运行。变频控制可利用和发挥这一优良特性,控制冷气时的过热度、暖气时的过冷度,再采用电子线性膨胀阀供给适合房间负载的最佳制冷剂,就能实现节能并提高舒适性。

图7-2-13所示为变频器多重制冷剂系统与制冷控制。室外单元有与3台室内单元制冷剂管道连接的液、气管道接口,以及室内连接线路的接线板,分别配置了3套。在安装阶段确定的单元能力规格值用变频器多重控制基板内的"能力设定开关"进行记录。

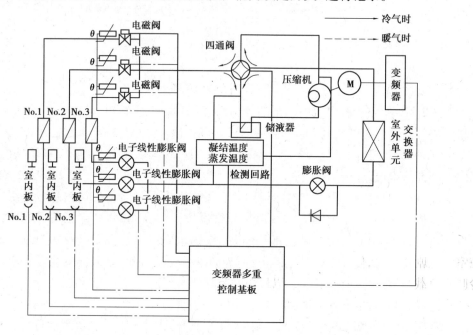

图7-2-13　制冷剂系统与制冷控制

变频器与同压缩机结合在一起的驱动电动机相连,运行信号由变频器多重控制基板提供。该基板内的微机根据各室内单元输出的压缩机运行指令与冷暖气指令来决定运行状态。各房间的遥控指令在冷气与暖气重叠时暖气优先,在输出暖气指令的室内单元或输出压缩机停止指令前（即在加热 OFF 或停机前）,输出冷气指令的其他室内单元采取送风方式。

变频器频率控制在 30～80 Hz 范围内（暖气时除霜是 90 Hz）。启动或输出压缩机运行指令的室内单元数量变化时,相应于所需求能力按预先确定的基准频率运行。输出频率设有基准频率、上面 2 挡和下面 1 挡,共计 4 挡。首先,按基准频率连续运行 10 min,如能力不足则上升 1 挡运行,10 min 连续运行后再上升 1 挡。反之,压缩机停止时间没有持续到 10 min 以上就输出运行指令时,变频器将按基准频率下降 1 挡再开始运行。

变频器分体空调的控制效果有以下几点:

①用变频器控制压缩机转速,可发挥以低输入产生高冷、暖气的能力。

②在 3 台空调单独设置的场合,3 台满载运行合计费用(基本费用)相当可观,而变频器分体空调一个压缩机带几个室内风口,可按时间段分开使用,所以合计费用及运行成本都会降低。

③用户操作可以与通常各房间单独设置空调时一样。

④室外单元只需一台,设置空间大幅度减小,这对于居住空间的美化及经济上都有利。

常规空调与变频分体空调的比较见表 7-2-2。

表 7-2-2　常规空调与变频分体空调的比较

房间编号	用　途	运行时间	常规空调				变频分体空调	
			冷　气		暖　气		冷　气	暖　气
			能力/(kJ·h⁻¹)	输入/kW	能力/(kJ·h⁻¹)	输入/kW	能力/(kJ·h⁻¹)	输入/kW
No. 1	商场	9:00—18:00	29 820	3.16	32 340 (39 925)	3.25 (5.35)	2.93	3.12 (3.92)
No. 2	起居室	18:00—22:00	21 000	2.3	23 100 (29 602)	2.39 (4.10)	1.82	2.18 (2.60)
No. 3	儿童间	19:00—23:00	10 500	1.17	14 700	1.3	1.08	1.52
No. 2 + No. 3		19:00~23:00	31 500	3.47	37 800 (44 303)	3.60 (5.40)	3.03	3.61 (4.24)

任务 3　变频器在运输、提升机械中的应用

【活动情景】

工厂运输机械种类繁多,虽然各自的拖动系统有差异,但调速特性基本相同。工厂运输机械的变频调速,除了负载转矩具有恒转矩的特点之外,起重类机械还要求变频调速具有满足四象限运行的电路,即具有电能反馈的功能。

【任务要求】

1.了解起重机械、提升机械以及输送机械的变频调速控制方法。

2.掌握电能反馈的基本电路。

一、工厂运输机械的变频调速

（一）工厂运输机械拖动系统概述

1. 工厂运输机械的任务

①完成原材料、半成品、成品等的装卸任务。

②把原材料、半成品、成品等从一道工序转移到另一道工序。

③在运输过程中同时进行某些加工工艺,如电镀、油漆、干燥、装配等。

工厂运输贯穿在生产的全过程中,是工业生产中十分重要的环节之一。

2. 工厂运输机械的主要作用

①减少停机时间,缩短生产周期,提高生产效率。

②保护工件和产品,减少物料损失。

③减轻劳动强度,改善劳动条件。

④缩短生产周期,减少运输人员等。

3. 工厂运输机械的类别

工厂运输机械的类别很多,主要的有:

①起重机械。具有起吊物品功能的机械,如各种类型的起重机、升降梯等。

②地面运输机械及悬置运输机械。用来整批地搬运物品的机械,如叉车、电动平车、转运台车、架空索道等。

③连续输送机械。将物品按一定的路线,连续地进行运输的机械,如悬挂输送机、带式输送机。

4. 工厂运输机械的负荷特点

绝大多数工厂运输机械的转矩都具有恒转矩的特点。

5. 对机械特性的要求

不同类型的运输机械对机械特性的要求也不相同,例如,有的机械对机械特性并无要求,如输煤机、部分带式输送机等;有的机械由于要求能够准确定位,对机械特性的要求较高,如桥式起重机、部分与生产工艺紧密相关的带式输送机等。因此,在考虑工厂运输机械的拖动系统时,需要针对具体情况,进行具体分析。

6. 对调速的要求

工厂运输机械普遍要求能够调速,但大部分机械的调速范围并不大。

（二）起升机构的变频调速

1. 电动机的工作状态

（1）起升机构的组成

如图 7-3-1 所示。

（2）起升机构的转矩分析在起升机构中,主要有 3 种转矩:

①电动机的转矩 T_M。即由电动机产生的转矩,是主动转矩,其方向可正可负。

②重力转矩 T_G。由重物及吊钩等作用于卷筒的转矩,

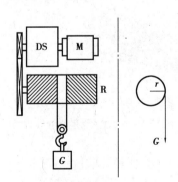

图 7-3-1 起升机构组成

M—电动机;DS—减速机构;G—重物重量;R—卷筒;r—卷筒半径

其大小等于重物及吊钩等的重量 G 与卷筒半径 r 的乘积,即

$$T_G = Gr \qquad\qquad (7\text{-}3\text{-}1)$$

T_G 的方向永远向下。

③摩擦转矩 T_0。由于减速机构的传动比较大,最大可达 50 ($\lambda = 50$),因此,减速机构的摩擦转矩(包括其他损失转矩)不可小视。摩擦转矩的特点是,其方向永远与运动方向相反。

（3）起升过程中电动机的工作状态

①重物上升。重物的上升,完全是电动机正向转矩作用的结果。这时电动机的旋转方向与转矩方向相同,处于电动机状态,其机械特性在第一象限,如图 7-3-2 中的曲线①所示,工作点为 A 点,转速为 n_1。

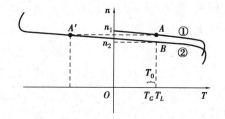

图 7-3-2　重物上升时的工作点

当通过降低频率而减速时,在频率刚下降的瞬间,机械特性已切换至曲线②了,工作点由 A 点跳至 A' 点,进入第二象限,电动机处于再生制动状态(发电机状态),其转矩变为反方向的制动转矩,使转速迅速下降,并重又进入第一象限,至 B 点时,又处于稳定运行状态,B 点便是频率降低后的新工作点,这时转速已降为 n_2。

②空钩(包括轻载)下降。空钩(或轻载)时,重物自身是不能下降的,必须由电动机反向运行来实现。电动机的转矩和转速都是负值,故机械特性曲线在第三象限,如图 7-3-3 中的曲线③所示,工作点为 C 点,转速为 n_3。当通过降低频率而减速时,在频率刚下降的瞬间,机械特性已经切换至曲线④,工作点由 C 点跳变至 C' 点,进入第四象限,电动机处于反向再生制动状态(发电机状态),其转矩变为正方向,以阻止重物下降,所以也是制动转矩,使下降的速度减慢,并重又进入第三象限,至 D 点,又处于稳定状态,D 点便是频率降低后的新工作点,这时转速为 n_4。

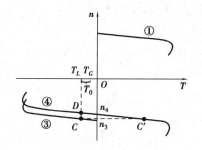

图 7-3-3　空钩下降时的工作点

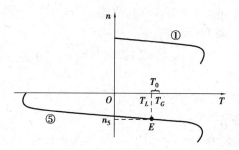

图 7-3-4　重载下降时的工作点

（4）重载下降

重载时,重物因自身的重力而下降,电动机的旋转速度将超过同步转速而进入再生制动状态。电动机的旋转方向是反转(下降)的,但其转矩的方向却与旋转方向相反,是正方向的,其机械特性如图 7-3-4 的曲线⑤所示,工作点为 E 点,转速为 n_5。这时,动机的作用是防止重物由于重力加速度的原因而不断加速,达到使重物匀速下降的目的。在这种情况下,摩擦转矩将阻碍重物下降,故相同的重物在下降时构成的负载转矩比上升时的小。

2. 与原拖动系统的比较

这里的原拖动系统,专指绕线转子异步电动机拖动系统。

(1)重物上升

机械特性也在第一象限,如图 7-3-5 中的曲线①所示,转速为 n_1。降速是通过转子电路中串入电阻来实现的,这时机械特性为曲线②,工作点由 A 点跳变至 A' 点,电动机的转矩大为减小,拖动系统因带不动负载而减速,直至到达 B 点时电动机的转矩重新和负载转矩平衡,工作点转移至 B 点,转速降为 n_2。

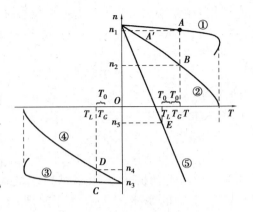

图 7-3-5　绕线转子异步电动机机械特性

(2)轻载下降

其工作特点与重物上升时相同,只是转矩和转速都是负的,机械特性在第三象限,如图 7-3-5 中的曲线③和曲线④所示。

(3)重载下降

重载下降时,电动机从接法上来说是正方向的,产生的转矩也是正的。但由于在转子电路中串入了大量电阻,使机械特性倾斜至如图 7-3-5 中的曲线⑤所示,这时电动机产生的正转矩比重力产生的转矩小,非但不能带动重物上升,反而由于重物的拖动,电动机的实际旋转方向是负的,其工作点在机械特性向第四象限的延伸线上,如图 7-3-5 中的 E 点所示,这时转速为 n_5。这种工作状态的特点是:电动机的转矩是正的,但却被重物"倒拉"着反转了,电动机处于倒拉式反接制动状态。

3. 起升机构对拖动系统的要求

起升机构的主要部件是吊钩,容量较大的桥式起重机通常配有主钩和副钩,这里以主钩为例说明其对拖动系统的要求。

(1)速度调节范围

通常,调速比 $a_n = 3$,调速范围较广者可达:$a_n \geqslant 10$。空钩或轻载时,速度应快一些,重载时则较慢。

(2)上升时的预备级速度

吊钩从"床面"(地面或某一放置物体的平面)上升时,必须首先消除传动间隙,将钢丝绳拉紧。在原拖动系统中,其第一挡速度称为预备级,预备级的速度不宜过大,以免机械冲击过强。

(3)重力势能的处理

重载下降时,电动机处于再生制动状态,对于再生的电能,必须能够妥善处理。

(4)制动方法

起升机构中,由于重物具有重力,如没有专门的制动装置,重物在空中是难以长时间停住的。为此,电动机轴上必须加装机械制动装置,常用的有电磁铁制动器和液压电磁制动器等。为了保证制动器的工作安全可靠,多数制动装置都采用常闭式,即:线圈断电时制动器依靠弹簧的力量将轴抱住,线圈通电时松开。

（5）溜钩问题

在重物开始升降或停住时，要求制动器和电动机的动作必须紧密配合。由于制动器从抱紧到松开，以及从松到抱紧的动作过程需要时间（约 0.6 s，视电动机的容量而不同），而电动机转矩的产生与消失，是在通电或断电瞬间就立刻反映的。因此，两者在动作的配合上极易出现问题。如电动机已经断电，而制动器尚未抱紧，则重物必将下滑，即出现溜钩现象。溜钩现象非但降低了重物在空中定位的准确性，有时还会产生严重的安全问题。因此必须可靠地解决好。

（6）具有点动功能

起重机械常常需要调整被吊物体在空间的位置，因此，点动功能是必需的。

4. 起升机构的变频调速改造

（1）电动机的选择

①如果原电动机已经年久失修需要更换，最好选用变频专用电动机。

②如果原电动机是较新的鼠笼转子异步电动机，则可以直接配用变频器。

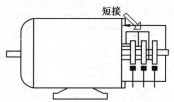

图 7-3-6　绕线转子短接

③如果原电动机是较新的绕线转子异步电动机，则应将转子绕组短接，并把电刷举起，如图 7-3-6 所示。

（2）变频器容量的选择

在起重机械中，因为升、降速时电流较大，应求出对应于最大启动转矩和升、降速转矩的电动机电流。通常变频器的额定电流 I_N 可由下式求出：

$$I_N > I_{MN} \frac{k_1 \times k_3}{k_2} \tag{7-3-2}$$

式中　I_{MN}——电动机额定电流，A；

　　　k_1——所需最大转矩与电动机额定转矩之比；

　　　k_2——1.5（变频器的过载能力）；

　　　k_3——1.1（余量）。

此外，主钩与副钩电动机必须分别配用变频器，不能共用。

（3）制动电阻的选择

制动电阻的精确计算是比较复杂的，这里介绍的粗略计算法虽不十分严谨，但在实际应用中是足够准确的。

①位能的最大释放功率等于起重机构在装载最大重荷的情况下以最高速度下降时电动机的功率，实际上就是电动机的额定功率。

②耗能电阻的容量。电动机在再生制动状态下发出的电能全部消耗在耗能电阻上，因此，耗能电阻的容量应与电动机容量相等，即

$$P_{RB} = P_{MN} \times N \tag{7-3-3}$$

③电阻值的计算。由于耗能电阻 R_B 接在直流回路（电压为 U_D）中，故电阻值的计算方法是：

$$R_B \leqslant \frac{U_D^2}{P_{MN}} \tag{7-3-4}$$

④制动单元的计算。制动单元的允许电流 I_{VB} 可按工作电流的两倍考虑,即

$$I_{VB} \geqslant \frac{2U_D}{R_B} \tag{7-3-5}$$

5. 电能的反馈

近年来,不少变频器生产厂家都推出了把直流电路中过高的泵升电压反馈的新产品或新附件,其基本方式有以下两种:

①电源反馈选件。接法如图 7-3-7 所示,图中,接线端 P 和 N 分别是直流母线的正极和负极。当直流电压超过极限值时,电源反馈选件将把直流电压逆变成三相交流电反馈回电源去。这样,就把直流母线上过多的再生电能又送回给电源。

②具有电源反馈功能的变频器。其"整流"部分的电路

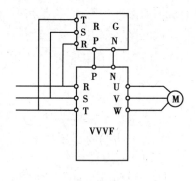

图 7-3-7　电源反馈选件的接法

如图 7-3-8 所示,图中,$VD_1 \sim VD_6$ 是三相全波整二极管,与普通的变频器相同;$VT_1 \sim VT_6$ 是三相逆变管,用于将过高的直流电压逆变成三相交变电压反馈给电源。这种方式不但进一步节约了电能,并且还具有抑制谐波电流的功效。

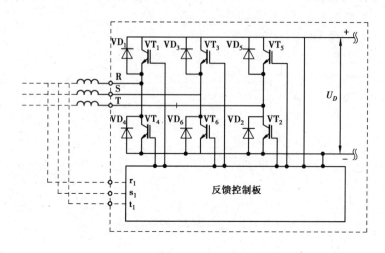

图 7-3-8　具有电源反馈功能的变频器

6. 防溜钩措施

不同品牌的变频器,防止溜钩的措施也各不相同。这里介绍日本三菱 FR-A241E 变频器对于溜钩的防止方法。

(1)重物停住的控制过程(见图 7-3-9)

①设定一个停止起始频率 f_{BS}。当变频器的工作频率下降到 f_{BS} 时,变频器将输出一个频率到达信号,发出制动电磁铁断电指令。

②设定一个 f_{BS} 的维持时间 t_{BB}。t_{BB} 的长短应略大于制动电磁铁从开始释放到完全抱住所需要的时间。

③变频器将工作频率下降至 0。

（2）重物升降的控制过程（见图7-3-10）

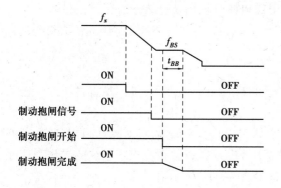
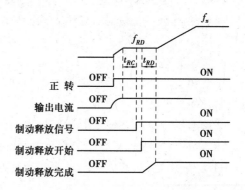

图 7-3-9　重物的停住过程　　　　　　　　**图 7-3-10　重物的升降过程**

①设定一个升降起始频率 f_{RD}。当变频器的工作频率上升到 f_{RD} 时，将暂停上升。为了确保当制动电磁铁松开后，变频器已能控制住重物的升降而不会溜钩，所以，在工作频率达到 f_{RD} 的同时，变频器将开始检测电流，并设定检测电流所需时间 t_{RC}。

②发出松开指令。当变频器确认已经有足够大的输出电流时，将发出一个松开指令，使制动电磁铁开始通电。

③设定一个 f_{RD} 的维持时间 t_{RD}。t_{RD} 的长短应略大于制动电磁铁从通电到完全松所需要的时间。

④变频器将工作频率上升至所需频率。

（3）变频器的零速全转矩功能和直流强励磁功能

为了有效地防止溜钩，某些新型变频器设置了一些独特的制动功能，如：

①零速全转矩功能。变频器可以在速度为 0 的状态下，电动机的转矩也能达到额定转矩的150%。这就保证了吊钩由升、降速状态降为零速时，电动机能够使重物在空中暂时停住，直到电磁制动器将轴抱住为止，从而防止了溜钩。

②直流强励磁功能。变频器可以在启动之前和停止时，自动进行强直流励磁。使电动机有足够大的转矩（可达额定转矩的 200%），维持重物在空中的停住状态，以保证电磁制动器在释放和抱住过程中不会溜钩。

7. 公用直流母线

在起重机械中，由于变频器的数量较多，可以采用公用直流母线的方式，即所有变频器的整流部分是公用的。由于各台变频器不可能同时处于再生制动状态，因此可以互相补偿。公用直流母线方式与电源反馈相结合，结构简捷，并可使起重机械各台变频器的电压稳定，不受电源电压波动的影响。

（三）变频调速方案

1. 控制要点

①控制模式。一般地，为了保证在低速时能有足够大的转矩，最好采用带转速反馈的矢量控制方式，但近年来，无反馈矢量控制的技术已经有了很大提高，在定位要求不高的场合也可采用。

②启动方式。为了满足吊钩从"床面"上升时，需先消除传动间隙，将钢丝绳拉紧的要求，

应采用 S 型启动方式。

③制动方法。采用再生制动、直流制动和电磁机械制动相结合的方法。

④点动制动。点动制动是用来调整被吊物体空间位置的,应能单独控制。点动频率不宜过高。

2.调速方案

①变频器的选型。考虑到起升机构对运行的可靠性要求较高,故选用具有带速度反馈矢量控制功能的变频器。

②调速机构。虽然变频器调速是无级的,完全可以用外接电位器来进行调速,但为了便于操作人员迅速掌握,多数用户希望调速时的基本操作方法能够和原拖动系统的操作方法相同。因此,采用左、右各若干挡转速的控制方式,如图 7-3-11 所示。

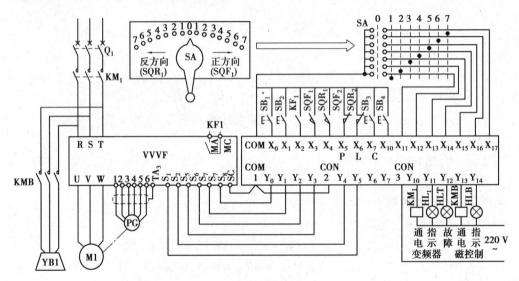

图 7-3-11　吊钩的变频调速方案

3.控制电路

这里以日本安川 G7 系列变频器为例,并结合 PLC 控制,讲述吊钩的变频调速控制电路,如图 7-3-11 所示。

控制电路的主要特点如下:

①变频器的通电与否,由按钮开关 SB_1 和 SB_2 通过按触器 KM_1 进行控制。

②电动机的正、反转及停以由 PLC 控制变频器的输入端子 S_1 和 S_2 来实现。

③YB 是制动电磁铁,由接触器 KMB 控制其是否通电,KMB 的动作则根据在起升或停止过程中的需要来控制。

④SA 是操作手柄,正、反两个方向各有 7 挡转速。正转时接近开关 SQF_1 动作,反转时接近开关 SQR_1 动作。

⑤SQF_2 是吊钩上升时的限位开关。开关 SB_3 和 SB_4 是正、反两个方向的点动按钮。

⑥PG 是速度反馈用的旋转编码器,这是有反馈矢量控制所必需的。

二、提升机械变频调速系统

(一) 矿用提升机变频调速系统

目前大多数矿用提升机还在沿用传统的绕线转子异步电动机,用转子串电阻的方法调速,这种有级调速方式,低速转矩小,转差功率大,启动电流和换挡电流冲击大;中高速运行震动大,制动不可靠,对再生能量处理不力,斜井提升运行中调速不连续,容易掉道,故障率高。

矿用生产往往是连续作业,即使短时间的停机维修也会给生产带来很大损失。对矿用提升机进行变频调速改造具有以下显著效果:

①可以实现电动机的软启动、软停车,减少了机械冲击,使运行更加平稳可靠。

②启动及加速换挡时冲击电流小,减轻了对电网的冲击,简化了操作、降低了劳动强度。

③运行速度曲线成 S 形,使加减速平滑、无撞击感。

④安全保护功能齐全,除一般的过电压、欠电压、过载、短路、温升等保护外,还设有联锁、自动限速保护功能等。

⑤设有直流制动、能耗制动、回馈制动等多种制动方式,使安全性更加可靠。

⑥该系统四象限运行,回馈能量直接返回电网,且不受回馈能量大小的限制,适应范围广,节能效果明显。

1. 矿用提升机变频调速电路

图 7-3-12 为应用于矿用提升机的交-直-交电压型变频调速系统原理图。

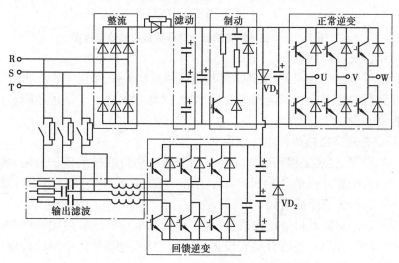

图 7-3-12　矿用提升机变频器的主电路图

2. 变频调速原理

该系统的运行主要分为两个过程:

①绞车电机作为电动机的过程,即正常的逆变过程。该过程主要由整流、滤波和正常逆变 3 大部分组成,如图 7-3-12 所示。其中,正常逆变过程是其核心部分,它改变电动机定子的供电频率,从而改变输出电压,起到调速作用。

②绞车电机作为发电机的过程,即能量回馈过程。该过程主要由整流、回馈逆变和输出滤波 3 部分组成。其中,该部分的整流是由正常逆变部分中 IGBT 的续流二极管完成。二极

管 VD_1 和 VD_2 为隔离二极管,其主要作用是隔离正常逆变部分和回馈逆变部分。电解电容 C_2 的主要作用是为回馈逆变部分提供一个稳定的电压源,保证逆变部分运行更可靠。回馈逆变部分是整个回馈过程的核心部分,该部分实现回馈逆变输出电压相位与电网电压相位的一致。因为回馈逆变输出的是调制波,故为保证逆变的正常工作以及减少对电网的污染,需增加一个输出滤波部分,使该系统的可靠性更加稳定。

鉴于矿区电压的波动性可能比较大的事实,由于变频器的回馈条件是要和电网电压有一个固定的电压差值,假若某时刻电网电压比较高,再加上回馈时的固定电压差值,则此时变频器的母线电压就会达到一个比较高的电压值:如果再有重车下滑,则母线电压会更高。此时的高电压就有可能威胁到变频器的大功率器件的安全,为此,该系统又加了一个刹车部分,以保证变频器的安全。

3. 变频调速系统对原调速系统的改造

为了确保安全可靠,让变频调速系统与原调速系统并存,互为备用,随时可以切换。同时为了让操作者不改变操作习惯,工频和变频系统都用原操作机构操作,调速系统对原变频调速系统的改造框图如图 7-3-13 所示。

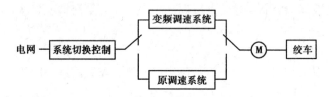

图 7-3-13　变频调速系统对原调速系统的改造框图

4. 现场应用情况及运行效果

该系统改造后节能效果明显,尤其是斜井单沟和直井矿井,节电率都在 30% 以上,同时变频改造后绞车运行的稳定性和安全性都大大增加,因此大大减少了运行故障和维修时间,矿区的产量也提高不少。

(二)变频器在液态物料传输中的应用

随着楼宇的增多,建筑工程和餐饮业经常用到液态物料的楼上楼下传输,传统的方法是使用提升机。但由于提升机的电动机启动和停车过猛,故往往会使液态物料溅出或容器倾倒,造成物料的浪费,甚至酿成事故。

用变频调速技术对提升机进行改造,可实现提升机电动机的软启动和软制动,即启动时缓慢升速,制动时缓慢停车,还可自动实现多挡转速的程序控制,让中间的传输过程加快,使液态物料上下传输快速、安全、平稳。

1. 液态物料上下传输系统组成及其传输程序

液态物料上下传输是利用提升机电动机的正反转卷绕钢丝绳,带动料斗上下运动来实现的。图 7-3-14 所示为液态物料上下传输的示意图。为对传输过程进行控制,图中有用于控制的 4 个接近开关 SQ_1,SQ_2,SQ_3,SQ_4。

液态物料上下传输时,要求启动时缓慢升速,达到一定速度后匀速运行,当接近终点时,先减速再缓慢停车,具体的传输程序如图 7-3-15 所示。

2. 变频器控制液态物料上下传输系统

使用变频器可以很容易地满足液态物料的程序控制。变频器可以任意设置启动升速时

间和制动减速时间,使启动和制动过程平稳;还可以轻易地
做到多挡转速程序控制。

图 7-3-16 所示为变频器用于液态物料上下传输系统
的电路原理图。

变频器的多挡频率转速间的转换可由外接开关的通断
组合来实现的。使用 3 个输入端子可切换 7 挡频率转速。

现以森兰 SB60 系列变频器为例,说明将 X1,X2,X3 定
义为多挡频率端子编程方法:

FS00 = 0,将 X1 设置为多挡频率端子 1。

FS01 = 1,将 X2 设置为多挡频率端子 2。

FS02 = 2,将 X3 设置为多挡频率端子 3。

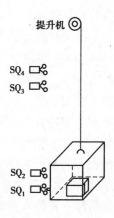

图 7-3-14　液态物料上下传输示意图

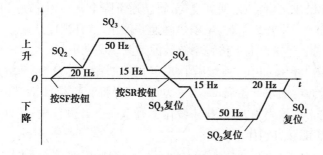

图 7-3-15　液态物料上下传输程序

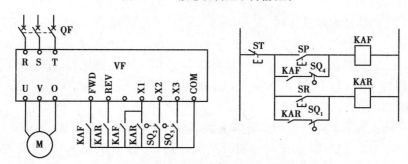

图 7-3-16　变频器用于液态物料上下传输系统的电路原理图

设计时按照液态物料上下传输的程序要求,由控制按钮 SF,SR 以及行程开关 SQ_1,SQ_2,
SQ_3,SQ_4 的通断,形成 X1,X2,X3 的状态组合,来实现各程序段之间的切换,见表 7-3-1。

表 7-3-1　液态物料上下传输控制程序

端子状态	物料上传				空箱下降			
	正转启动	碰 SQ_2	碰 SQ_3	碰 SQ_4	正转启动	SQ_3 复位	SQ_2 复位	SQ_1 复位
X3	0	0	1	1	1	0	0	0
X2	0	1	1	1	1	1	0	0
X1	1	1	1	0	1	1	1	0
转速挡次	1	3	7	6	7	3	1	
f_x/Hz	20	50	15	0	15	50	20	0

预置与各挡转速对应的频率编程如下：

F616 = 20 Hz, 设置第 1 挡转速频率 f_1 为 20 Hz;

F618 = 50 Hz, 设置第 3 挡转速频率 f_3 为 50 Hz;

F621 = 0 Hz, 设置第 6 挡转速频率 f_6 为 0 Hz;

F622 = 15 Hz, 设置第 7 挡转速频率 f_7 为 15 Hz。

当楼下的物料放入料斗后，按上升按钮 SF，电动机正转启动后，以 S 形加速方式升速至转速 n_1（频率为 f_1）；当挡铁碰到行程开关 SQ$_2$ 时，将转速升高至 n_2（频率为 f_2），快速上升；当挡铁碰到行程开关 SQ$_3$ 时，将转速下降至 n_3（频率为 f_3），作为缓冲；当料斗到达楼上，碰到行程开关 SQ$_4$ 时，电动机降速并停止，上升程序结束。

当物料卸下并装入其他东西后，按下降按钮 SR，电动机反转启动，以 S 形方式升速至转速 n_3（频率为 f_3）；当挡铁碰到行程开关 SQ$_3$ 时，使其复位，将转速升高至 n_2（频率为 f_2），快速下降；当挡铁碰到行程开关 SQ$_2$ 时，使其复位，将转速下降至 n_1（频率为 f_1），作为缓冲；当料斗到达楼下，挡铁碰到行程开关 SQ$_1$ 时，电动机降速并停止，上升程序结束。

现对变频器实现液态物料上下传输系统的原理图说明如下：

①上升启动。按上升按钮 SF，使继电器 KAF 的线圈得电并自锁，其触点一方面将变频器的 FWD 与 COM 接通，电动机开始启动；另一方面，KAF 将变频器的 X1 与 COM 接通，X3，X2，X1 处于"001"状态，工作频率为 f_1，使料斗慢速上升。在上升过程中，挡铁碰到行程开关 SQ$_1$ 动作，为下降时 KAR 能够自锁作准备。

②升速。当挡铁使 SQ$_2$ 动作时，变频器的 X2 与 COM 接通，X3，X2，X1 处于"001"状态，工作频率为 f_3。

③降速。当挡铁使 SQ$_3$ 动作时，变频器的 X3 与 COM 接通，X3，X2，X1 处于"111"状态，工作频率为 f_7。

④上升停止。当挡铁使 SQ$_4$ 动作时，切断继电器 KFA 的自锁电路，KFA 的线圈断电，其触点使变频器的 FWD 与 COM 之间断开，电动机降速并停止，这时，X3，X2，X1 处于"110"状态。

⑤下降启动。按下下降按钮 SR，使继电器 KAR 的线圈得电并自锁，其触点一方面将变频器的 REV 与 COM 电路接通，使电动机开始反转启动；另一方面，KAR 将变频器的 X1 与 COM 接通，X3，X2，X1 又处于"111"状态，工作频率为 f_7，使料斗慢慢下降；在下降过程中，行程开关 SQ$_4$ 复位，为上升时 KFA 能够自锁作准备。

⑥升速。当挡铁使 SQ$_3$ 复位时，变频器的 X3 与 COM 断开，X3，X2，X1 又处于"001"状态，工作频率又上升为 f_3。

⑦降速。当挡铁使 SQ$_2$ 复位时，变频器的 X3 与 COM 接通，X3，X2，X1 又处于"001"状态，其输出频率下降为第 1 挡，工作频率为 f_1。

⑧下降停止。当挡铁使 SQ$_1$ 复位时，切断继电器 KAR 的自锁电路，KAR 断电，变频器的 REV 与 COM 之间断开，电动机降速并停止，这时，X3，X2，X1 处于"000"状态。

系统中的 QF 为断路器，具有隔离、过电流、欠电压等保护作用。急停按钮 ST、上升按钮 SF 及下降按钮 SR，根据操作方便需要，可安装在楼上，也可安装在楼下，或者两地都安装。操作时，只需按一下 SF 或 SR，系统就可自动实现程序控制。

3.应用范围及效果

变频器控制的提升机系统,可广泛应用于建筑工地的水、水泥砂浆、涂料、油漆等液态物料的上下传输,也可用于酒楼的菜肴楼上楼下的传输。采用变频控制后,提升机电动机的启动电流可限制在额定电流的1.5倍以下,系统运行平稳,噪声小,并具有显著的节能效果。

任务4　变频调速在电梯设备上的应用

【活动情景】

电梯在负载特性上与任务3中涉及的提升机械有诸多相似之处。但由于电梯属于建筑物载人载物的配套设备,除了对安全性有严格要求,舒适性也是一个重要指标。变频调速技术在电梯设备上的应用,完全可以满足电梯运行要求。

电梯性能的优劣,在很大程度上取决于其拖动系统的性能。由于人对超重失重的承受能力有限,所以电梯在运行中起制动、加速度、加速度的变化率都必须控制在一定的范之内。电梯运动可分为3个阶段,即启动加速、稳速运行和制动减速。其中尤以减速更为重要,它不仅要保证电梯减速过程的平滑性,也是电梯轿厢能否准确停靠在楼层平面(平层精度)的关键环节。因为轿厢停靠的误差与轿厢停止前的瞬间运行速度的平方成比例,因此电梯调速在一定的意义可以说是电梯的制动减速调速。

【任务要求】

1.了解和掌握变频调速技术在电梯运行中的应用。

2.掌握电梯变频控制的特点。

一、电梯概述

电梯是与建筑物配套使用的垂直交通工具,在运行中不但具有动能,而且具有势能。驱动电动机常处于正反转、反复起制动过程中。在保证安全、舒适的前提下,电梯的运行距离和速度都在增大,目前世界上速度最快且运行距离最长的电梯,当属迪拜哈利法塔电梯,速度最高达每秒17.4 m。

变频电梯在性能上,完全达到直流电梯的水平,具有体积小、重量轻、效率高、节省电能等一系列优点,是现代化电梯理想的电力驱动系统。

交流直线电动机变频驱动电梯,取消了电梯的机房,对电梯的传统技术作了重大的革新,使电梯技术进入了一个崭新的时期。这种变频驱动电梯,可平滑地改变交流电动机的同步转速。在调速时,保持 U/f =常数,在向电动机供电的同时,兼有调压与调频两种功能。

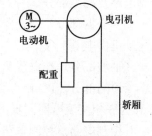

图7-4-1 电梯驱动结构原理

图7-4-1所示为电梯驱动结构原理,动力来自电动机,一般选11 kW或15 kW的异步电动机,曳引机的作用有3个:一是调速;二是驱动曳引钢丝绳;三是在电梯停车时实施制动。为了加大载重能力,钢丝绳的一端是轿厢;另一端加装了配重装置。配重的重量随电梯载重量的大小而

异。计算公式如下：

$$配重的重量 = \left(\frac{载重量}{2} + 轿厢重量\right) \times K \qquad (7\text{-}4\text{-}1)$$

式(7-4-1)中，K 是平衡系数，一般要求取值 $0.45\% \sim 0.5\%$。这种驱动机构可使电梯的载重能力大为提高，在电梯空载上行或重载下行时，电动机的负载最小，甚至处在发电状态；而电梯在重载上行和空载下行时，电动机的负载最大，处在驱动状态，这就要求电动机在四象限内运行。

二、电梯变频控制系统的构成

为满足乘客舒适感和平层精度，要求电动机在各种负载下都有良好的调速性能和准确的停车性能。为满足这些要求，采用变频器控制电动机最为合适。变频器不但可以提供良好的调速性能，并能节约大量电能，这是目前电梯采用变频控制的主要原因。

（一）电梯变频控制系统的工作原理

以目前最典型的正弦输入和正弦输出电压源变频驱动系统为例，来说明 VVVF 变频电梯电力驱动系统的工作原理，见图7-4-2。

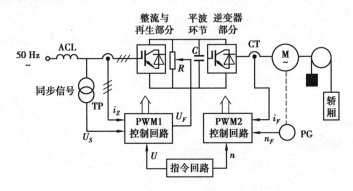

图7-4-2　电压源变频电梯电力传动系统框图

1. 主要组成部分

①整流与再生部分。这部分的功能有两个：一个是将电网三相正弦交流电压整流成直流，向逆变部分提供直流电源；二是在减速制动时，有效地控制传动系统能量回馈给电网。主电路器件是 IGBT 模块或 IPM 模块。根据系统的运行状态，即可作整流器使用，也可作为有源逆变器使用。在传动系统采用能耗制动时，这部分可单独采用二极管整流模块，而无需 PWM 控制电路及相关部分。

②逆变器部分。逆变器部分同样是由 IGBT 模块或 IPM 模块组成，作为无源逆变器，向交流电动机供电。

③平波部分。在电压源系统中，由电解电容器构成平波器。

④检测部分。PG 作为交流电动机速度与位置传感器，CT 作为主电路交流电流检测器，TP 作为三相交流电网同步信号检测，R 为直流母线电压检测器。

⑤控制电路。控制电路一般由微机、DSP、PLC 等构成，可选16位或32位微机。控制电路主要完成电力传动系统的指令形成，电流、速度和位置控制，产生 PWM 控制信号，故障诊断、检测和显示，电梯控制逻辑管理、通信和群控等任务。

2. 工作原理

如图 7-4-2 所示,电压反馈信号 U_F 与交流电源同步信号 U_S 送入 PWM1 电路产生符合电动机作为电动状态运行的 PWM1 信号,控制正弦与再生部分中的开关器件,使之只作为二极管整流桥工作。当电动机减速或制动时便产生再生作用,功率开关器件在 PWM1 信号作用下进入再生状态,电能回馈给交流电网。交流电抗器 ACL 主要是限制回馈到电网的再生电流,减少对电网的干扰,又能起到保护功率开关器件的作用。

逆变器部分将直流电转换成幅值与频率可调的交流电,为交流电动机提供电源。通过电流环与速度环的 PID 控制并产生 PWM2 信号,控制逆变器电路中功率开关器件的导通和关断,输出正弦交流电,驱动交流电动机带动电梯运行。

(二)电梯的变频控制方式

表 7-4-1 所示为电梯控制方式的比较。

表 7-4-1　电梯控制方式比较

分　类	以往方式				变频器方式			
	电动机	齿　轮	电梯速度 /(m·min^{-1})	速度控制方式	电动机	齿　轮	电梯速度 /(m·min^{-1})	速度控制方式
中低速	笼型电动机	带齿轮	15～30	1 挡速度	笼型电动机	带齿轮	30～105	变频器
			45～160	2 挡速度				
			45～105	定子电压晶闸管控制				
			90～105	发电机—电动机组方式				
高速	直流(他励电动机)	不带齿轮	120～240	晶闸管直流供电方式		带斜齿轮	120～240	
超高速			300 以上			不带齿轮	300 以上	

中低速电梯所采用的速度控制方式主要是笼型电动机的晶闸管定子电压控制,这种方式很难实现转矩控制,且低速时由于使用在低效率区,能量损耗大,此外功率因数也很大。

另外,高速、超高速电梯所采用的晶闸管直流供电方式,由于使用直流电动机,增加了维护换向器和电刷等麻烦,而且晶闸管相位控制在低速运行时功率因数较低。

采用变频器可改善上述缺点。

图 7-4-3 所示为高速、超高速变频调速电梯系统。由于其电动机输出功率大,会产生电动机噪声,因此整流器采用了晶闸管,同时采用 PAM 控制方式。

整流器采用晶闸管可逆方式,起到了将负载端产生的再生功率送回电源的作用。对于中、低速电梯,其系统是整流器使用二极管,变频器使用晶体管。

从电梯的电动机侧看,包括绳索在内的机械系统具有 5～10 Hz 的固有振荡频率。如果电动机产生的转矩波动与该固有频率一致,就会产生谐振,影响乘坐的舒适性,因此尽量使电动机电流接近正弦波非常重要。

变频器控制超高速电梯的运行特性如图 7-4-4 所示。从舒适性考虑,加减速的最大值通常限制在 0.9 m/s^2 以下。

由于必须使电梯从零速到最高速平滑地变化,变频器的输出频率也应从几乎是零频率开

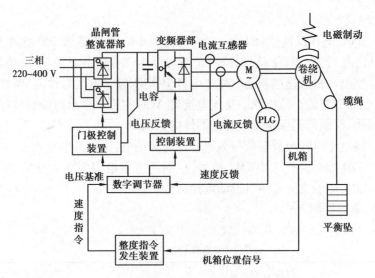

图 7-4-3　高速、超高速电梯变频器控制方式构成图

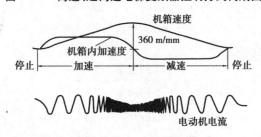

图 7-4-4　变频器控制超高速电梯的运行特性

始到额定频率为止平滑地变化。

　　对于中、低速电梯,变频方式与通常的定子电压控制相比较,耗电量减少 1/2 以上,且平均功率因数显著改善,电源设备容量也下降了 1/2 以上。

　　对于高速、超高速电梯,就节能而言,由于电动机效率提高,功率因数改善,因此输入电流减少,整流器损耗相应减少。与通常的晶闸管直流供电方式相比,可节电 5% ~ 10%。另外,由于平均功率因数的提高,电梯的电源设备容量可能减少 20% ~ 30%。

三、自动扶梯

　　自动扶梯和电梯一样是公共场所运送乘客的设备,在超市、机场、地铁、宾馆等场所广为使用。但迄今为止,大多数自动扶梯仍由工频电源直接供电,并未调速运行。这表明,以节电为目的的变频调速在自动扶梯上的应用,具有较大的潜力。欧洲著名厂商生产的自动扶梯已有约 30% 实现了变频控制,国内也有专门针对自动扶梯进行节能改造的厂家。

　　(一)自动扶梯变频控制的要点

　　一般由工频电源供电的自动扶梯是恒速运行,从早到晚不管有无乘客均连续运行,因此,能量消耗大,机械磨损严重。

　　由于自动扶梯是公共场所运送乘客的设备,不能简单地像货物传送带一样,任意地从工频电源接入、切出,若处理不当,有可能造成设备和人身的事故。所以应注意以下几个问题:

　　①自动扶梯停止时,乘客可能会误解自动扶梯发生故障,造成误判断。

②电动机接入电源时,会产生大的启动冲击电流。

③对于升降兼用的自动扶梯,不断地进行可逆切换,会损坏机械部件。具体的做法应该是:自动扶梯进入变频调速运行后,当无乘客时并非完全切除交流电源,而是先降频低速节能运行。此外,应用变频调速可以进行电动机软启动,启动效率高,小的启动电流能产生高转矩。结果,使电动机发热减低,且可进行频繁的运转、停止。对于可逆自动扶梯也可利用变频器正反转功能进行柔性切换,不会损伤电动机。

（二）对变频器的要求

对变频器的要求主要从安全性、舒适性和经济性3个方面来考虑。

①安全性:有完善的硬件及其保护功能,使可靠性提高。

②舒适性:低速时产生转矩,低噪声,转矩波动小。

③经济性:程序控制功能完善(不需再附加外部设备)。变频器系统应含工频电源切换的部件。

（三）自动扶梯变频调速的实现

控制的关键是实现无乘客时,能自动进入低速运转,如图 7-4-5 所示为自动扶梯的控制流程图。图7-4-6所示为控制时速图。其各阶段对变频器的要求是:

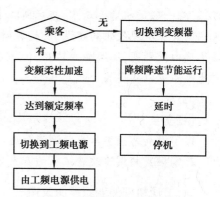

图 7-4-5　自动扶梯的控制流程图

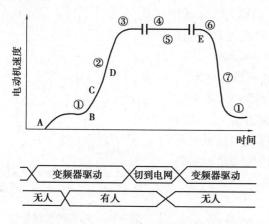

图 7-4-6　自动扶梯控制时序图

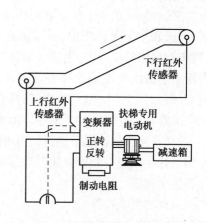

图 7-4-7　自动扶梯变频控制示意图

A 阶段:高启动转矩;

B 阶段:根据运行要求可以无级调速;

C 阶段:具有 S 形加速曲线进行电动机加速;

D 阶段:柔性加速功能;

E 阶段:根据速度传感器检测信号平滑地对变频器进行切换。

自动扶梯的电动机,应按最大乘客数的负荷来选择;但由于电动机已处于变频节能状态下运行,故变频器的容量可以比电动机容量小。

图 7-4-7 为自动扶梯实现变频调速的示意图。

任务 5　机床的变频调速

【活动情景】

机床是将金属毛坯加工成机器零件的机器,它是制造机器的机器,所以又称为"工作母机"。在一般的机器制造中,机床所担负的加工工作量占机器总制造工作量的 40% ~60% ,机床在国民经济现代化的建设中,起着精加工水平的标志性作用。机床拖动系统的负载随主运动速度由低到高,依次呈恒转矩、恒功率特性。此外,机床的多挡传动比特性,都是采用变频调速改造可以实现的。

【任务要求】

1. 了解和掌握机床变频调速改造的基本过程。

2. 掌握变频调速改造机床的基本方法。

一、普通机床的变频调速改造

(一)机床拖动的主要特点

金属切削机床的种类很多,主要有车床、铣床、磨床、钻床、刨床、镗床等。金属切削机床的基本运动是切削运动,即工件与刀具之间的相对运动,切削运动由主运动和进给运动组成。

在切削运动中,承受主要切削功率的运动称为主运动。如车床、磨床和刨床等机床中,主运动是工件的运动;而在铣床、镗床和钻床等机床中,主运动则是刀具的运动。

金属切削机床的主运动都要求调速,并且调速的范围往往较大,例如,CA6140 型普通机床的调速范围为 120:1,X62 型铣床的调速范围为 50:1 等。但金属切削主运动的调速,一般都在停机的情况下进行,在切削过程中是不能进行调速的。这为在进行变频调速时采用多挡传动比方案的可行性提供了基础。

1. 主运动的负载特性

图 7-5-1 为车床的机械特性,由图可见:通用机床的低

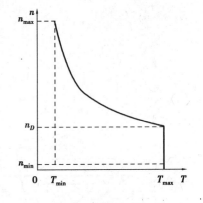

图 7-5-1　车床的机械特性

速段,允许的最大进刀量都是相同的,负载转矩也相同,属于恒转矩区;而在高速段,则由于受床身机械强度和振动以及刀具强度等的影响,速度越高,允许的最大进刀量越小,负载转矩也越小,但切削功率保持相同,属于恒功率区,恒转矩区和恒功率区的分界转速,称为计算转速,用 n_D 表示。关于计算转速大小的规定大致如下:

在老系列产品中,一般规定:从最低速起,以全部级数的三分之一的最高速作为计算转速。

例如,CA6140 型普通机床主轴的转速共分 24 级: $n_1 \sim n_{24}$,则第八挡(n_8)为计算转速。

但随着刀具强度和切削级数的提高,计算转速已经大为提高,通常的规定是:以最高转速的 1/4 ~1/2 作为计算转速:

$$n_D \approx \frac{n_{\max}}{2 \sim 4} \qquad (7\text{-}5\text{-}1)$$

2.普通车床的实例和基本数据

（1）普通车床及其拖动系统大致构造如图 7-5-2所示，主要部件有：

①头架。用于固定工件。内藏齿轮箱，是主要的传动机构之一。

②尾架。用于顶住工件，是固定工件用的辅助部件。

③刀架。用于固定车刀。

④床身。用于安置所有部件。

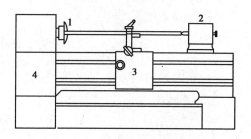

图 7-5-2 普通车床的外形
1—头架;2—尾架;3—刀架;4—床身

（2）拖动系统

普通车床的运动系统主要包括以下两种运动：

①主运动。工件的旋转运动为普通车床的主运动,带动工件旋转的拖动系统为主拖动系统。

②进给运动。主要是刀架的移动。由于在车削螺纹时,刀具的移动速度必须和工件的旋转速度严格配合,故中小型车床的进给运动通常是由主电动机经进给传动链而拖动的,并无独立的进给拖动系统。

（3）主运动系统阻转矩的形成

主运动的阻转矩就是工件切削过程中形成的阻转矩。理论上说,切削功率用于切削的剥落和变形。故切削力正比于被切削的材料的性质和截面积。切削面积由切削深度和走刀量决定。而切削转矩则取决于切削力和工件回转半径的乘积。其大小与下列因素有关：

①切削深度;

②进刀量;

③工件的材质与直径。

（二）机床拖动变频改造的实例

以意大利产 SAC 型精密车床为例,说明采用变频调速的基本过程。

SAC 型精密车床,采用电磁离合器调速。电磁离合器调速在项目一中已有介绍,在此不再赘述。在运行过程中,由于剖动面的磨损,电磁离合器损坏率较高。国内缺乏配件,而进口件价格又较昂贵。而采用变频调速可显著改善调速性能。具体做法如下：

1.原拖动系统概况

（1）转速挡次

负载侧有八挡转速:75,120,200,300,500,800,1 200,2 000 r/min。

（2）电动机的主要额定数据

①额定容量:2.2 kW;

②额定转速:1 440 r/min;

③过载能力:2.5 倍。

（3）控制方式

由手柄的 8 个位置控制 4 个电磁离合器的分与合,得到齿轮的 8 种组合,从而得到 8

挡转速。

2. 主要计算数据

（1）调速范围

$$D = \frac{n_{Lmax}}{n_{Lmin}} = \frac{2\ 000}{75} = 26.67$$

（2）负载转矩

①计算转速：

$$n_{Dn} = \frac{2\ 000}{4} = 500\ r/min$$

②在各挡转速下的负载转矩如表 7-5-1 所示（考虑到设计者在选择电动机时通常都留有裕量，故负载功率按 2 kW 计）。

表 7-5-1　各挡转速下的负载转矩

挡　　次	1	2	3	4	5	6	7	8
转速/(r·min^{-1})	75	120	200	300	500	800	1 200	2 000
转矩/(N·m)	38.2	38.2	38.2	38.2	38.2	23.9	15.9	9.55

③电动机额定转矩：

$$M_{MN} = 9\ 550 \times \frac{2.2}{1\ 440}\ N \cdot m = 14.6\ N \cdot m$$

3. 用户要求

①尽可能不更换电动机；

②在高速区，过载能力不低于 1.8；

③转速挡次及控制方式不变，即仍由手柄的 8 个位置控制 8 挡转速。

4. 变频调速拖动系统的计算

（1）频率范围的决定

①基本方案的决定。为满足用户关于"尽可能不更换电动机"的要求，根据机床负载特性，采用两挡传动比的方案。

②最低工作频率。本着从简原则，可不增加速度反馈环节，而采用无反馈矢量控制或 U/f 控制方式，为了使低频运行时能够稳定可靠，应尽量提高最低转速的工作频率。具体方法是减小恒转速区（即计算转速），故取

$$n_D = 300\ r/min$$

a. 恒转矩区的调速范围：

$$D_{LD} = \frac{300}{75} = 4$$

b. 最低工作频率：

$$f_{min} = \frac{50}{4}\ Hz = 12.5\ Hz$$

③确定频率范围。

a. 恒功率区的调速范围：

$$D_{LH} = \frac{2\,000}{300} = 6.67$$

b. 频率范围采用两挡传动比方案：

$$\alpha_f = \sqrt{\alpha_L} = \sqrt{6.67} = 2.58$$

c. 中间速的大小：

$$n_{Lmid} = \frac{2\,000}{2.58} \text{ r/min} = 775.2 \text{ r/min}$$

由于中间速 n_{Lmid} 在低速挡与电动机的最高工作频率 f_{max} 相对应，而 f_{max} 不宜超过额定频率 f_N 的两倍，故取

$$n_{Lmid} = 300 \times 2 \text{ r/min} = 600 \text{ r/min}$$

（2）确定传动比

①拖动系统的工作区如表7-5-2所示。

表7-5-2　拖动系统的工作区

范　　围	低速挡	低速挡	高速挡	高速挡
工作区	恒转矩区	恒功率区	恒转矩区	恒功率区
负载转速范围/(r·min⁻¹)	75~300	300~600	600~1 000	1 000~2 000
工作频率范围/Hz	12.5~50	50~100	30~50	50~100
电动机转速范围/(r·min⁻¹)	360~1 440	1 440~2 880	864~1 440	14 440~2 880

②低速挡的传动比：

$$\lambda_L = \frac{1\,440}{300} = 4.8$$

取

$$\lambda_L = 5$$

③高速挡的传动比：

$$\lambda_H = \frac{1\,440}{1\,000} = 1.44$$

取

$$\lambda_H = 1.5$$

由于所取的 λ_L 与 λ_H 值均与计算值不同，故表7-5-2中的数值将有所调整。

（3）电动机容量不变的可行性分析

分别按照低速挡恒转矩区、恒功率区；高速挡恒转矩区、恒功率区计算拖动转矩和过载能力，考察电动机额定转矩及过载能力是否能满足带负载能力，如果可以，则不更换电动机就是可行的。

4. 变频器的选择

（1）变频器的容量

考虑到车床在低速车削毛坯时，常常出现较大的过载现象，且过载时间有可能超过1 min。因此，变频器的容量应比正常的配用电动机容量加大一挡。若电动机容量是2.2 kW，按照项目三中有关变频器容量选择的原则，则变频器容量：

额定容量：$S_N = 6.9$ kVA（配用 $P_{MN} = 3.7$ kW 电动机）

额定电流：$I_N = 9\ \text{A}$

（2）变频器控制方式的选择

①U/f控制方式。车床除了在车削毛坯时负荷有较大变化外,以后的车削过程中,负荷的变化通常很小。因此,就切削精度而言,选择U/f控制方式是能够满足要求的。但在低速切削时,需要预置较大的U/f,在负载较轻的情况下,电动机的磁路常处于饱和状态,励磁电流较大。因此,从节能的角度看U/f控制方式并不理想。

②无反馈矢量控制方式。变频器在无反馈矢量控制方式下,已经能够做到在$0.5\ \text{Hz}$时稳定运行,所以完全可以满足普通车床主拖动系统的要求。由于无反馈矢量控制方式能够克服U/f控制方式的缺点,故是一种最佳选择。

③有反馈矢量控制。有反馈矢量控制方式虽然是运行性能最为完善的一种控制方式,但由于需要增加编码器等转速反馈环节,不但增加了费用,编码器的安装也比较麻烦。所以,除非该机床对加工精度有特殊需求,一般没有必要采用此种控制方式。

目前,国产变频器大多只有U/f控制功能。但在价格和售后服务等方面较有优势,可以作为首选对象;大部分进口变频器的矢量控制功能都是既可以无反馈、也可以有反馈;但也有的变频器只配置了无反馈控制方式,如日本日立公司生产的SJ300系列变频器。采用无反馈矢量控制方式时,需要注意其能够稳定运行的最低频率(部分变频器在无反馈矢量控制方式下的实际稳定运行的最低频率为$5 \sim 6\ \text{Hz}$)。

5. 变频器的频率给定

变频器的频率给定方式可以有多种,应根据具体情况进行选择。

（1）无级调速频率给定

从调速的角度看,采用无级调速方案增加了转速的选择性,且电路也比较简单,是一种理想的方案。它可以直接通过变频器的面板进行调速,也可以通过外接电位器调速。但在进行无级调速时必须注意:当采用两挡传动比时,存在着一个电动机的有效转矩线小于负载机械特性的区域,如图7-5-3所示,其中曲线④为低速挡(传动比较大),曲线④′为高速挡(传动比较小),在这个区域(约为$600 \sim 800\ \text{r/min}$)内,当负载较重时,有可能出现电动机带不动的情况。应根据负载的具体情况,决定是否需要避开该转速段。

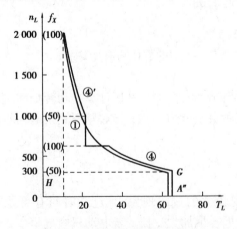

图7-5-3　两挡传动比车床机械特性

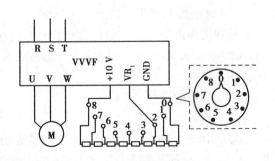

图7-5-4　分段调速频率给定

（2）分段调速频率给定

例如某车床原有的调速装置由一个手柄旋转 9 个位置（包括 0 位）控制 4 个电磁离合器来进行调速，为防止在改造后操作人员一时难以掌握，可维持调节转速的操作方法不变，而采用电阻分压式给定方法，如图 7-5-4 所示。图中，各挡电阻值的大小应使各挡的转速与改造前相同。

（3）配合 PLC 的分段调速频率给定

如果车床还需要进行较为复杂的程序控制，可应用可编程序控制器（PLC）结合变频器的多挡转速功能来实现，如图 7-5-5 所示。图中，转速挡由按钮开关（或触摸开关）来选择，通过 PLC 控制变频器的外接输入端子 X_1，X_2，X_3 的不同组合，得到 8 挡转速。图中电动机的正转、反转和停止分别由按钮开关 SF，SR，ST 来进行控制。

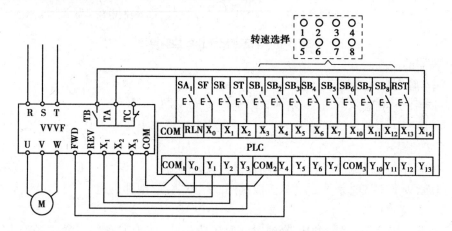

图 7-5-5 通过 PLC 进行分段调速频率给定

6. 变频调速系统的控制电路

（1）控制电路

以采用外接电位器调速为例，控制电路如图 7-5-6 所示。图中，接触器 KM 用于接通变频器的电源，由 SB_1 和 SB_2 控制。继电器 KA_1 用于正转，由 SF 和 ST 控制；KA_2 用于反转，由 SR 和 ST 控制。

正转和反转只有在变频器接通电源后才能进行；变频器只有在正、反转都不工作时才能切断电源。由于车床需要有点动环节，故在电路中增加了点动控制按钮 SJ 和继电器 KA_3。

（2）主要电器的选择

假如变频器的额定电流为 9 A，根据项目三中有关主电器选择原则，可得：

①空气断路器 Q 的额定电流 I_{QN}：
$$I_{QN} \geq (1.3 \sim 1.4) \times 9 = 11.7 \sim 12.6 \text{ A}$$

选 $I_{QN} = 20$ A。

②接触器 KM 的额定电流 I_{KN}：
$$I_{KN} \geq 9 \text{ A}$$

选 $I_{KN} = 10$ A。

③调速电位器。选 2 kΩ/12 W 电位器或 10 kΩ/1 W 的多圈电位器。

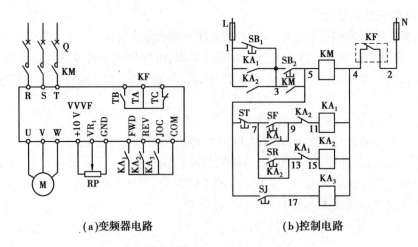

(a)变频器电路　　　　　　　　(b)控制电路

图7-5-6　车床变频调速的控制电路

7. 变频器的功能预置

（1）基本频率与最高频率

①基本频率。在额定电压下，基本频率预置为 50 Hz。

②最高频率。当给定信号达到最大时，对应的最高频率预置为 100 Hz。

（2）U/f 预置方法

使车床运行在最低速挡，按最大切削量最大直径的工件，逐渐加大 U/f。直至能够正常切削，然后退刀，观察空载时是否因过电流而跳闸。如不跳闸，则预置完毕。

（3）升、降速时间

考虑到车削螺纹的需要，将升、降速时间预置为 1 s。由于变频器容量已经加大了一挡，升速时不会跳闸。为了避免降速过程中跳闸，将降速时的直流电压限值预置为 680 V（过电压跳闸值通常大于 700 V）。

（4）电动机的过载保护

由于所选变频器容量已加大一挡，故必须准确预置电子热保护功能。在正常情况下，变频器的电流取用比为：

$$I\% = \frac{I_{MN}}{I_N} \times 100\% = \frac{4.8}{9.0} \times 100\% = 53\%$$

所以，将保护电流的百分数预置为 55% 是适宜的。

（5）点动频率

将点动频率预置为 5 Hz。

二、龙门刨床的变频调速

（一）龙门刨床的构造和工作特点

1. 龙门刨床的基本结构

龙门刨床主要由 7 个部分组成，如图7-5-7 所示。

①床身：是一个箱形体，上有 V 形和 U 形导轨，用于安置工作台。

②刨台：也叫工作台，用于安置工件，下有传动机构，可顺

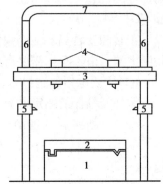

图7-5-7　龙门刨床的基本结构

1—床身；2—刨台；3—横梁；
4—左右垂直刀架；5—左右侧刀架；6—立柱；7—龙门顶

着床身的导轨作往复运动。

③横梁:用于安置垂直刀架,在切削过程中严禁动作,仅在更换工件时移动,用以调整刀架的高度。

④左右垂直刀架:安装在横梁上,可沿水平方向移动,刨刀也可沿刀架本身的导轨垂直移动。

⑤左右侧刀架:安置在立柱上,可上、下沿移动。

⑥立柱:用于安置横梁。

⑦龙门顶:用于紧固立柱。

2. 龙门刨床的主运动

(1) 主运动的工作过程

龙门刨床的刨削过程是工件(安置在刨台上)与刨刀之间作相对运动的过程。因为刨刀是不动的,所以,龙门刨床的主运动就是刨台频繁的往复运动。

(2) 主运动的工作特点

刨台的往复运动周期是指刨台每往返一次的速度变化。以国产 A 系列龙门刨床为例,其往复周期如图 7-5-8 所示。

图中,v 为线速度,t 为时间。各时间段($t_1 \sim t_5$)的工况如下:

t_1 段:刨台启动、刨刀切入工件的阶段。为了减小在刨刀刚切入工件瞬间,刀具所受的冲击和防止工件被崩坏,故速度较低,为 v_0。

t_2 段:刨削段。刨台加速至正常的刨削速度 v_F。

t_3 段:刨刀退出工件段。为了防止工件边缘被崩裂,故将速度又降低为 v_0。

t_4 段:返回段。返回过程是比切削工件的空运程。为了节省返回时间,提高工作效率,返回速度应尽可能提高一些,设为 v_R。

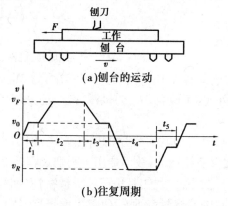

(a)刨台的运动

(b)往复周期

图 7-5-8　刨台的往复周期

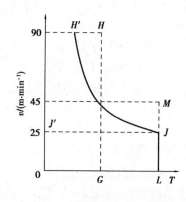

图 7-5-9　刨台运动的机械特性

t_5 段:缓冲段。返回行程即将结束,再反向到工作速度之前,为了减小对传动机构的冲击,又应将速度降低为 v_0。

之后,便进入下一周期,重复上述过程。

3. 刨台运动的机械特性

以 A 系列龙门刨床为例,说明如下:

(1)刨台运动的负载性质

①切削速度$u_Q \leq 25$ m/min。在这一速度段,龙门刨床允许的最大切削力相同。在调速过程中负载具有恒转矩性质。

②切削速度$u_Q > 25$ m/min。在这一速度段,由于受横梁与立柱等机械结构的强度所限制,允许的最大切削力是随速度的增加而减小的。因此,在调速过程中,负载具有恒功率性质。其机械特性如图7-5-9所示。

(2)负载功率

因为机械功率与转矩和转速(或切削力和线速度)的乘积成正比,所以刨台运动的负载功率与面积$OLJJ'$成正比。

(3)刨台的传动机构

分成两挡,以45 m/min为界,速比为2:1。

4.原刨台拖动系统的主要特点

早期的刨台拖动系统采用G-M(发电机-电动机组)调速系统,以A系列龙门刨床为例,如图7-5-10所示。图中,直接拖动刨台的是直流电动机M_{DC},M_{DC}由直流发电机G_1提供电源,G_1又由交流电动机M_{AC1}来带动。

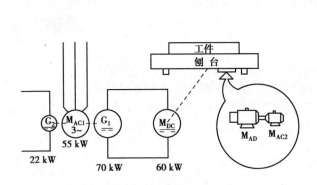

图7-5-10　刨台的原拖动系统

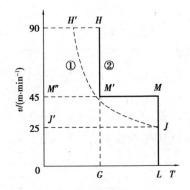

图7-5-11　刨台电动机机械特性

M_{AC1}在带动G_1的同时,还带动一台励磁发电机G_2。G_2发出的电,一方面为M_{DC}和G_1提供励磁电流,同时也为控制电路提供电源。此外,为了改善M_{DC}的机械特性,还采用了一台交磁电机扩大机M_{AD}。

尽管直流电动机在额定转速以上,可以进行具有恒功率性质的弱磁调速,但由于在弱磁调速时无法利用电流反馈和速度反馈环节来改善机械特性,故不能用于刨削过程中。

所以,电动机的机械特性如图7-5-11所示。图中,曲线①是负载的机械特性,曲线②是直流电动机的机械特性。由图可以看出,所需电动机的容量与面积$OLMM'$成正比,比负载实际所需功率大很多。

(二)刨台运动的变频调速

1.采用变频调速的主要优点

①大大简化了拖动系统,减小了电动机的容量。

②减小了静差度。所谓静差度,是指在刨削过程中因进刀量变化(如工件材质不匀或内部有砂眼等)而形成的速度的变化率。通常,直流调速系统的静差度约小于10%,如果采用了有反馈的矢量控制的变频调速,电动机调速后的机械特性很"硬",静差度可小于3%。

③具有转矩限制功能。是指在电动机严重过载时,能自动地将电流限制在一定范围内,即使堵转也能将电流限制住。新型的变频器系列产品,都具有"转矩限制"功能,应用起来十分方便。

④"爬行"距离容易控制。各种变频器在采用有反馈矢量控制的情况下,一般都具有"零速转矩",即使工作频率为 0 Hz,也有足够大的转矩,使负载的转速为 0 r/min,从而可有效地控制刨台的爬行距离,使刨台不越位。

⑤节能效果可观。拖动系统的简化使附加损失大为减少,采用变频调速后,电动机的有效转矩线十分贴近负载的机械特性,进一步提高了电动机的效率,故节能效果是十分可观的。

2. 刨台运动的变频调速改造

(1)变频调速系统的构成

刨台的拖动系统采用变频调速后,主拖动系统只需要一台异步电动机就可以了,与直流电动机调速系统相比,系统结构变得简单多了,如图 7-5-12 所示。由专用接近开关得到的信号,接至 PLC 的输入端,PLC 的输出端控制变频器,以调整刨台在各时间段的转速。可见,控制电路也比较简单明了。

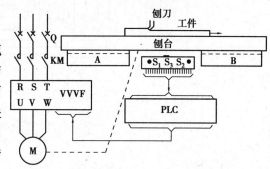

图 7-5-12 刨床的变频调速系统框图

(2)刨台往复运动的控制

①对刨台控制的要求。

A.控制程序。刨台的往复运动必须能够满足刨台的转速变化和控制要求。

B.转速的调节。刨台的刨削率和高速返回的速率都必须能够十分方便地进行调节。

C.点动功能。刨台必须能够点动,常称为"刨台步进"和"刨台步退",以利于切削前的调整。

D.连锁功能。

a.与横梁、刀架的连锁。刨台的往复运动与横梁的移动、刀架的运行之间必须有可靠的连锁。

b.与油泵电动机的连锁。一方面,只有在油泵正常供油的情况下,才允许进行刨台的往复运动;另一方面,如果在刨台往复运动过程中,油泵电动机因发生故障而停机,刨台将不允许在刨削中间停止运行,而必须等刨台返回至起始位置时再停止。

(3)变频调速系统的控制电路

控制电路如图 7-5-13 所示。其控制特点如下:

①变频器的通电。当空气断路器合闸后,由按钮 SB₁ 和 SB₂ 控制接触器 KM,进而控制变频器的通电与断电,并由指示灯 HLM 进行指示。

②速度调节。

a.刨台的刨削速度和返回速度分别通过电位器 R_{P1} 和 R_{P2} 来调节。

b.刨台步进和步退的转速由变频器预置的点动频率决定。

c.往复运动的启动。通过按钮 SF₂ 和 SR₂ 来控制,具体按哪个按钮,须根据刨台的初始位置来决定。

d.故障处理。一旦变频器发生故障,触点 KF 闭合,一方面切断变频器的电源,同时指示

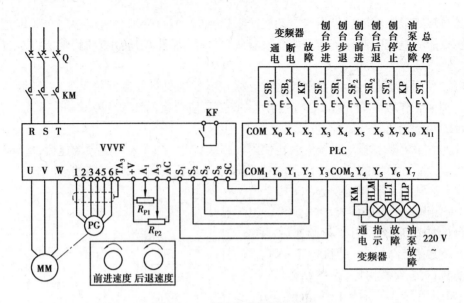

图 7-5-13　刨床的变频调速系统

灯 HLT 亮,进行报警。

　　e. 油泵故障处理。一旦变频器发生故障,继电器 KP 闭合,PLC 将使刨台在往复周期结束之后,停止刨台的继续运行。同时指示灯 HLP 亮,进行报警。

　　f. 停机处理。正常情况下按 ST_2,刨台应在一个往复周期结束之后才切断变频器的电源。如遇紧急情况,则按 ST_1,使整台刨床停止运行。

　　(4)电动机的选择

　　①原刨台电动机的数据为:

$$P_{MN} = 60 \text{ kW}$$
$$n_{MN} = 1\ 800 \text{ r/min}$$

　　②异步电动机容量的确定。由于负载的高速段具有恒功率特性,而电动机在额定频率以上也具有恒功率特性,因此,为了充分发挥电动机的潜力,电动机的工作频率应适当提高至额定频率以上,使其有效转矩线如图 7-5-14 中的曲线②所示。图中,曲线①是负载的机械特性。由图可以看出,所需电动机的容量与面积 $OLKK'$ 成正比,和负载实际所需功率十分接近。上述 A 系列龙门刨床的主运动在采用变频调速后,电动机的容量可减小为原用直流电动机的 3/4,即 45 kW 就已经足够。考虑到异步电动机在额定频率以上时,其有效转矩仍具有恒功率的特点,但在高频时其过载能力有所下降,为留有余地,选择 55 kW 的电动机,其最高工作频率定为 75 Hz。

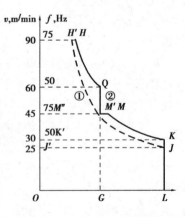

图 7-5-14　变频后有效转矩线

　　③异步电动机的选型。一般来说,以选用变频调速专用电动机为宜。选用 YVP250M-4 型异步电动机,主要额定数据: $P_{MN} = 55 \text{ kW}$, $I_{MN} = 105 \text{ A}$, $T_{MN} = 350.2 \text{ N·m}$。

（5）变频器的选型

①变频器的型号。考虑到龙门刨床本身对机械特性的硬度和动态响应能力的要求较高，近年来，龙门刨床常常与铣削或磨削兼用，而铣削和磨削时的进刀速度约只有刨削时的百分之一，故要求拖动系统具有良好的低速运行性能。

日本安川公司生产的 CIMR-G7A 系列变频器，其逆变电路由于采用了三电平控制方式，因而具有如下主要优点：

a. 减少了对电动机绝缘材料的冲击。

b. 减少了由载波频率引起的干扰。

c. 减少了漏电流。

除此以外，即使在无反馈矢量控制的情况下，也能在 0.3 Hz 时，输出转矩达到额定转矩的150%。所以选用"无反馈矢量控制"的控制方式也已经足够。当然，如选择"有反馈矢量控制"的控制方式，将更加完美。

②变频器的容量。变频器的容量只需和配用电动机容量相符即可。如电动机为 55 kW，则变频器选 988 kVA，额定电流为 128 A。

（6）变频器的功能预置

变频器的功能预置方法可参照 CIMR-G7A 系列变频器的使用手册。具体说明如下：

①频率给定功能。

b1-01 = 1—控制输入端 A_1 和 A_3 均输入电压给定信号。

H3-05 = 2—当 S_5 断开时，由输入端 A_1 的给定信号决定变频器的输出频率；当 S_5 闭合时，由输入端 A_3 的给定信号决定变频器的输出频率。

H1-03 = 3—使 S_5 成为多挡速 1 的输入端，并实现上述功能。

H1-06 = 6—使 S_8 成为点动信号输入端。

d1-17 = 10 Hz—点动频率预置为 10 Hz。

②运行指令。

b1-02 = 1—由控制端子输入运行指令。

b1-03 = 0—按预置的降速时间减速并停止。

b2-1 = 0.5 Hz—电动机转速降 0.5 Hz 起开始"零速控制"（无速度反馈时，则开始直流制动）。

b2-2 = 100%—直流制动电流等于电动机的额定电流（无速度反馈时）。

E2-03 = 30 A—直流励磁电流（有速度反馈时）。

b2-04 = 0.5 s—直流制动时间为 0.5 s。

L3-05 = 1—运行中的自处理功能有效。

L3-06 = 160%—运行中自处理的电流限值为电动机额定电流的 160%。

③升降速特性。

a. 升降速时间。

C1-01 = 0.5 s—升速时间预置为 0.5 s。

C1-02 = 0.5 s—降速时间预置为 0.5 s。

b. 升降速方式。

C2-01 = 0.5 s—升速开始时的时间。

C2-02 = 0.5 s—升速完了时的时间。

C2-03 = 0.5 s—降速开始时的时间。

C2-04 = 0.5 s—降速完了时的时间。

c. 升降速自处理。

L3-01 = 1—升速中的自处理功能有效。

L3-04 = 1—降速中的自处理功能有效。

d. 转矩限制功能。

L7-01 = 200%—正转时转矩限制为电动机额定转矩的 200%。

L7-02 = 200%—反转时转矩限制为电动机额定转矩的 200%。

L7-03 = 200%—正转再生状态时的转矩限制为电动机额定转矩的 200%。

L7-04 = 200%—反转再生状态时的转矩限制为电动机额定转矩的 200%。

e. 过载保护功能。

E2-01 = 105 A—电动机的额定电流为 105 A。

L1-01 = 2—适用于变频专用电动机。

（7）主电路其他电器的选择

①由变频器的额定电流为 128 A，可得空气开关的额定电流 I_{QN}：

$$I_{QN} \geqslant (1.3 \sim 1.4) \times 128 = 166.4 \sim 179.2 \text{ A}$$

选 $I_{QN} = 170$ A。

②接触器的额定电流 I_{KN}：

$$I_{KN} \geqslant 128 \text{ A}$$

选 $I_{KN} \geqslant 160$ A。

③制动电阻与制动单元。如前所述，刨台在工作过程中，处于频繁地往复运行的状态。为了提高工作效率、缩短辅助时间，刨台的升、降速时间应尽量短。因此，直流回路中的制动电阻与制动单元是必不可少的。

a. 制动电阻的值应根据说明书选取：

$$R_B = 10 \ \Omega$$

b. 制动电阻的容量。说明书提供的参考容量是 12 kW，但考虑到刨台的往复运动十分频繁，故制动电阻的容量应比一般情况下的容量加大 1 ~ 2 挡。选

$$P_B = 30 \text{ kW}$$

三、数控机床的变频调速

数控机床是由数字控制技术操纵的一切工作母机的总称，是集现代机械制造技术、微电子技术、电力电子技术、通信技术、控制技术、传感技术、光电技术、液压气动技术等为一体的机电一体化产品，是兼有高精度、高效率、高柔性的高度自动化生产制造设备。数控机床一般由机、电两大部分构成。其中电气电子部分主要是由数控系统（CNC）、进给伺服驱动系统组成。根据数控系统发出的命令要求伺服系统准确快速地完成各坐标轴的进给运动，且与主轴驱动相配合，实现对工件快速的高精度加工。因此，伺服驱动和主轴驱动是数控机床的一个重要组成部分，其性能好坏对零件的加工精度、加工效率与成本都有重要影响。而且在整个数控机床成本的构成中也是不可忽视的。由于机床的加工特点，运动系统经常处于四象限运

行状态。因此,如何将机械能及时回馈到电网,提高运行效率也是一个重要的问题。伺服驱动功率一般在 10 kW 以下,主轴驱动功率在 60 kW 以下。

（一）数控机床的电力驱动

从节电的角度考虑数控机床的电气拖动问题。数控机床的电力驱动主要分为 3 种类型。

1. 进给伺服驱动系统

以数控车床为例,伺服系统驱动滚珠丝杠带动刀架运动,实现刀具对工件的加工。当前交流伺服系统已基本上取代了直流伺服装置,这主要是考虑其维护简单和使用性能优良,而很少考虑到效率问题。因为进给伺服系统的功率一般不大,大都采用能耗制动,实现交流化之后,节电效果并不明显。对于高速大功率的进给伺服系统,采用交流变频矢量控制技术,并能实现再生制动,对于经常处于起、制动工况的伺服系统来说,采用再生制动方案对节电是有价值的。这对同步型和异步型交流伺服系统来说都是可行的。

2. 主轴驱动系统

高速度高精度主轴驱动技术是数控机床的关键技术之一,主轴驱动的功率一般为 5 ~ 7 kW,速度高达 15 000 ~ 20 000 r/min。采用感应电动机变频矢量控制或直接力矩自调技术和再生方案,可节约大量的电能。现在基本上采用 IGBT 功率器件,组成双边对等的整流逆变桥,在任何工况下,都可实现四象限运动,这是保证性能和节电的最好方案。

3. 电动机内装式高速交流主轴驱动系统

此系统是主轴驱动的发展方向,应用较广泛。其特点是将机床主轴与交流电动机的转子合二为一,中间没有其他传动部件,从而降低了噪声,减小了体积,简化了结构,节省了材料,降低了成本,消除了传动链的连接误差和磨损,提高了主轴的转速和精度。但对交流电动机及其驱动装置的设计要求很高,既要有很宽的恒功率范围(1:16 以上),还要保持足够的输出转矩,并要求有多条转矩—速度曲线,以适应不同的加工要求。

总而言之,数控机床的主轴驱动已实现了交流变频调速矢量控制。在保证工艺要求的前提下,从节材、节能的观点看,数控机床主轴交流电动机要实现内装式(即电主轴),电动机的基本转速尽量降低,恒转矩调速范围下移,尽量扩大恒功率范围,提高最高速度,使调速策略尽可能与负载特性相一致,减小电动机驱动系统的体积与成本,提高效率,改善散热条件。

（二）主轴变频交流调速

1. 主轴变频控制的基本原理

以前齿轮变速式的主轴速度最多只有 30 段可供选择,无法进行精细的恒线速度控制,而且还必须定期维修离合器;另外,直流型主轴虽然可以无级调速,但存在必须维护电刷和最高转速受限制等问题。而主轴采用变频器驱动就可以消除这些缺点。另外,使用通用型变频器可以对标准电动机直接变速传动,可除去离合器很容易实现主轴的无级调速。

由异步电动机理论知,主轴电动机的转速与频率近似成正比,改变频率即可以平滑地调节电动机转速,对于变频器而言,其频率的调节范围很宽,可在 0 ~ 400 Hz(甚至更高频率)之间任意调节,因此,主轴电动机转速也可以在较宽的范围内调节。转速调高后,应考虑的是对电动机轴承及绕组的影响,防止电动机过分磨损及过热,一般可通过设定最高频率来进行限定。

2. 主轴变频控制的系统构成

图 7-5-15 所示为通用型变频器应用于数控车床主轴的设备组成。以往的数控车床一般

是用时间控制器确认电动机达到指令速度后才进刀,而变频器由于备有速度一致信号(SU),所以可以按指令信号进刀,从而提高效率。

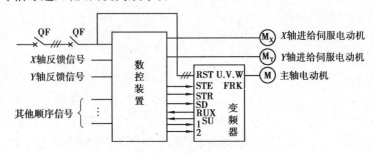

图 7-5-15　变频器应用于数控机床

图中,变频器与数控装置的联系通常包括:数控装置到变频器的正、反转信号;数控装置到变频器的速度或频率信号;变频器到数控装置的故障灯状态信号。因此,所有关于对变频器的操作和反馈均可在数控面板上进行编程和显示。

图 7-5-16 所示为运行模式的一个例子。当工件的直径按锥形变化时,对应于工件的①段,主轴速度维持在 1 000 r/min,对应于②段,电动机拖动主轴成恒线速度移动,主轴速度也要连续平滑地变化,从而实现恒定的高效率、高精度切削。

在图 7-5-16 中,速度信号的传递是通过数控装置到变频器的模拟给定通道(电压或电流),通过变频器内部关于输入信号与设定频率的输入输出特性曲线的设置,数控装置就可以方便

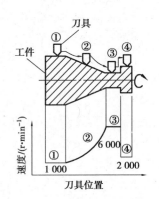

图 7-5-16　工件形状与运行模式

而自由地控制主轴速度,该特性曲线必须涵盖电压/电流信号、正/反作用。单/双极性的不同配置,以满足数控车床快速正/反转、自由调速、变速切削的要求。

3. 主轴变频器的基本选型

①U/f 控制变频器。此类变频器由于低频转矩不够、速度稳定性不好,因此,不适用于主轴变频调速。

②矢量控制变频器。控制特性优良,能适应要求高速响应的场合;可与直流电动机的电枢电流加励磁电流调节相媲美;调速范围大 (1:100);可进行转矩控制。

当然,矢量控制的变频器结构复杂,计算烦琐,而且必须存储和频繁地使用电动机参数。矢量控制分无速度传感器和有速度传感器两种方式,区别在于速度控制精度不同。无速度传感器的矢量控制变频器,其速度控制精度可达到 5‰,可满足数控机床的控制精度要求。

4. 功能设置和特点

使用在主轴中变频器的功能设置分为以下几部分:矢量控制方式的设定和电动机参数;开关量数字输入和输出;模拟量输入特性曲线;ASR 速度闭环参数设定。

5. 主轴变频控制的优越性

对于数控机床的主轴电动机,使用无速度传感器的矢量控制变频调速后,有如下显著优点:

①电动机参数自动辨识和手动输入相结合;

②过载能力强,如 50% 额定输出电流 2 min、180% 额定输出电流 10 s;

③低频高输出转矩；

④大幅度降低维护费用,甚至可做到免维护；

⑤可实现高效率的切削和较高的加工精度；

⑥实现低速和高速情况下的强劲的力矩输出；

⑦保护功能齐全。

任务6　交流传动电力机车变流器

【活动情景】

电力机车采用交流传动技术是牵引领域的重大技术进步。交流传动电力机车牵引电路由网侧电路、中间直流电路、逆变及牵引电机电路等几部分组成,在机车上的布置虽未成一体,但所组成的牵引电路在基本工作原理上与变频器原理是一样的。本任务以 HXD₃ 型电力机车牵引电传动为例,说明变频技术在牵引领域的应用。

【任务要求】

1.了解和掌握交流传动技术在电力机车牵引电路上的应用特点。

2.掌握四象限整流的基本原理。

3.了解牵引变流器的控制方式。

HXD₃ 型交流传动货运电力机车,是交-直-交传动机车。机车的牵引设备主要由高压电器、主变压器、牵引变流器、牵引电机及相应控制设备组成。牵引电路可划分为网侧电路、四象限整流电路、中间直流环节电路、逆变电路等。牵引电路的主要特点为：

①采用传统的网侧电路结构,将受电弓及隔离开关、主断路器与接地开关等高压设备整体设置,安装在车顶,有利于检修和人身安全。

②主传动系统采用交-直-交结构,整流环节采用四象限整流器,有利于提高机车功率因数,减少谐波电流分量。

③6 组动轮分别采用相同结构的传动系统,当一组故障时,可将其隔离,牵引力只损失1/6,有利于机车运行的可靠性。

④采用逆变器软件控制技术进行二次滤波,减少了变压器和变流器的体积和重量。

⑤采用矢量控制方式和再生制动技术。

一、牵引电路构成及原理

(一)网侧电路

HXD₃ 型电力机车的网侧电路如图 7-6-1 所示。网侧电路由两台受电弓 AP1,AP2,两台高压隔离开关 QS1,QS2,1 个高压电流互感器 TA1,1 个高压电压互感器 TV1,1 台主断路器 QF1,1 台高压接地开关 QS10,1 台避雷器 Fl,主变压器网侧绕组 AX,1 个低压电流互感器 TA2和 6 个回流装置 EB1 ~ EB6 等组成。

接触网电流通过受电弓 AP1 或 AP2 进入机车,经过高压隔离开关 QS1 或 QS2、主断路器QF1、穿过高压电流互感器 TA1,经 25 kV 高压电缆与主变压器网侧 IU 端子流入主变压器原

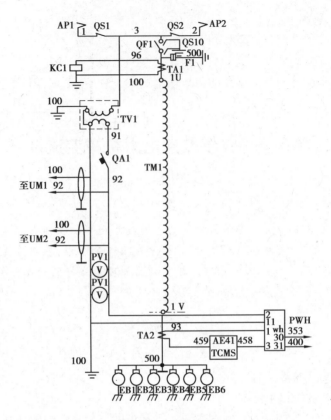

图 7-6-1　网侧电路

边,电流从 1 V 端子流出,通过 6 个并联的回流接地装置 EB1 ~ EB6,从轮对回流至钢轨。

(二)四象限整流电路

1.简介

四象限整流器,是一个交直流电力转换系统。不仅可以工作在整流状态,也可以工作在逆变状态,能很方便地工作在整流和逆变的四个象限。电力机车采用四象限整流电路,不仅用于牵引,也可以用于再生制动,把列车的动能和位能变为电能反馈到电网中去,且动态响应速度比较快,系统稳定性比较好。

四象限整流单元由 U,V 相两个功率模块构成。

主要技术参数如下:

额定输入电压:AC1 450 V

额定输入频率:50 Hz

元件类型:两个 IGBT(4 500 V,900 A)并联

2.技术特点

①开关器件由 IGBT 与二极管反并联组成;

②采用 PWM 控制技术;

③直流侧输出电压幅值大于交流侧输入电压幅值;

④功率因数可控制到 1.0;

⑤即使交流电电源电压或直流负载发生变化时,直流输出电压也能被控制在恒定状态。

3. 工作特点

采用四象限整流器和二极管整流器将交流转换成直流的基本电路的比较如图 7-6-2 所示。采用四象限整流器的时候,其电路功能在 IGBT 的控制门电路启动之前,由于所有的 IGBT 被关闭,与二极管的电路功能是一样的。

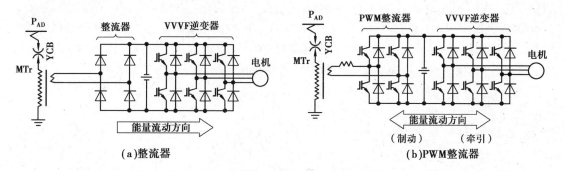

（a）整流器　　　　　　　　　　　（b）PWM 整流器

图 7-6-2　四象限整流电路与二极管整流电路的比较

如图 7-6-2(a)所示的二极管整流电路中,二极管只有在施加正向电压时,才会导通。一般来说,由于电路中有电感元件(如牵引变压器和电机)和电容元件(如滤波电容器),其功率因数不可能达到 1.0,输出直流电压也不可能大于电源电压。

图 7-6-2(b)所示的四象限整流电路,通过 PWM 控制,功率因数可控制到 1.0 的近似值,而且直流输出电压可以高于交流输入电压有效值(I)。

(1)功率因数控制

为了使整流器的功率因数控制在 1.0,必须通过控制的方法,让网侧电流接近于正弦波,并且使电网电压 U_s 和电流 I_s 同相。为此,串接在输入电路中电感 L_s 的电压 U_{Ls},是一个重要的参数。I_s 的相位滞后 U_{Ls}90 度,U_{Ls} 的幅值取决于 I_s 与 L_s。必须控制整流器输入端电压 U_c 与电源电压 U_s 之间的相位,才能使 U_s 与 I_s 同相。图 7-6-3 所示矢量图表明了四象限整流器这些参数间的关系。

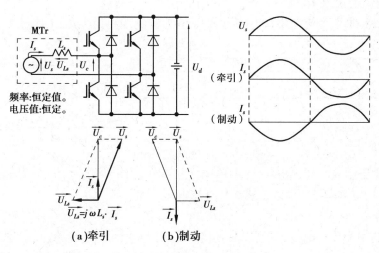

（a）牵引　　　　　　（b）制动

图 7-6-3　四象限整流器矢量图

（2）电压控制

电压控制的方法是采用升压斩波器。由于电感 L_s 的存在,且电路采用了 PWM 控制技术,因此四象限整流器实质上是一个升压斩波器。

现以该斩波器的工作状态为例,来说明 PWM 整流器的直流输出电压比交流电压振幅高的原因。如图 7-6-4 所示,当 IGBT QV(负半周为 QX)在交流电源电压正半个周期内导通时,交流电源经由牵引变压器的内部感抗 L_s 形成短路,并且在 L_s 累积磁能。当 IGBT 关断时,蓄积在 L_s 内的磁能释放,流入直流电路的滤波电容 FC 中,直流电压 U_d 升高,IGBT 重复以上这些操作,就可实现直流电压高于交流电源电压源的幅值。

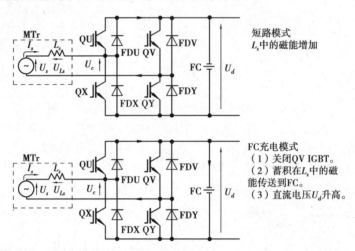

图 7-6-4   四象限整流器升压斩波原理

（3）PWM 整流器的导通和关断过程

控制 PWM 整流器 IGBT 的导通和关断过程,可使交流电流 I_s 和输入电压 U_s 同相,并且保持直流电压稳定。

4. 四象限整流电路工作过程

以机车第一组牵引变流器整流电路,如图 7-6-5 为例,说明电路的工作过程。

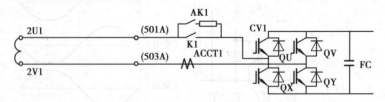

图 7-6-5   四象限整流电路

通过对四象限整流单元中开关元件 IGBT 的 PWM 控制,将由变压器二次侧绕组引出的 1 450 V/50 Hz 的交流电压整流为 2 800 V 直流电压。

（1）整流输入

AK1 开关支路为预充电电路,用以防止接触器 K1 合闸时的电流冲击。当接触器 AK1 闭合时,主变压器的牵引绕组 2U1～2V1 通过充电电阻向四象限整流器供电,给中间直流回路支撑电容 FC 充电,当中间直流电压达到 2 000 V 时,工作接触器 K1 闭合,同时切除接触器 AK1,完成中间电路预充电,随后牵引绕组继续向中间直流回路支撑电容充电,直至 2 800 V,

牵引变流器启动充电过程完成,逆变器可以投入工作。

（2）再生制动

当机车再生制动时,逆变器工作在整流状态,四象限整流器工作在逆变状态,并通过中间直流回路向主变压器牵引绕组馈电,将再生能量回馈至接触网。

四象限整流器是一个脉宽调制变流器,它将电源的交流电压,通过脉冲宽度和相位控制,控制中间直流电压的幅值和流入牵引整流器的交流电流波形和相位,使交流电流的波形尽量接近正弦外,同时使得交流侧的基波电压和基波电流的相位差接近于0,这样既限制了谐波电流分量,又提高了机车功率因数。与相控整流器比较,四象限整流器有很高的功率因数,谐波电流含量也小得多。为了减少谐波含量,6组四象限整流器的调制波相位保持一致,但载波的相位不一致,依次相差30°,60°,…,180°,从而达到消除特定次谐波的目的,保证等效干扰电流 $J_p \leqslant 2.5$ A。

（三）中间直流电路

HXD$_3$型电力机车采用的是电压型逆变器,为保持中间回路电压稳定性,并联了大容量的支持电容,同时它还对四象限脉冲整流器和逆变器产生的高次谐波进行滤波。中间直流电路主要由中间电压支撑电容FC、瞬时过电压限制电路和主接地保护电路组成。HXD$_3$型电力机车的中间直流电路与欧洲和国内以往的交流传动电力机车不同,取消了二次滤波电路,通过逆变器的软件控制,使逆变器输

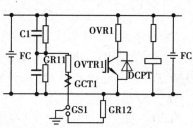

图 7-6-6　中间直流电路原理图

出电压正负周期的电压时间乘积趋于相等,以抑制因二次谐波电流而产生的牵引电机转矩脉动。HXD$_3$型机车中间直流电路原理图如图 7-6-6 所示。

瞬时过电压限制电路由 IGBT 和限流电阻组成,当中间电压高于规定值时,IGBT 导通,降低中间回路电压。

主接地保护电路除对电路接地进行保护外,还保证主电路各点有固定的电位。主接地保护电路由跨接在中间回路的两个串联电容和一个接地信号传感器组成。当主回路有接地故障时,传感器 GCT1 输出信号送给列车控制和监视系统 TCMS,对该组单元进行保护。每台牵引变流器含有 3 套独立的接地保护电路,可以分别对 3 组牵引变流器进行接地监测和保护。接地检测信息送至 TCMS 显示屏,实现故障显示。当只有一点接地时,可将接地故障开关 GS1 打到故障位,实施对接地保护的隔离。这时,由于电阻 GR12 的接入,大大减小了接地故障电流,同时保证主电路中各点电位的固定,维持机车继续运行。

（四）逆变和牵引电机电路

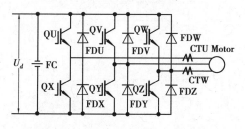

图 7-6-7　牵引逆变器和牵引电动机电路

逆变和牵引电机电路如图 7-6-7 所示。

机车采用轴控方式,实现了对每台牵引电机的独立控制。当机车的 6 个轴的轮径差、轴重转移及空转等可能引起的负载分配不均匀时,均可以通过牵引变流器的控制进行适当的补偿,以实现最大限度地发挥机车牵引力。

二、牵引变流器的控制

(一)脉宽调制(PWM)控制

为了获得 PWM 控制,通过把载波信号与同步信号与逆变输出电压基波部分的正弦波(调制波)比较,来确定 IGBT 的导通和关断过程。逆变器输出电压的大小,采用控制电压平均值的办法,通过闭合、关断开关元件 IGBT,把电压截取成数块,改变被切开数块的宽度即可改变电压的平均值。

为了控制逆变器的输出频率,则采用改变单位时间的开关频率,即改变 IGBT 的开关频率并保持其闭合时间不变。

逆变器通过 PWM 控制,其输出电压是含有高次谐波的正弦波形,虽然通过增加开关频率可以使输出电压接近于正弦波,但受元件开关损耗和冷却系统的特性影响,开关频率的提高是有限制的。机车牵引特性要求逆变器有一个大范围的输出频率,因此在机车每个速度区要选择最为合适的转换方法即脉冲方式。一般,在中低速区,采用同步脉冲方式;在逆变器输出电压最大的高速区,使用方波脉冲方式。此外,为了在这两者之间顺利改变输出电压波,在 PWM 方式和方波脉冲方式之间使用过调 PWM 方式。

(二)矢量控制

HXD$_3$ 型电力机车牵引逆变器采用矢量控制技术,通过对定子电流的励磁分量和转矩分量的控制,能够迅速将异步电动机的输出转矩控制在目标值,提高了机车的防空转能力。达到分别控制电机磁链和转矩,实现牵引电机的快速响应。在矢量控制状态下,为了输出所要求的扭矩,扭矩电流矢量 I_q 和激磁电流矢量 I_d(通过分解电机电流而得到的)是单独控制的。图 7-6-8 是矢量控制框图。

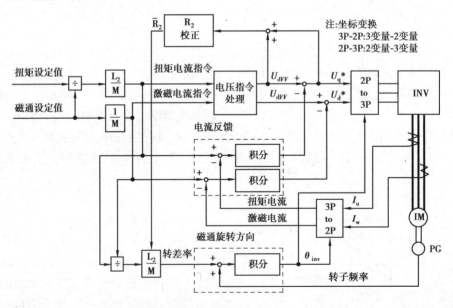

图 7-6-8　矢量控制框图

I_U—U 相电压瞬时值;I_W—W 相电压瞬时值;U_{dFF}—d 轴反馈电压指令;

U_{qFF}—q 轴反馈电压指令;U_d^*—d 轴电压指令;U_q^*—q 轴电压指令;θ_{inv}—逆变器输出电压角

为了控制交流异步电机的输出扭矩,逆变器通过输出电压 U_1 和它的相位,直接控制着磁通 Φ 和扭矩电流。

(三)方波脉冲控制

因为机车的空间有限,所以要求机车所用的逆变器,结构紧凑,重量轻。基于这个原因,采用"方波脉冲控制",能够最低限度地降低转换损耗并最大限度地在中高速区增加输出电压。"方波脉冲控制"方式中,由于逆变器的每个臂以 180°间隔重复着闭合/关断的操作,所以逆变器的输出与输入电压相同,达到最大值,但失去了对电压控制的功能。

图 7-6-9 显示了方波脉冲矢量控制的系统结构。方波脉冲控制在严格的意义上来讲是不能执行矢量控制的。这是因为矢量控制是通过瞬间改变逆变器电压的大小和相位来控制扭矩。方波脉冲控制不能改变电压的大小(幅值)。但方波脉冲控制可以瞬间改变相位。利用迅速改变相位的这一特性,有可能瞬间改变扭矩电流,由于电压大小的主要变化是固定的,输出扭矩根据指令数值而改变。磁通量补偿单元可预测这种变化并纠正磁通量指令,这样,输出的扭矩就与指令数值相吻合。借助这一特性,即使当扭矩指令迅速变化时,也能获得高速输出扭矩的反应(反应时间常数大约 10 ms)。

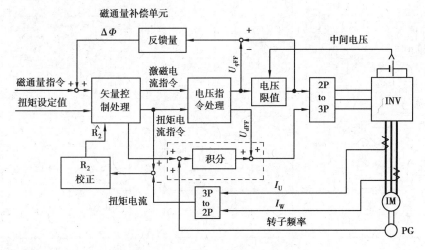

图 7-6-9　脉冲矢量控制系统结构

图 7-6-10 为 HXD$_3$ 型电力机车牵引变流器的原理图。

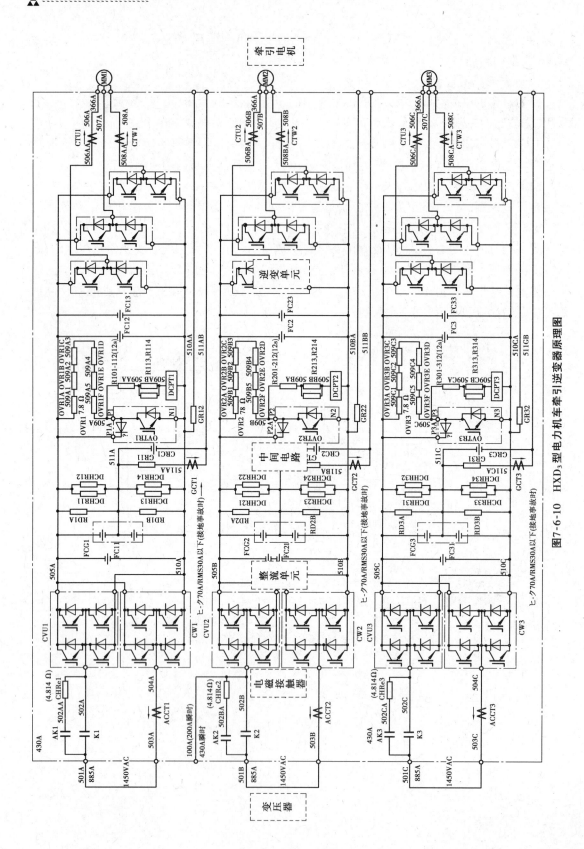

图7-6-10 HXD₃型电力机车牵引逆变器原理图

项目小结

　　本项目通过变频器在风机、水泵、空调系统、运输提升机械、电梯、机床、电力机车等设备上的应用实例,深入介绍了变频调速技术的应用方法。在所介绍的实例中,不同程度地对系统方案选择、设备选用、电路原理图及安装调试进行了说明,可方便读者参照这些实例,开发新的变频器应用项目。

　　采用变频调速系统对机械设备拖动系统进行改造,需要根据生产和工艺的要求,制订出正确的变频改造方案,按照负载的机械特性、电动机功率的大小,正确选择变频器以及其他有关的电气部件,每一项改造都是一个系统工程。

　　变频调速技术的应用,在节约电能的同时,也提高了产品质量和生产效率。变频调速系统可实现电动机软起和软停,减少负载机械冲击;还具有容易操作、便于维护、控制精度高等优点。

　　应用实例的节能计算表明:一般的变频调速改造项目,在一至两年内即可收回投资。

思考练习

　　7.1　水泵的负载属于什么类型? 水泵电动机实现变频调速后有什么优点?

　　7.2　变频恒压供水与传统的水塔供水相比,具有什么优点?

　　7.3　如何选择变频恒压供水的水泵和变频器?

　　7.4　画出变频器 1 拖 3 的电路图,说明随供水量变化的循环工作过程。

　　7.5　恒压供水系统变频器采用什么控制方式合适?

　　7.6　试列举常见的离心式水泵,参考图 7-1,阐述变频器在离心式水泵上应用后的节能原理。

　　7.7　在锅炉设备中,给水系统通过向锅炉不间断供水,以保证锅炉的正常运行。图 7-2 所示为锅炉给水示意图,试提出用恒压控制来实现变频节能改造的设计方案。

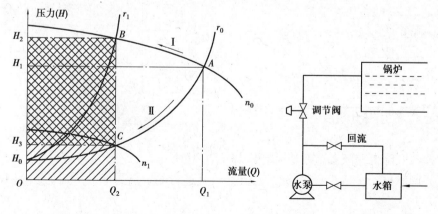

图 7-1　泵的流量-转速-压力关系曲线　　　　图 7-2　锅炉给水示意图

　　7.8　在硫酸生产过程中,需要对水冷极板进行冷却,原系统中冷却水循环泵未调速运行,水流量和管网压力用出口阀门来控制。已知 3 台循环泵的功率皆为 90 kW。请参照图7-3

所示的水冷极板冷却水循环泵工作原理图,提出采用变频调速技术进行改造的基本方案。

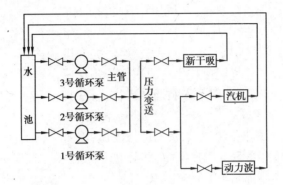

图 7-3　水冷极板冷却水循环泵工作原理图

7.9　某风机原来用风门控制风量,所需风量约为最大风量的 80%,分析采用变频调速后的节能效果。

7.10　画出风机变频调速系统的电路原理图,说明电路工作过程。如果要让风机在两个地方调节风量,应如何连接?

7.11　简述中央空调系统的组成,说明中央空调所用水泵改造为变频调速的意义。

7.12　画出中央空调系统冷冻水部分变频调速的电路原理图,取什么信号作为反馈量较好?

7.13　1 t 升降吊车的变频调速系统如图 7-4 所示。

已知平移电动机功率为 1.5 kW,升降电动机功率为 3 kW;$\cos \phi$ 为0.75;η 为0.85;K(电流波形的修正系数,PWM 方式时,取 1.05~1.10)取值为 1.1。

(1)根据已知条件确定变频器容量。

(2)作出变频器类型的选择说明。

(3)应采取哪些措施以防止溜钩现象的发生?

7.14　矿用提升机变频调速系统有什么特点?

7.15　液态物料对提升机变频调速有何要求?

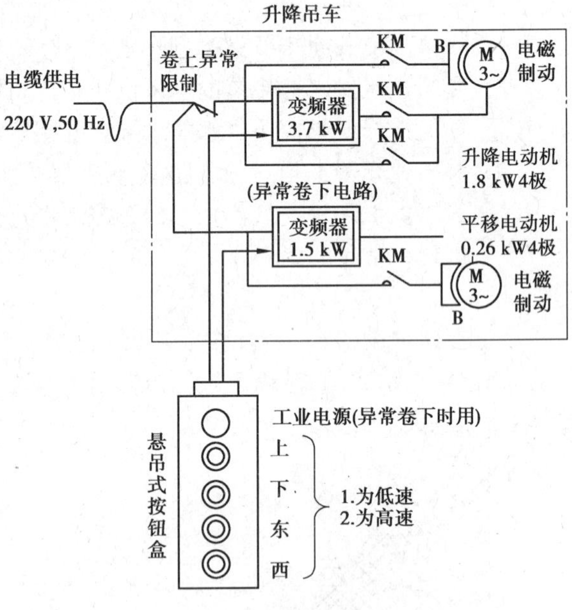

图 7-4　1 t 升降吊车的变频调速系统图

7.16　电梯与升降机变频调速改造时有什么异同之处?

7.17　变频调速自动扶梯在空载(无人)情况下,其运行的特点是什么?对变频控制的要求是什么?

7.18　简述机床的变频调速原理。

7.19　龙门刨床的刨台采用交流电动机变频调速与直流电动机相比,有什么优点?

7.20　举例说明电力拖动系统中应用变频器有哪些优点?

参考文献

[1] 王维平. 现代电力电子技术及应用[M]. 南京:东南大学出版社,2001.

[2] 张燕滨. PWM 变频调速应用技术[M]. 北京:机械工业出版社,2002.

[3] 韩安荣. 通用变频器及其应用[M]. 北京:机械工业出版社,2002.

[4] 石秋洁. 变频器应用基础[M]. 北京:机械工业出版社,2002.

[5] 张燕宾. 变频调速应用实践[M]. 北京:机械工业出版社,2000.

[6] 李方圆. 变频器应用技术[M]. 北京:科学出版社,2008.

[7] 蔡杏山,刘凌云. 零起步轻松学变频技术[M]. 北京:人民邮电出版社,2009.

[8] 三菱 FR-E500 系列变频器使用手册.

[9] G7/F7 系列变频器使用手册.

[10] 艾默生网络能源有限公司编. TDS-PA01 现场总线适配器.

[11] 吴中智,吴加林. 中(高)压大功率变频器应用手册[M]. 北京:机械工业出版社,2003.

[12] 吴中智,吴加林. 变频器应用手册[M]. 北京:机械工业出版社,1995.

[13] 曾允文. 变频调速技术基础教程[M]. 北京:机械工业出版社,2009.

[14] 朱仁初,万伯任. 电力拖动控制系统设计手册[M]. 北京:机械工业出版社,1980.

[15] 安川电机. ィソパークドラィブ技術[M]. 2 版. 日刊工業新聞社,1997.

[16] 程周. 电气控制与 PLC 原理及应用(欧姆龙机型)[M]. 北京:电子工业出版社,2012.

[17] 机械工程手册、电机工程手册编辑委员会. 机械工程手册(第 77 篇泵、真空泵)[M]. 北京:机械工业出版社,1980.

[18] 汤蕴璆. 电机学[M]. 北京:机械工业出版社,2011.

[19] 徐宏海. 数控机床刀具及其应用/数控技术与数控加工丛书[M]. 北京:化学工业出版社,2005.

[20] 张曙光. HXD$_3$ 型电力机车[M]. 北京:中国铁道出版社,2009.